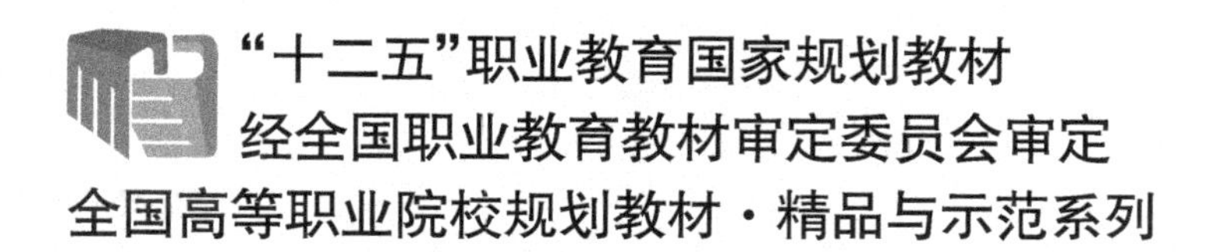

全国高等职业院校规划教材·精品与示范系列

建筑钢结构施工

张广峻　贠英伟　主　编
苏英志　储晓路　副主编

電子工業出版社
Publishing House of Electronics Industry
北京·BEIJING

内 容 简 介

本书根据国家示范性高职院校项目式课程教学改革精神，结合作者多年的职业教育教学经验和企业岗位的实际技术需求进行编写。全书分为5个模块、16个学习单元，内容包括建筑钢结构基础知识、建筑钢结构施工详图设计、建筑钢结构加工制作、建筑钢结构安装施工及建筑钢结构安全施工等。本书以实际工程项目为载体，注重行业职业技能培养，具有鲜明的工学结合特色。

本书内容通俗易懂，便于教学，为高职高专院校建筑类专业的教材，也可作为应用型本科、成人教育、自学考试、电视大学、中职学校、培训班的教材，以及工程技术人员的自学参考工具书。

本书配有免费的电子教学课件、习题参考答案，详见前言。

图书在版编目(CIP)数据

建筑钢结构施工/张广峻，贠英伟主编. —北京：电子工业出版社，2011.9
全国高等职业院校规划教材. 精品与示范系列
ISBN 978-7-121-13837-9

Ⅰ. ①建…　Ⅱ. ①张…　②贠…　Ⅲ. ①钢结构－工程施工－高等职业教育－教材　Ⅳ. ①TU758.11

中国版本图书馆CIP数据核字(2011)第112567号

策划编辑：陈健德(E-mail:chenjd@phei.com.cn)
责任编辑：徐　萍
印　　刷：北京虎彩文化传播有限公司
装　　订：北京虎彩文化传播有限公司
出版发行：电子工业出版社
　　　　　北京市海淀区万寿路173信箱　邮编100036
开　　本：787×1092　1/16　印张：20.25　字数：544.7千字
版　　次：2011年9月第1版
印　　次：2020年7月第9次印刷
定　　价：39.00元

凡所购买电子工业出版社的图书,如有缺损问题，请向购买书店调换。若书店售缺，请与本社发行部联系，联系及邮购电话:(010)88254888,88258888。

质量投诉请发邮件至zlts@phei.com.cn，盗版侵权举报请发邮件至dbqq@phei.com.cn。

本书咨询联系方式:chenjd@phei.com.cn。

职业教育 继往开来（序）

自我国经济在21世纪快速发展以来，各行各业都取得了前所未有的进步。随着我国工业生产规模的扩大和经济发展水平的提高，教育行业受到了各方面的重视。尤其对高等职业教育来说，近几年在教育部和财政部实施的国家示范性院校建设政策鼓舞下，高职院校以服务为宗旨、以就业为导向，开展工学结合与校企合作，进行了较大范围的专业建设和课程改革，涌现出一批示范专业和精品课程。高职教育在为区域经济建设服务的前提下，逐步加大校内生产性实训比例，引入企业参与教学过程和质量评价。在这种开放式人才培养模式下，教学以育人为目标，以掌握知识和技能为根本，克服了以学科体系进行教学的缺点和不足，为学生的顶岗实习和顺利就业创造了条件。

中国电子教育学会立足于电子行业企事业单位，为行业教育事业的改革和发展，为实施“科教兴国”战略做了许多工作。电子工业出版社作为职业教育教材出版大社，具有优秀的编辑人才队伍和丰富的职业教育教材出版经验，有义务和能力与广大的高职院校密切合作，参与创新职业教育的新方法，出版反映最新教学改革成果的新教材。中国电子教育学会经常与电子工业出版社开展交流与合作，在职业教育新的教学模式下，将共同为培养符合当今社会需要的、合格的职业技能人才而提供优质服务。

近期由电子工业出版社组织策划和编辑出版的“全国高职高专院校规划教材·精品与示范系列”，具有以下几个突出特点，特向全国的职业教育院校进行推荐。

（1）本系列教材的课程研究专家和作者主要来自于教育部和各省市评审通过的多所示范院校。他们对教育部倡导的职业教育教学改革精神理解得透彻准确，并且具有多年的职业教育教学经验及工学结合、校企合作经验，能够准确地对职业教育相关专业的知识点和技能点进行横向与纵向设计，能够把握创新型教材的出版方向。

（2）本系列教材的编写以多所示范院校的课程改革成果为基础，体现重点突出、实用为主、够用为度的原则，采用项目驱动的教学方式。学习任务主要以本行业工作岗位群中的典型实例提炼后进行设置，项目实例较多，应用范围较广，图片数量较大，还引入了一些经验性的公式、表格等，文字叙述浅显易懂。增强了教学过程的互动性与趣味性，对全国许多职业教育院校具有较大的适用性，同时对企业技术人员具有可参考性。

（3）根据职业教育的特点，本系列教材在全国独创性地提出“职业导航、教学导航、知识分布网络、知识梳理与总结”及“封面重点知识”等内容，有利于老师选择合适的教材并有重点地开展教学过程，也有利于学生了解该教材相关的职业特点和对教材内容进行高效率的学习与总结。

（4）根据每门课程的内容特点，为方便教学过程对教材配备相应的电子教学课件、习题答案与指导、教学素材资源、程序源代码、教学网站支持等立体化教学资源。

职业教育要不断进行改革，创新型教材建设是一项长期而艰巨的任务。为了使职业教育能够更好地为区域经济和企业服务，殷切希望高职高专院校的各位职教专家和老师提出建议和撰写精品教材（联系邮箱：chenjd@phei.com.cn，电话：010－88254585），共同为我国的职业教育发展尽自己的责任与义务！

中国电子教育学会

全国高职高专院校土建类专业课程研究专家组

随着我国经济的快速发展，全国各地的新型建筑如雨后春笋拔地而起，建筑钢结构行业得到蓬勃发展。截至2010年年底，钢结构企业数量已经突破10 000家，钢结构建筑应用范围进一步扩大，市场发展迅速，前景广阔，钢结构在建筑行业里扮演着越来越重要的角色。与此同时，满足钢结构设计、制作、安装的一线技术人员却严重短缺，人才供需失衡的现状对钢结构行业持续健康发展所产生的制约效应越来越明显。为缓解人才供给失衡现状，提高建筑类专业学生和钢结构行业一线技术人员的专业水平，我们通过充分大量的调研，提炼出核心专业能力，将能力要求融入到教学内容与教学组织中，对课程学习内容进行组建与重构。经过几年来的教学实践，联合多个院校不断进行补充与完善，精心推出这本《建筑钢结构施工》教材。本教材内容特点如下。

1. 以课程研究促进教学改革

首先对建筑钢结构行业人才结构及职业能力要求进行充分调研，归纳出建筑钢结构行业的岗位构成及相应的能力要求；然后根据能力要求，结合高职院校的人才培养定位及学生自身特点，选取具有普适性实际工程为教学载体，以工作过程为导向，以真实任务为驱动，并遵循学生的职业成长规律，合理地进行教学改革与内容编排。

2. 注重行业职业技能需求

以建筑钢结构行业职业能力要求为出发点，突出教学内容的实用性与针对性，以培养学生的实际应用能力目标为原则，处处体现“标准融入、项目贯通”的专业人才培养特色。“标准融入”就是将钢结构工程建设中涉及的现行规范与标准充分融入到课程教学的实施过程中，来体现职业能力与岗位技能相适应、学习项目与结构形式相一致、教学组织过程与真实工序相协调的建设思路，以实现学生的能力递进与层次逐步提升的目标，例如新颁布的《钢结构工程施工规范》（GB 50755—2012）、《钢结构焊接规范》（GB 50661—2011）等。“项目贯通”就是以钢结构工程中常见的三个典型结构——单层厂房结构、多高层钢框架结构、空间网架结构作为学习对象，以代表性的实际工程案例为载体，将学习内容贯通于详图转化→制作加工→安装施工的核心能力培养之中。

3. 与建筑钢结构岗位相对应

每个模块的内容设置均与建筑钢结构行业主要的职业岗位——详图设计员、质检员、施工员、安全员等一一对应，如下表所示。需要注意的是，由于“一专多能”的岗位要求，各个学习单元之间是相互联系、不可分割的，学生可以根据自己的实际情况，结合课外资料，对某些单元进行重点学习。

4. 以真实项目为载体进行单元教学

教学单元的内容安排以实际工程项目为载体，以工作过程为导向。例如，钢结构的制作是在工厂制作车间完成的，工作对象虽然是不同的构件，但工序基本相同，因而学习内容是按照先后工序安排的，以典型的梁、柱等构件为载体；钢结构安装施工是在安装现场进行的，安装对象有不同的结构形式，因而学习内容是以工程中常见的单层钢结构、多高层钢框架结构、网架结构的安装作为学习对象，以实际的典型工程项目为载体，按照由简单到复杂的顺序进行安排，这一点与《钢结构工程施工质量验收规范》（GB 50205—2001）中检验批划分是一致的，便于实际操作。

本书内容新颖实用，分为 5 个模块、16 个学习单元，涵盖钢结构设计→详图转化→加工制作→安装施工的全部环节，有助于读者系统了解钢结构的整个施工过程。各单元内容及建议学时见下表，各院校可根据实际情况对内容和学时进行适当调整。

模　　块	学习单元	参考学时	主要岗位
建筑钢结构基础知识	1　建筑钢结构概述	2	
	2　建筑钢结构材料	4	
	3　钢结构基本构件设计与校核	6	
建筑钢结构施工详图设计	4　钢结构施工图的绘制与组成内容	4	详图设计员
	5　建筑钢结构连接构造与施工详图设计	10	
建筑钢结构加工制作	6　钢结构加工制作前期准备	4	质检员
	7　钢结构零部件加工	4	
	8　钢结构焊接	4	
	9　钢结构组装与预拼装	6	
	10　钢结构变形矫正	3	
	11　钢结构防腐涂装	3	
	12　钢构件出厂检验与运输	2	
建筑钢结构安装施工	13　单层钢结构安装施工	18	施工员
	14　多、高层钢结构安装施工	16	
	15　网架结构安装施工	6	
建筑钢结构安全施工	16　建筑钢结构安全施工	4	安全员

本书由邢台职业技术学院、洛阳理工学院、六安职业技术学院、威海职业技术学院、浙江交通职业技术学院联合编写，由张广峻、贠英伟任主编，苏英志、储晓路任副主编，参加编写的人员还有王丽、何宇、杨文军、刘永娟、赵剑丽、张鹏；全书由张广峻、苏英志统稿。此外，还得到有关企业和电子工业出版社的大力支持，在此一并表示衷心的感谢！

由于作者水平和时间限制，书中难免有不当和疏漏之处，敬请读者给予批评指正。

为了方便教师教学和读者自学，本书还配有免费的电子教学课件与习题参考答案，请有此需要的教师登录华信教育资源网（www. hxedu. com. cn）免费注册后进行下载，如有问题请在网站留言版留言或与电子工业出版社联系（E-mail：hxedu@ phei. com. cn）。

编　者

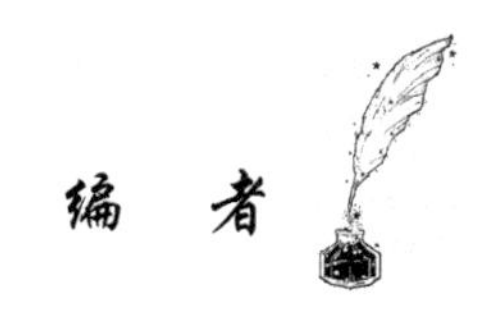

目 录

学习单元1 建筑钢结构概述 …… 1
教学导航 …… 1
任务1.1 了解钢结构的特点及应用 …… 2
任务1.2 认识钢结构的类型及组成 …… 4
1.2.1 轻钢结构——门式刚架 …… 4
1.2.2 单层重型厂房结构 …… 5
1.2.3 多高层钢结构 …… 7
1.2.4 大跨度钢结构 …… 8
任务1.3 了解钢结构的发展与展望 …… 8
知识梳理与总结 …… 10
思考题1 …… 10
实训1 …… 10

学习单元2 建筑钢结构材料 …… 11
教学导航 …… 11
任务2.1 承重结构用钢材 …… 12
任务2.2 钢结构连接材料 …… 17
2.2.1 焊接材料 …… 17
2.2.2 普通螺栓 …… 18
2.2.3 高强度螺栓 …… 18
任务2.3 钢结构围护材料 …… 19
2.3.1 彩色涂层压型钢板 …… 19
2.3.2 彩色保温材料夹芯板 …… 20
2.3.3 彩色压型钢板与夹芯板的连接件及密封材料 …… 21
2.3.4 采光板 …… 22
任务2.4 钢结构防腐和防火涂料 …… 22
知识梳理与总结 …… 26
思考题2 …… 26
实训2 …… 26

学习单元3 钢结构基本构件设计与校核 …… 28
教学导航 …… 28
任务3.1 钢梁设计与校核 …… 29
3.1.1 梁的截面形式及应用 …… 29
3.1.2 钢梁正常工作需满足的要求 …… 29
3.1.3 钢梁的设计方法 …… 36
任务3.2 钢柱设计与校核 …… 39

3.2.1 钢柱的分类及应用 …… 40
3.2.2 钢柱的截面形式 …… 40
3.2.3 钢柱正常工作需满足的基本条件 …… 41
3.2.4 轴心受压柱的设计方法 …… 46
3.2.5 框架柱的设计方法 …… 47
知识梳理与总结 …… 47
思考题3 …… 47
实训3 …… 47
学习单元4 钢结构施工图的绘制与组成内容 …… 49
教学导航 …… 49
任务4.1 建筑钢结构制图标准 …… 50
4.1.1 基本规定 …… 50
4.1.2 尺寸标注 …… 53
任务4.2 建筑钢结构的图纸表达 …… 57
4.2.1 构件名称代号 …… 57
4.2.2 型钢表示方法 …… 58
4.2.3 螺栓、孔、电焊铆钉的表示方法 …… 58
4.2.4 焊缝表示方法 …… 59
任务4.3 建筑钢结构施工图的组成与内容 …… 63
任务4.4 建筑钢结构施工图识读 …… 67
知识梳理与总结 …… 71
思考题4 …… 71
实训4 …… 71
学习单元5 建筑钢结构连接构造与施工详图设计 …… 72
教学导航 …… 72
任务5.1 焊接连接构造设计 …… 73
5.1.1 焊接方法 …… 73
5.1.2 焊接缺陷及焊接质量检验 …… 75
5.1.3 焊缝连接形式与焊缝形式 …… 75
5.1.4 对接焊缝的构造和计算 …… 77
5.1.5 角焊缝的构造和计算 …… 81
5.1.6 焊接残余应力和残余变形 …… 86
任务5.2 螺栓连接构造设计 …… 88
5.2.1 螺栓连接的构造 …… 88
5.2.2 普通螺栓连接的计算 …… 89
5.2.3 高强度螺栓连接计算 …… 93
任务5.3 钢结构施工详图设计 …… 98
5.3.1 节点构造设计 …… 98
5.3.2 钢结构施工详图的绘制 …… 100
5.3.3 钢结构施工详图审核与审批 …… 101
5.3.4 钢结构施工详图设计示例 …… 102
知识梳理与总结 …… 104
思考题5 …… 104

实训 5 …… 104
学习单元 6 钢结构加工制作前期准备 …… 105
教学导航 …… 105
任务 6.1 钢结构制造厂的建立 …… 106
6.1.1 钢结构制造厂的组成 …… 106
6.1.2 钢结构制造厂的生产组织方式与生产线布置 …… 106
6.1.3 钢结构制造厂的生产条件要求 …… 108
任务 6.2 原材料订货、进厂检验与存储管理 …… 109
任务 6.3 钢结构制作工程开工前的准备 …… 113
6.3.1 技术准备 …… 114
6.3.2 材料准备 …… 115
6.3.3 机具准备 …… 116
知识梳理与总结 …… 116
思考题 6 …… 116
实训 6 …… 117
学习单元 7 钢结构零部件加工 …… 118
教学导航 …… 118
任务 7.1 放样和号料 …… 119
任务 7.2 切割 …… 122
任务 7.3 边缘和端部加工 …… 124
任务 7.4 加工成型 …… 125
任务 7.5 制孔 …… 126
任务 7.6 网架杆件和钢球加工 …… 127
知识梳理与总结 …… 129
思考题 7 …… 129
实训 7 …… 129
学习单元 8 钢结构焊接 …… 130
教学导航 …… 130
任务 8.1 焊接基本规定 …… 131
任务 8.2 焊接工艺 …… 134
8.2.1 焊接通用工艺 …… 134
8.2.2 手工电弧焊焊接工艺 …… 135
8.2.3 埋弧焊焊接工艺 …… 136
8.2.4 CO_2气体保护焊焊接工艺 …… 136
8.2.5 栓钉焊焊接工艺 …… 137
8.2.6 电渣焊焊接工艺 …… 139
知识梳理与总结 …… 140
思考题 8 …… 140
实训 8 …… 140
学习单元 9 钢结构组装与预拼装 …… 141
教学导航 …… 141

任务 9.1　组装前的准备工作 …… 142
任务 9.2　钢构件组装 …… 143
9.2.1　钢板的拼接 …… 144
9.2.2　钢构件组装 …… 145
任务 9.3　典型构件的组装 …… 147
9.3.1　H 形截面构件制作工艺 …… 147
9.3.2　箱形截面构件制作工艺 …… 149
9.3.3　十字形截面构件制作工艺 …… 151
任务 9.4　钢结构预拼装 …… 154
知识梳理与总结 …… 157
思考题 9 …… 157
实训 9 …… 158

学习单元 10　钢结构变形矫正 …… 159
教学导航 …… 159
任务 10.1　钢结构常见变形 …… 160
10.1.1　原材料的变形 …… 160
10.1.2　冷加工变形 …… 160
10.1.3　组装引起的变形 …… 161
10.1.4　不均匀受热引起的变形 …… 161
10.1.5　运输和使用过程中引起的变形 …… 161
任务 10.2　钢结构变形矫正 …… 162
10.2.1　矫正原理 …… 162
10.2.2　矫正方法 …… 162
任务 10.3　防止和减少变形的措施 …… 165
知识梳理与总结 …… 166
思考题 10 …… 166
实训 10 …… 167

学习单元 11　钢结构防腐涂装 …… 168
教学导航 …… 168
任务 11.1　钢结构腐蚀及防护 …… 169
任务 11.2　钢结构表面处理 …… 170
11.2.1　钢材表面处理前的要求 …… 171
11.2.2　钢结构表面处理 …… 171
11.2.3　钢材的除锈等级 …… 172
任务 11.3　钢结构防腐涂装 …… 173
11.3.1　防腐涂装编制 …… 173
11.3.2　防腐涂装施工 …… 176
知识梳理与总结 …… 178
思考题 11 …… 178
实训 11 …… 178

学习单元 12　钢构件出厂检验与运输 …… 179
教学导航 …… 179
任务 12.1　钢构件出厂检验与堆放 …… 180
任务 12.2　钢构件包装与运输 …… 181
知识梳理与总结 …… 183
思考题 12 …… 183
实训 12 …… 184
学习单元 13　单层钢结构安装施工 …… 185
教学导航 …… 185
任务 13.1　结构吊装机械设备 …… 186
13.1.1　卷扬机 …… 186
13.1.2　起重机 …… 186
13.1.3　吊装索具 …… 189
任务 13.2　地脚螺栓预埋施工 …… 190
13.2.1　地脚螺栓制作 …… 190
13.2.2　地脚螺栓埋设 …… 191
13.2.3　地脚螺栓纠偏 …… 192
13.2.4　地脚螺栓螺纹保护与修补 …… 192
任务 13.3　安装前期准备工作 …… 193
13.3.1　施工组织设计编制 …… 193
13.3.2　钢构件的预检和进场检验 …… 194
13.3.3　钢构件堆场规划 …… 195
13.3.4　钢结构安装 …… 195
13.3.5　钢结构吊装机械选择 …… 198
13.3.6　测量仪器及设备统一 …… 199
13.3.7　吊装构件的准备 …… 199
13.3.8　大型构件的现场拼装 …… 200
13.3.9　钢结构基础的复测与验收 …… 202
13.3.10　施工协调管理 …… 203
任务 13.4　主体结构安装 …… 204
13.4.1　钢柱安装 …… 205
13.4.2　吊车梁系统安装 …… 211
13.4.3　刚架梁安装 …… 212
13.4.4　钢屋架安装 …… 212
13.4.5　平面钢桁架安装 …… 213
13.4.6　支撑的安装 …… 214
任务 13.5　紧固件连接施工 …… 214
13.5.1　施工工具 …… 214
13.5.2　普通螺栓连接施工 …… 215
13.5.3　高强度螺栓连接施工 …… 216
13.5.4　其他紧固件连接施工 …… 223
任务 13.6　围护结构安装施工 …… 223
13.6.1　檩条与墙架的安装 …… 223
13.6.2　彩板围护结构排板设计 …… 224

13.6.3 彩板围护结构安装 …… 225
13.6.4 其他辅助构件安装 …… 228
任务13.7 钢结构现场涂装施工 …… 229
13.7.1 钢结构防腐修补与面漆涂装 …… 229
13.7.2 钢结构防火保护 …… 230
13.7.3 防火涂装施工 …… 232
知识梳理与总结 …… 235
思考题13 …… 235
实训13 …… 236

学习单元14 多、高层钢结构安装施工 …… 237
教学导航 …… 237
任务14.1 多、高层钢结构安装施工准备 …… 238
14.1.1 一般要求 …… 238
14.1.2 钢构件的进场验收 …… 239
14.1.3 钢构件的配套供应 …… 240
14.1.4 安装流水段的划分与结构安装顺序 …… 242
14.1.5 吊装机具的选择 …… 246
14.1.6 工程相关部门间的协调 …… 247
任务14.2 多、高层钢结构安装测量 …… 247
14.2.1 测量器具的检定与检验 …… 248
14.2.2 建筑物测量验线 …… 248
14.2.3 建筑物平面控制网建立 …… 248
14.2.4 建筑物高程控制网建立 …… 250
14.2.5 钢柱垂直度测量 …… 250
14.2.6 钢结构安装测量顺序 …… 251
任务14.3 主体钢结构安装 …… 252
14.3.1 多、高层钢结构的施工协调 …… 252
14.3.2 地脚螺栓安装及精度控制 …… 253
14.3.3 吊装机具的安装 …… 254
14.3.4 钢柱安装 …… 257
14.3.5 钢梁安装 …… 259
14.3.6 标准节框架安装 …… 260
14.3.7 多层与高层钢框架校正 …… 261
14.3.8 劲性混凝土结构施工 …… 263
任务14.4 压型钢板施工 …… 263
14.4.1 压型钢板堆放及吊装要求 …… 264
14.4.2 压型钢板施工准备 …… 264
14.4.3 压型钢板施工与上、下工序间的衔接 …… 265
14.4.4 压型钢板施工 …… 265
14.4.5 混凝土浇筑作业 …… 267
任务14.5 多、高层钢结构现场焊接 …… 267
14.5.1 焊前准备 …… 267
14.5.2 焊接顺序 …… 268
14.5.3 现场焊接操作工艺 …… 269

14.5.4 现场焊接质量检验 …… 270
任务 14.6 多、高层钢结构现场涂装 …… 270
知识梳理与总结 …… 271
思考题 14 …… 272
实训 14 …… 272

学习单元 15 网架结构安装施工 …… 273
教学导航 …… 273
任务 15.1 网架结构形式与选型 …… 274
任务 15.2 网架结构拼装 …… 277
任务 15.3 网架结构安装 …… 280
15.3.1 高空散装法 …… 281
15.3.2 分条或分块安装法 …… 283
15.3.3 高空滑移法 …… 285
15.3.4 整体吊装法 …… 288
15.3.5 整体提升法 …… 289
15.3.6 整体顶升法 …… 291
知识梳理与总结 …… 291
思考题 15 …… 292
实训 15 …… 292

学习单元 16 建筑钢结构安全施工 …… 293
教学导航 …… 293
任务 16.1 钢结构施工安全管理措施 …… 294
任务 16.2 特殊要求的安全作业管理 …… 297
16.2.1 安全防护设施 …… 297
16.2.2 高空作业 …… 299
16.2.3 吊装作业 …… 301
16.2.4 高强度螺栓安装作业 …… 302
16.2.5 焊接作业 …… 302
16.2.6 涂装作业 …… 303
16.2.7 动火作业 …… 303
16.2.8 防爆作业 …… 303
16.2.9 塔吊作业 …… 304
任务 16.3 安全用电 …… 304
任务 16.4 文明施工和环境保护 …… 305
知识梳理与总结 …… 307
思考题 16 …… 307
实训 16 …… 307

附录 A 钢材、焊缝和螺栓连接的强度设计值 …… 308
参考文献 …… 310

职业导航

职业素养：

应学习职业道德、生涯规划、计算机、英语、数学、相关法律等公共基础知识和建筑制图、建筑力学等专业基础知识；应具有良好的社交能力和团队合作意识；应具有继续学习能力和创新意识。

专业技术：

应学习钢结构节点构造、钢结构设计、钢结构详图转化、钢结构制作安装、钢结构质量验收、钢结构工程项目管理等专业课程。

工程实践：

在钢结构企业相关岗位进行实习，熟悉详图转化程序、构件制作工艺流程、结构安装技术等工作内容，熟悉企业各个部门的基本职能、管理制度、办事程序等。

建筑钢结构施工能力目标

模块1　建筑钢结构基础知识

熟悉建筑钢结构的特点、应用、发展趋势；

熟悉钢结构建筑中常用材料的性能、表达方式、使用范围等；

熟悉常见钢结构梁、柱等构件的设计原理，并能进行简单校核。

模块2　建筑钢结构施工详图设计

能够正确阅读钢结构施工图；

能够对钢结构施工图中的节点进行构造设计；

能够绘制单层钢结构，多、高层钢框架结构，网架结构的构件详图。

模块3　建筑钢结构加工制作

熟悉钢结构构件的加工制作工艺流程；

能够进行常见钢结构构件的质量检验。

模块4　建筑钢结构安装施工

能够进行单层钢结构厂房的安装施工与技术指导；

能够进行多、高层钢框架结构的安装施工与技术指导；

能够进行网架结构的安装施工与技术指导。

模块5　建筑钢结构安全施工

能够在钢结构制作车间及钢结构安装现场从事安全管理工作。

本书按照钢结构岗位群构成来划分相对应的模块。选取典型的实际工程案例为学习载体，以工作过程为导向，实行任务驱动教学，考虑学生的职业成长规律，从简单到复杂，逐步实现学生的能力提升和层次提升。

职业岗位

详图员	质检员	施工员	安全员
详图工程师	车间主任	项目经理	安全工程师

学习单元1

建筑钢结构概述

教学导航

教	知识重点	1. 钢结构的特点； 2. 钢结构的应用范围； 3. 钢结构的类型及组成
	推荐教学方式	1. 利用多媒体，借助实际案例、实际建筑物图片演示讲解； 2. 钢结构建筑物现场教学
	建议学时	2 学时
学	推荐学习方法	以参观实际钢结构建筑物和网上查阅典型钢结构建筑概况、典型钢结构事故案例学习
	必须掌握的理论知识	建筑物基本构件形式、作用及构造
	必须掌握的技能	网上查阅资料技能

任务 1.1 了解钢结构的特点及应用

1. 钢结构的特点

钢结构与钢筋混凝土结构、砌体结构、木结构等同属于建筑结构类型范畴，钢结构与其他结构形式的区别在于它的主要承重构件如梁、柱等，由钢板、热轧型钢或冷加工成型的薄壁型钢制造而成。与其他结构相比，钢结构有如下特点。

1）强度高，自重小

钢材的重度虽然比钢筋混凝土、砌体及木材大，但因其强度和弹性模量要比后者高出很多倍，因此在承载力相同的条件下，钢结构的自重比其他结构要小。

2）塑性、韧性好

钢材具有良好的塑性，钢结构在一般情况下不会因偶然局部超载而发生突发性破坏，而是在事先有较大塑性变形作为预兆。此外，钢材还具有良好的韧性，对动力荷载的适应性强，抗震性能好。国内外大量的地震调查表明，各类结构中钢结构在地震中所受的损害最小。

3）材质均匀，工作可靠性高

钢材的内部组织比较均匀，非常接近于各向同性体，且在一定的应力范围内属于理想弹性工作，因此它的实际工作情况与一般力学计算中所假定的材料为匀质各向同性体的较为符合，工作可靠性高。

4）工业化生产程度高、施工速度快

钢结构构件在专业化的钢结构工厂制造，精确度高，能批量生产，生产效率高，是工业化生产程度最高的一种结构。钢结构的工厂制作、工地安装的施工方法，可缩短施工周期，降低造价，提高经济效益。

5）密闭性好

钢材组织非常密实，采用焊接连接可做到完全密封，一些要求气密性和水密性好的高压容器、大型油库、煤气罐、输送管道等板壳结构，最适宜采用钢结构。

6）有利于保护环境、节约资源

采用钢结构可大大减少砂、石、灰的用量，减轻对不可再生资源的破坏。钢结构拆除后可回炉再生循环利用，有的还可以搬迁复用，可大大减少建筑垃圾。

7）耐热性能好，但耐火性能差

钢材在常温至200℃以内性能变化不大，但超过200℃，钢材的强度及弹性模量将随温度的升高而大大降低，到600℃时就完全失去承载能力。另外钢材导热性很好，局部受热（如发生火灾）也会迅速引起整个结构升温，危及结构安全。因此，钢结构的防火性较钢筋混凝土结构差，一般用于温度不高于250℃的场所。

当钢结构表面长期受高温辐射达150℃以上，或短时间内可能受到火焰作用，或可能受到炽热熔化金属喷溅，以及可能遭受火灾袭击时，就应采取有效的防护措施，如用耐火材料做成隔热层等。

8）抗腐蚀性差

钢材在潮湿的环境中易锈蚀，处于有腐蚀性介质的环境中更易生锈，因此，钢结构必须进行防锈处理。钢结构的防护可采用油漆、热浸锌或热喷涂铝（锌）复合涂层。但这种防护并非一劳永逸，需相隔一段时间重新维修，因而其维护费用较高。

9）易断裂

钢结构在低温或其他条件（如应力集中）下，易发生脆性断裂。

2. 钢结构的应用范围

钢结构的合理应用范围不仅取决于钢结构本身的特性，还和钢材供应情况密切相关。20世纪60～70年代，钢材供应短缺，“节约钢材、少用钢材”作为当时的用钢原则，钢结构在建筑领域的应用受到限制。20世纪80年代以来，钢产量连年提高，品种逐渐增加，钢结构的技术政策改为“合理使用钢材”。此后，钢结构在土建工程中的应用日益广泛。目前钢结构在我国工程中的应用范围大致如下。

1）重型工业厂房结构

冶金工厂的平炉车间、重型机器制造厂的铸钢车间、锻压车间，造船厂的船台车间，飞机制造厂的装配车间等均属重型厂房。所谓“重”，就是这类厂房的吊车起重量大，且操作频繁，动载影响大，主要承重骨架及吊车梁大多采用钢结构。

2）大跨度结构

属于大跨度结构的有飞机库、火车站、会议厅、体育馆、展览馆、影剧院等，其结构体系主要有框架结构、拱式结构、网架结构、悬索结构、悬挂结构、预应力钢结构等。

3）多层和高层建筑结构

建筑物采用钢结构，由于结构自重轻、强度高，结构构件截面面积小，可以获得较大的建筑空间，同时抗震性能好、工期短、施工方便，对高层建筑的修建极为有利。因此旅馆、饭店、公寓、办公大楼等多层及高层建筑采用钢结构的越来越多。

4）高耸结构

高耸结构包括电视塔、微波塔、通信塔、输电线路塔、石油化工塔、火箭发射塔、钻井塔、水塔、烟囱等。这类结构的特点是高度大，主要承受风荷载。采用钢结构，自重轻，对运输及安装有利；同时还因材料强度高，所需构件截面小，可以减小风荷载，能取得较好的经济效益。

5）挡水结构、储罐、容器及大直径管道

由于钢材易于制成不渗漏的密闭结构，故常用做水工建筑中的挡水闸门、大型油库、气罐、输油管道、煤气管道及各种容器等。

6）轻型钢结构

轻型钢结构通常指由圆钢、小角钢、薄壁型钢或薄钢板焊接而成的结构。中小型房屋建筑、体育场看台雨篷、小型仓库等多采用轻型钢结构。这种结构以门式刚架轻型房屋钢结构应用最多，其特点是把屋面结构和屋盖承重结构合二为一，主要承重结构为单跨或多跨单层门式刚架。轻型钢结构的优点是自重轻，造价低，生产制作工厂化程度高，现场安装工作量小，建设速度快；同时外形美观，内部空旷，建筑面积及空间利用率高，因此在建筑市场极具竞争力。近几年来轻型钢结构在我国发展很快，其应用范围已从工业厂房、仓库、体育场馆等向住宅、别墅发展。

7）桥梁钢结构

桥梁钢结构越来越多，特别是中等跨度和大跨度的斜拉桥，如上海两座著名的大桥南浦大

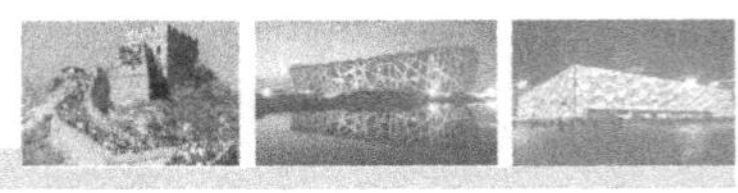

桥和杨浦大桥。

8）可拆卸和搬迁的结构

钢结构因为可采用螺栓连接，拆卸搬迁方便，且强度高，结构自重相对较轻，韧性好，因此，桥式吊车和各种塔式起重机、龙门起重机、缆索起重机等，商业、旅游业和建筑工地的活动房屋，如流动展览馆、移动式混凝土搅拌站、施工临时用房屋等，都采用钢结构。

9）钢－混凝土组合结构

充分利用钢与混凝土各自材料性能的优势，将它们组合成各种构件，可以取得较好的技术经济效益。如钢－混凝土组合梁、钢管混凝土柱等，这类结构在房屋及桥梁建筑中应用很广。

任务1.2　认识钢结构的类型及组成

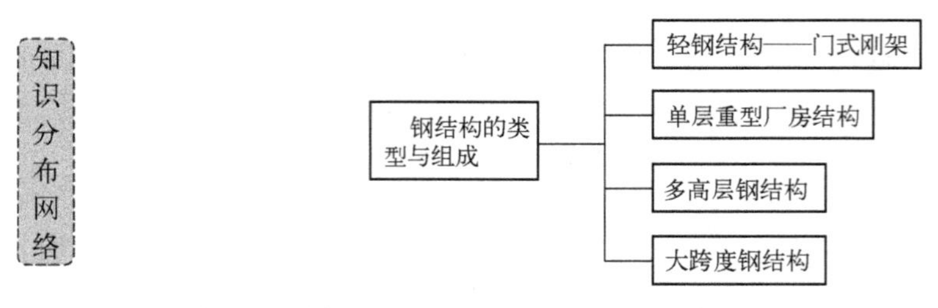

在土木工程中，钢结构有着广泛的应用。由于使用功能及结构组成方式不同，钢结构种类繁多，形式各异。例如房屋建筑中，有大量的钢结构厂房、高层钢结构建筑、大跨度钢网架建筑、悬索结构建筑等。钢结构的组成形式多种多样，这里仅就常见的轻钢结构、单层重型厂房结构、多高层钢结构、大跨度钢结构作简要分析。

1.2.1　轻钢结构——门式刚架

一般来说，可将钢结构划分为普通钢结构和轻型钢结构两大类。从结构设计角度来说，轻型钢结构就是指“结构构件采用较薄板件，设计时考虑板件局部失稳后的后继强度的钢结构”。门式刚架是典型的轻型钢结构。

1. 门式刚架结构体系组成

轻型门式刚架的结构体系包括以下组成部分：

（1）主结构，如横向刚架、楼面梁、托梁、支撑体系等；

（2）次结构，如屋面檩条和墙梁等；

（3）围护结构，如屋面板和墙面板；

（4）辅助结构，如楼梯、平台、扶栏等；

（5）基础。

图1-1给出了轻型门式刚架组成的图示说明。

平面门式刚架和支撑体系再加上托梁、楼面梁等组成了轻型门式刚架的主要受力骨架，即主结构体系。屋面檩条和墙梁既是围护材料的支承结构，又为主结构梁柱提供了部分侧向支撑作用，构成了轻型门式刚架的次结构。屋面板和墙面板对整个结构起围护和封闭作用，由于蒙皮效应，事实上也增加了轻型门式刚架的整体刚度。外部荷载直接作用在围护结构上。其中，竖向和横向荷载通过次结构传递到主结构的平面门式刚架上，门式刚架依靠其自身刚度抵抗外部作用。纵向风荷载通过屋面和墙面支撑传递到基础上。

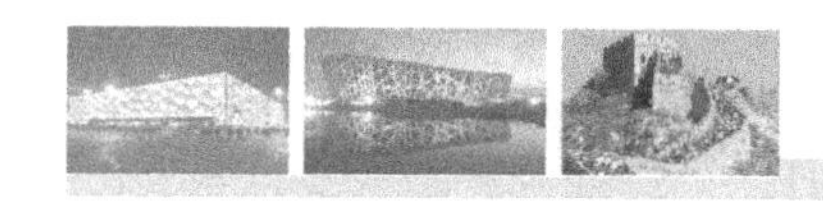

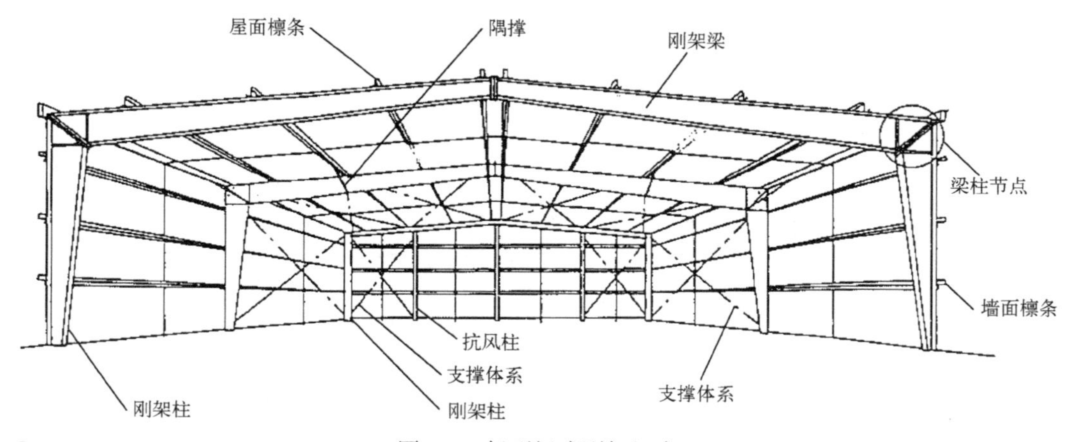

图1-1 轻型门式刚架组成

2. 门式刚架结构形式

刚架结构是梁、柱单元构件的组合体，其形式种类多样，如图1-2所示。在单层工业与民用房屋的钢结构中，应用较多的为单跨（a）、双跨（b）或多跨（c）刚架，以及带挑檐（d）和带毗屋（e）的刚架等形式。多跨刚架宜采用双坡或单坡屋面（f），必要时也可采用多个双坡单跨相连的多跨刚架形式。根据通风、采光的需要，刚架厂房可设置通风口、采光带和天窗架等。

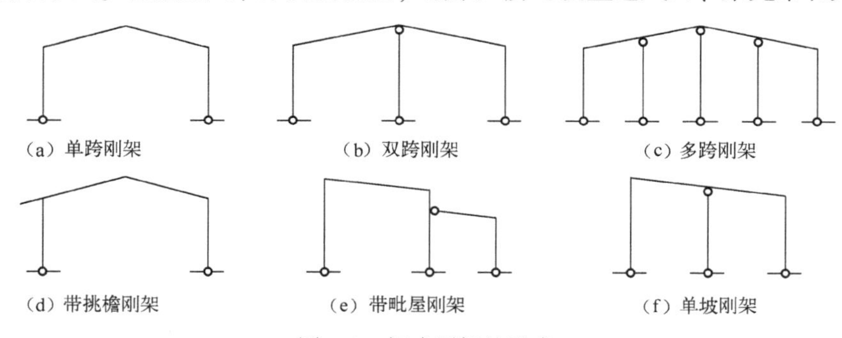

图1-2 门式刚架的形式

门式刚架轻型房屋钢结构体系中，屋盖应采用压型钢板屋面板和冷弯薄壁型钢檩条，主刚架可采用变截面实腹刚架，外墙宜采用压型钢板墙板和冷弯薄壁型钢墙梁，也可采用砌体外墙或底部为砌体、上部为轻质材料的外墙。主刚架斜梁下翼缘和刚架柱内翼缘的平面外稳定性，由与檩条或墙梁相连接的隅撑来保证。主刚架间的交叉支撑可采用张紧的圆钢。

单层门式刚架轻型房屋可采用隔热卷材作屋盖隔热和保温层，也可以采用带隔热层的板材作屋面。

根据跨度、高度及荷载不同，门式刚架的梁、柱可采用变截面或等截面的实腹焊接工字形截面或轧制H形截面。设有桥式吊车时，柱宜采用等截面构件。变截面构件通常改变腹板的高度，做成楔形，必要时也可以改变腹板厚度。

门式刚架的柱脚多按铰接支承设计，通常为平板支座，设一对或两对地脚螺栓。当用于工业厂房且有桥式吊车时，宜将柱脚设计为刚接。

1.2.2 单层重型厂房结构

1. 厂房结构的组成

单层厂房钢结构一般是由屋盖结构、柱、吊车梁、制动梁或桁架、各种支撑及墙架等构件

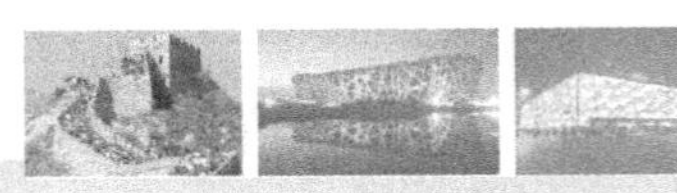

组成的空间骨架，如图 1-3 所示。

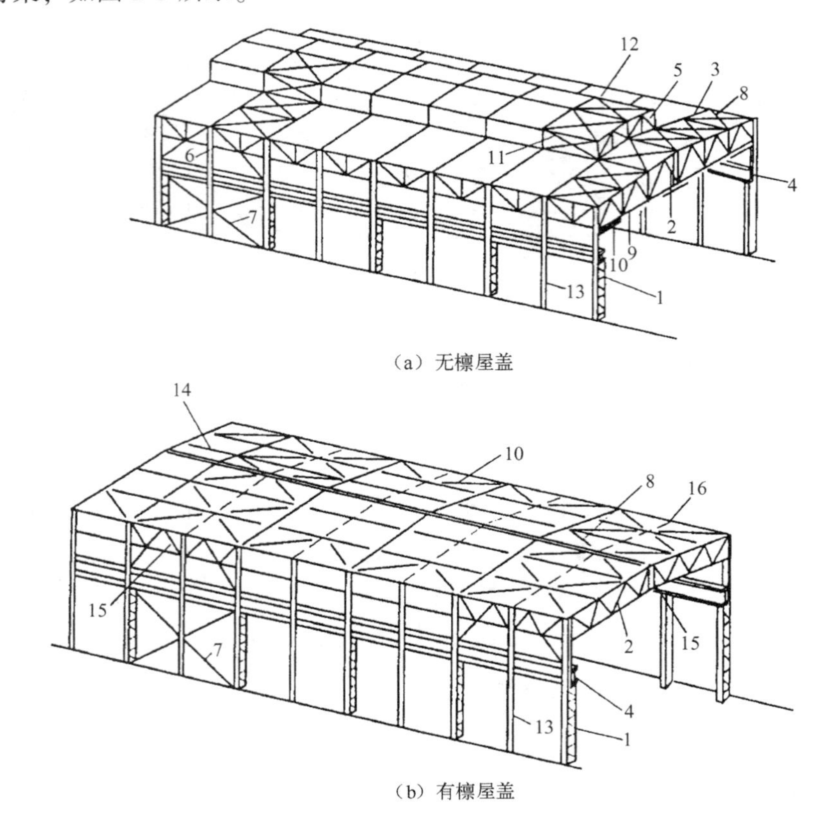

（a）无檩屋盖

（b）有檩屋盖

1—框架柱；2—屋架（框架横梁）；3—中间屋架；4—吊车梁；5—天窗架；6—托架；7—柱间支撑；
8—屋架上弦横向水平支撑；9—屋架下弦横向水平支撑；10—屋架纵向支撑；11—天窗架垂直支撑；
12—天窗架横向支撑；13—墙架柱；14—檩条；15—屋架垂直支撑；16—檩条间撑杆

图 1-3　厂房结构的组成

这些构件按其作用可分为以下几类：

（1）横向平面框架——由柱或框架横梁组成，是厂房的基本承重结构。承受作用在结构上的横向水平荷载和竖向荷载，并把这些荷载传递到基础。

（2）纵向平面框架——由柱、托架、吊车梁及柱间支撑等构成，来保证厂房骨架的纵向整体性及刚度。作用是将其承受的纵向水平荷载（如风荷载及吊车制动力）传递到基础。

（3）屋盖结构——由天窗架、屋架、托架、檩条及屋盖支撑等构成，承受屋盖荷载。

（4）支撑系统——由屋盖支撑、柱间支撑及其他附加支撑等构成。其作用是将单独的平面结构连成空间整体结构，以保证结构所必需的刚度及稳定，同时也承受纵向水平荷载。

（5）吊车梁及制动梁——主要承受吊车的竖向及水平荷载，并将其传递到横向和纵向框架。

（6）墙架——主要承受墙体的自重及风荷载。

此外，还有一些次要的构件如楼梯、走道、门窗等。在某些厂房中，由于工艺操作要求，还设有工作平台。

2. 屋盖结构的分类

屋盖结构根据屋面材料的不同可分为两类：一类是屋面材料采用钢筋混凝土大型屋面板，直接放在屋架上，称为无檩屋盖［图 1-3（a）］；另一类是采用压型钢板、压型钢板复合保温板等轻型屋面材料，铺放在设于屋架上弦的檩条之上，称为有檩屋盖［图 1-3（b）］。

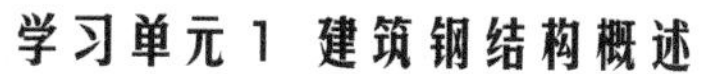

无檩屋盖刚度大、整体性好、耐久性强；但由于屋面板自重大，屋架及下部承重结构截面增大，用料增加，抗震性能较差；运输及吊装也不太方便，另外受大型屋面板尺寸（常用1.5m×6.0m或3.0m×6.0m）所限，屋架间距必须是6m，跨度一般取3m的倍数。无檩屋盖常用于对刚度要求较高的工业厂房。

有檩屋盖可供选用的屋面材料种类较多且自重轻、用料省、运输和吊装方便；可结合檩条的形式和间距从经济角度考虑确定屋架间距，经济间距为4～6m；有檩屋盖常用在对刚度要求不高的工地厂房中。

1.2.3 多高层钢结构

多高层钢结构一般是指6层以上（或30m以上），主要采用型钢、钢板连接或焊接成构件，再经连接、焊接而成的结构体系。一般多高层钢结构房屋组成的体系主要有：① 框架结构体系，即由梁和柱组成的多层多跨框架，如图1-4所示；② 带支撑的框架体系，即在两列柱之间设置斜撑，形成竖向悬臂桁架，以便承受更大的水平荷载，如图1-5所示；③ 筒式结构体系，即沿框架四周用密集排列的柱形成空间刚架式的筒体，它能更有效地抵抗水平荷载。如果不用密集排列的柱，也可以在建筑表面附加斜支撑，斜撑与梁、柱组成桁架，这样房屋四周就形成了刚度很大的空间桁架——支撑筒，这也是一种筒式结构体系，如图1-6所示。

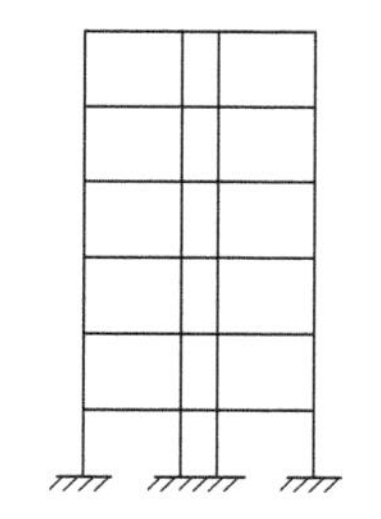

图1-4 框架结构

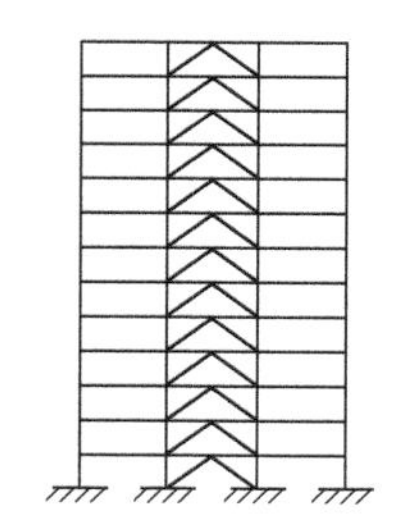

图1-5 框架支撑结构

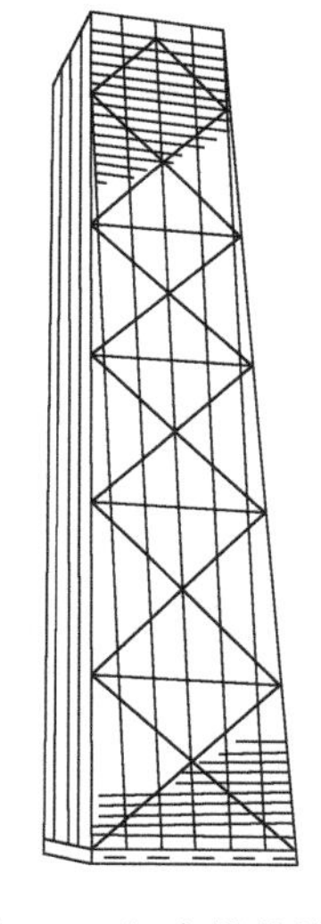

图1-6 钢支撑筒结构

1. 钢框架结构体系

纯框架结构一般适用于层数不超过30层的高层钢结构。框架结构体系是指沿房屋的纵向和横向，均采用框架作为承重和抵抗侧力的主要构件所形成的结构体系。

多高层结构的楼盖由楼板和梁系组成，用于多高层建筑的楼板有现浇钢筋混凝土楼板、预制楼板、压型钢板组合楼板，梁系由钢质主梁和次梁组成。

框架结构的优点是建筑平面布置灵活，可为建筑提供较大的室内空间。需要时，可用隔断分隔成小房间，或拆除隔断改成大房间，因而使用灵活。外墙用非承重构件，可使立面设计灵活多变。如果采用轻质隔墙和外墙，就可大大降低房屋自重，节省材料。

框架结构各部分刚度比较均匀。框架结构有较大延性，自振周期较长，因而对地震作用不敏感，抗震性能好。但框架结构的抗侧刚度小，侧向位移大。

2. 框架支撑结构体系

框架支撑结构体系由沿竖向或横向布置的支撑桁架结构和框架构成，是高层建筑钢结构中应用最多的一种结构体系，它的特点是框架与支撑系统协同工作，竖向支撑桁架起剪力墙的作用，承担大部分水平剪力。采用框架支撑体系的房屋，由于水平（侧向）刚度很大的各层楼盖的联系和协调，框架和支撑两者的侧向变形趋于一致，从而使框架下部和支撑上部的较大层间侧移角均得以较大幅度地减小，使各楼层的层间侧移角渐趋一致。所以，房屋的层数可以比框架体系房屋增加较多，一般适用于 40 ～ 60 层的高层建筑。

1.2.4 大跨度钢结构

1. 大跨度平面钢结构

在平面结构体系中，大跨度钢结构主要有梁式、框架式、拱式三种类型。

梁式大跨度结构因具有制造和安装方便等优点，广泛应用于房屋承重结构，用钢量较大，若采用预应力钢桁架可有效降低用钢量。大跨度结构的主梁不宜采用实腹式，宜采用桁架式，主桁架与下部结构宜做成铰接，简支、外伸或连续几种形式均可，见图 1-7。

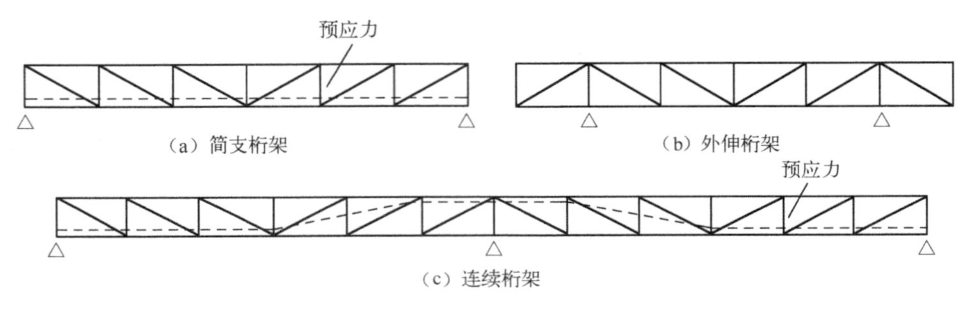

图 1-7 主桁架形式

框架式大跨度钢结构用钢量要比梁式大跨度钢结构省，且刚度较好，横梁高度较小。它适用于采用全钢结构的单层工业厂房。大跨度框架式钢结构有实腹式和格构式两种。

拱式大跨度钢结构用于跨度大于 80 ～ 100m 的结构中，其用钢量省，且经济美观。拱式结构按静力图分为无铰拱、单铰拱、两铰拱、三铰拱等，其中两铰拱最为常见。

2. 空间平面钢结构

大跨度空间结构中应用最为广泛的当属网架结构，主要是由于网架结构是一种受力性能很好的空间结构体系，并具有节约钢材、抗震性能好、便于采光、便于施工拆卸、造型新颖等优越性。广泛应用于中小跨度的工业与民用建筑中，如工业厂房、俱乐部、食堂、会议室等，而且更适用于大跨度的公共建筑，如体育馆、展览馆等。

任务 1.3 了解钢结构的发展与展望

1. 建筑钢结构的发展回顾

随着人类社会的不断发展和进步，铁作为一种重要的材料在人类的生产生活中起到了不可估量的作用。作为一种建筑材料，钢铁在社会进入工业化之前并没有获得广泛的应用，但是也不乏经典之例。

有可靠资料显示，中国应用铁作为建筑材料的历史可以追溯到公元前 2 世纪，公元前 200 多年前秦始皇时代已用生铁造桥墩；汉朝时期建造了铁链悬桥；公元 58 ～ 75 年建造了有史可查的蓝津桥；1061 年（宋代）建造了湖北荆州玉泉寺铁塔（13 层）。

西方的工业革命和科技进步，使得钢铁在建筑中的应用和发展发生了重要的变革。材料的发展由生铁发展到熟铁乃至碳素钢和合金钢，材料的性能大大提高。材料力学、结构力学和弹性力学的理论发展及计算技术的不断提高和试验手段的不断进步，使得钢结构设计水平突飞猛进。现代钢结构建筑已经成为建筑结构中的一个重要分支，在高层超高层建筑、大跨度公共建筑、工业建筑、桥梁建筑等方面得到广泛的应用。

我国建筑钢结构应用较早，如 1889 年唐山水泥厂建造了钢结构厂房；1927 年皇姑屯机车厂厂房采用了钢结构；1931 年广州建成了中山纪念堂——我国自行设计的钢穹顶；1934 年上海建造的 24 层钢结构国际饭店，是那个年代的标志性建筑。

新中国成立后到改革开放之前，由于受到经济发展的限制，我国的建筑设计方针以降低用钢量为重要考核指标，因此钢结构建筑应用不多，只有一些重型工业厂房和大跨度的标志性建筑采用钢结构，其结构形式基本上是钢筋混凝土下部支承结构与大跨度桁架、网架或者悬索组成的混合结构体系。

改革开放之后，我国的经济迅猛发展，钢铁工业也得到突飞猛进的发展，建筑钢结构的应用也越来越广泛，相应的技术也得到了比较大的提高。中国钢结构如今无论是设计水平，还是制作安装技术，都不比国外逊色，完全可以满足我国经济发展和基本建设的需要。

中国钢铁由原来的每年几百万吨到现在的每年几亿吨，其中可用于建筑钢结构的钢材在钢总产量所占的比重也越来越大，为钢结构的快速发展提供了坚实的物质基础。由于钢结构建筑的诸多优点，目前发达国家钢结构占建筑总用钢量的比例一般都在 40% 以上，在美国工程建设中，钢结构占 51%，混凝土结构占 49%，大约 70% 的非民居和 2 层及以下的建筑，均采用轻钢架体系。在欧洲、美洲、日本、韩国、我国台湾等地，钢结构用量已占到建筑总用钢量的 40% 以上。目前我国钢结构占建筑总用钢量约 10%，与国外相比仍有很大发展空间。

2. 建筑钢结构的发展展望

1）轻型门式刚架结构将大规模普及

随着经济的发展和工业化进程的加速，我国每年完成的轻型门式刚架厂房超过1 000 万平方米。门式刚架受力合理、造价经济、施工方便快捷，已经由厂房、仓库推广到超市、展馆等建筑。

2）高层重型钢结构成为城市的重要标志。

大尺寸热轧 H 型钢、Z 向性能厚钢板、耐火耐候钢、无缝钢管和焊接结构用钢管等材料的快速发展带动了高层重型钢结构的发展。高层钢结构建筑是一个国家经济实力和科技水平的反映，也往往被当做一个城市的重要标志性建筑。在超高层建筑中往往采用部分钢结构或全钢结构建造，超高层建筑的发展体现了我国建筑科技水平、材料工业水平和综合技术水平的提高。

从 20 世纪 80 年代至今我国已建成和在建高层钢结构达 80 多幢，总面积约 600 万平方米，钢材用量 60 多万吨。北京和上海新建和在建高层钢结构房屋数量超过了 10 幢。如上海环球金融中心为 101 层，高 492 米，用钢量 6.5 万吨；中关村金融中心建筑面积 11 万平方米，高度为 150 米，用钢量 1.5 万吨。今后，全国每年将有 200 ～ 300 万平方米高层钢结构建筑施工，用钢量约 45 万吨。

3）大跨度空间钢结构持续发展

近年来，以网架和网壳为代表的空间结构继续大量发展，不仅用于民用建筑，而且用于工

业厂房、候机楼、体育馆、大剧院、博物馆等。相关行业正致力于开发空间钢结构的新材料、新结构、新技术、新节点、新工艺，实现大跨度与超大跨度空间钢结构的抗风抗震工程建设。展望未来，应在重点、热点、难点的科技领域开拓和发展各类新型、适用、美观的空间钢结构，并且无论在使用范围、结构形式还是安装施工方法等方面，均具有中国建筑结构的特色。如杭州、成都、西安、长春、上海、北京、武汉、济南、郑州等地的飞机航站楼、机库、会展中心等建筑，都采用圆钢管、矩形钢管制作为空间桁架、拱架及斜拉网架结构，其新颖和富有现代特色的风格使它们成为所在中心城市的标志性建筑。

4）我国钢结构住宅发展将成为亮点

从世界建筑钢结构发展状况分析，未来我国钢结构住宅用钢将成为亮点。钢结构住宅具有强度高、自重轻、抗震性能好、施工速度快、结构构件尺寸小、工业化程度高的特点，同时钢结构又是可重复利用的绿色环保材料，因此钢结构住宅符合国家产业政策的推广项目。随着国家禁用实心黏土砖和限制使用空心黏土砖政策的推出，加快住宅产业化进程、积极推广钢结构住宅体系已迫在眉睫。但我国的钢结构住宅尚处于探索起步阶段，这种体系在钢结构防火、梁柱节点做法、楼板形式、配套墙体材料、经济性及市场可接受程度上尚有许多不完善之处。

在国家建设部门及相关建设行业协会推动下，我国钢结构住宅建筑产业快速发展，目前北京、天津、山东、安徽、上海、广东、浙江等地兴建了大量低层、多层、高层钢结构住宅试点示范工程，体现了钢结构住宅发展的良好势头。钢结构住宅近几年已完成近300万平方米的试点工程建筑，为建立钢结构住宅体系、扩大钢结构建筑市场起到了有力的推动作用。

知识梳理与总结

本单元简要讲述了钢结构特点、钢结构应用及钢结构的类型与组成，学习时需要注意以下两点：

（1）钢结构特点与钢结构应用范围是相互呼应的，特点决定了应用，同时钢结构的缺点决定了钢结构应用过程中应注意防火与防腐等；

（2）钢结构类型与组成需注意了解各种构件的截面形式和作用，充分利用建筑实物、图片等媒介加深印象。

思考题1

（1）简述钢结构特点及应用范围。

（2）简述钢结构建筑类型及传力途径。

实训1

根据学校所处城市环境，现场认识常见钢结构厂房、钢框架建筑、网架建筑，并观察其整体形式、构件特点、传力途径。

学习单元2

建筑钢结构材料

教学导航

<table>
<tr><td rowspan="3">教</td><td>知识重点</td><td>1. 常见钢结构用材；
2. 钢结构连接材料；
3. 钢结构围护材料</td></tr>
<tr><td>推荐教学方式</td><td>1. 利用多媒体，借助实际案例、实际钢结构用材图片演示讲解；
2. 钢结构用材现场教学</td></tr>
<tr><td>建议学时</td><td>4 学时</td></tr>
<tr><td rowspan="3">学</td><td>推荐学习方法</td><td>以参观实际钢结构用材、典型钢结构工程项目学习</td></tr>
<tr><td>必须掌握的理论知识</td><td>钢结构用材分类及标准</td></tr>
<tr><td>必须掌握的技能</td><td>网上查阅资料技能</td></tr>
</table>

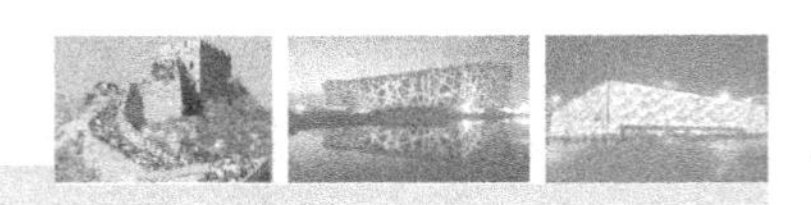

任务2.1　承重结构用钢材

1. 结构用钢材的分类

钢材的品种繁多，按化学成分可分为碳素钢和合金钢，按用途钢材可分为结构钢、工具钢和特殊用途钢等。我国建筑钢结构采用的钢材以碳素结构钢和低合金高强度结构钢为主。

1）碳素结构钢

碳素结构钢是最普遍的工程用钢，按其含碳量的多少又可粗略地分为低碳钢、中碳钢和高碳钢，建筑钢结构主要使用低碳钢。

碳素结构钢按脱氧程度分为镇静钢和沸腾钢两类；碳素结构钢的牌号按屈服点共划分为4种，即Q195、Q215、Q235、Q275。

碳素结构钢的牌号由代表屈服点的字母、屈服点数值、质量等级符号、脱氧方法符号四个部分按顺序组成，所采用的符号分别用下列字母表示：

Q——钢材屈服点“屈”字汉语拼音首位字母；

A、B、C、D——分别为质量等级；

F——沸腾钢“沸”字汉语拼音首位字母；

Z——镇静钢“镇”字汉语拼音首位字母；

TZ——特殊镇静钢“特镇”两字汉语拼音首位字母。

在牌号组成表示方法中，“Z”与“TZ”符号可以省略。

碳素结构钢的质量等级分为A、B、C、D四级，由A到D，表示质量由低到高。质量高低主要是以对冲击韧性（夏比V形缺口试验）的要求区分的，对冷弯试验的要求也有所区别。对A级钢，冲击韧性不作为要求条件，对冷弯试验只在需方有要求时才进行；而B、C、D各级则都要求A_{KV}值不小于27J，不过三者的试验温度有所不同，B级要求常温（20±5℃）冲击值，C和D级则分别要求0℃和-20℃冲击值。B、C、D级都要求冷弯试验合格。

2）优质碳素结构钢

优质碳素结构钢与碳素结构钢的主要区别在于钢中含杂质元素较少，磷、硫等有害元素的含量均不大于0.035%，其他缺陷的限制也较严格，具有较好的综合性能。由于价格较高，钢结构中使用较少，仅用经热处理的优质碳素结构钢冷拔高强钢丝制作高强螺栓、自攻螺钉等。

优质碳素结构钢的牌号以平均含碳量的万分数表示前面两位数字，若某种合金元素的平均含量高于0.5%时，其后再标出所含合金元素的符号。用于建筑的优质碳素结构钢有15号、20号、16Mn、20Mn钢四个牌号。

3）低合金高强度结构钢

合金元素总量低于5%的钢为低合金钢，在5%～10%之间的是中合金钢，高于10%的是高合金钢。建筑钢结构只用低合金钢，广泛用于大跨度钢结构，可比碳素结构钢节省钢材

20% ～ 30%。

2. 结构用钢材的规格

钢结构构件一般宜直接选用型钢，这样可减少制造工作量，降低造价。型钢尺寸不够或构件很大时才用钢板制作。所以，钢结构中的元件是钢板及型钢，型钢又有热轧成型和冷弯成型两种。

1）钢板

钢板分为热轧钢板和钢带、冷轧钢板和钢带、花纹钢板、高层建筑结构用钢板。在图纸中其规格用符号“－”和厚度×宽度×长度的毫米数表示。例如：－12×800×2 100 表示厚度为 12mm、宽度为 800mm、长度为 1 200mm 的钢板。

随着高层建筑、大跨度结构的发展，要求构件的承载力越来越大，所用钢板的厚度也日益增大。目前国内高层建筑中所用钢板厚度已超过 100mm。钢板沿 3 个方向的机械性能是有差别的：沿轧制方向性能最好，垂直于轧制方向的性能稍差，沿厚度方向的性能则又次之。一般情况下的钢材，尤其是厚钢板，局部性的夹渣、分层往往难以避免。夹渣、分层主要来源于钢中的硫、磷偏析和非金属夹杂等缺陷。另一方面，在实际的钢结构中，尤其是层数较高的建筑和跨度较大的结构，常常会有沿钢板厚度方向受拉的情况，如梁与柱的连接处。钢板沿厚度方向塑性较差，以及夹渣、分层现象，常常造成钢板沿厚度方向受拉时发生层状撕裂。为保证安全，要求采用一种能抗层状撕裂的钢，称为厚度方向性能钢板，或称 Z 向钢（Z 向是指钢材厚度方向）。

《建筑结构用钢板》（GB/T 19879—2005）中规定了建筑结构用钢板牌号的表示方法：牌号由代表屈服强度的汉语拼音字母（Q）、屈服强度数值、代表高性能建筑结构用钢的汉语拼音字母（GJ）、质量等级符号（B、C、D、E）组成，如 Q345GJC；对于厚度方向性能钢板，在质量等级后加上厚度方向（Z 向）性能级别 Z15、Z25 或 Z35，Z 后面的数字为截面收缩率 ψ 的指标，如 Q345GJCZ25。

2）热轧型钢

常用的热轧型钢有角钢、工字钢、槽钢、H 型钢和 T 型钢。

（1）角钢

角钢由两个互相垂直的肢组成，若两肢长度相等，称为等边角钢，若不等则为不等边角钢。等边角钢的型号用符号“∟”和肢宽×肢厚的毫米数表示，如∟100×10 为肢宽 100mm、肢厚 10mm 的等边角钢。不等边角钢的型号用符号“∟”和长肢宽×短肢宽×肢厚的毫米数表示，如∟100×80×8 为长肢宽 100mm、短肢宽 80mm、肢厚 8mm 的不等边角钢。

（2）工字钢

工字钢型号以高度（cm）编号，符号分别用“I”表示，按照腹板厚度不同，同一型号又分为 a、b、c 三类，其腹板厚度和翼缘宽度均分别递增 2mm。如 I32a 表示截面高度为 320mm、腹板厚度为 a 类的工字钢。

（3）槽钢

槽钢型号用符号“［”及号数表示，号数代表截面高度的厘米数。按照腹板厚度不同，同一型号又分为 a、b、c 三类，其腹板厚度和翼缘宽度均分别递增 2mm。如［36a 表示截面高度为 360mm、腹板厚度为 a 类的槽钢。

（4）H 型钢和剖分 T 型钢

H 型钢的翼缘较宽阔而且等厚，因此在宽度方向的惯性矩和回转半径都大为增加，由于截面形状合理，使钢材能发挥更高的效能，且其内外表面平行，便于和其他构件连接。

H 型钢有热轧成型及焊接组合成型两种生产方式。焊接 H 型钢是将厚度合适的带钢裁成合适的宽度，在连续式焊接机组上将边部和腰部焊接在一起。根据《焊接 H 型钢》(YB 3301—2005) 规定，焊接 H 型钢用 "WH" 来表示，W 为焊接英文 Welding 的首字母，H 代表 H 型钢。

热轧 H 型钢根据不同用途合理分配截面尺寸的高宽比，具有优良的力学性能和优越的使用性能，结构强度高。同工字钢相比，截面模数大，在承载条件相同时，可节约金属 10% ~ 15%。以热轧 H 型钢为主的钢结构，其结构科学合理，塑性和柔韧性好，结构稳定性高，适用于承受振动和冲击载荷大的建筑结构，抗自然灾害能力强，特别适用于一些多地震发生带的建筑结构。与焊接 H 型钢相比，能明显地省工省料，减少原材料、能源和人工的消耗，残余应力低，外观和表面质量好。

热轧剖分 T 型钢是由对应的 H 型钢沿腹板中部对等剖分而成的。

根据国家标准《热轧 H 型钢和剖分 T 型钢》(GB/T 11263—2005) 规定，热轧 H 型钢分为四类，其代号如下：宽翼缘 H 型钢 HW (W 为 Wide 英文字头)；中翼缘 H 型钢 HM (M 为 Middle 英文字头)；窄翼缘 H 型钢 HN (N 为 Narrow 英文字头)；薄壁 H 型钢 HT (T 为 Thin 英文字头)。剖分 T 型钢分为三类，其代号如下：宽翼缘剖分 T 型钢 TW；中翼缘剖分 T 型钢 TM；窄翼缘剖分 T 型钢 TN。

H 型钢型号的表示方法是先用符号 HW、HM、HN 等表示 H 型钢的类别，后面加 "高度 (毫米) ×宽度 (毫米)"。例如：HW300×300，即为截面高度为 300mm、翼缘宽度为 300mm 的宽翼缘 H 型钢。上述方法同样适用于 T 型钢。

(5) 冷弯薄壁型钢

冷弯薄壁型钢一般由厚度为 1.5 ~ 6mm 的钢板或钢带 (成卷供应的薄钢板) 经冷弯或模压制成，其截面各部分厚度相同，转角处均呈圆弧形。冷弯薄壁型钢有各种截面形式，图 2-1 是几种截面示例。冷弯薄壁型钢的优点是壁薄，截面以几何形状开展，因而与面积相同的热轧型钢相比，其截面惯性矩大，是一种高效经济的截面，缺点是因为壁薄，对锈蚀影响较为敏感。冷弯薄壁型钢多用于跨度小、荷载轻的轻钢结构中。

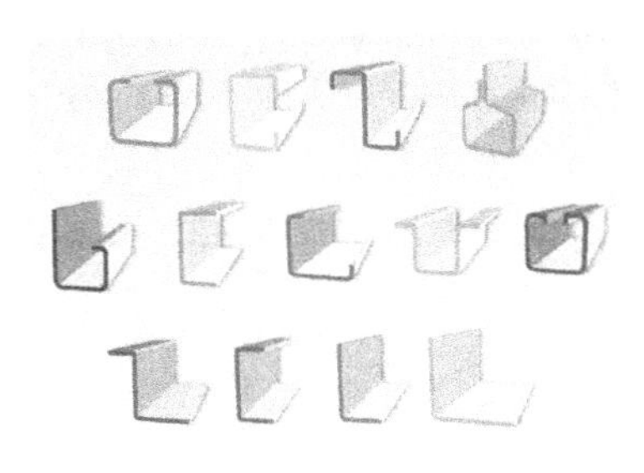

图 2-1　冷弯薄壁型钢

3. 结构用钢材的主要性能

1) 力学性能

钢材的力学性能是通过对钢材的一次单向均匀拉伸试验得出的，主要有强度、塑性和冲击韧性三方面。

(1) 钢材的强度

钢材的强度主要有屈服强度 f_y、抗拉强度 f_u。钢结构设计时，可用屈服强度 f_y 作为承载能力极限状态强度计算的限值。对于没有明显的屈服点和屈服平台的钢材，可以用卸荷后试件残余应变的 0.2% 所对应的应力为其屈服点，称为名义屈服点或屈服强度 $f_{0.2}$。

抗拉强度 f_u 主要作为钢材的强度储备，即屈强比 (f_y/f_u) 越小，强度储备越大，结构越安全。但如果屈强比过小，则表示钢材有效利用率太低，造成浪费。建筑结构钢的屈强比一般为 0.6 ~ 0.75。

(2) 钢材的塑性

塑性是指钢材破坏前产生塑性变形的能力，可由静力拉伸试验得到的伸长率 δ 或截面收缩

率 ψ 来衡量。

伸长率 δ 等于试件拉断后的原标距的塑性变形（即伸长值）和原标距的比值，以百分数表示，即

$$\delta = \frac{l_1 - l_0}{l_0} \times 100\% \tag{2-1}$$

式中 l_0——试件原标距长度；

l_1——试件拉断后标距的长度。

δ 随试件的标距长度与试件直径 d_0 的比值 l_0/d_0 增大而减小。标准试件一般取 $l_0 = 5d_0$（短试件）或 $l_0 = 10d_0$（长试件），所得伸长率用 δ_5 和 δ_{10} 表示。目前的钢材标准规定采用 δ_5，以节约材料。

（3）钢材的冲击韧性

韧性是钢材抵抗冲击荷载的能力，它用材料在断裂时所吸收的总能量来度量。现行国家标准采用国际上通用的夏比试验法，夏比缺口韧性用 A_{KV} 或 C_V 表示，其值为试件折断所需的功，单位为焦耳（J）。

2）工艺性能

（1）冷弯性能

冷弯性能也是钢材机械性能的一项指标，但它是比单向拉伸试验更为严格的一种试验方法。它不仅能检验钢材承受规定的弯曲变形能力，还能反映出钢材内部的冶金缺陷，如结晶情况，非金属夹杂物的分布情况等缺陷。因此，是判别钢材塑性性能和质量的一个综合性指标。对一般结构构件采用的钢材，不必要求通过冷弯试验；只有某些重要结构及需要经过冷加工的构件，才要求不仅伸长率合格，而且冷弯试验也要合格。

（2）可焊性

可焊性是指钢材对焊接工艺的适应能力，包括两方面要求：一是通过一定的焊接工艺能保证焊接接头具有良好的力学性能；二是施工过程中，选择适宜的焊接材料和焊接工艺参数后，有可能避免焊缝金属和钢材热影响区产生热（冷）裂纹的敏感性。

衡量可焊性高低的指标是碳当量 C_{eq}，它主要与碳元素的含量有关，另外其他一些合金元素对其也有一定影响。

4. 影响钢材性能的因素

1）化学成分的影响

（1）碳元素含量提高，则强度提高，但塑性、韧性、冷弯性能、可焊性及抗锈蚀能力下降。

（2）锰（Mn）、硅（Si）、钒（V）、铌（Nb）、钛（Ti）、铝（Al）、铬（Cr）、镍（Ni）基本上属于有益元素，一般都有提高钢材强度、塑性和韧性的效能，但锰或硅的含量过高，可导致可焊性降低。铝用于补充脱氧，铬和镍用于 Q390 和 Q420 钢材。

（3）硫（S）、磷（P）、氧（O）和氮（N）基本上属于有害元素，一般都使钢材的韧性降低。硫和氧易导致热脆，磷和氮则易导致冷脆。

2）成材过程的影响

冶炼过程决定了钢的化学成分和金相组织结构，因而确定了钢种和钢材牌号。浇铸过程中脱氧程度的不同导致形成镇静钢与沸腾钢之分。

（1）冶炼过程中产生的冶金缺陷（如偏析、非金属夹杂、气孔及裂纹等）将严重降低钢

材的冷弯、冲击韧性、疲劳强度等力学性能，使得钢材抗脆性断裂的能力降低。因此，镇静钢的性能优于沸腾钢。

（2）钢材热轧可消除冶炼过程中的部分缺陷，提高钢材的力学性能。因此，轧制压缩比大的钢材性能优于压缩比小的钢材。轧制过程在使钢材晶粒变细和改善钢材性能的同时，也使其产生明显的各向异性。

3）其他因素的影响

（1）钢材的硬化：钢材的硬化有冷作硬化和时效硬化两种。钢材的硬化使钢材塑性减小，脆性增加。冷加工（常温下的冷拉、冷弯、冲孔、机械剪切等加工）通常使钢材产生冷作硬化。而随着时间推移钢材转脆的现象，称为时效硬化。

（2）温度：温度在200℃以下时，钢材的强度、弹性模量变化不大，随温度升高，钢材的屈服强度降低，塑性增大，达600℃时，屈服强度接近于零，几乎丧失承载力。因此，《钢结构设计规范》（GB 50017—2003）规定，钢结构表面长期受150℃以上的辐射热时，应采取隔热防护措施。

当温度下降到负温某一区域时，钢材的冲击韧性急剧下降，出现低温脆断。因此，在负温工作的结构，钢材还应具有负温（－20℃或－40℃）冲击韧性的合格保证，以提高抗低温脆断的能力。

（3）应力集中：在钢构件中一般常存在孔洞、缺口、凹角、截面的厚度或宽度变化处等，由于截面的突然改变，致使应力线曲折、密集，故在孔洞边缘或缺口尖端等处将出现应力集中。在应力集中处构件常处于同号的双向或三向应力场的复杂应力状态，阻碍了钢材塑性变形的发展，促使钢材转入脆性状态，造成脆性破坏。

由于应力集中主要决定于构件的构造状况，因此，在设计、制造和施工时，应尽量避免截面突变，采用圆滑过渡，尽可能防止对构件造成刻槽等缺陷。

5. 结构用钢材的选择

钢材的选用既要确保建筑物的安全可靠，又要经济合理，必须慎重对待。承重结构为保证其承载能力和防止发生脆性破坏，应根据结构的重要性（破坏后果）、荷载特征、结构形式、应力状态、连接方法、钢材厚度和工作环境等因素综合考虑，选用合适的钢材牌号和材性，必要时还可提出附加的性能、成分、检验等补充要求。

一般而言，对于直接承受动力荷载的构件和结构（如吊车梁、工作平台梁等）、重要的构件或结构（如桁架、屋面楼面大梁、框架横梁等）、采用焊接连接的结构，以及处于低温下工作的结构，应采用质量较高的钢材。对承受静力荷载的受拉及受弯的重要焊接构件和结构，宜选用较薄的型钢和板材构成；当选用的型材或板材的厚度较大时，宜采用质量较高的钢材，以防钢材中较大的残余拉应力和缺陷等与外力共同作用形成三向拉应力场，引起脆性破坏。

承重结构采用的钢材应具有抗拉强度、伸长率、屈服强度和硫、磷含量的合格保证，对焊接结构还应具有含碳量的合格保证。焊接承重结构及重要的非焊接承重结构采用的钢材，还应具有冷弯试验的合格保证。

一般承重结构常用Q235B钢材，供货方便。目前工程中已大量使用Q235、Q345钢材，设计、供货、施工都有较丰富经验。对Q390、Q420钢虽然使用较少，但由于科技事业的发展、工程规模的宏大，提高钢材强度已是形势的需要。

对非计算决定的次要构件，如栏杆、平台铺板、一般支撑等可用Q235A钢材。

《建筑抗震设计规范》（GB 50011—2010）对抗震结构钢材还提出了特别最低要求：钢材

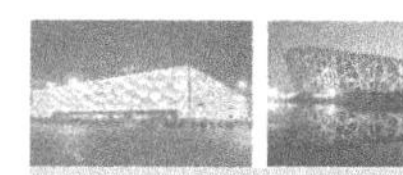
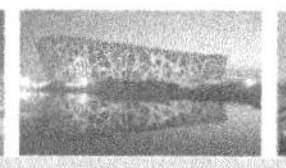

的抗拉强度实测值与屈服强度实测值的比值不应小于 1.2；钢材应有明显的屈服台阶，且伸长率不应小于 20%；钢材应有良好的可焊性和合格的冲击韧性，故宜采用 Q235B、Q235C、Q235D 及 Q345B、Q345C、Q345D、Q345E 级钢材；而 Q390、Q420 钢材伸长率均不大于 20%，故不宜采用。在焊接结构中当板厚不小于 40mm 且承受沿厚度方向拉力时，受拉试件板厚方向的截面收缩率还应满足《建筑结构用钢板》（GB/T 19879—2005）中的要求。

任务 2.2　钢结构连接材料

钢结构制作时，一般先将各种钢板和型钢通过连接手段组合成能共同工作的构件（柱、梁、屋架等），然后再进一步用连接手段将各种构件组合成整体结构。因此，连接在钢结构中占有重要地位。它不仅直接影响结构的构造、制造工艺和工程造价，而且其质量的优劣还会影响到结构的安全和使用寿命。目前，我国钢结构工程采用的连接手段主要有焊接、螺栓连接和铆接三种，其中焊接和螺栓连接应用普遍。因此，焊接材料及螺栓是钢结构施工中主要的连接材料。

2.2.1　焊接材料

1. 焊条

1）焊条的组成

焊条一般由焊芯和药皮组成。焊条中被药皮包裹的金属芯称焊芯，它的主要作用是导电，产生电弧，并作为焊缝的填充金属。焊芯是经过特殊冶炼而成的，焊芯的直径即为焊条直径，常用的焊芯直径有 1.6mm、2.0mm、2.5mm、3.2mm、4.0mm、5.0mm 等几种，长度在 200 ～ 450mm 之间。

焊条药皮的组成成分相当复杂，一种焊条药皮的配方中，组成物一般有七八种之多。焊条药皮根据组成的不同可以分为钛铁矿型、氧化钛型、钛钙型、低氢型等。

焊条药皮在焊接过程中有如下作用：

（1）机械保护作用。利用药皮熔化产生的气体和形成的熔渣隔离空气，防止有害气体侵入焊接区，起机械保护作用。

（2）冶金处理作用。通过熔渣与熔化金属的冶金反应，除去有害物质如硫、磷、氧、氢，添加有益的合金元素，使焊缝金属获得符合要求的化学成分和力学性能。

（3）改善焊接工艺性能。由于在药皮中加入了一定的稳弧剂和造渣剂，所以在焊接时电弧稳定燃烧，飞溅少，焊缝成型好，脱渣比较容易。

2）焊条的表示方法

手工电弧焊常用的焊条有碳钢焊条和低合金钢焊条。碳钢焊条应用最为广泛，按照《碳钢焊条标准》（GB/T 5117—1995），其型号用大写字母“E”和四位数字表示。“E”表示焊条，前两位数字表示熔敷金属抗拉强度的最小值，单位为 MPa，第三位数字表示焊条适用的焊接位

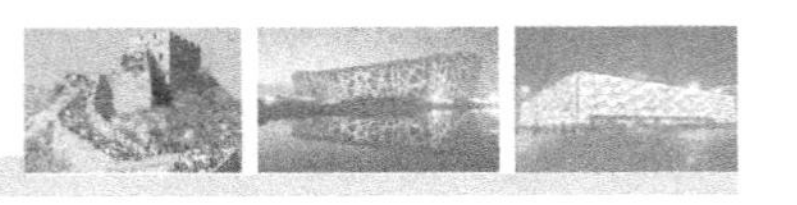

置，“0”、“1”表示焊条适用于全位置焊接（平、立、仰、横），“2”表示焊条适用于平焊及平角焊，“4”表示焊条适用于向下立焊，第三位和第四位数字组合表示焊接电流种类及药皮类型，表示方法如图 2-2 所示。

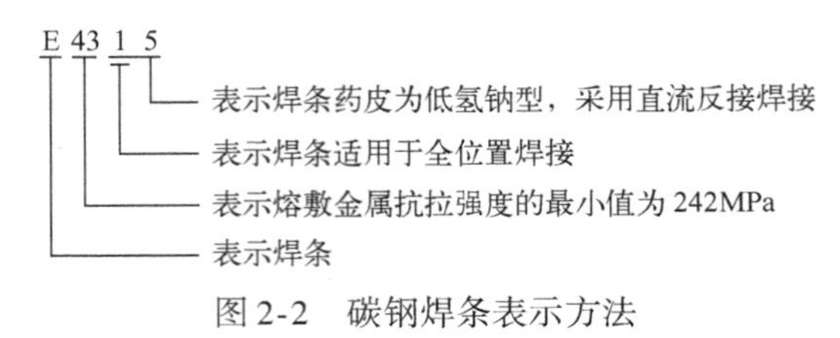

图 2-2　碳钢焊条表示方法

2. 焊丝与焊剂

焊丝与焊剂主要用于埋弧焊、电渣焊和 CO_2 气体保护焊。焊丝的作用相当于焊芯，焊剂的作用相当于药皮。为焊接不同厚度的钢板，可将同一牌号的焊丝加工成各种不同的直径。埋弧焊常用焊丝规格有 2mm、3mm、4mm、5mm、6mm 等几种。焊丝的表示方法如图 2-3 和图 2-4 所示。

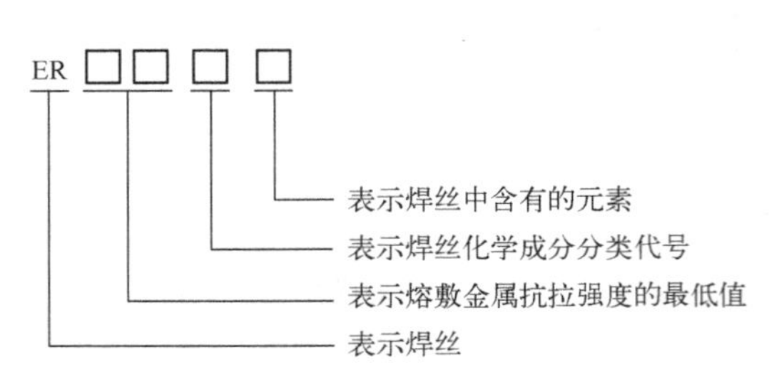

图 2-3　气体保护焊焊丝表示方法

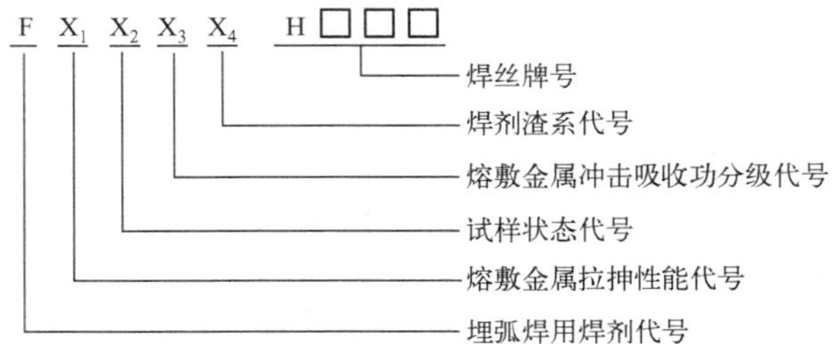

图 2-4　低合金钢埋弧焊焊丝焊剂表示方法

焊剂的牌号前面加“HJ”两字母，“HJ”两字母的后面有三位数字，第一位数字表示焊剂中氧化锰的平均含量；第二位数字表示焊剂中二氧化硅、氟化钙的平均含量；第三位数字表示同一类型焊剂的不同牌号，按 1、2、3……9 的顺序排列。

2.2.2　普通螺栓

普通螺栓按形状分为六角头螺栓、双头螺栓和沉头螺栓等。钢结构中常用的螺栓是六角头螺栓，如图 2-5 所示。六角头螺栓按制作精度可分为 A、B、C 三个等级，A 级精度最高，C 级最低。A、B 级螺栓主要用于表面光洁，对精度要求较高的机器、设备等重要零件的连接；C 级螺栓主要用于表面比较粗糙，对精度要求不高的场合，一般钢结构均采用 C 级螺栓。

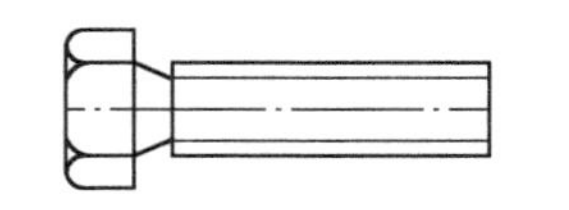
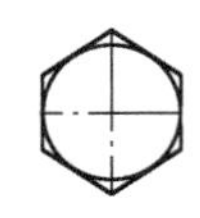

图 2-5　六角头螺栓

螺栓的标记通常记为 $Md \times z$，其中 d 为螺栓直径，z 为栓杆的公称长度，普通螺栓的通用规格为 M8、M10、M12、M16、M20、M24 等。

为了增大支承面，防止支承面不平整或倾斜时造成螺栓承受偏心荷载或遮盖较大的孔眼，以及防止损伤零件表面，螺栓常在螺母和被连接件之间应用垫圈。

通常将螺栓、螺母、垫圈统称为连接副。

2.2.3　高强度螺栓

高强度螺栓是用优质碳素钢或低合金钢材料制成的一种特殊螺栓。由于螺栓的强度高，故称高强度螺栓。

目前我国常用的高强度螺栓性能等级，按热处理后的强度分为 10.9 级和 8.8 级两种。其

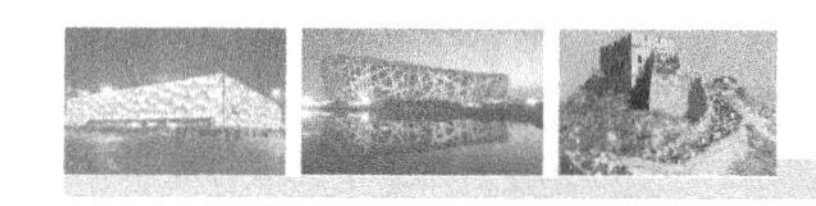

中整数部分（10 和 8）表示螺栓成品的抗拉强度f_u不低于1 000N/mm^{2}和800N/mm^2；小数部分（0.9 和 0.8）则表示其屈强比f_y/f_u为0.9 和0.8。

建筑上常用的高强度螺栓按构造形式分为高强度大六角头螺栓、扭剪型高强度螺栓两种。钢结构用高强度大六角头螺栓一个连接副由一个螺栓、一个螺母、两个垫圈组成，其形式如图2-6 所示，分8.8S 和10.9S 两个等级。

钢结构用扭剪型高强度螺栓一个连接副由一个螺栓、一个螺母、一个垫圈组成，其形式如图2-7 所示。我国目前常用的扭剪型高强度螺栓等级为10.9S。

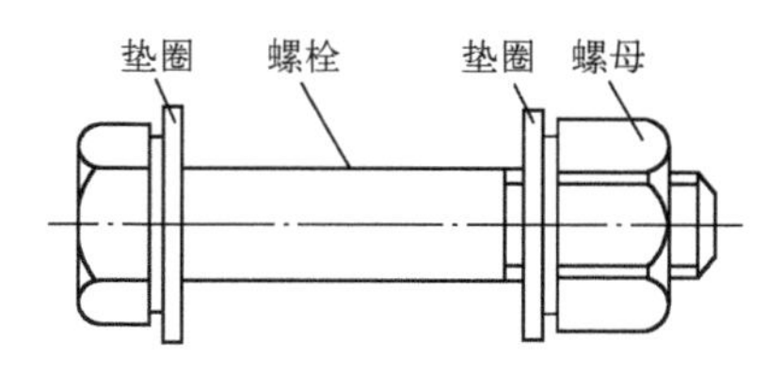

图2-6 高强度大六角头螺栓连接副

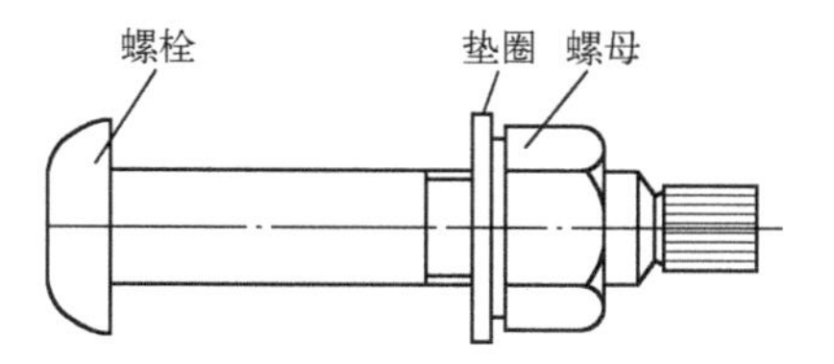

图2-7 扭剪型高强度螺栓连接副

任务2.3 钢结构围护材料

钢结构建筑由梁、柱、屋架等主要受力构件构成一个空间骨架，再加上钢结构围护系统使钢结构建筑形成一个封闭、独立的空间体系。钢结构围护材料种类很多，目前普遍采用的有彩色涂层压型钢板、彩色保温材料夹芯板、采光板、烧结砖、混凝土轻质砌块等。其中彩色涂层压型钢板、彩色保温材料夹芯板应用最为广泛。此外，烧结砖、砌块在钢结构建筑围护系统中也有较多应用。

2.3.1 彩色涂层压型钢板

1. 分类

彩色涂层压型钢板是一种广泛应用于现代建筑的屋面或墙面的新型建筑材料，主要有压型板和拱形板，见图2-8。压型板主要用于建筑的屋面与墙面，而拱形板则主要用于建筑的拱形屋面。它是以钢带材为原料，经表面脱脂、磷化、铬酸盐等处理之后，再涂覆优质的有机涂料经烘烤制成彩色涂层钢带，然后经过辊压而成，见图2-9 和图2-10。

图2-8 彩色涂层压型钢板

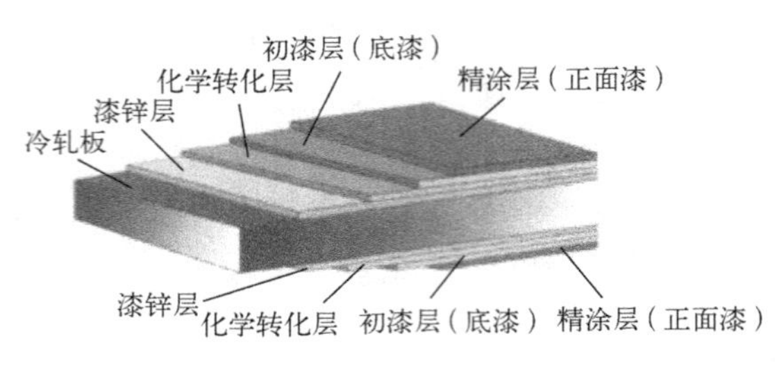

图 2-9　彩钢板构成示意图

图 2-10　压型钢板生产过程示意图

2. 特点

（1）良好的装饰功能。

（2）优良的综合物理性能。压型板具有较高的力学强度，表面的涂层可耐酸、碱等化学介质的侵蚀，而且涂层的修复与更新也比较方便。

（3）简化防水措施。彩色涂层钢压型板、拱形板的防水措施比较简单。特别是彩色涂层拱形板由于是现场采用特殊的设备咬合组装，使防水的质量有更可靠的保证。

（4）极大地减轻了建筑物自重。

（5）施工简便快速。因彩色涂层钢压型板的幅面较大、尺寸精度好，施工中配以密封材料，只需采用简单的工具即可使其接缝获得可靠的防水效果；彩色涂层拱形板在施工中采用专用设备组装，既快又好，从而大大加快了施工进度。

3. 图纸表达

压型钢板用 YX*H*—*S*—*B* 表示，见图 2-11，其中：

YX——分别为“压”、“型”的汉语拼音首字母；

H——压型钢板的波高；

S——压型钢板的波距；

B——压型钢板的有效覆盖宽度；

t——压型钢板的厚度。

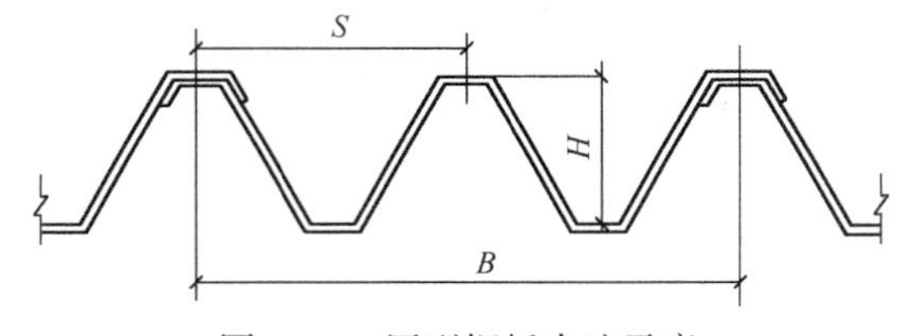

图 2-11　压型钢板表达示意

例如：YX130—300—600，表示压型钢板的波高为 130mm，波距为 300mm，有效的覆盖宽度为 600mm。压型钢板的厚度通常是在说明材料性能时一并说明。

2.3.2　彩色保温材料夹芯板

彩钢保温材料夹芯板是一种超轻型的多功能复合建筑板材。该种板材通常是由彩色镀锌钢板作为面层，中间为高效保温材料［聚氨酯（PU）泡沫塑料或聚苯乙烯（EPS）泡沫塑料，近年也采用矿物棉板］芯体。

1. 分类

彩色钢板夹芯板按芯材不同，分为聚苯乙烯泡沫塑料夹芯板、岩棉夹芯板和聚氨酯泡沫塑料夹芯板。彩色钢板夹芯板按功能不同，分为屋面夹芯板（见图 2-12）、墙面夹芯板（见图 2-13）。

图 2-12 彩色钢板夹芯板屋面板

图 2-13 彩色钢板夹芯板墙面板

2. 特点

彩钢保温材料夹芯板具有优异的防水、隔热、保温和抗震性能，以及轻质、高强和良好的可加工性能。应特别指出的是：该类板材板面平整、线条清晰、尺寸精度较高，外表具有各种颜色以适应建筑的不同风格和色调的需要，以此种板材构筑的建筑，其表面无须面饰，屋面无须再做防水；对于一些大跨度的建筑屋面，为了减轻结构的自重和便于施工，建筑设计师往往选用彩钢保温夹芯板这一既可承受一定荷载，自重又轻，板幅面又较大的复合板材为屋面材料。在建筑中，该种板材无论应用于墙体，还是应用于屋面，完全采用现场组装的施工方式，施工工具简单，而且不受季节和气候的影响。因此可以说，彩钢保温材料夹芯板是迄今为止建筑用材中最优秀的复合板材。

2.3.3 彩色压型钢板与夹芯板的连接件及密封材料

1. 连接件

连接件有以下几种：一是自攻螺钉直接将板与钢檩条连在一起；二是通过连接支座上的挂钩板或扣压板与板材相连，支座通过自攻螺钉固定在钢檩条上；三是一种膨胀（大开花）螺栓连接件。

连接件有铝合金拉铆钉、自攻螺钉等。常用的自攻螺钉直径是 4 ～ 6mm，长度规格有多种，见图 2-14（a），自攻螺钉的表示方法见图 2-14（b）。

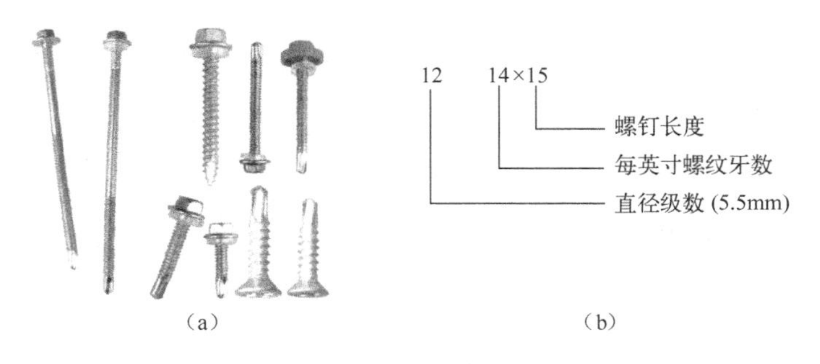

图 2-14 自攻螺钉

拉铆钉是由铝合金和铁钉制成的，直径多为 $\phi4$、$\phi5$ 两种，长度种类较多。拉铆钉分为开孔的和闭孔的两种，开孔的多用在内装修，闭孔的用在室外工程中。它的工作原理是利用工具（拉铆枪）将两层钢板夹紧。

2. 密封材料

彩板建筑密封材料分为防水密封材料和保温隔热密封材料两种。

1）防水密封材料

防水密封材料主要使用密封胶和密封胶条。密封胶应为中性硅酮胶，包装多为筒装，并用

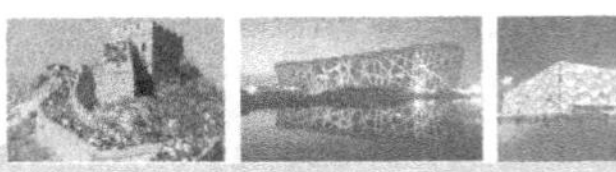

推进器（挤膏枪）挤出；也有软包装，用专用推进器，价格比筒装的低。密封胶条是一种双面有胶粘剂的带状材料，多用于彩板与彩板之间的纵向缝搭接。

2）隔热密封材料

隔热密封材料主要有软泡沫材料、玻璃棉、聚苯乙烯泡沫板、岩棉板及聚氨酯现场发泡封堵材料，这些材料主要用于封堵保温房屋的保温板材或卷材不能达到的位置。

2.3.4 采光板

常用的采光板（见图2-15）按照原材料不同，主要分为玻纤增强聚酯（俗称玻璃钢，简称FRP）采光板和聚碳酸酯（简称PC）采光板。

图2-15 采光板

1. 玻纤增强聚酯采光板

玻纤增强聚酯采光板是一种新型的屋面采光制品，一般来说，常用于建筑物的屋面局部，以起到采光作用。

玻纤增强聚酯采光板是采用玻璃纤维毡为增强材料，以不饱和聚酯树脂为基体材料，采用层铺的方法制成。可以在树脂中加入色浆来获得不同颜色的透明的平板或波纹板，以满足建筑的色彩要求。

玻纤增强聚酯采光板的突出特点是材料在各个方向上的性能一样，从而避免产生翘曲等弊病。此外，还具有制作简单、整体性好、强度高、耐冲击性好、安全（即使受到大冲击力破坏，也不会碎裂成小块而伤人）及加工性能良好（可钉、可锯、可钻和可粘接）等优点。广泛应用于钢结构厂房、大型商场、宾馆、饭店、机场、体育馆等建筑中。

2. 聚碳酸酯（简称PC）采光板

聚碳酸酯采光板是在我国近几年出现的一种新型透光性强、可弯曲的有机建筑板材。它以聚碳酸酯为原料，通过特殊工艺制作而成。

聚碳酸酯采光板具有优良的耐冲击性能、保温隔热性能、隔声性能、光学性能和难燃性能。特别是该种板材还具有良好的可加工性能，可锯、可钻、可刨、可弯曲（实心板的最小弯曲半径为板厚的150倍）和可粘接。又因其密度小、重量很轻，因而施工极为简便，被广泛地应用于各种建筑当中。

任务2.4 钢结构防腐和防火涂料

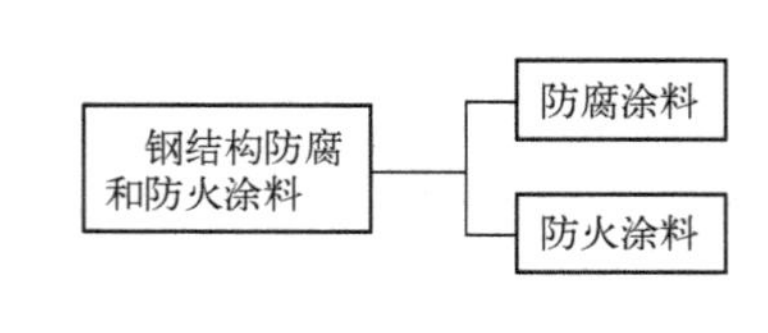

钢结构涂料是一种透明的或着色的成膜材料，可以保护被涂物表面免受环境影响。按照涂料防护作用的不同，可以分为防腐涂料和防火涂料两种。

1. 防腐涂料

1）防腐涂料的组成

防腐涂料一般由不挥发组分和挥发组分（稀释剂）两部分组成。涂刷在物件表面后，挥发

组分逐渐挥发逸出，留下不挥发组分干结成膜，所以不挥发组分的成膜物质叫做涂料的固体组分。成膜物质又分为主要、次要和辅助成膜物质三种。主要成膜物质可以单独成膜，也可以粘接颜料等物质共同成膜，它是涂料的基础，也常称基料、添料或漆基。涂料组分中没有颜料和体质颜料的透明体称为清漆，加有颜料和体质颜料的不透明体称为色漆（磁漆、调合漆或底漆），加有大量体质颜料的稠原浆状体称为腻子。

2）防腐涂料的产品分类、命名和型号

（1）我国涂料产品的分类方法

按《涂料产品分类、命名和型号》（GB2705—1992）的规定，涂料产品分类是以涂料基料中的主要成膜物质为基础。若成膜物质为混合树脂，则按漆膜中起主要作用的一种树脂为基础。根据对成膜物质的分类，相应对涂料品种分为 17 大类，涂料类别代号见表 2-1。

表 2-1 涂料类别代号

序号	代号	涂料类别	序号	代号	涂料类别
1	Y	油脂漆类	10	X	烯树脂漆类
2	T	天然树脂漆类	11	B	丙烯酸漆类
3	F	酚醛树脂漆类	12	Z	聚酯漆类
4	L	沥青漆类	13	H	环氧树脂漆类
5	C	醇酸树脂漆类	14	S	聚氨酯漆类
6	A	氨基树脂漆类	15	W	元素有机漆类
7	Q	硝基漆类	16	J	橡胶漆类
8	M	纤维素漆类	17	E	其他漆类
9	G	过氯乙烯漆类			

涂料用辅助材料型号由一个汉语拼音字母和两位阿拉伯数字组成，字母与数字之间有半字线，读为“之”，字母表示辅助材料类别，代号数字为序号，用以区别同一类辅助材料的不同品种。辅助材料按其不同用途分为 5 类，分类代号见表 2-2。

表 2-2 辅助材料代号

序号	代号	辅助材料名称	序号	代号	辅助材料名称
1	X	稀释剂	4	T	脱漆剂
2	F	防潮剂	5	H	固化剂
3	G	催干剂			

（2）涂料名称

涂料名称由三部分组成，即颜色或颜料的名称、成膜物质的名称、基本名称，可用简单的公式表达：

涂料全名 = 颜色或颜料名称 + 成膜物质名称 + 基本名称

涂料的颜色位于名称的最前面，如红醇酸磁漆。若颜料对漆膜性能起显著作用，则可用颜料名称代替颜色的名称，仍置于涂料名称的最前面，如锌黄酚醛防锈漆等。

涂料基本名称代号见表 2-3。

表 2-3 涂料基本名称代号

代号	基本名称	代号	基本名称	代号	基本名称
00	清油	14	透明漆	52	防腐漆
01	油漆	15	斑纹漆	53	防锈漆
02	厚漆	16	锤纹漆	54	耐油漆
03	调合漆	17	皱纹漆	55	耐水漆
04	磁漆	18	裂纹漆	60	耐火漆
05	粉末涂料	19	晶纹漆	61	耐热漆
06	底漆	40	防污漆、防蛆漆	62	涂布漆
07	腻子	41	水线漆	83	烟囱漆
09	大漆	42	甲板漆、甲板防滑漆	86	标志漆
12	乳胶漆	50	耐酸漆	98	胶液
13	其他水溶性漆	51	耐碱漆	99	其他

3）防腐涂料的选用

涂料产品中，不同类别的品种有其特定的优缺点。在涂装设计时，必须根据不同的品种，合理地选择适当的涂料品种。为此，选择与钢结构涂装有关的涂料品种，可参考《钢结构涂装手册》，防腐涂料可按表 2-4 选用。

表 2-4 防腐蚀涂料性能及推荐部位表

推荐部位	涂料名称	耐酸	耐碱	耐盐	耐水	耐候	与基层附着力	
							钢铁	水泥
室内和室外	氯化橡胶涂料	√	√	√	√	√	√	√
	氯磺化聚乙烯涂料	√	√	√	√	√	○	○
	聚氯乙烯含氟涂料	√	√	√	√	√	○	√
	过氯乙烯涂料	√	√	√	√	√	○	○
	氯乙烯醋酸乙烯共聚涂料	√	√	√	√	√	○	○
	醇酸耐酸涂料	○	×	√	○	√	√	○
室内	环氧涂料	√	√	√	○	○	√	√
	聚苯乙烯涂料	√	√	√	○	○	√	√
室内和地下	环氧沥青涂料	√	√	√	√	○	√	√
	聚氨酯涂料	√	○	√	√	○	√	√
	聚氨酯沥青涂料	√	√	√	√	○	√	√
	沥青涂料	√	√	√	√	○	√	√

注：“√”表示性能优良，推荐使用；“○”表示性能良好，可使用；“×”表示性能差，不宜使用。

2. 防火涂料

钢结构防火涂料是施涂于建筑物及构筑物的钢结构表面，能形成耐火隔热保护层，以提高钢结构耐火极限的涂料。它采用喷涂法施工，即用喷涂机具将防火涂料直接喷在构件表面，形成保护层。这种方法具有防火隔热性能好，施工不受钢结构几何形体限制等优点，一般不需要添加辅助设施，且涂层质量轻，还有一定的美观装饰作用，属于现代的先进防火技术措施，目前应用相当广泛，但施工时对环境略有污染。

1）防火原理

防火涂料按照其防火原理可分为膨胀型和非膨胀型两大类。非膨胀型防火涂料是通过下述作用来防火的：其一是涂层自身的难燃性或非燃性，其二是在火焰或高温的作用下能释放出灭火性气体，并形成非燃性的无机层隔绝空气。膨胀型防火涂料成膜后，在常温下是普通的漆膜；在火焰或高温作用下，涂层发生膨胀炭化，形成一个比原来厚度大几十倍，甚至上百倍的非易燃的海绵状的炭质层，它可以隔断外界火源对基材的加热，从而起到阻燃作用。其受热膨胀过程见图2-16。

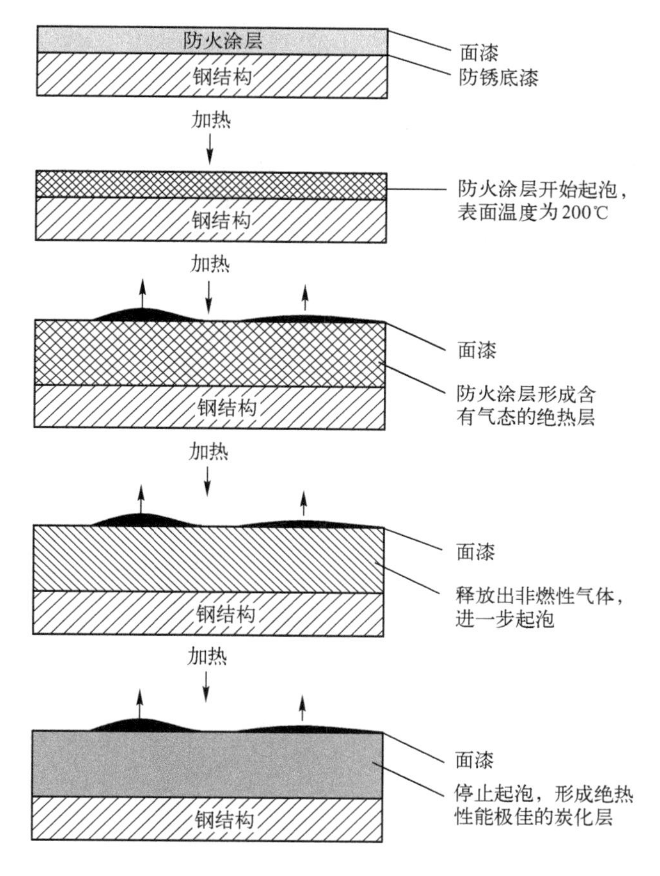

图2-16　膨胀型防火涂料受热膨胀过程

2）防火涂料的分类

防火涂料根据涂层厚度来划分，可分为薄型、超薄型膨胀涂料和厚涂型非膨胀涂料。超薄型用量最大，约占到钢结构防火涂料用量的70%，其次是厚涂型防火涂料，约占到20%，薄型防火涂料目前用量最少。

（1）超薄型防火涂料

超薄型钢结构防火涂料的防火涂层厚度在3mm以下，以溶剂型为主，具有良好的装饰性能，受火时膨胀发泡形成致密、强度高的防火隔热层，该防火隔热层极大地延缓了被保护钢材的升温，提高钢结构构件的耐火极限，是新型防火涂料。超薄膨胀型钢结构防火涂料一般使用在耐火极限要求在2小时以内的建筑钢结构上，如可对一类建筑物中的梁、楼板与屋顶承重构件及二类建筑中的柱、梁、楼板等进行有效防火保护。近年来，在轻型钢结构工程中的应用备

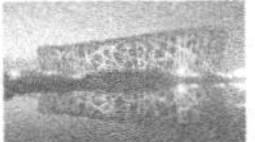

受青睐，各种轻钢梁、网架等也可用该类型防火涂料进行防火保护。由于该类防火涂料涂层超薄，工程中的使用量较厚型、薄型钢结构防火涂料大大减少，从而既降低了工程总费用，又使钢结构得到了有效的防火保护，是目前消防部门大力推广的品种。

(2) 薄型防火涂料

薄型钢结构防火涂料防火涂层厚度在3～7mm之间，此类钢结构防火涂料主要以水溶型为主，具有较好的装饰性能，受火时能膨胀发泡，以膨胀发泡所形成的耐火隔热层延缓钢材的升温，保护钢构件。这类钢结构防火涂料一般耐火极限在2小时以内，常采用喷涂施工。如可对高层民用建筑中的梁、一般工业与民用建筑中支承单层的柱、梁、楼板及屋顶承重构件中的钢结构进行防火保护。

(3) 厚涂型防火涂料

该类防火涂料防火涂层厚度在8～50mm之间，利用其自身材料在火灾中的不燃性、低导热性和吸热性，延缓钢材的升温，保护钢构件。这类防火涂料是用黏结剂（如水玻璃、硅溶胶等），再配以无机轻质材料（如膨胀珍珠岩、粉煤灰等）和增强材料（如硅酸铝纤维、岩棉、玻璃纤维等）组成，具有成本较低的优点。施工中常采用喷涂或抹涂，一般对耐火极限要求大于2小时的钢结构进行防火保护。如高层民用建筑中的柱和一般工业与民用建筑中支承柱的耐火极限均应达到3小时，为此就需采用厚涂型防火涂料保护。由于厚涂型防火涂料的成分多为无机材料，因此其防火性能稳定，长期使用效果较好，但其单位重量较大，涂料组分的颗粒较大，涂层外观不平整，影响建筑的整体美观，故大多用于结构隐蔽工程。

知识梳理与总结

本单元简要讲述了钢结构承重用钢材、连接材料、围护材料和防腐防火涂料，学习时需注意以下四点：

(1) 钢结构承重用钢材分类是按照各种不同类型钢结构构件受力及组成要求合理划定的，须注意其力学和化学性能的不同及应用范围；

(2) 钢结构的连接材料主要有螺栓、焊接材料等，注意区分其类型与受力等要求；

(3) 钢结构的围护材料应按照具体的使用环境及功能要求合理选择；

(4) 钢结构防腐和防火涂料的选取应按其性能及具体设计要求确定。

思考题2

(1) 目前国内主要生产的型钢有哪些？

(2) 碳素结构钢的牌号表示方法是什么？

(3) 钢材的检验一般包括哪些内容？

(4) 钢结构常用的防火涂料类型有哪些？

实训2

1. 认识手工电弧焊

(1) 目的：熟悉手工电弧焊的应用、工艺和设备。

(2) 设备要求：电源、手工电弧焊焊机、焊钳、电缆、焊条、焊件、地线、护眼罩等。

(3) 能力标准与要求：掌握手工电弧焊的要点。

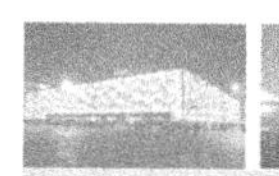

（4）步骤如下：

① 熟悉手工电弧焊的设备；

② 连接电路；

③ 施焊。

（5）注意事项。安全防护：防触电、防烫伤、防火灾、防灼目等；控制好电流大小。

2. 认知钢结构对接焊缝

（1）目的：通过钢结构公司现场对接焊学习，了解图纸中焊缝与施工的实际关系，掌握对接焊缝工艺及焊缝检测。

（2）能力标准与要求：了解图纸对接焊缝与实际关系，掌握对接焊缝的施工工艺，能进行对接焊缝构造技术交底及焊缝检测。

（3）实训内容：

① 读图；

② 对对接焊缝构造技术交底，画出对接焊缝坡口大样，写出焊接技术要求；

③ 进行对接焊缝质量检验，包括外观检查，写出检验报告。

学习单元3

钢结构基本构件设计与校核

教学导航

教	知识重点	1. 钢梁的设计与校核； 2. 钢柱的设计与校核
	推荐教学方式	利用多媒体，借助实际案例、实际工程梁、柱演示讲解
	建议学时	6学时
学	推荐学习方法	以选取实际工程中的梁、柱构件实例的设计进行学习
	必须掌握的理论知识	钢梁、钢柱的设计与校核的基本步骤
	必须掌握的技能	会结合钢结构设计原理设计简单的钢梁和钢柱

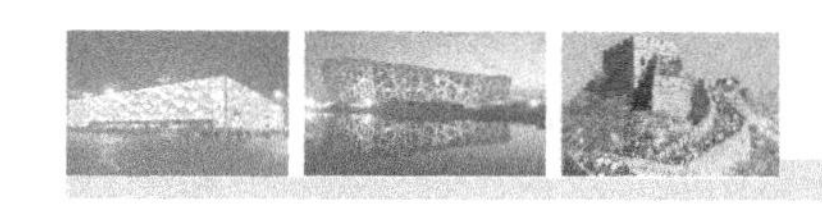

任务3.1 钢梁设计与校核

知识分布网络

钢梁按荷载作用情况，可分为只在一个主平面内受弯的单向弯曲梁和在两个主平面内受弯的双向弯曲梁。如工作平台梁、楼盖梁等属于前者，而吊车梁、檩条、墙梁等则属于后者。

3.1.1 梁的截面形式及应用

钢梁的截面形式有型钢和用钢板组合的截面两类，前者称型钢梁，后者则称组合梁。

1. 型钢梁

型钢梁通常采用的型钢为工字钢、槽钢和H型钢［见图3-1（a）、（b）、（c）］。工字钢截面高而窄，且材料较集中于翼缘处，故适合于在其腹板平面内受弯的梁。窄翼缘H型钢截面的几何形状和尺寸可较好地适应梁的受力需要，且其翼缘较工字钢宽，便于搁置上部构件，因此是比较理想的梁的截面形式。槽钢截面因弯曲中心在腹板外侧，故当荷载作用在翼缘上时，梁除受弯外还将受扭，因此只宜用在构造上能使荷载接近弯曲中心或能保证截面不产生扭转的情况；但槽钢用于双向弯曲梁和墙梁、檩条时比较理想，且在构造上便于处理（因其一侧为平面，便于与其他构件连接）。

2. 组合梁

组合梁最常用的是用三块钢板焊成的工字形截面［见图3-1（d）］，由于其构造简单，加工方便，且可根据受力需要调配截面尺寸，故用钢节省。当荷载或跨度较大且梁高又受限制或抗扭要求较高时，可采用双腹板式的箱形截面［见图3-1（e）］。但其制造费工，施焊不易，且较费钢。

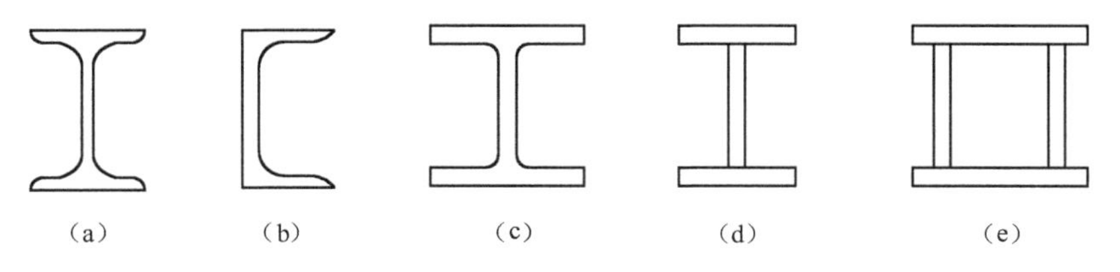

图3-1 梁的截面形式

3.1.2 钢梁正常工作需满足的要求

钢梁正常工作需要满足结构极限状态的要求，即强度、刚度、稳定性要求是满足梁安全工作的基本条件。对承载能力极限状态而言，须作强度和稳定（包括整体稳定和局部稳定）的计算，吊车梁还须作疲劳计算；对正常使用极限状态而言，须作刚度（挠度）计算，使所选截面符合要求。

1. 梁的强度要求

1）抗弯强度

梁截面的弯曲应力随弯矩增加而变化，可分为弹性、弹塑性及塑性三个工作阶段。

梁按弹性工作状态设计结果偏于保守，按塑性工作状态设计则具有一定的经济效益，但截面上塑性过分发展不仅会导致梁的挠度过大，而且还会对梁的稳定等方面带来不利。因此，《钢结构设计规范》（GB 50017—2003）【注：后文中一律简称《设计规范》】不是以塑性弯矩，而是以梁内塑性发展到一定深度（即截面只有部分区域进入塑性区）作为设计极限状态。这样梁的抗弯强度计算公式规定如下。

单向弯曲时：

$$\frac{M}{\gamma W_{\mathrm{n}}} \leqslant f \tag{3-1}$$

双向弯曲时：

$$\frac{M_x}{\gamma_x W_{\mathrm{n}x}} + \frac{M_y}{\gamma_y W_{\mathrm{n}y}} \leqslant f \tag{3-2}$$

式中 M——弯矩；

γ——截面塑性发展系数，对于工字形截面 $\gamma_x = 1.05$、$\gamma_y = 1.2$，对于箱形截面 $\gamma_x = \gamma_y = 1.05$，此处 x 为强轴，y 为弱轴；

f——钢材抗弯强度设计值，见附录 A 中表 A-1。

2）抗剪强度

梁的抗剪强度按弹性设计，《设计规范》以截面最大剪应力达到所用钢材剪应力屈服点作为抗剪承载力极限状态。由此，对于绕强轴（x 轴）受弯的梁，抗剪强度计算公式如下：

$$\tau = \frac{VS}{I_x t_{\mathrm{w}}} \leqslant f_{\mathrm{v}} \tag{3-3}$$

式中 V——计算截面沿腹板平面作用的剪力；

S——中和轴以上或以下截面对中和轴的面积矩，按毛截面计算；

I—— 毛截面绕强轴（x 轴）的惯性矩；

t_{w}——腹板厚度；

f_{v}——钢材抗剪强度设计值，见附录 A 中表 A-1。

轧制工字钢和槽钢因受轧制条件限制，腹板厚度 t_{w} 相对较大，当无较大的截面削弱（如切割或开孔等）时，一般可不计算剪应力。

3）局部承压强度

当梁上翼缘承受沿腹板平面作用的固定集中荷载（包括支座反力）作用，且该处又未设支承加劲肋时；或承受移动集中荷载（如吊车轮压）作用时，集中荷载通过翼缘传给腹板，腹板边缘集中荷载作用处，会有很高的局部横向压应力。为保证这部分腹板不致受压破坏，必须对集中荷载引起的腹板局部横向压应力 σ_{c}进行计算（见图 3-2）。

$$\sigma_{\mathrm{c}} = \frac{\psi F}{t_{\mathrm{w}} l_z} \leqslant f \tag{3-4}$$

式中 F——集中荷载，对动荷载应考虑动力系数；根据《建筑结构荷载标准》（GB 50009—2001，2006 年版），对悬挂吊车（包括电动葫芦）及工作级别为 A1 ～ A5 的软

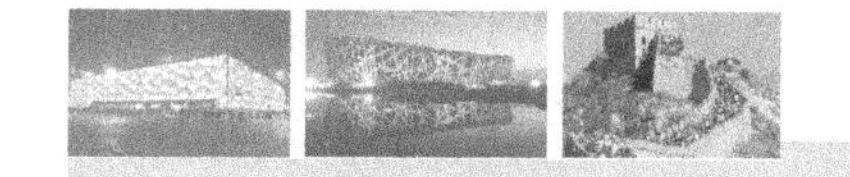

钩吊车，动力系数可取1.05；对工作级别为A6～A8的软钩吊车、硬钩吊车和其他特种吊车，动力系数可取1.1。

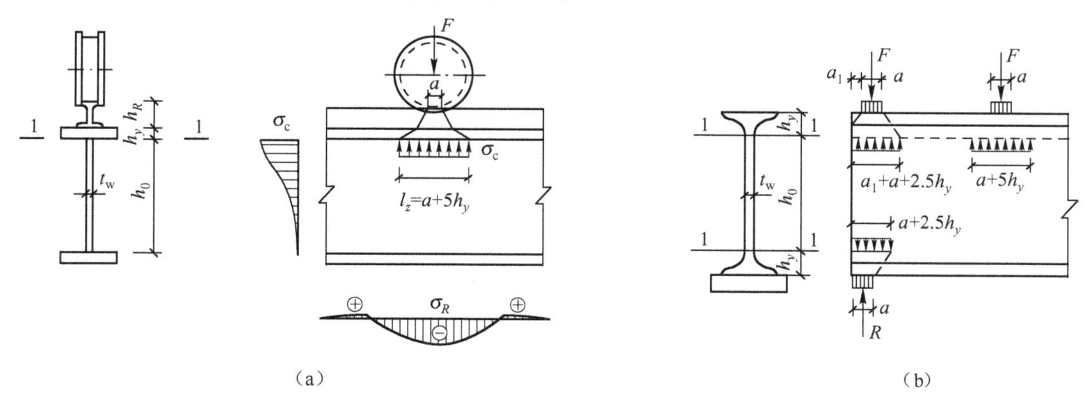

图3-2 梁腹板局部压应力

ψ——集中荷载增大系数，对于重级工作制吊车梁，ψ取1.35；对其他梁，ψ取1.0。

l_z——集中荷载在腹板计算高度边缘的假定分布长度，其计算方法如下：

$$l_z = a + 5h_y + 2h_R$$

a——集中荷载作用处沿梁跨度方向的支承长度，对钢轨上的轮压可取50mm。

h_y——自梁顶面至腹板计算高度h_0的边缘处的距离。

h_R——轨道的高度，计算处无轨道时$h_R = 0$。

f——钢材的抗压强度设计值。

腹板计算高度h_0：①对于轧制型钢梁，为腹板与翼缘相接处两内圆弧起点间的距离；②对于焊接组合梁，为腹板高度；③对于高强度螺栓连接（或铆接）组合梁，为上、下翼缘与腹板连接的高强度螺栓（或铆钉）线间的最近距离。

在梁的支座处，当不设置支承加劲肋时，也应按式（3-4）计算腹板计算高度下边缘的局部压应力，但ψ取1.0。

对于固定集中荷载（包括支座反力），若σ_c不能满足式（3-4）的要求，则应在集中荷载处设置加劲肋。这时集中荷载考虑全部由加劲肋传递，腹板局部压应力可以不再计算。

对于移动集中荷载（如吊车轮压），若σ_c不能满足式（3-4）的要求，则应加厚腹板，或采取其他措施使l_z增加，从而加大荷载扩散长度以减小σ_c值。

对于翼缘上承受均布荷载的梁，因腹板上边缘局部压应力不大，因此不需要进行局部压应力的验算。

4）复杂应力状态下的计算

在组合梁的腹板计算高度边缘处若同时受有较大的弯曲应力σ_1、剪应力τ_1和局部压应力σ_c，或同时受有较大的弯曲应力σ_1和剪应力τ_1（如连续梁中部支座处或梁的翼缘截面改变处等）时（见图3-3），应计算该处的折算应力。

$$\sqrt{\sigma_1^2 + \sigma_c^2 - \sigma_1\sigma_c + 3\tau_1^2} \leqslant \beta_1 f \tag{3-5}$$

式中 σ_1、τ_1、σ_c——腹板计算高度边缘同一点上同时产生的正应力、剪应力和局部压应力，σ_c按公式（3-4）计算，$\tau_1 = \dfrac{VS_1}{I_n t_w}$，$\sigma_1 = \dfrac{My_1}{I_n}$；

M、V——验算截面的弯矩及剪力；

I_n——验算截面的净截面惯性矩；

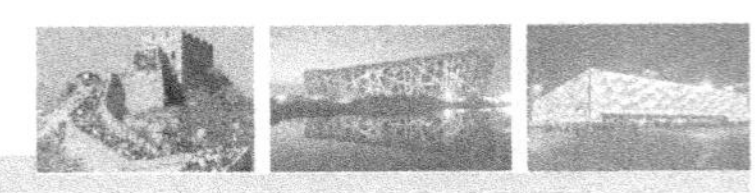

y_1——验算点至梁中和轴的距离；

S_1——验算点以上截面对中和轴的面积矩；

β_1—— 计算折算应力的强度设计值增大系数。当 σ_1 与 σ_c 异号时，取 $\beta_1=1.2$；当 σ_1 与 σ_c 同号或 $\sigma_c=0$ 时，取 $\beta_1=1.1$。σ_1 和 σ_c 以拉应力为正值，压应力为负值。

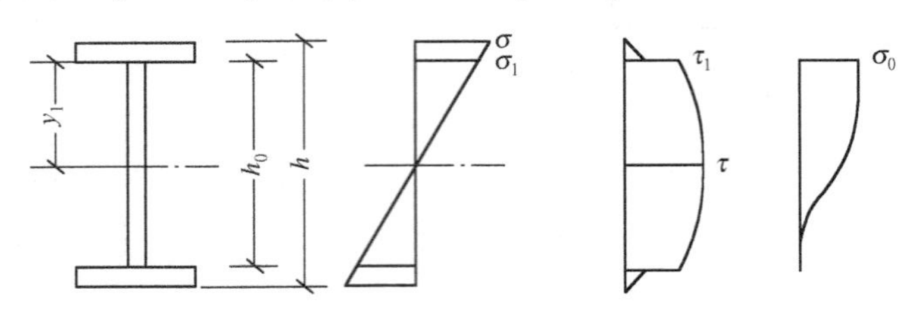

图 3-3　折算应力的验算截面

2. 梁的刚度要求

梁必须具有一定的刚度才能有效地工作，若刚度不足将会出现挠度太大，引起居住者不适，或面板开裂；支承吊顶的梁挠度太大，会引起吊顶抹灰开裂脱落；吊车梁挠度太大，会影响吊车正常运行。因此设计钢梁除应保证各项强度要求之外，还应满足刚度要求。梁的刚度按正常使用状态下，荷载标准值引起的最大挠度 v_{max} 或最大相对挠度 v_{max}/l 来衡量，即应符合下式要求：

$$v_{max} \leqslant [v] \tag{3-6}$$

或

$$\frac{v_{max}}{l} \leqslant \frac{[v]}{l} \tag{3-7}$$

式中　$[v]$——梁的容许挠度，按表 3-1 选用。

表 3-1 为受弯构件挠度容许值。需要注意的是，在计算梁的挠度 v 时，取用的荷载标准值应与表 3-1 的规定相对应。例如，有的要求按全部荷载标准值计算；有的仅要求按可变荷载标准值计算；有的要求二者同时分别计算。

对等截面简支梁在各种荷载作用下的跨中最大挠度 v 计算公式如下。

均布荷载（其标准值为 q_k）：

$$v=\frac{5}{384}\times\frac{q_k l^4}{EI}$$

跨中一个集中荷载（其标准值为 P_k）：

$$v=\frac{1}{48}\times\frac{P_k l^3}{EI}$$

跨间等距离布置两个相等的集中荷载（每个集中荷载标准值为 P_k）：

$$v=\frac{23}{648}\times\frac{P_k l^3}{EI}$$

跨间等距离布置三个相等的集中荷载（每个集中荷载标准值为 P_k）：

$$v=\frac{19}{384}\times\frac{P_k l^3}{EI}$$

上述各式中　l——梁的跨度；

E——钢材弹性模量，$E=206\times10^3\,\text{N/mm}^2$；

I——梁的毛截面惯性矩。

表 3-1　受弯构件的挠度容许值

项次	构 件 类 别	挠度容许值	
		[v_T]	[v_Q]
1	吊车梁和吊车桁架（按自重和起重量最大的一台吊车计算挠度） (1) 手动吊车和单梁吊车（含悬挂吊车） (2) 轻级工作制桥式吊车 (3) 中级工作制桥式吊车 (4) 重级工作制桥式吊车	 $l/500$ $l/800$ $l/1\ 000$ $l/1\ 200$	
2	手动或电动葫芦的轨道梁	$l/400$	
3	有重轨（重量≥38kg/m）轨道的工作平台梁 有轻轨（重量≤24kg/m）轨道的工作平台梁	$l/600$ $l/400$	
4	楼（屋）盖梁或桁架、工作平台梁［第（3）项除外］和平台板 (1) 主梁或桁架（包括设有悬挂起重设备的梁和桁架） (2) 抹灰顶棚的次梁 (3) 除（1）、(2) 款外的其他梁（包括楼梯梁） (4) 屋盖檩条 支承无积灰的瓦楞铁和石棉瓦屋面 支承压型金属板、有积灰的瓦楞铁和石棉瓦等屋面 支承其他屋面材料 (5) 平台板	 $l/400$ $l/250$ $l/250$ $l/150$ $l/200$ $l/200$ $l/150$	 $l/500$ $l/350$ $l/300$
5	墙架构件（风荷载不考虑阵风系数） (1) 支柱 (2) 抗风桁架（作为连续支柱的支承时） (3) 砌体墙的横梁（水平方向） (4) 支承压型金属板、瓦楞铁和石棉瓦墙面的横梁（水平方向） (5) 带有玻璃窗的横梁（竖直和水平方向）	 $l/200$	 $l/400$ $l/1\ 000$ $l/300$ $l/200$ $l/200$

注：(1) l 为受弯构件的跨度（对悬臂梁和伸臂梁为悬伸长度的 2 倍）；

(2) [v_T] 为全部荷载标准值产生的挠度（若有起拱应减去拱度）的容许值；

(3) [v_Q] 为可变荷载标准值产生的挠度的容许值。

3. 梁的整体稳定

由于工字形钢梁两个方向的刚度相差悬殊，当在最大刚度平面内受弯时，若弯矩较小，梁仅在弯矩作用平面内弯曲，无侧向位移。但随着弯矩增大到某一数值时，梁在偶然的很小的侧向干扰作用下，会突然向刚度较小的侧向弯曲，并伴有扭转，如图 3-4 所示。此时若除去侧向干扰力，侧向弯扭变形也不再消失。若弯矩再略增加，则弯扭变形将迅速增大，梁也随之失去承载能力导致梁的承载能力丧失，这种现象称为梁的整体失稳。保证梁的整体稳定是梁正常工作的基本要求之一。

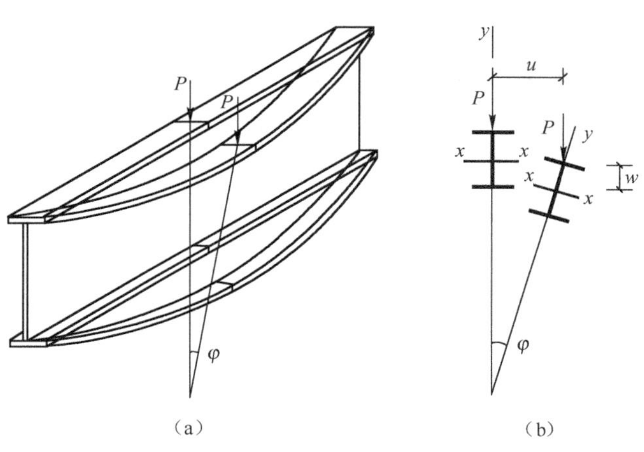

图 3-4　梁丧失整体稳定的情况

梁丧失整体稳定时必然同时发生侧向弯曲和扭转变形，因此当采取了必要的措施阻止梁受压翼缘发生侧向变形，或者使梁的整体稳定临界弯矩不小于梁的屈服弯矩时，计算梁的抗弯强度后也就无须再计算梁的整体稳定，如以下两种情况：①有铺板（各种钢筋混凝土板和钢板）密铺在梁的受压翼缘上并与其牢固相连，能阻止梁受压翼缘的侧向位移时；②H型钢或工字形截面简支梁受压翼缘的自由长度 l_1 与其宽度 b_1 之比不超过《设计规范》所规定的数值时。

当没有或无法采取一定措施保证梁的整体稳定时，需按照下式验算梁的整体稳定。

单向受弯时：

$$\frac{M_x}{\varphi_b W_x} \leqslant f \tag{3-8}$$

双向受弯时：

$$\frac{M_x}{\varphi_b W_x} + \frac{M_y}{\gamma_y W_y} \leqslant f \tag{3-9}$$

式中　M_x、M_y——绕 x 轴（强轴）、y 轴（弱轴）作用时的最大弯矩；

W_x、W_y——按受压纤维确定的对 x 轴和对 y 轴毛截面抵抗矩；

φ_b——绕强轴弯曲所确定的梁整体稳定系数，详见《设计规范》。

4．梁的局部稳定

在进行梁的截面设计时，为了节省材料，要尽可能选用较薄的截面，以使截面开展。这样在总截面面积不变的条件下可以加大梁高和梁宽，提高梁的承载力、刚度及整体稳定性。但是如果梁的翼缘和腹板太宽太薄，则在荷载作用下有可能使板件产生平面翘曲（见图3-5），导致梁的局部失稳。

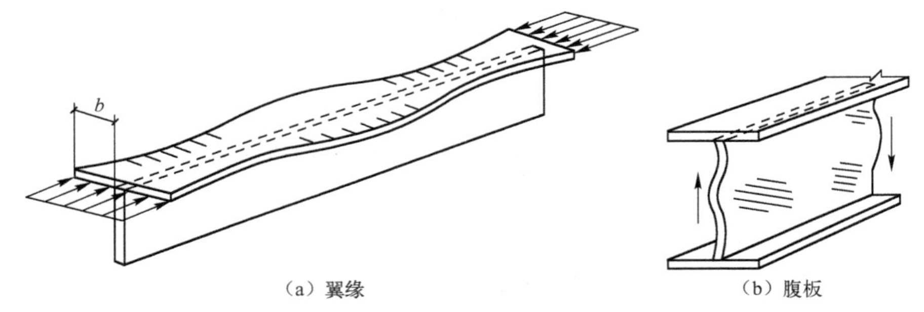

图3-5　梁失去局部稳定情况

翼缘或腹板出现局部失稳，虽不会使梁立即失去承载力，但是板的局部屈曲部位退出工作后，将使梁的刚度减小，强度和稳定性降低。

梁的局部稳定问题主要是针对组合梁而言的。轧制型钢梁的规格和尺寸都已考虑了局部稳定的要求，其翼缘和腹板厚度都较大，因而没有局部稳定问题，无须进行验算。

1）受压翼缘的局部稳定

翼缘的局部稳定是通过限制翼缘宽厚比的办法来保证的。具体如下：

（1）工字形截面组合梁

按弹性计算时（即 $\gamma_x=1.0$），梁受压翼缘自由外伸宽度 b_1 与其厚度 t 之比的限值为［见图3-6（a）］：

$$\frac{b_1}{t} \leqslant 15\sqrt{\frac{235}{f_y}} \tag{3-10}$$

式中翼缘自由外伸宽度 b_1 的取值为：对焊接梁，取腹板边至翼缘边缘的距离；对型钢梁，取

 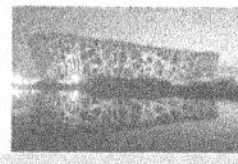 

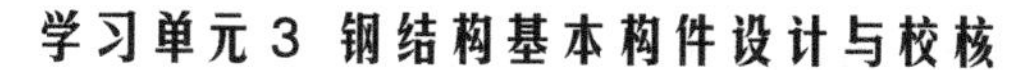

内圆弧起点至翼缘边缘的距离。

按部分截面发展塑性计算（即 $\gamma_x>1.0$）：

$$\frac{b_1}{t}\leqslant 13\sqrt{\frac{235}{f_y}} \tag{3-11}$$

（2）箱形截面组合梁

箱形截面组合梁在两腹板间的受压翼缘（宽度为 b_0，厚度为 t）其宽厚比限值为［见图 3-6（b）］：

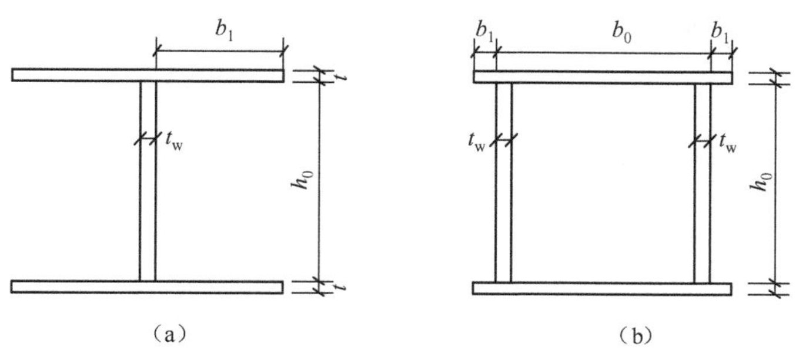

图 3-6　工字形和箱形截面

$$\frac{b_0}{t}\leqslant 40\sqrt{\frac{235}{f_y}} \tag{3-12}$$

2）腹板的局部稳定

梁作为受弯构件，高度大，腹板面积大。腹板主要承受剪力，按抗剪受力要求，腹板厚度一般较小，如果采用限制高厚比（即增加板厚、减小高度）的办法来保证局部稳定显然是不经济的，也是不合理的。《设计规范》采取构造措施，即设置加劲肋（见图 3-7），通过减小腹板周界尺寸的方法来保证腹板局部稳定。

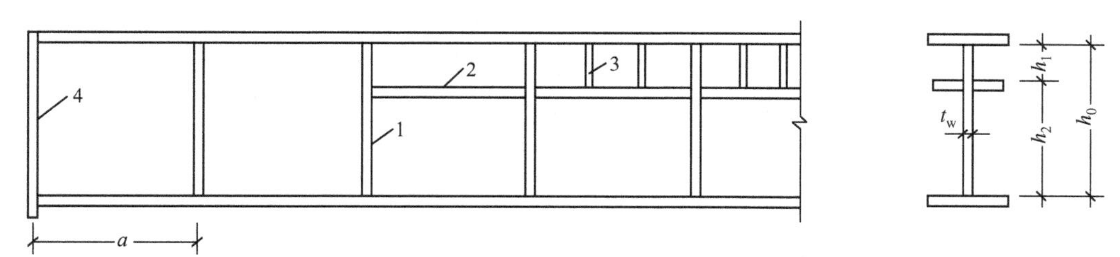

1—横向加劲肋；2—纵向加劲肋；3—短加劲肋；4—支承加劲肋

图 3-7　腹板加劲肋布置

为了保证腹板的局部稳定，一般先根据腹板高厚比 h_0/t_w 的比值，按《设计规范》规定配置加劲肋，然后进行验算。规范作了如下规定：

（1）当 $h_0/t_w\leqslant 80\sqrt{235/f_y}$ 时，对有局部压应力（$\sigma_c\neq 0$）的梁，宜按构造配置横向加劲肋，其间距 a 应满足 $0.5h_0\leqslant a\leqslant 2h_0$；对无局部压应力（$\sigma_c=0$）的梁，可不配置加劲肋。

（2）当 $h_0/t_w>80\sqrt{235/f_y}$ 时，应配置横向加劲肋，并按布置加劲肋以后的腹板区格进行计算，保证局部稳定。

（3）对于梁的受压翼缘扭转未受到约束且腹板高厚比 $h_0/t_w\geqslant 150\sqrt{235/f_y}$ 者，或梁翼缘扭转虽受到约束（如连有刚性铺板、制动板或焊有钢轨时）但腹板高厚比 $h_0/t_w\geqslant 170\sqrt{235/f_y}$ 者，以及仅配置横向加劲肋还不足以满足腹板的局部稳定要求时，均应当在弯曲应力较大区格的受压区增加配置纵向加劲肋。纵向加劲肋至腹板计算高度受压边缘的距离应在 $h_c/2.5\sim h_c/$

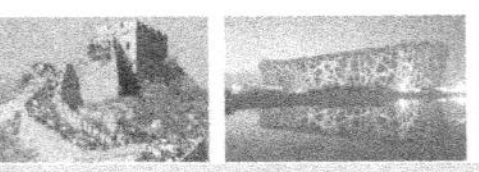

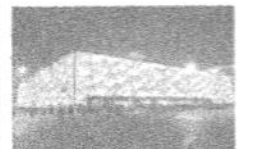

2 范围。局部压应力很大的梁，必要时，还宜在受压区配置短加劲肋，并均应按布置加劲肋以后的腹板区格进行计算，保证局部稳定。

（4）在任何情况下，h_0/t_w 都不得超过 $250\sqrt{235/f_y}$。此规定是为了避免腹板高厚比过大时容易产生焊接翘曲。

（5）梁的支座处和上翼缘受有较大固定集中荷载处，宜设置支承加劲肋，并应满足稳定性的计算要求。

3.1.3 钢梁的设计方法

1. 型钢梁设计

型钢梁设计应满足强度、刚度及整体稳定要求。下面以单向弯曲梁为例介绍。型钢梁的设计包括截面选择和验算两个内容，可按下列步骤进行。

1）初选截面

（1）根据梁的荷载、跨度和支承情况，计算梁的最大弯矩设计值 M_{max}，并按所选的钢号确定抗弯强度设计值 f。

（2）按抗弯强度要求计算型钢需要的净截面抵抗矩 W_T：

$$W_T = \frac{M_{max}}{\gamma_x f} \tag{3-13}$$

式（3-13）中 γ_x 可取 1.05，当梁最大弯矩处截面上有孔洞（如螺栓孔）时，可将上式计算的 W_T 增大 10% ～ 15%，然后由 W_T 查附录型钢表，选定型钢号。

2）截面验算

初选截面的计算采用了一些近似关系，截面选出后应按实际截面尺寸进行全面的强度验算。验算中应注意，若初选截面时荷载未包括自重，则此时应加入梁自重所产生的内力。验算项目包括梁的抗弯强度、刚度及整体稳定。注意强度及稳定按荷载设计值计算，刚度按荷载标准值计算。由于型钢梁腹板较厚，故一般均能满足抗剪强度和折算应力的要求，因此，若在最大剪力处截面无太大削弱，一般均可不作验算。对于翼缘上只承受均布荷载的梁，局部承压强度也可不验算。

经过各项验算若发现初选截面有不满足要求或不够恰当之处，则应适当修改截面重新验算，直至得到满意的截面为止。

【实例 3-1】 某车间工作台钢梁选择

如图 3-8 所示为某车间工作平台的平面布置简图，平台上无动力荷载，其永久荷载标准值为 $3kN/m^2$，可变荷载标准值为 $4.5kN/m^2$，钢材为 Q235 钢，假定平台板为刚性，并可保证次梁的整体稳定，试选择其中间次梁 A 的截面。

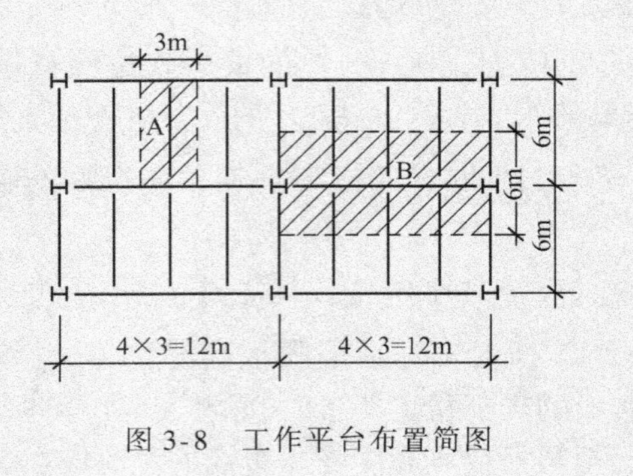

图 3-8　工作平台布置简图

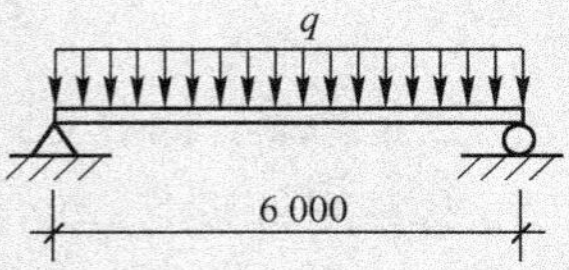

q

6 000

图 3-9　次梁计算简图

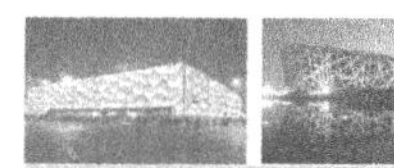

【解】 将次梁 A 设计为简支梁，其计算简图如图 3-9 所示。

1. 初选截面

次梁上作用的单位长度上的荷载标准值为：

$$q_k=(3+4.5)\times3=22.5\text{kN/m}$$

荷载设计值为：

$$q_d=(1.2\times3+1.4\times4.5)\times3=29.7\text{kN/m}$$

跨中最大弯矩设计值为：

$$M_{max}=\frac{1}{8}q_dl^2=\frac{1}{8}\times29.7\times6^2=133.65\text{ kNm}$$

梁所需要的净截面抵抗矩为：

$$W_T=\frac{M_{max}}{\gamma_xf}=\frac{133.65\times10^6}{1.05\times215}=592\times10^3\text{mm}^3$$

查《设计规范》附录型钢表，选用I32a，单位长度的质量为 52.7kg/m，梁的自重为 $52.7\times9.8=517\text{N/m}=0.517\text{kN/m}$，$W_x=692\text{cm}^3$，$I_x=11\ 080\ \text{cm}^4$，$t_w=9.5\text{mm}$，$I_x/S_x=27.5\text{cm}$。

2. 截面验算

1）抗弯强度

加上自重后的最大弯矩设计值为：

$$M_x=133.65+\frac{1}{8}\times1.2\times0.517\times6^2=136.442\text{kNm}$$

$$\sigma=\frac{M_x}{\gamma_xW_{nx}}=\frac{136.442\times10^6}{1.05\times692\times10^3}=187.8\text{ N/mm}^2<f=215\text{ N/mm}^2$$

2）抗剪强度

加上自重后的支座反力设计值为：

$$V=\frac{1}{2}\times(29.7+1.2\times0.517)\times6=91\text{ kN}$$

$$\tau=\frac{VS}{I_xt_w}=\frac{91\times10^3}{27.5\times10\times9.5}=34.8\text{N/mm}^2<f_v=125\text{N/mm}^2$$

可见，型钢梁由于其腹板较厚，剪应力一般不起控制作用。因此，只在截面有较大削弱时，才需验算剪应力。

3）局部承压强度

若次梁放在主梁顶面，且次梁在支座处不设支承加劲肋，还要验算支座处次梁腹板计算高度下边缘的局部压应力。设次梁支承长度 $a=8\text{cm}$，梁端到支座板外边缘的距离 $a_1=4\text{cm}$，$h_y=11.5+15.0=26.5\text{mm}$，腹板厚 $t_w=9.5\text{mm}$，根据式（3-4），则

$$l_z=a+a_1+2.5h_y=80+40+2.5\times26.5=186.25\text{mm}$$

$$\sigma_c=\frac{\psi F}{t_wl_z}=\frac{1.0\times91\times10^3}{9.5\times186.25}=51.4\text{N/mm}^2<f=215\text{N/mm}^2$$

若次梁在支座处设有支承加劲肋，局部压应力不必计算。

由以上计算结果可见，型钢梁由于腹板较厚，若截面无太大削弱时，剪应力和局部压应力一般不起控制作用。

4）刚度

刚度验算采用荷载标准值，考虑梁自重后：

$$q_k = 22.5 + 0.517 = 23 \times 10^3 \text{N/m}$$

查表3-1，次梁的容许挠度 $[v_T] = l/250$，则

$$v = \frac{5}{384} \times \frac{q_k l^4}{EI} = \frac{5}{384} \times \frac{23 \times 6\,000^4}{206 \times 10^3 \times 11\,080 \times 10^4} = 17\text{mm} < \frac{l}{250} = \frac{6\,000}{250} = 24\text{mm}$$

2. 组合梁截面设计

钢板组合梁截面设计的任务是：合理地确定 h_w、t_w、b、t，以满足梁的强度、刚度、整体稳定及局部稳定等要求，并能节省钢材，经济合理。设计的顺序是首先定出 h_w、t_w，然后选定 b 和 t，最后进行翼缘焊缝的计算。下面以焊接双轴对称工字形钢板梁（见图3-10）为例，说明组合梁截面设计步骤。

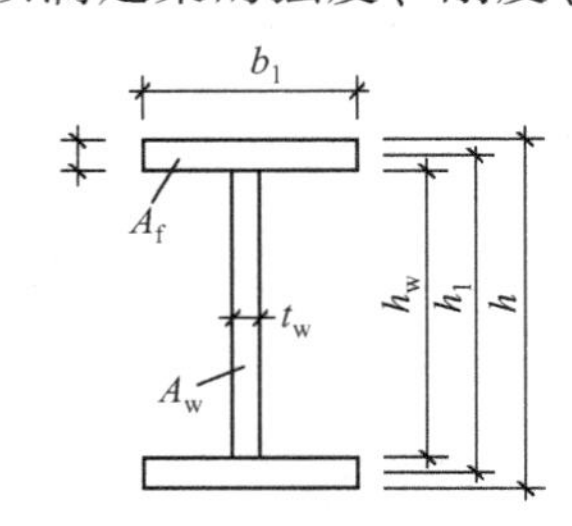

图3-10　焊接双轴对称工字形钢板梁截面

1）截面选择

组合梁的截面选择一般均按设计条件，依下述方法先估算梁的高度、腹板厚度和翼缘尺寸，然后进行验算。

（1）截面高度 h 和腹板高度 h_w

梁的截面高度 h 应根据建筑设计容许的最大高度 h_{max}、刚度要求的最小高度 h_{min} 和用钢量省的经济高度 h_e 三方面条件确定。

$$h_{min} = \frac{fl^2}{1.34 \times 10^6 [v]} \tag{3-14}$$

$$h_e \approx h_w = 2W_x^{0.4}（单位 mm） \tag{3-15}$$

$$W_x = \frac{M_{max}}{\alpha f} \tag{3-16}$$

式中 α 为系数。对一般单向弯曲梁，当最大弯矩处无孔眼时，$\alpha = 1.05$；有孔眼时，$\alpha = 0.85 \sim 0.9$。对吊车梁，考虑水平荷载作用时，可取 $\alpha = 0.70 \sim 0.9$。

根据上述三个要求，实选 h 应满足 $h_{min} \leqslant h \leqslant h_{max}$，且 $h \approx h_e$。实际设计时，要首先确定腹板高度 h_w。h_w 可取稍小于梁高 h 的数值，并尽可能考虑钢板的规格尺寸，取 h_w 为50mm的倍数。

（2）腹板厚度 t_w

腹板主要承担梁的剪力，其厚度 t_w 要满足抗剪强度要求。由于考虑腹板局部稳定及构造要求，腹板不宜太薄，可用下列经验公式估算：

$$t_w = 1.2\frac{\sqrt{h_w}}{3.5}（单位 mm） \tag{3-17}$$

腹板厚度 t_w 的增加对截面的惯性矩影响不显著，但腹板平面面积却相对较大，故 t_w 的少量增加都将使整个梁的用钢量有较多的增加。因此，t_w 应结合腹板加劲肋的配置全面考虑，宜尽量偏薄，以节约钢材，但一般不小于8mm，跨度小时不小于6mm。通常用6～22mm，并取2mm的倍数。

（3）翼缘宽度 b 及厚度 t

$$A_1 = \frac{W_x}{h_w} - \frac{h_w t_w}{6} \tag{3-18}$$

腹板尺寸确定之后，可按式（3-18）求出需要的翼缘面积 A_1。然后选定翼缘宽度 b 或厚度 t 中的任一个数值，即可确定另一个数值。

选定 b、t 时应注意下列要求：翼缘宽度 b 不宜过大，否则翼缘上应力分布不均匀。b 值也不能过小，否则不利于整体稳定，与其他构件连接也不方便。b 值一般在（1/3 ～ 1/6）h 范围内选取，且不小于180mm（对于吊车梁要求不小于300mm）。另外，翼缘宽度与厚度的比值还须符合局部稳定的要求，即受压翼缘自由外伸宽度不得超过 $13t\sqrt{235/f_y}$，考虑塑性发展时不超过 $15t\sqrt{235/f_y}$。翼缘厚度不应小于8mm，也不宜大于50mm（低碳钢）或36mm（低合金钢）。厚板缺陷较多，强度较低，焊接性能也差，须采用焊前预热或焊后热处理等措施，而板过薄容易翘曲变形。翼缘宽度宜取10mm的倍数，厚度宜取2mm的倍数，同时应符合钢板规格。

2）截面验算

截面尺寸确定后，按实际选定尺寸计算各项截面几何特性，然后进行强度、刚度和整体稳定性验算，验算方法同型钢梁，与型钢梁不同的是还要验算腹板的局部稳定及腹板加劲肋的配置。

3）翼缘焊缝的计算

在焊接梁中，翼缘与腹板间的焊缝要由计算确定。翼缘与腹板间的焊缝通常采用角焊缝。对承受较大动力荷载的梁，因角焊缝容易产生疲劳破坏，这时翼缘和腹板间可采用顶接的对接焊缝连接。对接焊缝可以认为与主体金属等强，不必计算。若采用角焊缝，则需要的角焊缝焊脚尺寸为：

$$h_f \geq \frac{V_h}{1.4 f_f^w} = \frac{1}{1.4 f_f^w} \frac{VS_1}{I_x} \tag{3-19}$$

当梁的翼缘上承受移动集中荷载（如吊车轮压），或承受固定集中荷载而未设置支承加劲肋时，则翼缘焊缝不仅承受水平剪力 V_h 的作用，同时还承受由局部压力产生的垂直剪力 V_v 的作用。在 V_v 和 V_h 共同作用下，需要的角焊缝焊脚尺寸为：

$$h_f \geq \frac{1}{1.4 f_f^w} \sqrt{V_h^2 + \left(\frac{V_v}{\beta_f}\right)^2} \tag{3-20}$$

设计时，一般先按构造要求假定 h_f 值，然后进行验算。

任务3.2　钢柱设计与校核

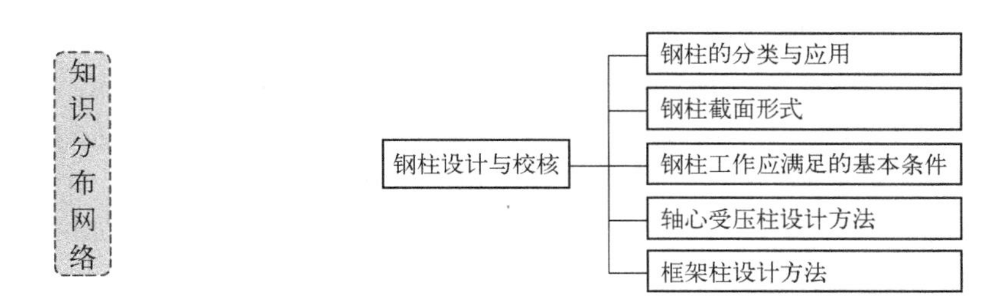

3.2.1 钢柱的分类及应用

钢柱根据受力不同，可以分为轴心受力和偏心受力两种，前者称为轴心受拉或轴心受压构件，后者称为拉弯或压弯构件。

钢结构中的桁架、网架、塔架等由杆件组成的构件，一般都将节点假设为铰接。因此，若荷载作用在节点上，则所有杆件均可作为轴心拉杆或轴心压杆，如图3-11（a）所示。若桁架同时还作用有非节点荷载，则受该荷载作用的上弦杆为压弯杆、下弦杆为拉弯杆，如图3-11（b）所示。

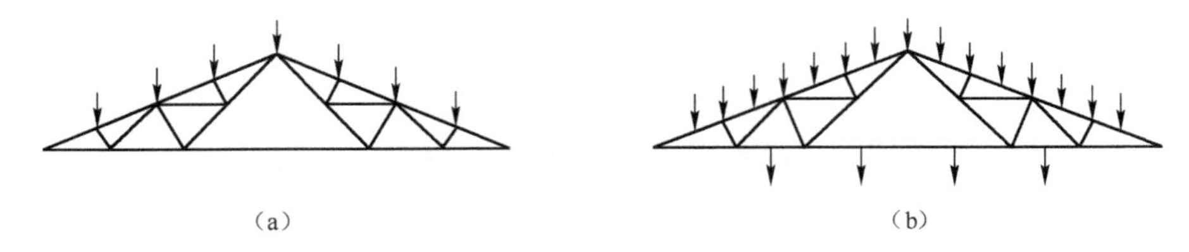

图3-11 轴心受力构件和拉弯、压弯构件体系

钢结构中的工作平台柱、单层厂房的刚架柱、高层建筑的框架柱，都是用来支撑上部结构的受压构件，如图3-12所示。由于所受荷载的不同，柱可能受轴心压力或偏心压力，也可能还承受弯矩，故它们具有轴心受压构件或压弯构件的性质。

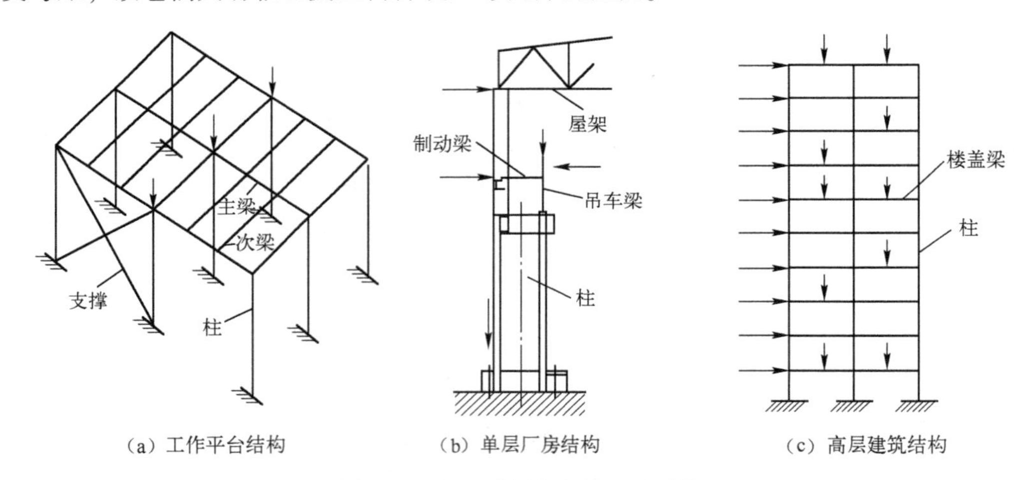

图3-12 轴心受压柱和偏心受压柱

3.2.2 钢柱的截面形式

轴心受力构件和拉弯、压弯构件的截面形式很多，一般可分为型钢截面和组合截面两种。

型钢截面如图3-13（a）所示，有圆钢、圆管、方管、角钢、槽钢、工字钢、H型钢、T型钢等，它们只需要简单加工就可以用做构件，制造工作量少，省时省工，成本较低，适用于受力较小的构件。组合截面是由型钢或钢板连接而成的，按其构造形式可分为实腹式组合截面［见图3-13（b）］和格构式组合截面［见图3-13（c）］两类。实腹式组合截面的形状和尺寸几乎不受限制，可根据构件受力性质和力的大小范围选用合适的截面，从而节约钢材，但费工费时，成本较高。格构式组合截面由于可调整分肢间距，在增加钢材（缀材）很少的情况下，可以显著提高截面的惯性矩从而显著提高构件的刚度，当然，制作较麻烦。

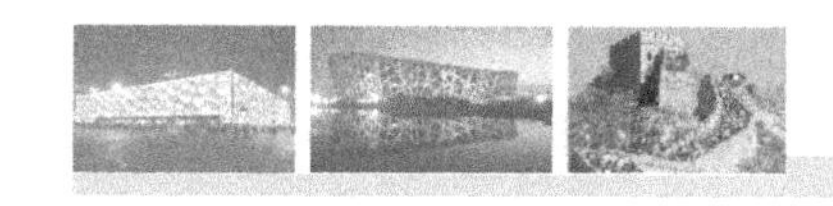

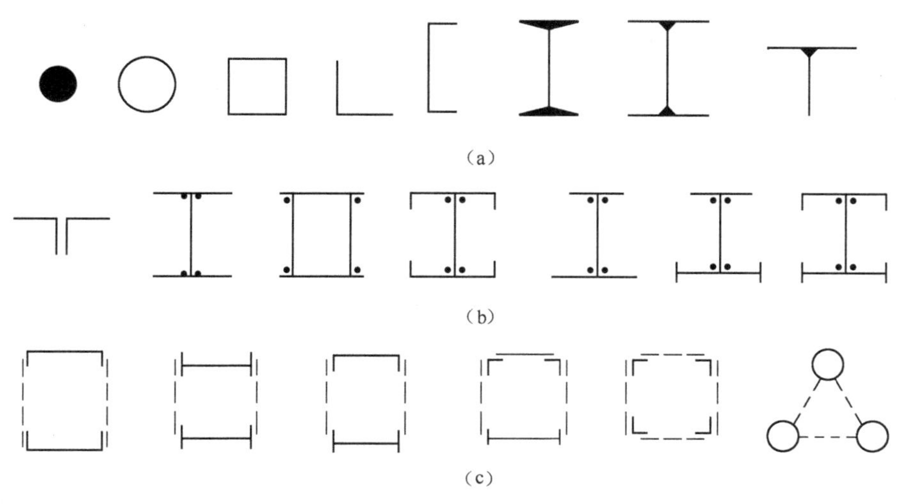

(a)

(b)

(c)

图3-13 轴心受力构件和拉弯、压弯构件的截面形式

3.2.3 钢柱正常工作需满足的基本条件

1. 轴心受力钢柱需满足的条件

满足强度条件、刚度条件和稳定性条件是轴心受力构件在荷载作用下正常工作的基本条件。

1）强度条件

$$\sigma = \frac{N}{A_n} \leqslant f \tag{3-21}$$

式中 N——轴心拉力或轴心压力；

A_n——构件的净截面面积；

f——钢材的抗拉、抗压强度设计值。

2）刚度条件

轴心受力构件不仅要有足够的强度，还应有足够的刚度，否则在制造运输和安装过程中将产生过大的变形；在自重作用下会产生过大的挠度，受到风荷载或动力荷载作用时会引起振动或晃动。构件的计算长细比应不超过允许长细比，即满足下式：

$$\lambda = \frac{l_0}{i} \leqslant [\lambda] \tag{3-22}$$

式中 λ——构件最不利方向的长细比，一般为两主轴方向的较大值；

l_0——相应方向的构件计算长度；

i——构件截面的回转半径；

$[\lambda]$——受拉或受压构件的容许长细比，按表3-2或表3-3选用。

表3-2 受拉构件的容许长细比

项次	构件名称	承受静力荷载或间接承受动力荷载的结构		直接承受动力荷载的结构
		一般建筑结构	有重级工作制吊车的厂房	
1	桁架的杆件	350	250	250
2	吊车梁或吊车桁架以下的柱间支撑	300	200	—

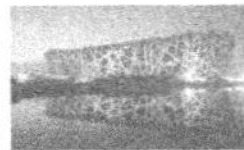
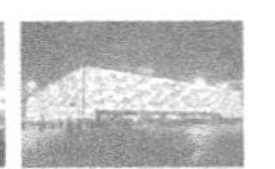

续表

项次	构件名称	承受静力荷载或间接承受动力荷载的结构		直接承受动力荷载的结构
		一般建筑结构	有重级工作制吊车的厂房	
3	其他拉杆、支撑、系杆等（张紧的圆钢除外）	400	350	—

注：（1）承受静力荷载的结构中，可仅计算受拉构件在竖向平面内的长细比；

（2）在直接或间接承受动力荷载的结构中，单角钢受拉构件长细比的计算方法与表3-2注（2）相同；

（3）中、重级工作制吊车桁架下弦杆的长细比不宜超过200；

（4）在设有夹钳或刚性料耙等硬钩吊车的厂房中，支撑（表中第2项除外）的长细比不宜超过300；

（5）受拉构件在永久荷载与风荷载组合作用下受压时，其长细比不宜超过250；

（6）跨度等于或大于60m的桁架，其受拉弦杆和腹杆的长细比不宜超过300（承受静力荷载或间接承受动力荷载）或250（直接承受动力荷载）。

表3-3　受压构件的容许长细比

项次	构 件 名 称	容许长细比
1	柱、桁架和天窗架中的杆件	150
	柱的缀条、吊车梁或吊车桁架以下的柱间支撑	
2	支撑（吊车梁或吊车桁架以下的柱间支撑除外）	200
	用以减小受压构件长细比的杆件	

注：（1）桁架（包括空间桁架）的受压腹杆，当其内力等于或小于承载能力的50%时，容许长细比值可取200；

（2）计算单角钢受压构件的长细比时，应采用角钢的最小回转半径，但计算在交叉点相互连接的交叉杆件平面外的长细比时，可采用与角钢肢边平行轴的回转半径；

（3）跨度等于或大于60m的桁架，其受压弦杆和端压杆的容许长细比值宜取100，其他受压腹杆可取150（承受静力荷载或间接承受动力荷载）或120（直接承受动力荷载）；

（4）由容许长细比控制截面的杆件，在计算其长细比时，可不考虑扭转效应。

【实例3-2】 如图3-14所示，轴心拉杆的强度与刚度验算。

验算由2∟75×5（面积为$7.41\times2\text{cm}^2$）组成的水平放置的轴心拉杆。轴心拉力的设计值为270kN，只承受静力作用，计算长度为3m。杆端有一排直径为20mm的螺栓孔。钢材为Q235钢。计算时忽略连接偏心和杆件自重的影响。$[\lambda]=250$，$i_x=2.32\text{cm}$，$i_y=3.29\text{cm}$，单肢最小回转半径$i_1=1.50\text{cm}$。

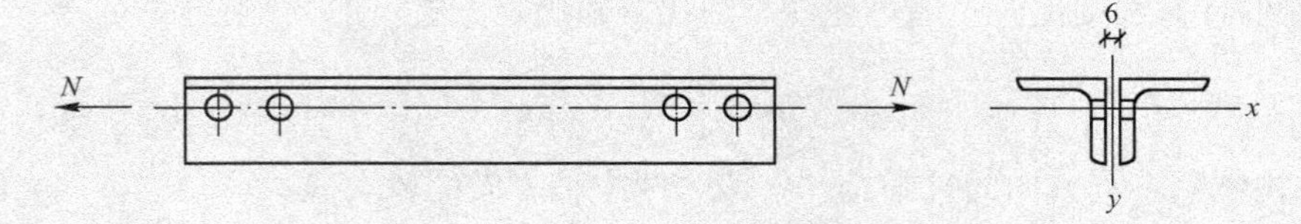

图3-14

【解】 Q235钢，由附录A中表A-1得，$f=215\text{N/mm}^2$。

（1）净截面强度计算

$$A=2\times741=1\ 482\text{mm}^2$$

$$A_n=1\ 482-20\times5\times2=1\ 282\text{mm}^2$$

$$\sigma=\frac{N}{A_n}=\frac{270\ 000}{1\ 282}=210.6\text{N/mm}^2<f=215\text{N/mm}^2$$

（2）刚度计算

$$\lambda_{max}=\frac{l}{i_x}=\frac{300}{2.32}=129<[\lambda]=250$$

根据上述计算，该拉杆强度、刚度均满足要求。

3）稳定性要求

轴心受压构件在正常工作条件下除了要满足强度条件外，还必须满足构件受力的稳定性要求，而且在通常情况下其极限承载能力是由稳定条件决定的。轴心受压构件失稳后的屈曲形式包括弯曲屈曲、扭转屈曲和弯扭屈曲等不同类型。对于一般双轴对称截面的轴心受压细长构件，失稳后的主要屈曲形式是弯曲屈曲。

（1）轴心受压构件的整体稳定

$$\sigma=\frac{N}{A}\leqslant\varphi f \tag{3-23}$$

式中 N——轴心压力设计值；

A——构件的毛截面面积；

f——钢材强度设计值；

φ——轴心受压构件的整体稳定系数，取值详见《钢结构设计规范》。

整体稳定系数 φ 表示构件整体稳定性能对承载能力的影响，φ 是小于1的数。在式（3-23）中 φ 应取截面尺寸两主轴稳定系数中的较小者。整体构件的长细比 λ 是影响 φ 值的主要因素，对不同钢材、不同截面类型的构件处应考虑其他因素的影响。

当格构柱绕虚轴失稳时，引起的变形相比绕实轴失稳要大，所以一般情况下，格构柱的整体稳定主要是针对虚轴的。格构柱绕虚轴方向失稳时，构件的长细比 λ_y，必须按规范要求采用各肢件绕虚轴的换算长细比 λ_{0x}，来求它的稳定系数 φ，然后按公式（3-23）进行计算。

（2）轴心受压构件的局部稳定

轴心受压构件都是由一些板件组成的，一般板件的厚度与板的宽度相比都较小，当承受荷载作用时，可能引起构件丧失局部稳定。图3-15为一工字形截面轴心受压构件发生局部失稳的变形形态示意，在腹板和翼缘失稳的情况下，构件还可能维持着整体平衡，但由于部分板件屈曲后退出工作，使构件的有效截面减少，应力分布恶化，导致构件过早丧失承载能力。因而轴心受压构件必须满足局部稳定的要求。

对于轴心受压构件，主要以限制板的宽厚比不能过大，以保证板的临界应力不低于构件整体临界应力。这样在构件丧失整体稳定之前，不会发生局部失稳。

对图3-16所示的工字形和H形及箱形截面，其宽厚比（高厚比）的要求如下。

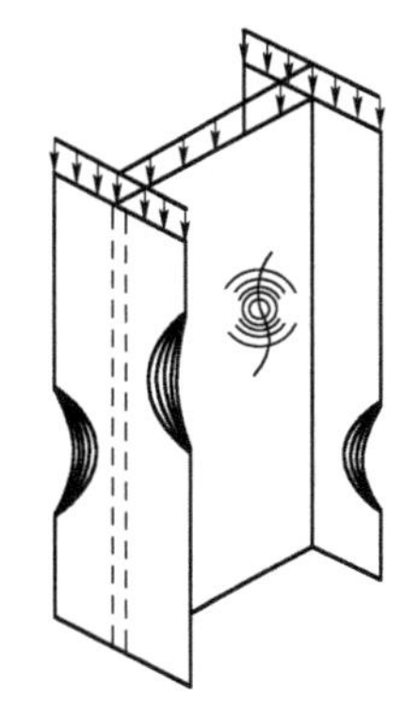

图3-15　实腹式轴心受压构件局部屈曲

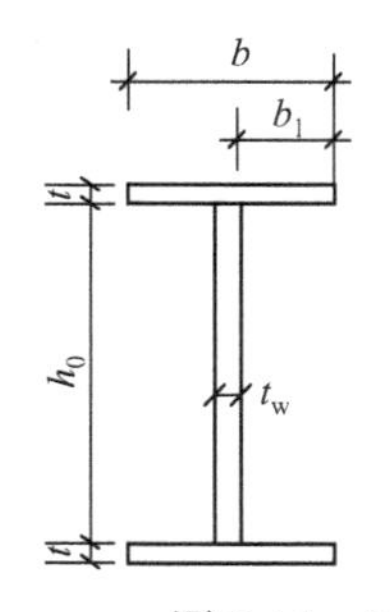

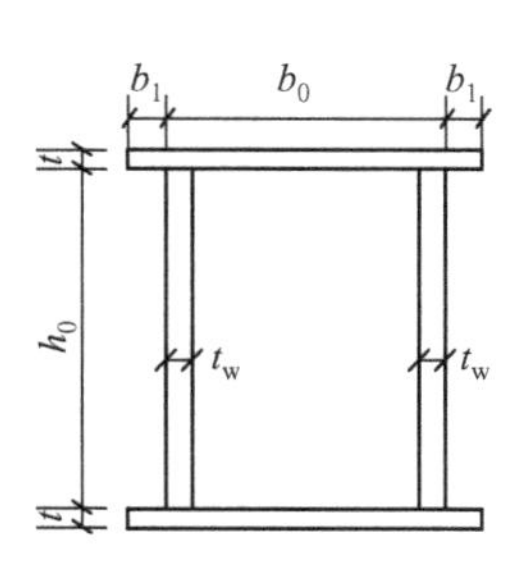

图3-16　工字形（H形）和箱形截面尺寸

① 工字形、H 形截面：

$$\frac{b_1}{t} \leqslant (10+0.1\lambda)\sqrt{\frac{235}{f_y}} \tag{3-24}$$

$$\frac{h_0}{t_w} \leqslant (25+0.5\lambda)\sqrt{\frac{235}{f_y}} \tag{3-25}$$

② 箱形截面：

$$\frac{b_1}{t} \leqslant 15\sqrt{\frac{235}{f_y}} \tag{3-26}$$

$$\frac{h_0}{t_w} \leqslant 40\sqrt{\frac{235}{f_y}} \tag{3-27}$$

$$\frac{b_0}{t} \leqslant 40\sqrt{\frac{235}{f_y}} \tag{3-28}$$

式中 λ——构件两方向长细比的较大值，当 $\lambda<30$ 时，取 $\lambda=30$，当 $\lambda>100$ 时，取 $\lambda=100$；

f_y——钢材的屈服强度；

b_1——翼缘板的外伸宽度；

t——翼缘板的厚度；

h_0——腹板的高度；

t_w—— 腹板的厚度；

b_0——箱形截面翼缘板在两腹板之间的无支承宽度。

对于轧制型钢，由于其翼缘和腹板较厚，一般都能满足局部稳定要求，不需要验算。

（3）格构柱的单肢稳定

格构式轴心受压构件的分肢可看做是一个单独的实腹式轴心受压构件，因此应保证它不先于构件整体失去承载能力。为了保证单肢的稳定性不低于构件的整体稳定性，《设计规范》对 λ_1 规定如下。

格构式缀条柱：　$\lambda_1 \leqslant 0.7\lambda_{max}$

格构式缀板柱：　$\lambda_1 \leqslant 40$，且 $\lambda_1 \leqslant 0.5\lambda_{max}$

式中 λ_1——柱绕实轴方向弯曲时的长细比 λ_{0y} 和绕虚轴方向弯曲时的换算长细比 λ_{0x} 中的较大者，当 $\lambda_{max}<50$ 时，取 $\lambda_{max}=50$。

2. 框架柱（拉弯、压弯构件）需满足的条件

框架柱一般属于拉弯和压弯构件，其截面一般为实腹式，其正常工作也应满足强度、刚度和稳定性的要求。

1）强度要求

弯矩作用平面内的拉弯和压弯构件，其强度计算公式为：

$$\frac{N}{A_n} \pm \frac{M_x}{\gamma_x W_{nx}} \pm \frac{M_y}{\gamma_y W_{ny}} \leqslant f \tag{3-29}$$

式中 M_x、M_y——绕 x 轴和 y 轴的弯矩设计值；

W_{nx}、W_{ny}—— 对 x 轴和 y 轴的净截面抵抗矩，取值应与正负弯曲应力相适应；

A_n——净截面面积；

r_x、r_y——截面塑性发展系数。

对于直接承受动力荷载作用或截面不允许出现塑性区的实腹式拉弯或压弯构件，不考虑塑

性发展，取 $r_x = r_y = 1.0$。

2) 刚度要求

压弯、拉弯构件的刚度通常以长细比 λ 来控制。

$$\lambda_{max} \leqslant [\lambda] \tag{3-30}$$

式中 $[\lambda]$ ——容许长细比。

3) 稳定性要求

对压弯构件，除满足强度和刚度外还应验算其稳定性。对于弯矩作用平面内（绕 x 轴）的实腹式压弯构件，其稳定性应做如下计算。

(1) 弯矩作用平面内的稳定性

$$\frac{N}{\varphi_x A} + \frac{\beta_{mx} M_x}{\gamma_{1x} W_{1x}\left(1 - 0.8\dfrac{N}{N'_{EX}}\right)} \leqslant f \tag{3-31}$$

式中 N——所计算构件段范围内轴心压力设计值；

M_x——所计算构件段范围内的最大弯矩设计值；

A——毛截面面积；

φ_x——弯矩作用平面内的轴心受压构件的稳定系数；

W_{1x}——在弯矩作用平面内对较大受压纤维的毛截面抵抗矩；

N'_{EX}——参数，$N'_{EX} = \dfrac{\pi^2 EA}{1.1\lambda_x^2}$；

γ_{1x}——与 W_{1x} 相对应的截面塑性发展系数；

β_{mx}——等效弯矩系数，按下列有关规定取值。

对于无侧移框架柱和两端支承的构件：

① 无横向荷载作用时，$\beta_{mx} = 0.65 + 0.35 M_2/M_1$，$M_1$ 和 M_2 为端弯矩，使构件产生同向曲率（无反弯点）时取同号，使构件产生反向曲率（有反弯点）时取异号，$|M_1| \geqslant |M_2|$；

② 有端弯矩和横向荷载同时作用时，使构件产生同向曲率时，$\beta_{mx} = 1.0$，使构件产生反向曲率时，$\beta_{mx} = 0.85$；

③ 无端弯矩但有横向荷载作用时，$\beta_{mx} = 1.0$。

对于悬臂构件和分析内力未考虑二阶效应的无支撑纯框架和弱支撑框架柱，$\beta_{mx} = 1.0$。

对于 T 形钢、双角钢 T 形等单轴对称截面压弯构件，当弯矩作用在对称轴平面内，即绕非对称轴作用，并且使较大翼缘受压时，构件失稳时出现的塑性区除存在前述的受压区屈服和受拉受压区同时屈服两种情况外，还可能在受拉区首先出现屈服而导致构件失去承载能力。对于这类构件，除按式（3-31）计算外，还应按下式计算：

$$\left|\frac{N}{A} - \frac{\beta_{mx} M_x}{\gamma_{2x} W_{2x}\left(1 - 1.25\dfrac{N}{N'_{EX}}\right)}\right| \leqslant f \tag{3-32}$$

式中 W_{2x}——受拉侧最外纤维的毛截面抵抗矩；

r_{2x}——与 W_{2x} 相对应的截面塑性发展系数。

(2) 弯矩作用平面外的稳定性

当偏心弯矩作用于截面最大刚度平面内时，由于截面平面外的刚度较小，当构件在弯矩作用平面外没有足够的支承以阻止其产生侧面位移和扭转时，构件可能发生侧向弯扭屈曲而丧失稳定。《设计规范》规定平面外的稳定性按照下式验算：

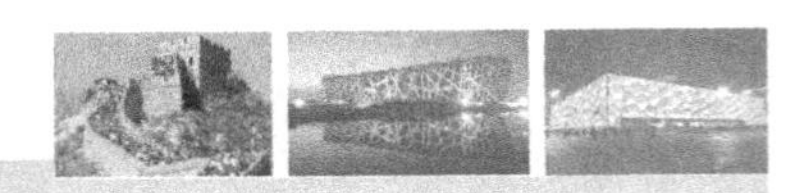

$$\frac{N}{\varphi_y A}+\eta\frac{\beta_{tx}M_x}{\varphi_b W_{1x}}\leqslant f \tag{3-33}$$

式中 φ_y——弯矩作用平面外的轴心受压构件稳定系数；

η—— 截面影响系数，闭口截面 $\eta=0.7$，其他截面 $\eta=1.0$；

M_x——所计算构件段范围内（构件侧向支承点间）的最大弯矩；

β_{tx}——弯矩作用平面外等效弯矩系数，应根据计算段内弯矩作用平面外方向的支承情况及荷载和内力情况确定，取值方法与弯矩作用平面内的等效弯矩系数 β_{mx} 相同；

φ_b——均匀弯曲的受弯构件整体稳定系数。

3.2.4 轴心受压柱的设计方法

轴心受压柱截面有实腹式和格构式两种，实腹式钢柱应用广泛，现简要介绍其设计原则和步骤。

1．截面形式

实腹式轴心受压构件的截面形式有型钢和组合截面两种类型，在选择截面时应考虑以下几个原则：

（1）在满足板件宽厚比限值的条件下，使截面面积的分布尽量远离形心轴，以增加截面的惯性矩和回转半径，提高构件的整体稳定性和刚度；

（2）尽可能使构件在两个主轴方向稳定承载力接近，一般情况下，取两个主轴方向的长细比接近相等，即 $\lambda_x\approx\lambda_y$，以充分发挥截面的承载能力；

（3）尽可能使构造简单，制作方便；

（4）构件应便于与其他构件连接。

2．截面设计

轴心受压构件的设计步骤是根据上述原则选定合适的截面形式，再初步选择截面尺寸，然后按照强度、刚度和稳定性要求进行验算。

1）初选截面尺寸

初选截面尺寸的步骤如下。

（1）假定构件截面尺寸长细比为 λ，求出初选截面面积 A，一般取 $\lambda=60\sim100$，当计算长度小而轴力较大时取较小值；反之，取较大值。根据截面分类、钢材类别和 λ，可查得稳定系数 φ，进而得初选截面面积为：

$$A=\frac{N}{\varphi f} \tag{3-34}$$

（2）求两个主轴所需要的回转半径：

$$i_x=\frac{l_{0x}}{\lambda}\quad i_y=\frac{l_{0y}}{\lambda} \tag{3-35}$$

（3）根据 A、i_x 和 i_y 查阅《钢结构设计规范》中的型钢表，选出一个合适的型钢截面。

（4）当型钢规格不满足时，可选用组合截面。

2）截面验算

截面初步选定后需做强度、刚度、整体稳定、局部稳定验算，若不能满足要求，须调整截面重新验算。

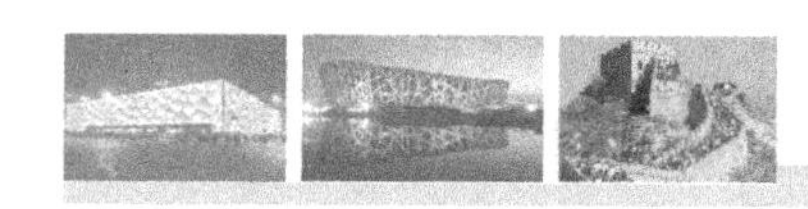

3.2.5 框架柱的设计方法

框架柱有实腹式压弯构件和格构式压弯构件两种类型。除了高度较大的厂房框架柱和独立柱多采用格构式外，一般都采用实腹式截面。现以实腹式框架柱为例，简要介绍其设计步骤。

1. 截面形式

对于实腹式压弯构件，要按受力大小、使用要求和构造要求选择合适的截面形式。当承受的弯矩较小时其截面形式与一般的轴心受压构件相同，可采用对称截面；当弯矩较大时，宜采用在弯矩作用平面内截面高度较大的双轴对称截面，或采用截面一侧翼缘加大的单轴对称截面（见图 3-17）。在满足局部稳定、使用要求和构造要求时，截面应尽量符合肢宽壁薄及弯矩作用平面内和平面外整体稳定性相等的原则，从而节省钢材。

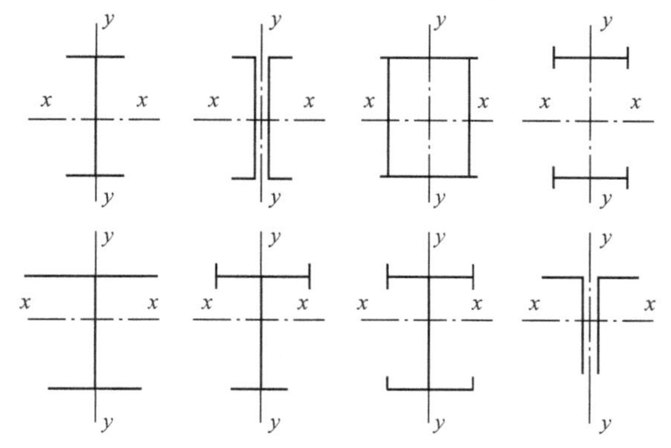

图 3-17　弯矩较大的实腹式压弯构件截面

2. 截面选择

截面选择的具体步骤如下：

（1）选择截面形式；

（2）确定钢材及强度设计值；

（3）计算构件的内力设计值，即弯矩设计值 M 和轴心压力设计值 N；

（4）确定弯矩作用平面内和平面外的计算长度；

（5）根据经验或已有资料初选截面尺寸。

3. 截面验算

截面初步选定后需做强度、刚度、平面内、平面外整体稳定、局部稳定验算，若不能满足要求，须调整截面重新验算。

知识梳理与总结

本单元简要讲述了钢梁和钢柱的设计与校核的基本方法，学习时需要注意以下两点：

（1）钢梁的截面形式与应用密切相关，钢梁应满足强度、刚度、整体与局部稳定性要求；

（2）钢柱的截面形式与应用密切相关，钢柱应满足强度、刚度、弯矩作用平面内、平面外稳定性的要求。

思考题 3

（1）型钢梁和焊接组合截面梁的设计步骤有哪些？

（2）实腹式轴心受压柱构件截面的设计原则是什么？

实训 3

1. 组合梁的设计

（1）目的：通过组合梁的基本理论学习，掌握组合梁的设计与校核方法。

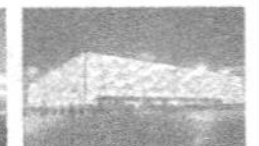

（2）能力标准及要求：能进行组合梁的设计、校核计算。

（3）实训条件：组合梁的图纸。

（4）步骤如下：

① 课堂讲解；

② 读图，思考设计及校核问题，熟悉钢结构设计规范；

③ 完成计算书，包括钢梁的强度、刚度、稳定性验算等。

2. 实腹式轴心受压柱设计

（1）目的：通过实腹式轴心受压柱的基本理论学习，掌握轴心受压柱的设计与校核方法。

（2）能力标准及要求：能进行实腹式轴心受压柱的设计、校核计算。

（3）实训条件：实腹式轴心受压柱的图纸。

（4）步骤如下：

① 课堂讲解；

② 读图，思考设计及校核问题，熟悉钢结构设计规范；

③ 完成计算书，包括轴心受压柱的强度、刚度、稳定性验算等。

学习单元4

钢结构施工图的绘制与组成内容

教学导航

教	知识重点	1. 建筑钢结构制图标准； 2. 建筑钢结构图纸表达规定； 3. 建筑钢结构施工图的组成； 4. 建筑钢结构施工图识读
	知识难点	建筑钢结构施工图识读
	推荐教学方式	1. 利用多媒体，借助实际工程图纸、标准图集等演示讲解； 2. 边讲边识图
	建议学时	4 学时
学	推荐学习方法	通过识读典型钢结构工程图纸及图集进行学习
	必须掌握的理论知识	钢结构制图标准
	必须掌握的技能	钢结构识图技巧

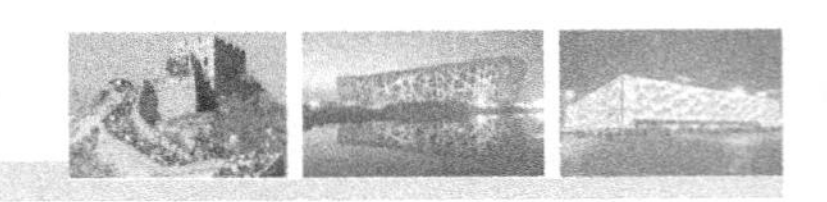

任务4.1　建筑钢结构制图标准

4.1.1　基本规定

1. 图纸幅面规格

钢结构的图纸幅面规格应按照《房屋建筑制图统一标准》（GB/T50001—2001）执行。图纸的幅面及图框尺寸详见表4-1，表中B、L、c、a含义见图4-1。图纸以短边作为垂直边称为横式，以短边作为水平边称为立式，一般A0～A3图纸宜横式使用，必要时也可立式使用。在同一个工程设计中，每个专业所使用的图纸，一般不宜多于两种幅面，不含目录及表格所采用的A4幅面。

表4-1　图纸幅面及图框尺寸（mm）

尺寸代号＼幅面代号	A0	A1	A2	A3	A4
$B \times L$	841×1 189	594×841	420×594	297×420	210×297
c	10			5	
a	25				

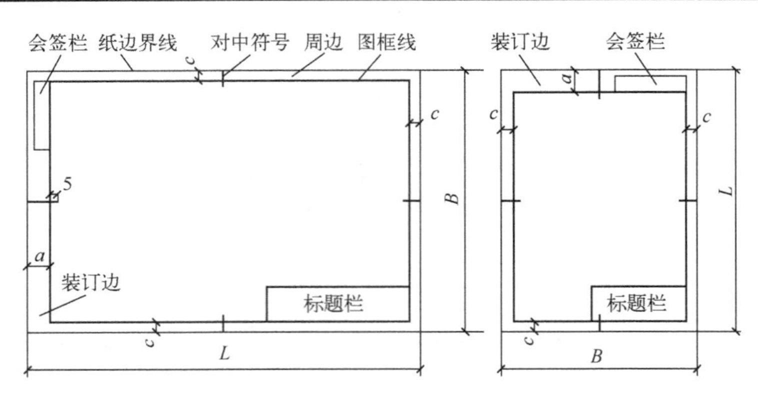

图4-1　图纸样式

2. 图纸线型规定

图纸中的线型按照粗细的不同可分为粗实线、中实线、细实线三种，当选定的基本线宽度为b时，则粗实线为b，中实线为$0.5b$，细实线为$0.25b$。在结构施工图中，图线的宽度b通常为2.0mm、1.4mm、0.7mm、0.5mm、0.35mm，每个图样应根据复杂程度与比例大小，确定基本线宽。在同一张图纸中，相同比例的各种图样，应当选用相同的线宽组。钢结构制图中各种线型及线宽所表示的内容见表4-2。

表4-2 钢结构制图中各种线型及线宽所表示的内容

名称		线型	线宽	表示内容
实线	粗	━━━━━━	b	在平面、立面、剖面中用单线表示的实腹构件，如梁、支撑、檩条、系杆、实腹柱、柱撑等，以及图名下的横线、剖切符号等
	中	──────	$0.5b$	结构平面图、详图中的杆件（断面）轮廓线等
	细	──────	$0.25b$	尺寸线、标注引出线、标高符号、索引符号等
虚线	粗	━ ━ ━ ━	b	结构平面中的不可见单线构件线
	中	─ ─ ─ ─	$0.5b$	结构平面中的不可见构件、墙身轮廓线、钢结构轮廓线
	细	- - - - - -	$0.25b$	局部放大范围边界线，以及预留、预埋不可见的构件轮廓线
单点长画线	粗	━·━·━	b	平面图中的格构式的梁，如垂直支撑、柱撑、桁架式吊车梁等
	细	─·─·─	$0.25b$	杆件或构件定位轴线、工作线、对称线、中心线
双点长画线	粗	━··━··━	b	平面图中的屋架梁（托架）线
	细	─··─··─	$0.25b$	原有结构轮廓线
折断线		──\/──	$0.25b$	断开界限
波浪线		～～	$0.25b$	断开界限

3. 比例

钢结构施工图中常用的比例，一般结构平面图为1:50、1:100，基础平面图为1:150、1:200，详图为1:10、1:20。也可根据图样的用途、被绘物体的复杂程度采用其他比例。当构件的纵、横向断面尺寸相差悬殊时，同一详图中的纵、横向可采用不同的比例，轴线尺寸与构件尺寸也可采用不同比例。

4. 剖切符号

施工图中剖视的剖切符号用粗实线表示，它由剖切位置线和投射方向线组成。剖切位置线的长度大于投射方向线的长度，一般剖切位置线的长度为6～10mm，投射方向线的长度为4～6mm。剖视剖切符号的编号为阿拉伯数字，顺序由左至右、由上至下连续编排，并注写在剖视方向线的端部。需转折的剖切位置线，在转角的外侧加注与该符号相同的编号[见图4-2（a）]。构件剖面图的剖切符号通常标注在构件的平面图或立面图上。断面的剖切符号用粗实线表示，且仅用剖切位置线而不用投射方向线。断面的剖切符号编号所在的一侧为该断面的剖视方向[见图4-2（b）]。

剖面图或断面图与被剖切图样不在同一张图纸内时，在剖切位置线的另一侧标注其所在图纸的编号，或在图纸上集中说明[见图4-2（b）]。

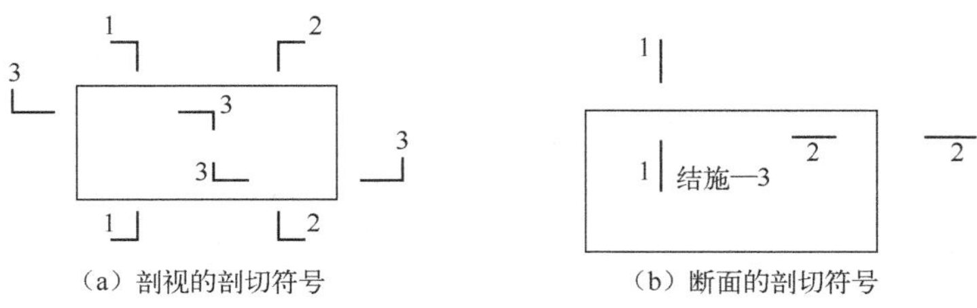

（a）剖视的剖切符号　　（b）断面的剖切符号

图4-2 剖切符号

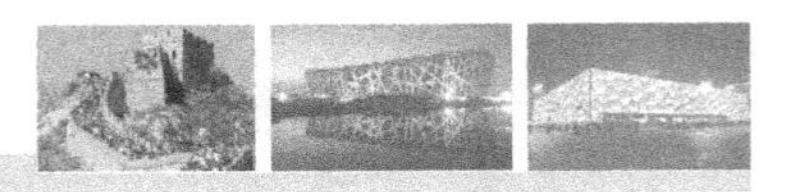

5．索引符号和详图符号

图样中的某一局部或构件需另见详图时，以索引符号索引（见图 4-3）。索引符号由直径为 10mm 的圆和水平直径组成，圆和水平直径用细实线表示［见图 4-3（a）］。索引出的详图与被索引出的详图同在一张图纸时，在索引符号的上半圆中用阿拉伯数字注明该详图的编号，在下半圆中间画一段水平细实线［见图 4-3（b）］。索引出的详图与被索引出的详图不在同一张图纸时，在符号索引的上半圆中用阿拉伯数字注明该详图的编号，在下半圆中用阿拉伯数字注明该详图所在图纸的编号［见图 4-3（c）］，当数字较多时，也可加文字标注。索引出的详图采用标准图集时，在索引符号水平直径的延长线上加注该标准图集的编号［见图 4-3（d）］。

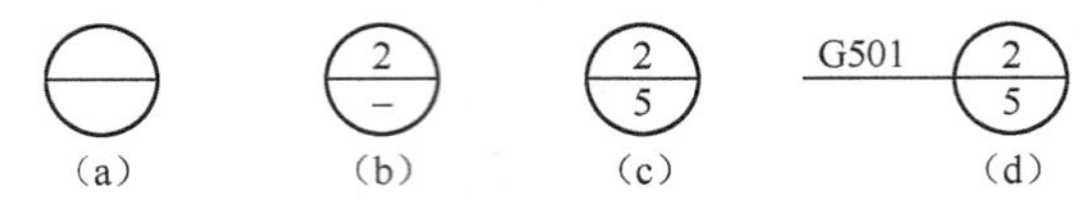

图 4-3　索引符号（1）

当索引符号用于索引剖视详图时，应在被剖切的部位绘制剖切位置线，并用引出线引出索引符号，引出线所在的一侧即为投射方向（见图 4-4）。索引符号的编号同上。

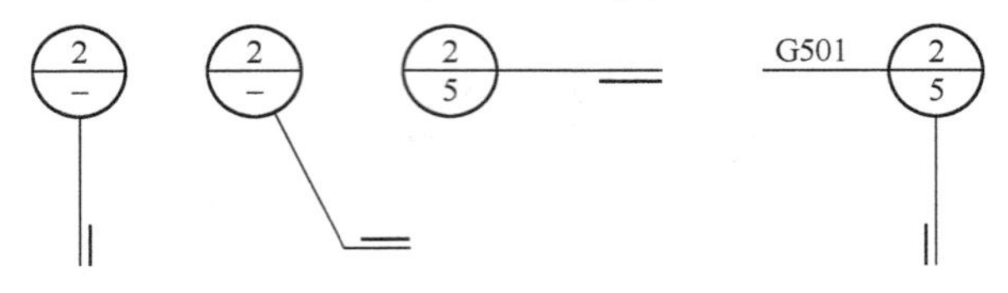

图 4-4　索引符号（2）

零件、杆件的编号用阿拉伯数字按顺序编写，以直径为 4 ～ 6mm 的细实线圆表示（见图 4-5），同一图样圆的直径要相同。

详图符号的圆用直径为 14mm 的粗线表示，当详图与被索引出的图样在同一张图纸时，在详图符号内用阿拉伯数字注明该详图编号［见图 4-6（a）］；当详图与被索引出的图样不在同一张图纸时，用细实线在详图符号内画一个水平直径，上半圆中注明详图的编号，下半圆中注明被索引图纸的编号［见图 4-6（b）］。

图 4-5　零件、杆件的编号　　图 4-6　详图符号

6．对称符号

施工图中的对称符号由对称线和两端的两对平行线组成。对称线用细点画线表示，平行线用细实线表示。平行线长度为 6 ～ 10mm，每对平行线的间距为 2 ～ 3mm，对称线垂直平分于两对平行线，两端超出平行线 2 ～ 3mm，见图 4-7。

7．连接符号

施工图中，当构件详图的纵向较长、重复较多时，可省略重复部分，用连接符号相连。连接符号用折断线表示所需连接的部位，当两部位相距过远时，折断线两端靠图样一侧要标注大写拉丁字母表示连接编号。两个被连接的图样要用相同的字母编号，见图 4-8。

8．引出线

施工图中的引出线用细实线表示，它由水平方向的直线或与水平方向成 30°、45°、60°、90°的直线和经上述角度转折的水平直线组成。文字说明注写在水平线的上方或端部［见

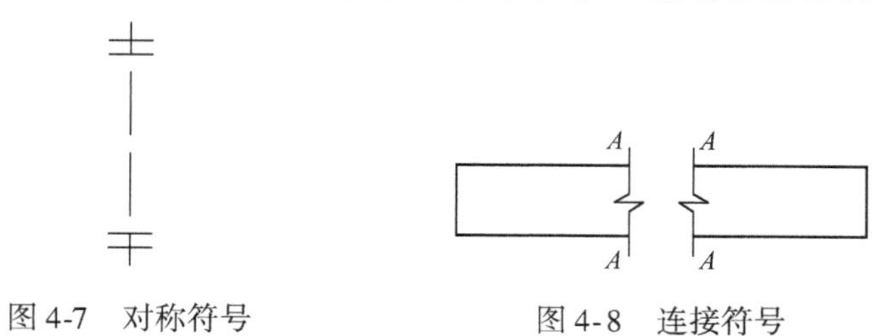

图 4-7　对称符号　　　　图 4-8　连接符号

图 4-9（a）、（b）]，索引详图的引出线与水平直径线相连接［见图 4-9（c）]。同时引出几个相同部分的引出线，引出线可相互平行，也可集中于一点（见图 4-10）。

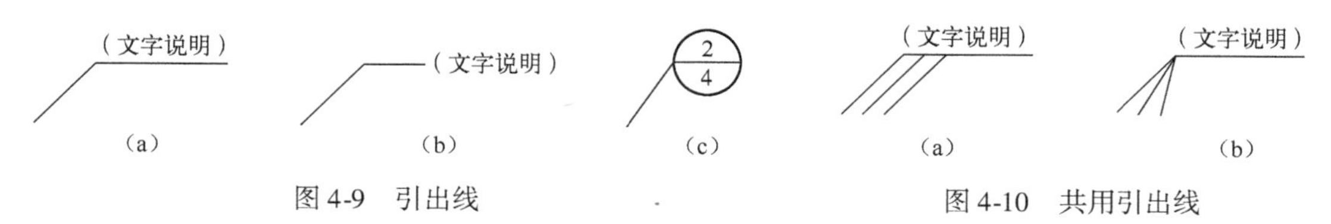

图 4-9　引出线　　　　图 4-10　共用引出线

多层构造或多层管道共用的引出线要通过被引出的各层。文字说明注写在水平线的上方或端部，说明的顺序由上至下，与被说明的层次一致。若层次为横向排序，则由上至下的说明顺序与由左至右的层次相一致，见图 4-11。

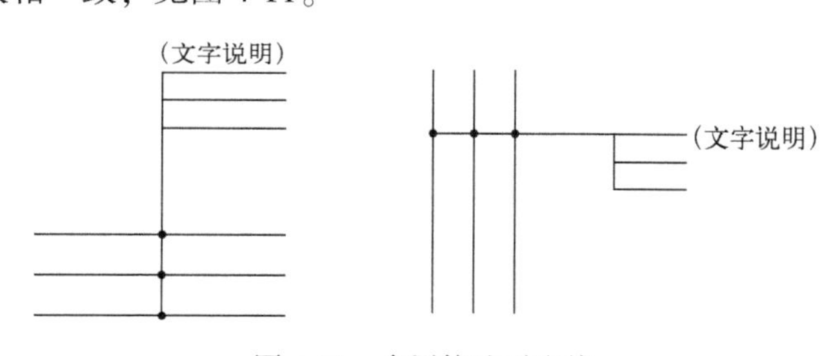

图 4-11　多层构造引出线

4.1.2　尺寸标注

1. 半径、直径、球的尺寸标注

半径的尺寸线应一端从圆心开始，另一端画箭头指向圆弧。半径数字前应加注半径符号"R"（见图 4-12）。较小圆弧的半径可按照图 4-13 的形式标注，较大圆弧的半径可按照图 4-14 的形式标注。

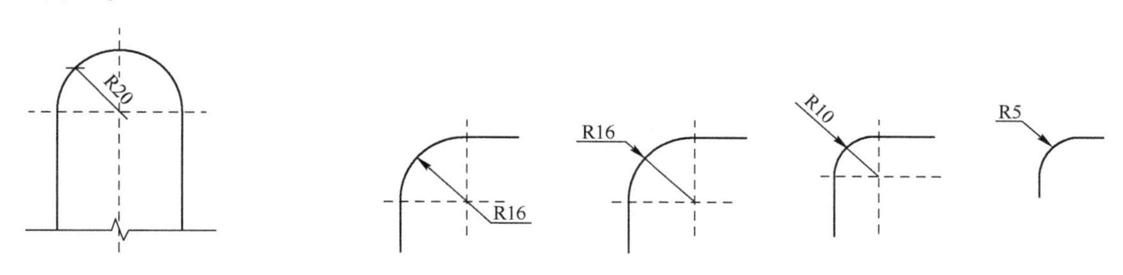

图 4-12　半径标注方法　　　　图 4-13　小圆弧的半径标注方式

在标注圆的尺寸时，直径数字前应加直径符号"ϕ"。在圆内标注的尺寸线应通过圆心，两端画箭头指至圆弧（见图 4-15）。较小圆的直径尺寸，可标注在圆外（见图 4-16）。

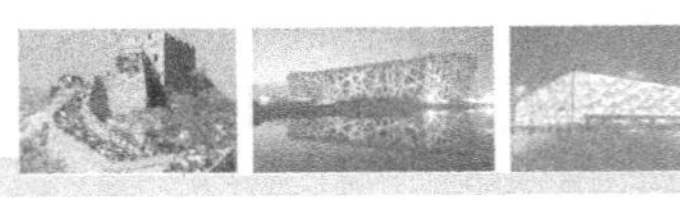

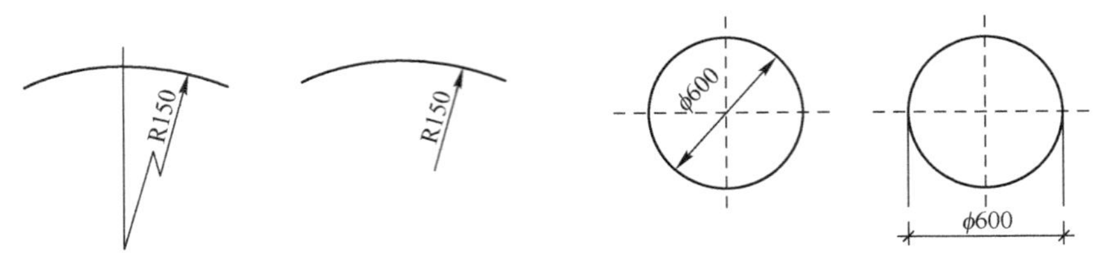

图 4-14　大圆弧的半径标注方式　　图 4-15　圆直径的标注方法

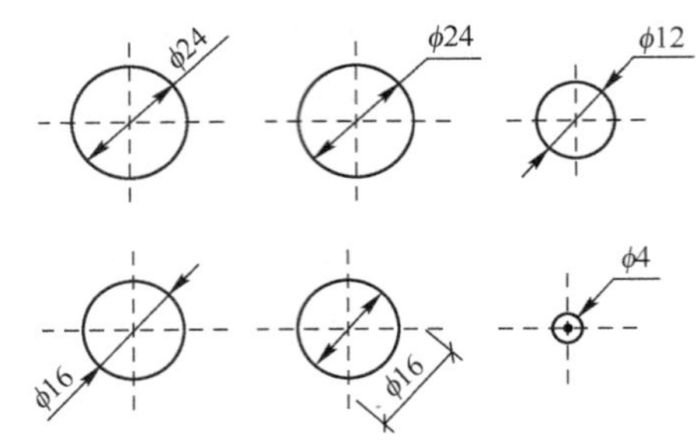

图 4-16　小圆直径的标注方法

标注球的半径尺寸时，应在尺寸数字前加注符号“SR”。标注球的直径尺寸时，应在尺寸数字前加注符号“SØ”。注写方法与圆弧半径和圆直径的尺寸标注方法相同。

2. 角度、弧长、弦长的尺寸标注

角度的尺寸线应以圆弧表示。该圆弧的圆心应是该角的顶点，角的两条边为尺寸界限，起止符号应以箭头表示，如果没有足够的位置画箭头，可用圆点代替，角度数字应按水平方向注写［见图 4-17（a）］。

标注圆弧的弧长时，尺寸线应以与该圆弧同心的圆弧线表示，尺寸界限应垂直于该圆弧的弦，起止符号用圆弧表示，弧长数字上方应加注圆弧符号“⌒”［见图 4-17（b）］。标注圆弧的弦长时，尺寸线应以平行于该弦的直线表示，尺寸界线应垂直于该弦，起止符号用中粗斜短线表示［见图 4-17（c）］。

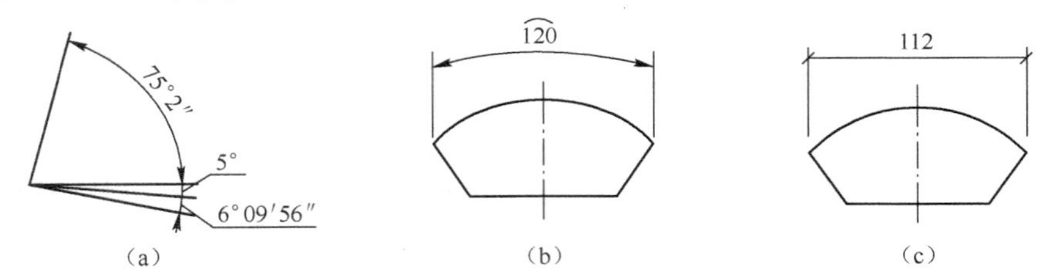

图 4-17　角度、弧长、弦长的尺寸标注

3. 尺寸的简化标注

桁架简图、杆件的长度等，可直接将尺寸数字沿杆件一侧注写；连续排列的等长尺寸，可用“个数×等长尺寸=总长”的形式标注，见图 4-18。

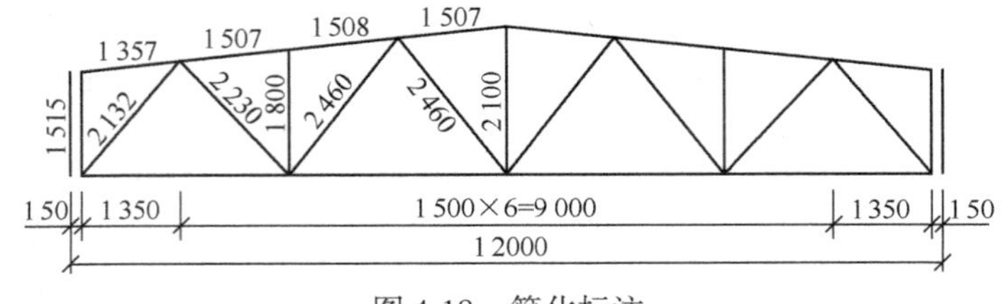

图 4-18　简化标注

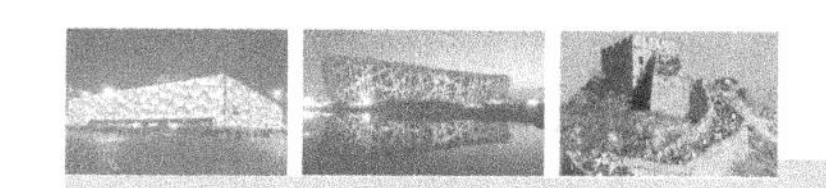

构配件内的构造因素（如孔、槽等）若相同，可仅标注其中一个要素的尺寸，见图4-19。

对称构配件采用对称省略画法时，该对称构配件的尺寸线应略超过对称符号。仅在尺寸线的一端画尺寸起止符号，尺寸数字应按整体全尺寸注写，其注写位置宜与对称符号对齐，见图4-20；对于两个构配件，若个别尺寸数字不同，可在同一图样中将其中一个构配件的不同尺寸数字注写在括号内，该构配件的名称也应注写在相应的括号内，见图4-21；对于数个构配件，若仅某些尺寸不同，这些有变化的尺寸数字，可用拉丁字母注写在同一图样中，另列表格写明其具体尺寸，见图4-22。

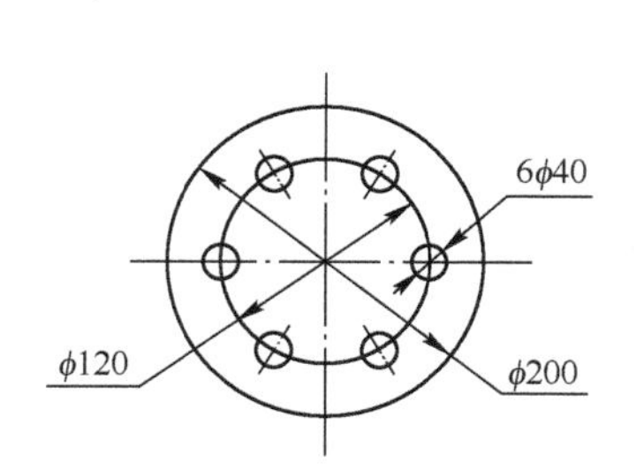

图4-19　相同要素尺寸标注方法

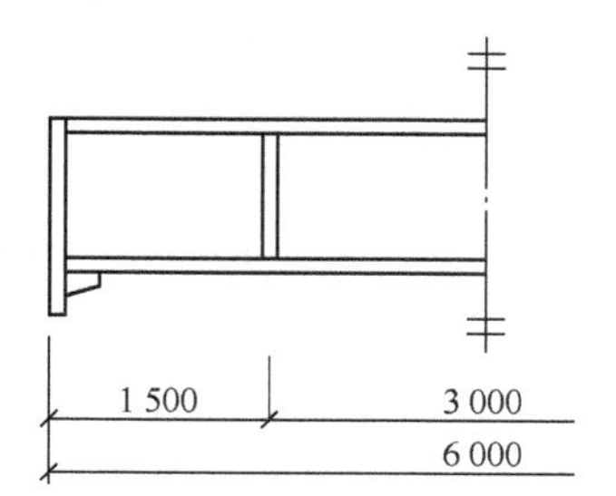

图4-20　对称构件尺寸标注方法

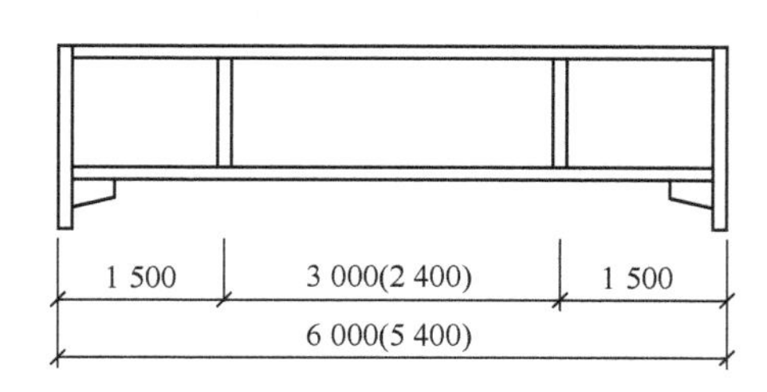

图4-21　相似构件尺寸标注方法

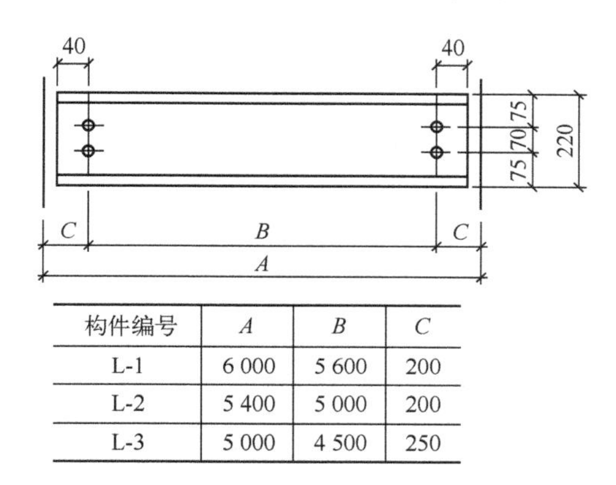

构件编号	A	B	C
L-1	6 000	5 600	200
L-2	5 400	5 000	200
L-3	5 000	4 500	250

图4-22　相似构件尺寸表格标注方法

4. 桁架标注

结构施工图中桁架结构的几何尺寸用单线图表示，杆件的轴线长度尺寸标注在构件的上方，见图4-23。当桁架结构杆件布置和受力均为对称时，在桁架单线图的左半部分标注杆件的几何轴线尺寸，右半部分标注杆件的内力值和反力值。当桁架结构杆件布置和受力非对称时，在桁架单线图的上方标注杆件的几何轴线尺寸，下方标注杆件的内力值和反力值。竖杆的几何轴线尺寸标注在左侧，内力值标注在右侧。

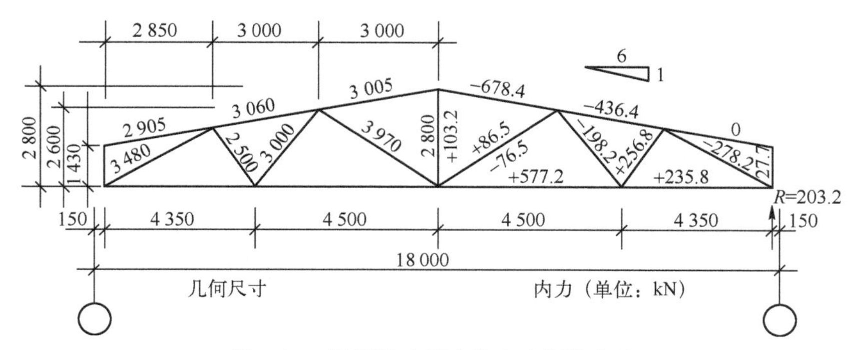

图4-23　桁架尺寸标注和内力标注方法

5. 构件尺寸标注

当两构件的两条重心线很接近时，在交汇处将其各自向外错开，见图4-24。

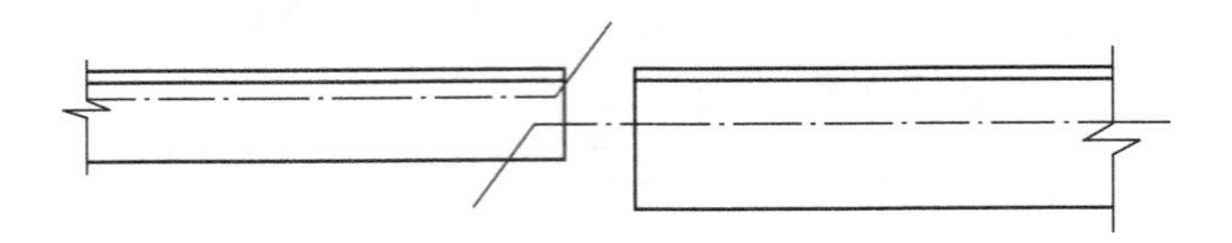

图4-24 两构件重心线不重合时的标注方法

弯曲构件的尺寸应沿其弧度的曲线标注弧的轴线长度，见图4-25。

切割的板材，应标注各线段的长度及位置，见图4-26。

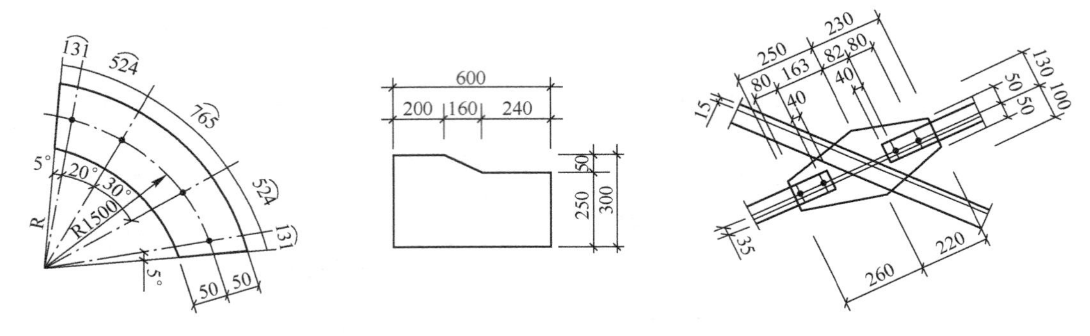

图4-25 弯曲构件尺寸标注方法

图4-26 切割板材尺寸标注方法

不等边角钢组成的构件，必须标注角钢一肢的尺寸，见图4-27；当构件由等边角钢组成时，可不必标注。

节点尺寸应注明节点板的尺寸和各杆件螺栓孔中心或中心距，以及杆件端部至几何中心线交点的距离，见图4-28。

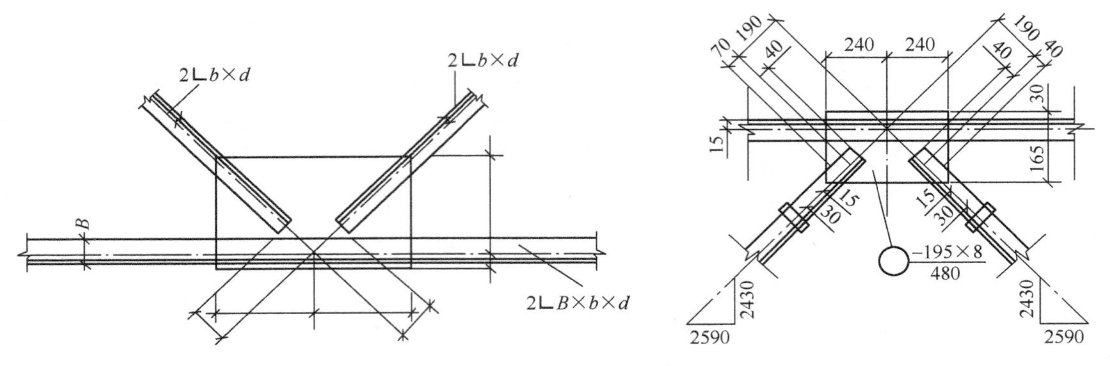

图4-27 节点尺寸及不等边角钢标注方法

图4-28 节点板尺寸标注方法

双型钢组合截面的构件，应注明缀（填）板的数量及尺寸（见图4-29），引出横线的上方标注缀（填）板的数量、宽度和厚度，引出横线的下方标注缀（填）板的长度。

当节点板为非焊接时，应注明节点板的尺寸和螺栓孔与构件几何中心线交点的距离，见图4-30。

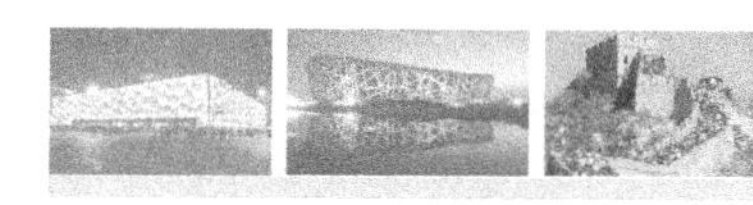

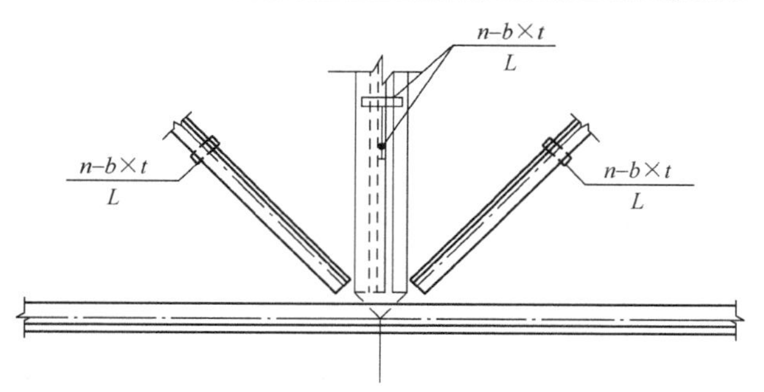

图 4-29 缀（填）板的表示方法

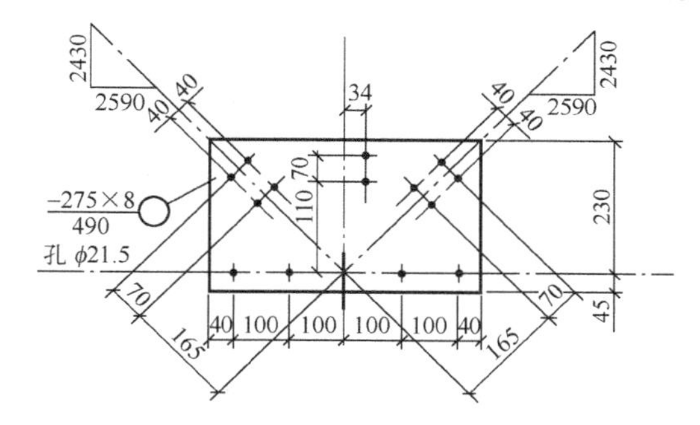

图 4-30 连接节点板尺寸标注方法

任务 4.2 建筑钢结构的图纸表达

4.2.1 构件名称代号

构件名称可用代号来表示，一般用汉字拼音的第一个字母。当材料为钢材时，前面加"G"，代号后标注的阿拉伯数字为该构件的型号或编号，或构件的顺序号。构件的顺序号可采用不带角标的阿拉伯数字连续编排，如 GWJ－1 表示编号为 1 的钢屋架。表 4-3 列出常用构件代号。

表 4-3 常用构件代号

序号	名称	代号	序号	名称	代号	序号	名称	代号
1	板	B	15	基础梁	JL	29	连系梁	LL
2	屋面板	WB	16	楼梯梁	TL	30	柱间支撑	ZC
3	楼梯板	TB	17	框架梁	KL	31	垂直支撑	CC
4	盖板或沟盖板	GB	18	框支梁	KZL	32	水平支撑	SC
5	挡雨板或檐口板	YB	19	屋面框架梁	WKL	33	预埋件	M
6	吊车安全走道板	DB	20	檩条	LT	34	梯	T
7	墙板	QB	21	屋架	WJ	35	雨篷	YP
8	天沟板	TGB	22	托架	TJ	36	阳台	YT
9	梁	L	23	天窗架	CJ	37	梁垫	LD
10	屋面梁	WL	24	框架	KJ	38	地沟	DG
11	吊车梁	DL	25	刚架	GJ	39	承台	CT
12	单轨吊车梁	DDL	26	支架	ZJ	40	设备基础	SJ
13	轨道连接	DGL	27	柱	Z	41	桩	ZH
14	车挡	CD	28	框架柱	KZ	42	基础	J

4.2.2 型钢表示方法

型钢的表示方法见表4-4。

表4-4 型钢表示方法

序 号	名 称	截 面	标 注	说 明
1	热轧等边角钢		$b\times t$	b为肢宽，t为肢厚
2	热轧不等边角钢	B	$B\times b\times t$	B为长肢宽，b为短肢宽，t为肢厚
3	热轧工字钢		N Q N	轻型工字钢加注“Q”字，“N”为工字钢的型号
4	热轧槽钢		N Q N	轻型槽钢加注“Q”字，“N”为槽钢的型号
5	方钢	b	b	b为方钢的边长
6	扁钢	b	$-b\times t$	b为钢板宽度，t为钢板厚度，l为钢板长度
7	钢板		$\frac{-b\times t}{l}$	
8	圆钢		ϕd	d为圆钢的直径
9	钢管		$\phi d\times t$	d为钢管外径，t为管壁厚度
10	T型钢	b h	TW $h\times b$ TM $h\times b$ TN $h\times b$	TW为宽翼缘T型钢 TM为中翼缘T型钢 TN为窄翼缘T型钢
11	热轧H型钢		HW $h\times b$ HM $h\times b$ HN $h\times b$	HW为宽翼缘H型钢 HM为中翼缘H型钢 HN为窄翼缘H型钢
12	普通焊接工字钢	b t_2 h t_1 t_2	$h\times b\times t_1\times t_2$	

4.2.3 螺栓、孔、电焊铆钉的表示方法

螺栓、孔、电焊铆钉的表示方法见表4-5。

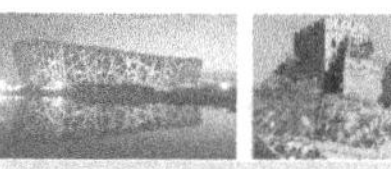

表4-5 螺栓、孔、电焊铆钉表示方法

序号	名称	图例	说明
1	永久螺栓	M / ϕ	(1) 细"+"表示定位线 (2) M表示螺栓型号 (3) ϕ表示螺栓孔直径 (4) d表示膨胀螺栓电焊钉直径 (5) 采用引出线标注螺栓时，横线上标注螺栓规格，横线下标注螺栓孔直径
2	高强螺栓	M / ϕ	
3	安装螺栓	M / ϕ	(1) 细"+"表示定位线 (2) M表示螺栓型号 (3) ϕ表示螺栓孔直径 (4) d表示膨胀螺栓电焊钉直径 (5) 采用引出线标注螺栓时，横线上标注螺栓规格，横线下标注螺栓孔直径
4	胀锚螺栓	d	
5	圆形螺栓孔	ϕ	
6	长圆形螺栓孔	ϕ / b	

4.2.4 焊缝表示方法

1. 焊缝符号

在钢结构施工图上要用焊缝代号表明焊缝形式、尺寸和辅助要求。根据《焊缝符号表示法》（GB/T 324—2008），焊缝符号主要由引出线和表示焊缝截面形状的基本符号组成，必要时还可以加上补充符号和焊缝尺寸符号。

引出线由带箭头的指引线（简称箭头线）和两条基准线（一条为细实线，另一条为细虚线）两部分组成，如图4-31所示。基准线的虚线可以画在实线的上侧，也可以画在实线的下侧；基准线一般应与图纸的底边相平行，特殊情况也可与底边相垂直。

基本符号用以表示焊缝的基本截面形式，符号的线条宜粗于引出线。基本符号标注在基准线上，其相对位置规定如下：如果焊缝在接头的箭头侧，则应将基本符号标注在基准线实线侧；如果焊缝在接头的非箭头侧，则应将基本符号标注在基准线虚线侧（见图4-32），这与符号标注的上下位置无关。如果为双面对称焊缝，基准线可以不加虚线（见图4-33）。箭头线相对于焊缝位置一般无特别要求，对有坡口的焊缝，箭头线应指向带有坡口的一侧（见图4-34）。在实际应用中，为方便起见，往往将虚线省略。

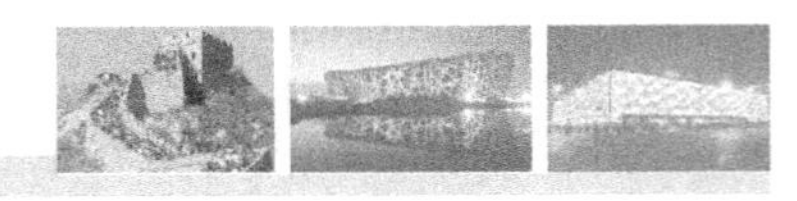

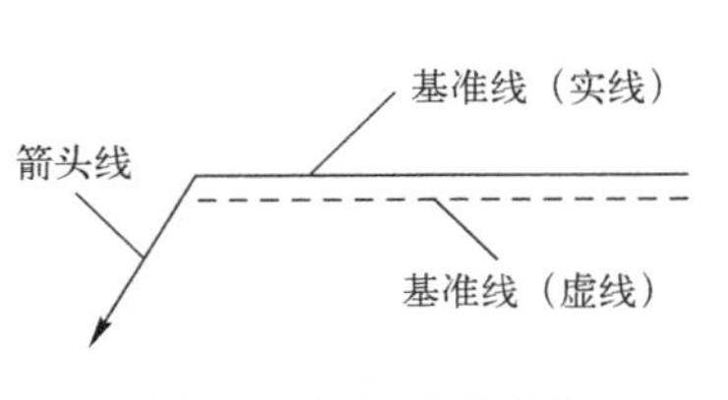

图 4-31　焊缝的引出线

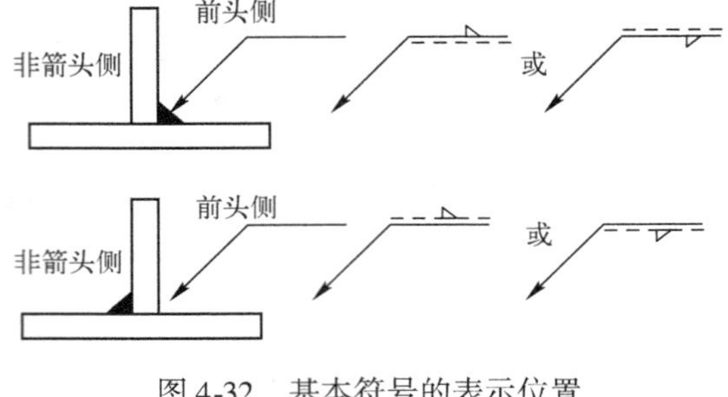

图 4-32　基本符号的表示位置

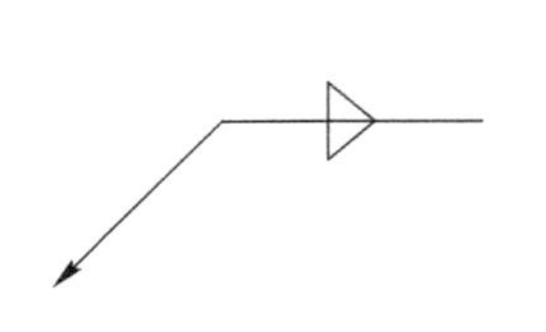

图 4-33　双面焊缝表示方法

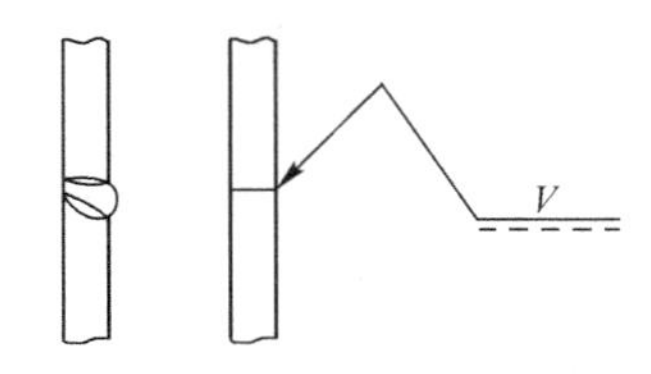

图 4-34　单边 V 形焊缝引出线

补充符号是为了补充说明焊缝的某些特征而采用的符号，如焊缝表面形状、三面围焊、周边焊缝、在工地现场施焊的焊缝和焊缝底部有垫板等。

焊缝的基本符号、补充符号均用粗实线表示，并与基准线相交或相切。但尾部符号除外，尾部符号用细实线表示，并且在基准线的尾端。

焊缝尺寸标注在基准线上。这里应注意的是，不论箭头线方向如何，有关焊缝横截面的尺寸（如角焊缝的焊角尺寸 h_f）一律标在焊缝基本符号的左边，有关焊缝长度方向的尺寸（如焊缝长度）则一律标在焊缝基本符号的右边。此外，对接焊缝中有关坡口的尺寸应标在焊缝基本符号的上侧或下侧。

当焊缝分布不规则时，在标注焊缝符号的同时，还可以在焊缝位置处加栅线表示。

在同一图形上，当焊缝形式、断面尺寸和辅助要求均相同时，可只选择一处标注焊缝的符号和尺寸，并加注“相同焊缝的符号”，相同焊缝符号为 3/4 圆弧，画在引出线的转折处，如图 4-35（a）所示。在同一图形上，有数种相同焊缝时，可将焊缝分类编号，标注在尾部符号内，分类编号采用 A、B、C……在同一类焊缝中可选择一处标注代号，如图 4-35（b）所示。

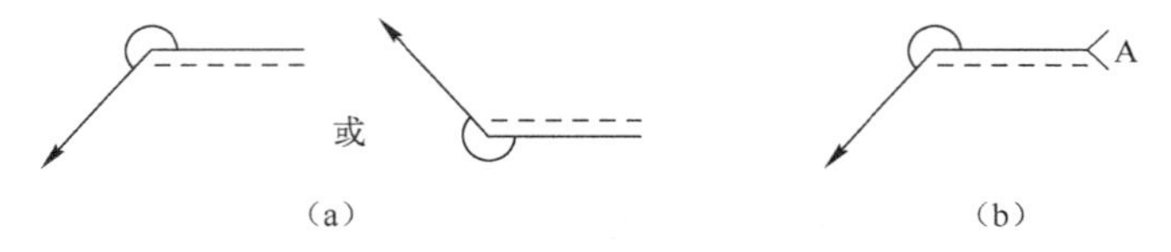

图 4-35　相同焊缝的引出线及符号

熔透角焊缝的符号应按图 4-36 所示方式标注，熔透角焊缝的符号为涂黑的圆圈，画在引出线的转折处。

图形中较长的角焊缝（如焊接实腹钢梁的翼缘焊缝），可不用引出线标注，而直接在角焊缝旁标注焊缝尺寸值 K，如图 4-37 所示。

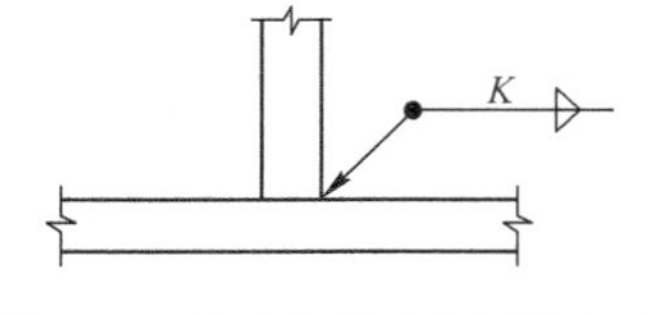

图 4-36　熔透角焊缝的标注方法

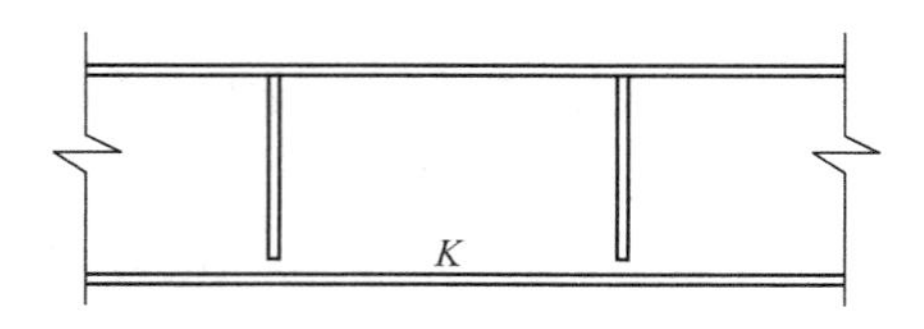

图 4-37　较长焊缝的标注方法

在连接长度内仅局部区段有焊缝时，按图 4-38 所示标注，K 为角焊缝焊脚尺寸。

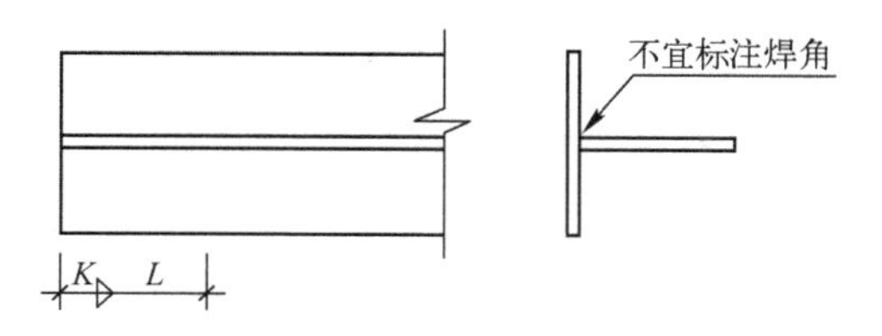

图 4-38 局部焊缝的标注方法

当焊缝分布不规则时，在标注焊缝符号的同时，在焊缝处加中实线表示可见焊缝，或加栅线表示不可见焊缝，标注方法如图 4-39 所示。

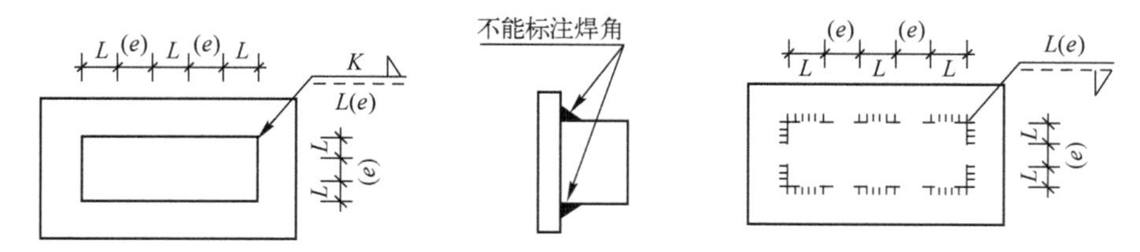

图 4-39 不规则焊缝的标注方法

相互焊接的两个焊件，当为单面带双边不对称坡口焊缝时，引出线箭头指向较大坡口的焊件，如图 4-40 所示。

环绕工作件周围的围焊缝符号用圆圈表示，画在引出线的转折处，并标注其焊角尺寸 K，如图 4-41 所示。

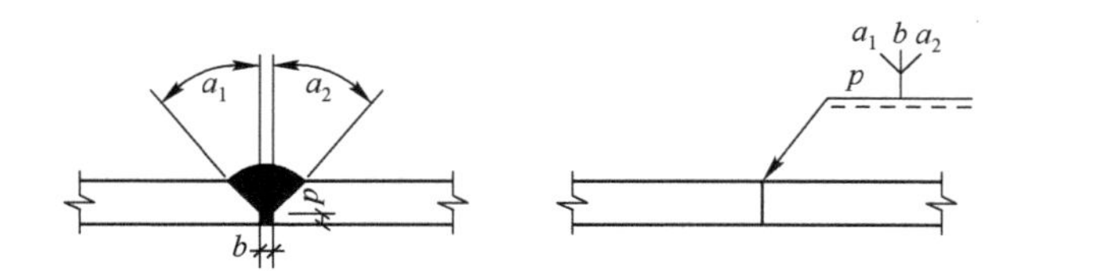

图 4-40 单面不对称坡口焊缝的标注方法

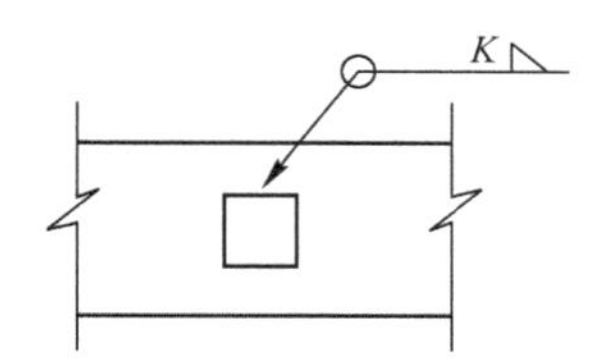

图 4-41 围焊缝符号的表示方法

两个或两个以上的焊件相互焊接时，其焊缝不能作为双面焊缝标注，焊缝符号和尺寸应分别标注，如图 4-42 所示。

在施工现场进行焊接的焊件，其焊缝需标注“现场焊缝”符号。现场焊缝符号为涂黑的三角形旗号，绘在引出线的转折处，如图 4-43 所示。

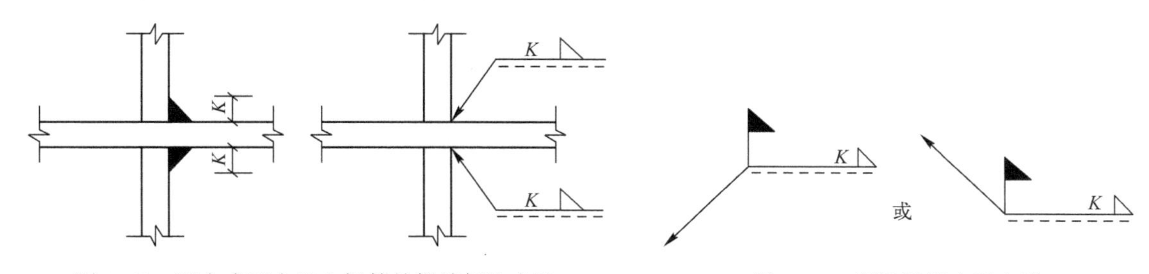

图 4-42 两个或两个以上焊件的焊缝标注方法

图 4-43 现场焊缝表示方法

相互焊接的两个焊件中，当只有一个焊件带坡口时（如单边 V 形），引出线箭头指向带坡口的构件，如图 4-44 所示。

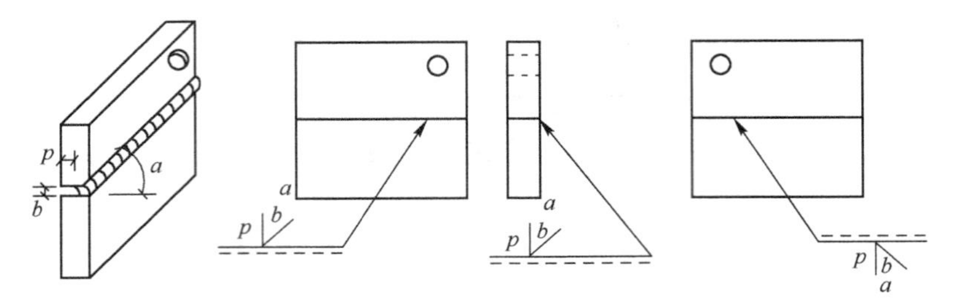

图 4-44　单个焊件带坡口的焊缝标注方法

2. 常用焊缝标注方法

常用焊缝标注方法见表 4-6。

表 4-6　常用焊缝标注方法（摘自《03G102 钢结构设计制图深度和表示方法》）

序号	焊缝名称	形　式	标准标注方法	习惯标注方法（或说明）
1	I 形焊缝	b	b	b 为焊件间隙（施工图中可不标注）
2	单边 V 形焊缝	β 35°～50° b(0～4)	β b	β 施工图中可不标注
3	带钝边单边 V 形焊缝	b 35°～50° P(1～3) b(0～3)	β P b	P 的高度称为钝边（施工图中可不标注）
4	带垫板单边 V 形焊缝	α 45°～55° b(0～3)	α b	a 施工图中可不标注
5	带垫板 Y 形焊缝	α (40°～60°) P(1～4) b(0～3)	α P b	
6	K 形焊缝	β (35°～50°) b(0～3)	β b	
7	T 形接头双面角焊缝	K	K K	

续表

序号	焊缝名称	形式	标准标注方法	习惯标注方法（或说明）
8	周围角焊缝			
9	三面围焊角焊缝			
10	双面角焊缝			
11	槽焊缝			
12	双面喇叭形焊缝			
13	较长双面角焊缝			
14	单面角焊缝			

任务4.3 建筑钢结构施工图的组成与内容

知识分布网络

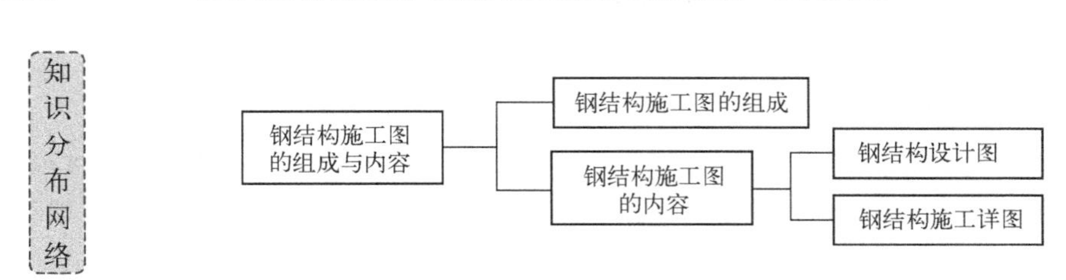

1. 钢结构施工图的组成

钢结构施工图和常见土木建筑施工图有所不同，它分为设计图和施工详图两部分。

设计图是由设计单位编制的作为工程施工依据的技术图纸，施工详图是依据钢结构设计图绘制的用于直接指导钢结构构件制作和安装的细化技术图纸。

钢结构设计图应由具有相应设计资质级别的设计单位设计完成；施工详图由具有相应设计资质级别的钢结构加工制造企业或委托设计单位完成。由于近年来钢结构项目增多和设计院钢结构工程师缺乏的矛盾，有设计能力的钢结构公司参与设计图编制的情况很普遍，在加工厂进行详图设计，其优点是能够结合工厂条件和施工习惯，便于采用先进的技术，经济效益较高。施工详图编制时，应根据已经批准的设计文件结合制造单位实际情况进行构件详图设计。

由于工厂详图的编制工作较为琐细、费工（其图纸量约为设计图图纸量的2.5～3倍），也需要一定的设计周期，故建设及承包单位都应了解这一钢结构工程特有的设计分工特点，在编制施工计划中予以考虑。同时作为一门基本功，钢结构加工厂的设计人员也应对详图设计有较深入的了解与掌握。

2. 钢结构设计图和施工详图的区别

设计图是制造厂编制施工详图的依据。因此，设计图首先在其深度及内容方面应以满足编制施工详图的要求为原则，完整但不冗余；施工详图编制，必须遵照设计图的技术条件和内容要求进行，深度须能满足车间直接制造加工，空间复杂构件或铸钢节点的施工详图宜附加以三维图形表示。不完全相同的构件单元须单独绘制表达，并应附有详尽的材料表。设计图与施工详图的区别如表4-7所示。

表4-7 设计图与施工详图区别

设计图	施工详图
（1）根据工艺、建筑要求及初步设计等，并经施工设计方案与计算等工作而编制的较高阶段施工设计图； （2）目的、深度及内容均仅为编制详图提供依据； （3）由设计单位编制； （4）图纸表示简明，图纸量较少，其内容一般包括设计总说明与布置图、构件图、节点图、钢材订货表等	（1）直接根据设计图编制的工厂施工及安装详图（可含有少量连接、构造与计算），只对深化设计负责； （2）目的为直接供制作、加工及安装的施工用图； （3）一般由制造厂或施工单位编制； （4）图纸表示详细，数量多，内容包括构件安装布置图及构件详图

3. 钢结构施工详图的作用

钢结构详图的作用，主要体现在以下几方面：

（1）钢结构详图是结构设计与构件加工制作的联系桥梁，是指导现场安装的工具。

（2）钢结构详图将设计图进一步细化，方便了工厂车间工人的加工，详图提供的各种表格给技术管理人员提供了很好的资料依据，大大缩短了构件加工制作工期。

（3）钢结构详图在现场安装的过程中也起到了指导和依据的作用，并且在深化过程中深化工程师也想到了制作与安装各自方便的构件制作安装方法，在有必要时还要做现场安装顺序图。

4. 钢结构施工图的比例

钢结构施工图的特点是在一个投影图上可以使用不同比例。较大的钢结构在画图时都要按比例缩小，但是钢板厚度和型材断面的尺寸较小，若统一按图面比例同样缩小后难以表达清楚，因此，在画钢板厚度、型钢断面等小尺寸图形时，可在同一图面使用不同比例画出；要注

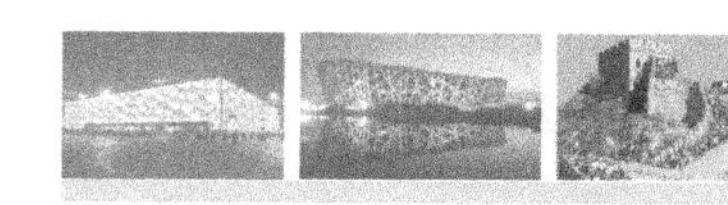

意构件的中心线和重心线，在确定零件之间的相互位置、形状尺寸时，要以构件的中心线为基准计算，如果以图样的投影关系为依据或随便以某一端面为基准来计算尺寸，很可能得出错误结论；桁架类构件一般由型钢构成，型钢的重心线是绘图的基准，也是放样划线的依据。看图时，首先要弄清中心线、重心线及各线之间的关系，计算尺寸时要力求精确；当图面标注尺寸与标题栏中尺寸不相符时，应以图面尺寸为准，标题栏中尺寸仅作为参考。

5. 钢结构施工图的内容

1）钢结构设计图的内容

钢结构设计图的内容一般包括图纸目录、设计总说明、柱脚锚栓布置图、纵横立面图、构件布置图、节点详图、构件图、钢材及高强度螺栓估算表等。

（1）设计总说明

设计总说明中含有设计依据、设计荷载资料、设计简介、材料的选用、制作安装要求、需要作试验的特殊说明等内容。

（2）柱脚锚栓布置图

首先按照一定比例绘制出柱网平面布置图，然后在该图上标注出各个钢柱柱脚锚栓的位置，即相对于纵横轴线的位置尺寸，并在基础剖面图上标出锚栓空间位置标高，标明锚栓规格数量及埋置深度。

（3）纵、横、立面图

当房屋钢结构比较高大或平面布置比较复杂、柱网不太规则，或立面高低错落时，为表达清楚整个结构体系的全貌，宜绘制纵、横、立面图，主要表达结构的外形轮廓、相关尺寸和标高、纵横轴线编号及跨度尺寸和高度尺寸，剖面宜选择具有代表性的或需要特殊表示清楚的地方。

（4）结构布置图

结构布置图主要表达各个构件在平面中所处的位置并对各种构件选用的截面进行编号。

屋盖平面布置图中包括屋架布置图（或刚架布置图）、屋盖檩条布置图和屋盖支撑布置图。屋盖檩条布置图主要表明檩条间距和编号，以及檩条之间设置的直拉条、斜拉条布置和编号。屋盖支撑布置图主要表示屋盖水平支撑、纵向刚性支撑、屋面梁的隅撑等的布置及编号。

柱子平面布置图主要表示钢柱（或门式刚架）和山墙柱的布置及编号，其纵剖面表示柱间支撑及墙梁布置与编号，包括墙梁的直拉条和斜拉条布置与编号、柱隔撑布置与编号，横剖面重点表示山墙柱间支撑、墙梁及拉条面布置与编号。

吊车梁平面布置表示吊车梁、车挡及其支撑布置与编号。

除主要构件外，楼梯结构系统构件上开洞、局部加强、围护结构等可根据不同内容分别编制专门的布置图及相关节点图，与主要平、立面布置图配合使用。

布置图应注明柱网的定位轴线编号、跨度和柱距，在剖面图中主要构件在有特殊连接或特殊变化处（如柱子上的牛腿或支托处、安装接头、柱梁接头或柱子变截面处）应标注标高。

对构件编号时，首先必须按《建筑结构制图标准》（GB/T 50105—2001）的规定使用常用构件代号作为构件编号。在实际工程中，可能会有在一个项目里同样名称而不同材料的构件，为便于区分，可在构件代号前加注材料代号，但要在图纸中加以说明。一些特殊构件代号中未作出规定，可参照规定的编制方法用汉语拼音字头编代号，在代号后面可用阿拉伯数字按构件主次顺序进行编号。一般来说只在构件的主要投影面上标注一次。不要重复编写，以防出错。一个构件如截面和外形相同，长度虽不同，可以编为同一个号。如果组合梁截面相同而外形不

同，则应分别编号。

每张构件布置图均应列出构件表，见表4-8。

表4-8　构件表

编　　号	名　　称	截面（mm）	内　　力		
			M(kN·m)	N(kN)	V(kN)

（5）节点详图

节点详图在设计阶段应表示清楚各构件间的相互连接关系及其构造特点，节点上应标明在整个结构物上的相关位置，即应标出轴线编号、相关尺寸、主要控制标高、构件编号或截面规格、节点板厚度及加劲肋做法。构件与节点板采用焊接连接时，应标明焊脚尺寸及焊缝符号。构件采用螺栓连接时，应标明螺栓类型、直径、数量。设计阶段的节点详图具体构造做法必须交代清楚。

节点选择部位主要是相同构件的拼接处、不同构件的拼接处、不同结构材料连接处，以及需要特殊交代的部位。节点图的圈定范围应根据设计者要表达的设计意图来确定，如屋脊与山墙部分、纵横墙及柱与山墙部位等。

（6）构件图

格构式构件、平面桁架和立体桁架及截面较为复杂的组合构件等需要绘制构件图，门式刚架由于采用变截面，故也要绘制构件图，以便通过构件图表达构件外形、几何尺寸及构件中的杆件（或板件）的截面尺寸，以方便绘制施工详图。

2）钢结构施工详图的内容

钢结构施工详图的内容包括图纸目录、总说明、锚栓布置图、构件布置图、安装节点图、构件详图六部分。

（1）总说明

总说明是对加工制造和安装人员要强调的技术条件和提出施工安装的要求，具体内容主要包括：图纸的设计依据、工程概况、结构选用钢材的材质和牌号要求；焊接材料的材质和牌号要求，螺栓连接的性能等级和精度类别要求；结构构件在加工制作过程中的技术要求和注意事项、结构安装过程中的技术要求和注意事项，对构件质量检验的手段、等级要求及检验的依据；构件的分段要求及注意事项；钢结构的除锈和防腐及防火要求；其他方面的特殊要求与说明。

（2）锚栓布置图

锚栓布置图是根据设计图样进行设计的，必须标明整个结构物的定位轴线和标高。在施工详图中必须标明锚栓中心与定位轴线的关系尺寸、锚栓之间的定位尺寸。锚栓详图应标明锚栓长度、螺纹处的螺栓直径、埋设深度的圆钢直径及锚固弯钩的长度，标明双螺母及其规格。

（3）结构布置图

结构布置图中要对构件进行编号，一般选用汉语拼音字母作为编号的字首，编号用阿拉伯数字按照构件主次顺序进行标注。各构件的编号必须连续，不应出现反复跳跃编号；对于厂房柱网系统的构件编号，柱子是主要构件，柱间支撑次之，故应先对柱子进行编号，后对支撑编号；对于高层钢结构，应先编框架柱，后编框架梁，然后是次梁及其他构件；对于屋盖体系，先下弦平面图，后上弦平面图；先依次对屋架、托梁、垂直支撑、系杆和水平支撑进行编号，后对檩条及拉条编号。在结构布置图中必须列出构件表，构件表中要标明构件编号、名称、截

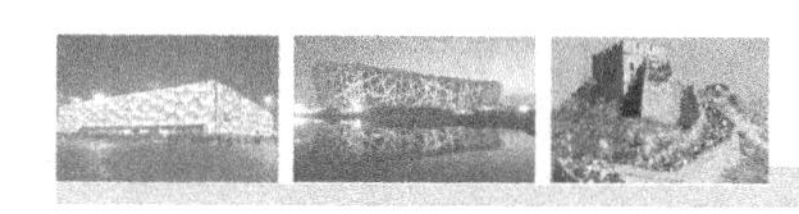

面、数量、单重及总重等，以便统计。

（4）安装节点图

安装节点图用于表明各构件间的相互连接情况，构件与外部构件的连接形式、连接方法、控制尺寸和有关标高等内容，为结构安装提供依据。

（5）构件详图

构件详图应根据布置图的构件编号按类别顺序绘制。详图中应标注加工尺寸线、装配尺寸线和安装尺寸线；为减少绘图工作量，应尽量将图形相同和相反的构件合并画在一个图上，若构件本身存在对称关系，可以绘制构件的一半。

对构件详图中的零件应按照从左到右、自上而下的顺序进行编号。先对主材编号，后对其他零件编号，先型材，后板材、钢管等，先大后小，先厚后薄。若两个零件的截面、长度都相同，但经加工后视轴对称现象，以其中一个为正，则另一个为反。如图4-45所示，角钢杆件的规格和长度都相同，但图4-45（a）中螺栓孔位置不同，此两个角钢应编以两个零件号；图4-45（b）中两个角钢其钻孔位置使两角钢“镜像相同”，则可编为一个号，注明其一为正，另一为反；图4-45（c）所示两角钢虽然位置不同但可互换，应编为同一个号。

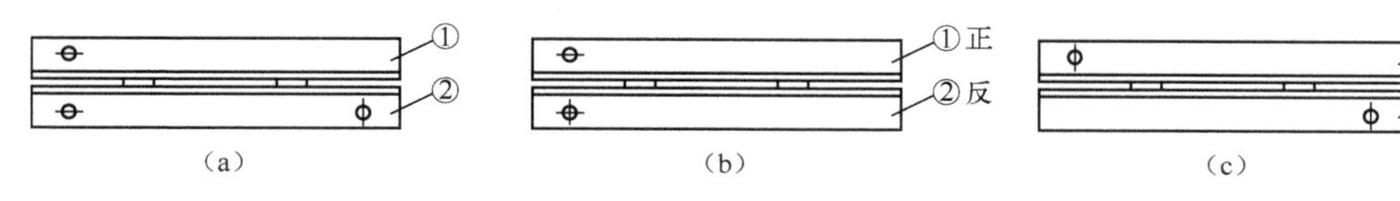

图4-45　构件正、反编号示例

在每一张构件详图中，应当编制材料表，对该图中构件所用全部材料进行汇总，具体包括构件编号、零件编号、截面尺寸、零件数量、重量计算等内容。

任务4.4　建筑钢结构施工图识读

一套具体用于施工的钢结构施工图数量较多，在读图之前首先应按图号检查核对一下图样是否齐全，如果存在模糊不清或缺图现象应更换或补齐，然后按顺序依次通读，对钢结构有一个总体认识，之后再对各图样依次进行详读。

详读时一般按以下顺序进行：首先阅读标题栏，了解产品名称、材料、重量、设计单位等；然后核对各个零部件的图号、名称、数量、材料等，确定哪些为外购件或库领件，哪些为锻件、铸件或机械加工件；最后阅读技术要求和工艺文件（工艺规程、工艺工装说明等）。

正式识图时，要先看总图后看部件图，先看全貌后看零件图；有剖视图的要结合剖视图再弄清大致结构，然后按投影规律逐个零件阅读。先看零件明细表，确定是钢板还是型钢，然后再看图，弄清每个零件的材料、尺寸及形状，还要看清各零件的连接方法、焊缝尺寸、坡口形状，是否有焊后加工的孔洞、平面等。

【实例4-1】 读柱脚节点详图。

如图4-46所示为一铰接柱脚详图，钢柱HW400×300，表示柱为热轧宽翼缘H型钢，截面高400mm，宽300mm，柱脚底板－500×400×26，表示长500mm，宽400mm，厚26mm。柱脚采用2根直径30mm的锚栓与基础相连，安装螺母下设10mm厚的垫板。柱与底板用焊脚为8mm的角焊缝四面围焊。

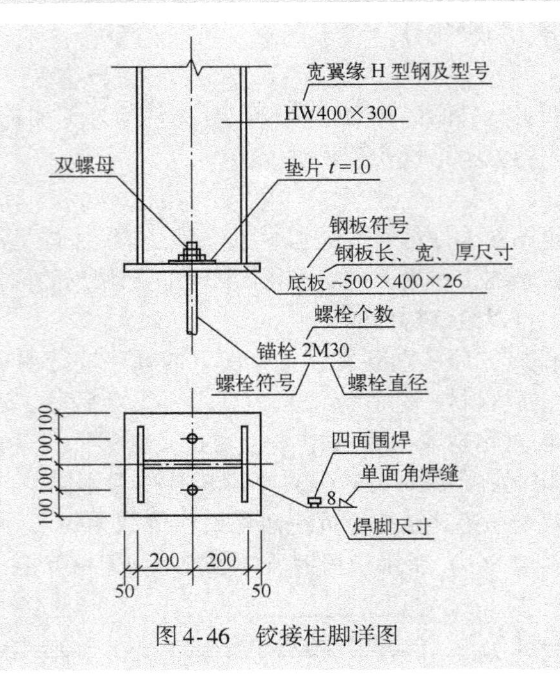

图4-46 铰接柱脚详图

【实例4-2】读柱拼接详图。

如图4-47所示，柱上段为HW400×300热轧宽翼缘H型钢，截面高、宽分别为400mm和300mm，下段截面高、宽为450mm和300mm。柱的左翼缘对齐，右翼缘错开，为避免截面突变造成的应力集中，采用200mm长的过渡段平缓过渡，过渡段翼缘板厚26mm，腹板厚14mm，接头处采用V形坡口对焊。图4-48中上、下柱采用高强度螺栓连接，拼接板均采用双盖板连接，腹板上盖板长540mm，宽260mm，厚6mm，翼缘外侧盖板长540mm，宽度与柱翼缘相同，厚度为10mm，内侧盖板宽度为180mm，长度、厚度与外侧盖板相同。

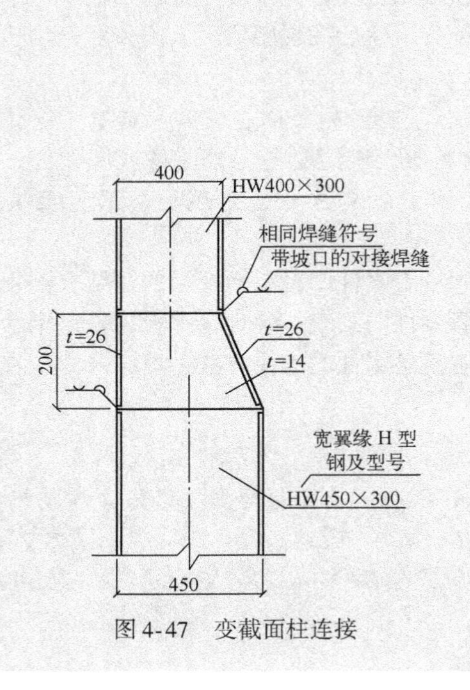

图4-47 变截面柱连接

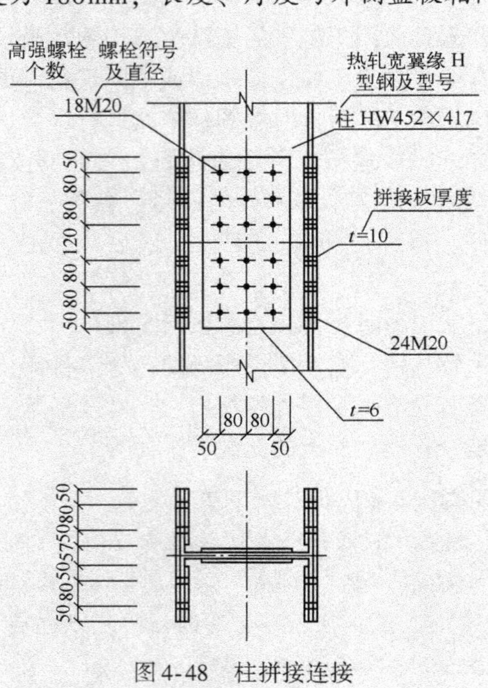

图4-48 柱拼接连接

【实例 4-3】读梁柱连接详图。

如图 4-49 所示为梁柱连接详图。钢柱为 HN500×200，表示热轧窄翼缘 H 型钢，截面高、宽分别为 500mm 和 200mm；钢柱为 HW400×300，表示热轧宽翼缘 H 型钢，截面高、宽分别为 400mm 和 300mm。梁柱连接采用栓焊连接，梁柱翼缘间采用单边 V 形坡口带垫板的对接焊接，梁腹板与焊于柱翼缘板上的双角钢连接板采用高强度螺栓连接。角钢与柱采用角焊缝连接，焊脚尺寸为 10mm，小三角旗表示现场焊接。

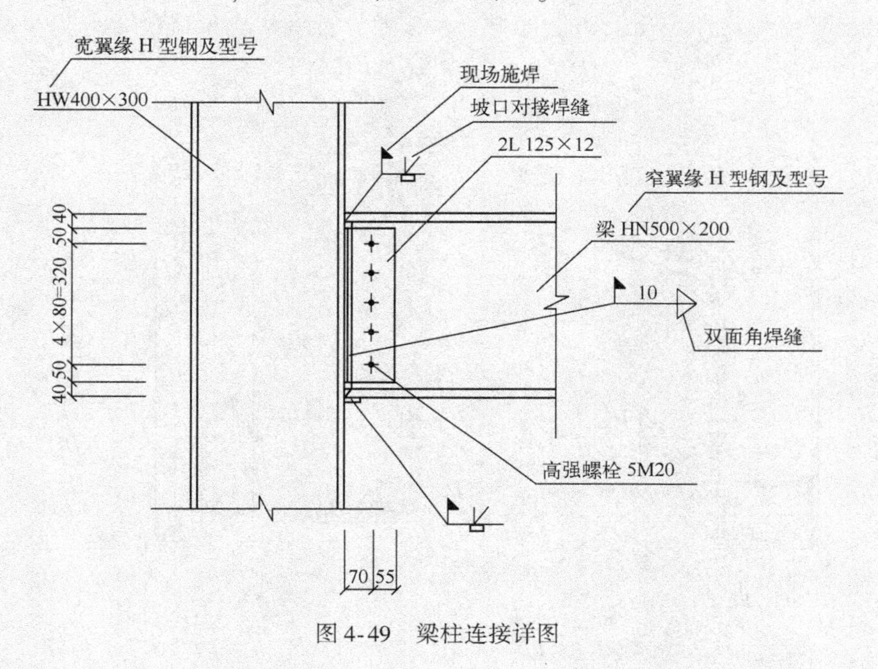

图 4-49　梁柱连接详图

【实例 4-4】读主、次梁连接详图。

如图 4-50 所示，次梁为热轧普通工字钢，截面高为 360mm，次梁腹板与主梁设置的加劲肋采用普通螺栓连接，加劲肋宽于主梁的翼缘，与主梁翼缘、腹板采用双面角焊缝连接。

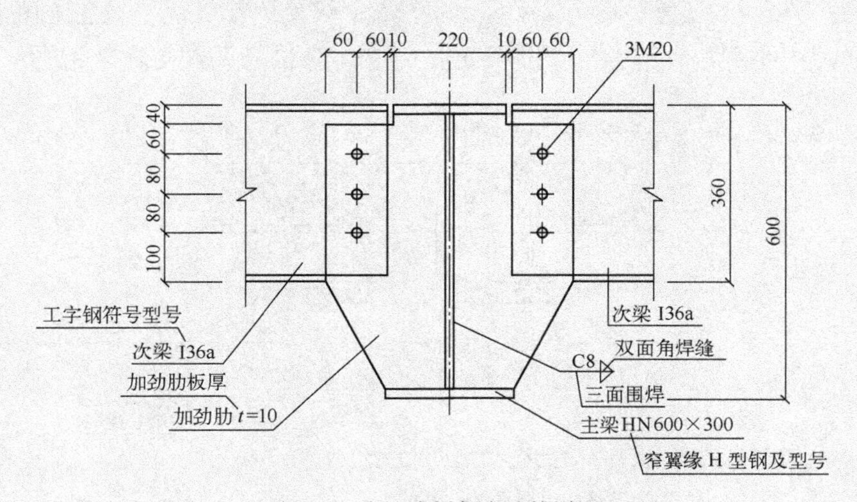

图 4-50　主、次梁侧向连接详图

【实例 4-5】 读屋架支座节点连接详图。

图 4-51 为一梯形屋架支座节点详图。屋架上、下弦杆和斜腹杆与边柱采用螺栓连接。在屋架上、下弦节点处，柱腹板成对设置宽 100mm、厚 12mm 的构造加劲肋，长度与腹板高度相同。在上节点，上弦杆采用两不等边角钢组成，采用角焊缝与长 220mm、宽 240mm 的节点板焊接，节点板采用双面角焊缝与端板焊接，端板通过 4 根普通螺栓与柱相连。在下节点，腹杆和下弦杆为双角钢截面，与节点板焊接，焊脚尺寸为 8mm，端板通过 8 根普通螺栓与柱相连。端板刨平顶紧在焊于柱上的支托上，以传递剪力。柱底板通过 4 根锚栓与柱下结构（梁、墙或柱）相连。

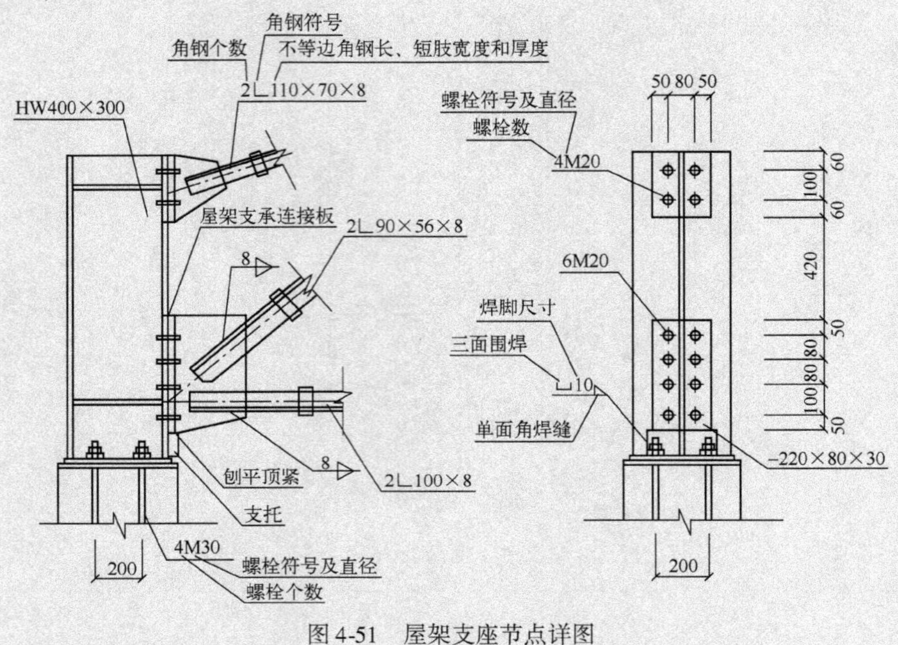

图 4-51　屋架支座节点详图

【实例 4-6】 读钢梁与混凝土板的连接详图。

如图 4-52 所示，钢梁为热轧宽翼缘 H 型钢，上面放置肋高 75mm、波宽 230mm 的压型钢板，作为混凝土的模板，混凝土板净高 75mm。在梁上翼缘焊有圆柱头栓钉，使梁和混凝土板能够协同工作。

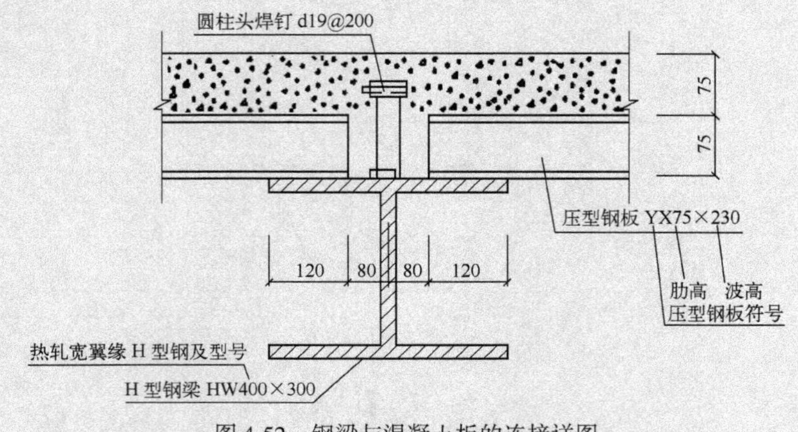

图 4-52　钢梁与混凝土板的连接详图

知识梳理与总结

本单元简要讲述了钢结构施工图的识读，学习时需注意以下三点：

（1）钢结构制图应符合制图标准要求；

（2）钢结构图纸表达应符合规定符号要求，做到清楚、准确；

（3）钢结构施工图识读应表达清楚各部位构造连接关系及构件、板件等具体数量、规格、尺寸。

思考题4

（1）钢结构设计图和施工详图的区别是什么？

（2）钢结构施工图的读图方法是什么？

实训4

1. 识读一套完整的钢结构轻钢厂房施工图

（1）目的：通过轻钢厂房图纸的识读，掌握图纸内容及其与实际施工的关系。

（2）能力标准及要求：能进行钢结构轻钢厂房图纸的识读并能根据内容说出施工注意事项。

（3）实训条件：轻钢厂房图纸一套。

（4）步骤如下：

① 课堂讲解；

② 读图，思考设计及施工问题，熟悉钢结构设计及施工规范，注意提出和解决问题；

③ 完成读图报告，含图纸内容、读图注意事项及有关指导施工内容等。

2. 识读一套完整的钢结构多高层商住楼施工图

（1）目的：通过钢结构多高层商住楼图纸的识读，掌握图纸内容及其与实际施工的关系。

（2）能力标准及要求：能进行钢结构多高层商住楼图纸的识读并能根据内容说出施工注意事项。

（3）实训条件：钢结构多高层商住楼图纸一套。

（4）步骤如下：

① 课堂讲解；

② 读图，思考设计及施工问题，熟悉钢结构设计及施工规范，注意提出和解决问题；

③ 完成读图报告，含图纸内容、读图注意事项及有关指导施工内容等。

学习单元5

建筑钢结构连接构造与施工详图设计

教学导航

教	知识重点	1. 焊接连接构造设计； 2. 螺栓连接构造设计； 3. 钢结构施工详图设计
	知识难点	钢结构施工详图设计
	推荐教学方式	1. 利用多媒体，借助实际钢结构连接构造计算并绘制典型节点详图； 2. 钢结构实际工程节点详图设计
	建议学时	10 学时
学	推荐学习方法	以实际钢结构工程的节点连接构造计算及详图设计为学习载体
	必须掌握的理论知识	钢结构典型连接构造计算方法
	必须掌握的技能	利用计算机软件进行节点详图设计

钢结构施工详图作为制作、安装和质量验收的主要依据，主要包括节点构造设计和施工详图绘制。节点构造设计是按便于加工制作和安装的原则，对构件的构造给予完善，根据钢结构设计施工图提供的内力进行焊缝计算或螺栓连接计算确定连接板尺寸，并考虑运输和安装的能力确定构件的分段。

钢结构设计图在深度上一般只绘制构件布置、构件截面与内力及主要节点构造，故在钢结构施工详图编制中要按便于加工的原则，补充进行节点构造设计，节点构造设计主要体现在焊接连接和螺栓连接两个方面。

任务5.1 焊接连接构造设计

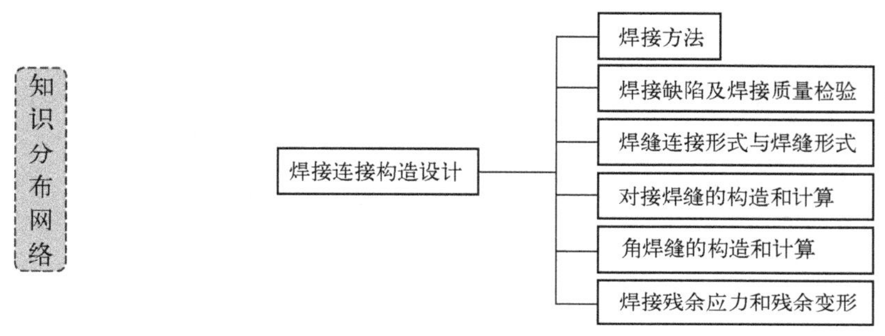

焊缝连接简称焊接，它是现代钢结构最主要的连接方法。其操作方法一般是通过电弧产生热量使焊条和焊件局部熔化，然后经冷却凝结成焊缝，从而使焊件连接成为一体。

5.1.1 焊接方法

建筑钢结构主要采用电弧焊，它设备简单，易于操作，且焊缝质量可靠，优点较多。根据操作的自动化程度和焊接时用以保护熔化金属的物质种类，电弧焊可分为手工电弧焊、自动或半自动埋弧焊和气体保护焊等。

1. 手工电弧焊

图5-1所示为手工电弧焊原理图。焊件、焊条、焊钳、电焊机和导线组成电路，焊条和焊件各接一极，通过焊钳、导线和电焊机相连。通电后涂有焊药的焊条与焊件间产生强大的电弧，电弧具有3 000℃以上的高温，使接缝边缘的金属很快达到液态，形成熔池；同时焊条端部也熔化成熔滴，迅速滴入熔池内与焊件的熔化金属很均匀地相互结合在一起，冷却后就形成了焊缝。同时，焊药随着焊条熔化时形成焊渣并产生气体，覆盖在焊缝上面，起着保护电弧使其稳定并隔绝空气中的氧、氮等有害气体与液体金属接触的作用，以避免形成脆性易裂的化合物。随着熔池中金属的冷却、结晶，即形成焊缝，并将焊件连成整体。

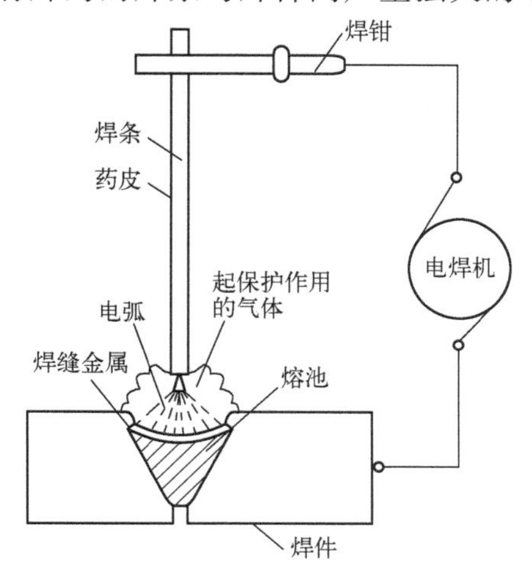

图5-1 手工电弧焊原理

手工电弧焊常用的焊条有碳钢焊条和低合金钢焊条，其牌号有E43型、E50型和E55型等。碳钢焊条采用E43和E50两种系列，低合金钢焊条采用E50和

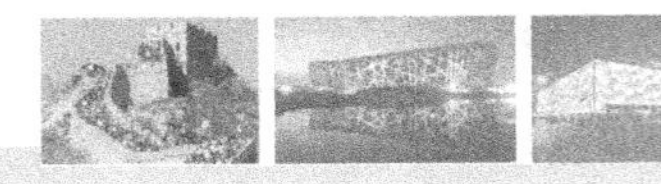

E55 两种系列。

选择手工电弧焊焊条型号首先应按与主体金属强度相适应原则确定焊条系列，即两者强度应相等。对 Q235 钢焊件用 E43 系列型焊条，Q345 钢焊件用 E50 系列型焊条，Q390 和 Q420 钢焊件用 E55 系列型焊条。当不同强度的钢材连接时，采用与低强度钢材相适应的焊条系列，即可满足强度等方面的要求并且较经济。然后再结合钢材的牌号、结构的重要性、焊接位置和焊条工艺性能等选择具体型号。

手工电弧焊由于电焊设备简单，使用方便，适用于空间全方位焊接，故应用广泛，尤其适用于工地安装焊缝、短焊缝和曲折焊缝。特别是在施工现场进行高空焊接时，只能采用手工电弧焊。但它生产效率低，且劳动条件差，弧光眩目，焊接质量在一定程度上取决于焊工的技术水平，容易波动。

2. 埋弧焊

图 5-2 所示为自动或半自动埋弧焊原理图。主要设备是自动电焊机，它可沿轨道按选定的速度移动。焊丝埋在焊剂层下，通电后由于电弧的作用使焊丝与焊剂熔化。因电弧不暴露在大气中，而是埋在散粒状的焊剂层下，故称埋弧焊。熔化后的焊剂浮在熔化的金属表面，使之不与外界空气接触，从而保护了熔化金属。同时，焊剂还可供给焊缝所需的必要的合金元素，改善了焊缝质量。随着电焊机的自动移动，焊剂不断地自动从漏斗流下，同时绕在转盘上的焊丝也自动地熔化和下降。全部焊接过程自动进行时，称为自动埋弧焊；当电焊机靠人工移动时，称为半自动埋弧焊。

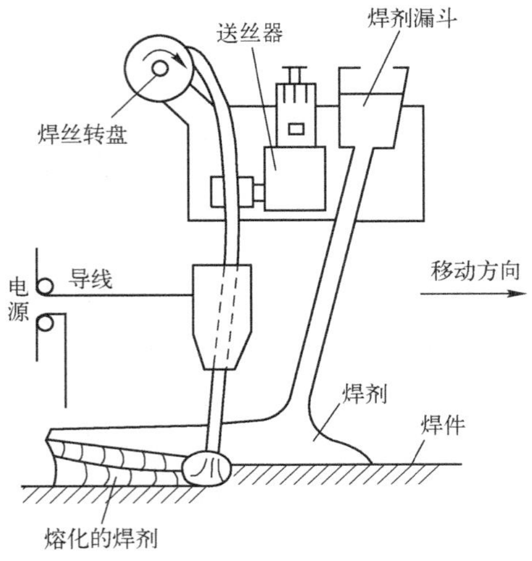

图 5-2　自动或半自动埋弧焊原理

自动埋弧焊由于电弧热量集中，故熔深大，焊缝质量均匀，内部缺陷少，塑性和冲击韧性都好，因而优于手工焊。半自动埋弧焊的质量介于自动埋弧焊和手工焊之间。另外，自动或半自动埋弧焊的速度快，生产效率高，成本低，劳动条件好。然而，它们的应用也受到其自身条件的限制，由于焊机须沿着顺焊缝的导轨移动，故要有一定的操作条件。因此，自动或半自动埋弧焊特别适用于梁、柱、板等的大批量拼装制造焊缝。

自动或半自动埋弧焊采用的焊丝和焊剂应与主体金属强度相适应，即应使熔敷金属的强度与主体金属强度相等。如在一般情况，Q235 钢采用 H08（焊 08）或 H08A（焊 08 高）焊丝；Q345 钢采用 H08A、H08MnA（焊 08 锰高）和 H10Mn2（焊 10 锰 2）焊丝。

3. CO_2气体保护焊

CO_2气体保护焊是用喷枪喷出 CO_2气体作为电弧的保护介质，使熔化金属与空气隔绝，以保持焊接过程稳定。CO_2气体保护焊的电弧产生及焊接原理与手工焊和埋弧焊相似，区别在于没有手工焊条药皮及埋弧焊剂产生的大量熔渣，故便于观察焊缝的成型过程，但操作时须在室内避风处，在工地则须搭设防风棚。

气体保护焊电弧加热集中，焊接速度快，熔化深度大，焊缝强度高，塑性好。CO_2气体保护焊采用高锰高硅型焊丝，具有较强的抗锈能力，焊缝不易产生气孔，适用于低碳钢、低合金高强度钢的焊接，尤其适合于厚钢板或特厚钢板（$t>100$mm）的焊接。气体保护焊既可用手工操作，也可进行自动焊接。

5.1.2 焊接缺陷及焊接质量检验

1. 焊接缺陷

焊缝的缺陷是指在焊接过程中，产生于焊缝金属或附近热影响区钢材表面或内部的缺陷。最常见的缺陷有裂纹、焊瘤、烧穿、弧坑、气孔、夹渣、咬边、未熔合、未焊透及焊缝外形尺寸不符合要求、焊缝成型不良等（见图5-3）。它们将直接影响焊缝质量和连接强度，使焊缝受力面积削弱，且在缺陷处引起应力集中，导致产生裂纹，并由裂纹扩展引起断裂。

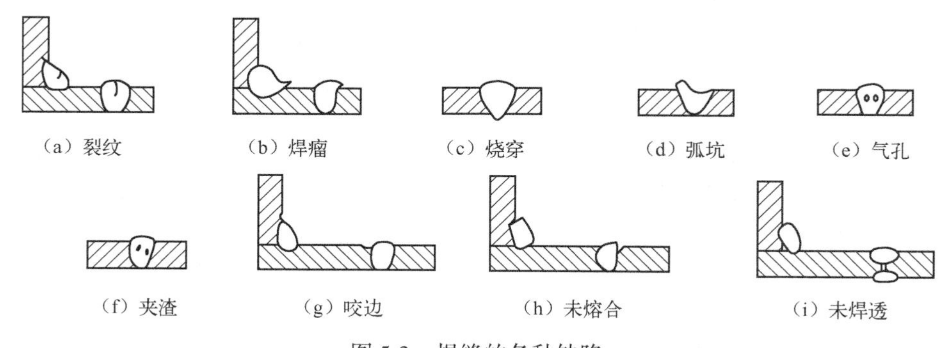

图5-3 焊缝的各种缺陷

2. 焊接质量检验

焊缝的缺陷将削弱焊缝的受力面积，而且在缺陷处形成应力集中，裂缝往往先从那里开始，并扩展开裂，成为连接破坏的根源，对结构极为不利。因此，焊缝质量检查极为重要。《钢结构工程施工质量验收规范》(GB50205—2001)【注：后文一律简称《验收规范》】规定，焊缝质量检查标准分为三级，其中第三级只要求通过外观检查，即检查焊缝实际尺寸是否符合设计要求和有无看得见的裂纹、咬边等缺陷。对于重要结构或要求焊缝金属强度等于被焊金属强度的对接焊缝，必须进行一级或二级质量检验，即在外观检查的基础上再做无损检验。其中二级要求用超声波检验每条焊缝的20%长度，一级要求用超声波检验每条焊缝全部长度，以便揭示焊缝内部缺陷。对承受动载的重要构件焊缝，还可增加射线探伤。焊缝质量等级须在施工图中标注，但三级不必标注。

5.1.3 焊缝连接形式与焊缝形式

1. 焊缝连接形式

焊缝连接形式按照相对位置划分主要有平接、搭接、T接、角接四种（见图5-4）。

对接焊缝位于被连接板件的平面内且焊缝截面与构件截面相同，因而传力均匀平顺，没有明显的应力集中，受力性能较好，尤其是直接承受动力荷载的接头中；但对接焊缝连接要求下料和装配的尺寸准确，保证相连板件间有适当空隙，还需要将焊件边缘开坡口，故制造费工。

角焊缝位于板件边缘，传力曲折，受力情况复杂，受力不均匀，容易引起应力集中；但因无须开坡口，尺寸和位置要求精度稍低，使用灵活，制造较方便，故得到广泛应用。在具体应用时，应根据连接的受力情况，结合制造、安装和焊接条件进行合理选择。

2. 焊缝形式

(1) 按照截面形式不同，焊缝分为对接焊缝和角焊缝两种（见图5-5）。

(2) 按照作用力与焊缝方向之间的关系，对接焊缝可分为垂直于力作用方向的直缝［见图

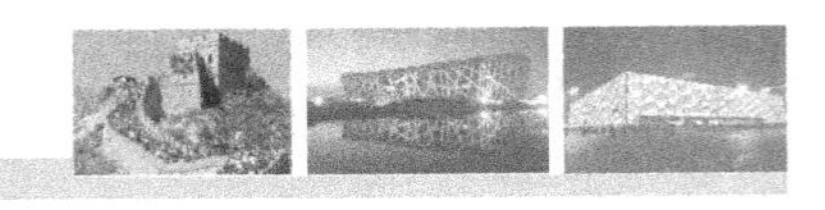

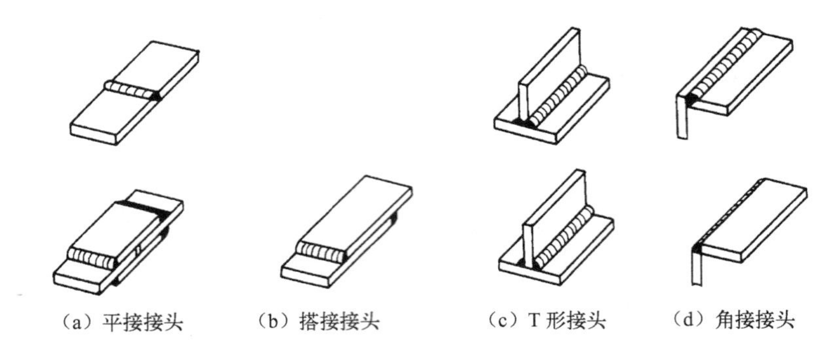

上面一行各图为对接焊缝，下面一行各图为角焊缝

图 5-4　焊接接头及焊缝的形式

5-5（a）］和与作用力方向斜交的斜缝［见图 5-5（b）］；角焊缝可分为与作用力方向垂直的正面角焊缝（端缝）、与作用力方向平行的侧面角焊缝（侧缝）和与作用力方向斜交的斜面角焊缝（斜缝）［见图 5-5（c）］。

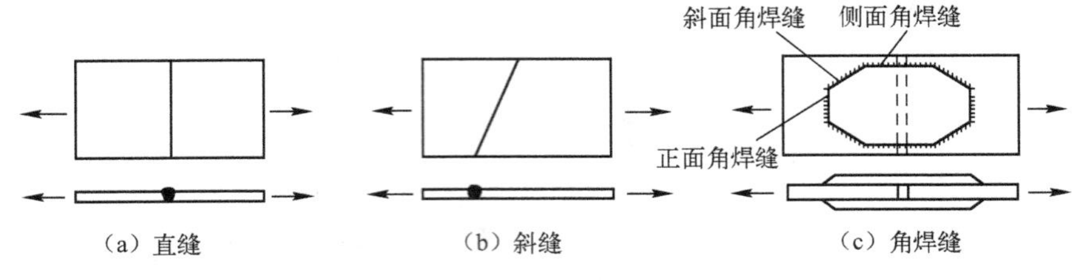

图 5-5　焊缝形式

（3）角焊缝按沿其长度方向的布置，还可分为连续角焊缝和间断角焊缝两种形式（见图 5-6）。连续角焊缝受力性能好，为角焊缝的基本形式，应用广泛。间断角焊缝因在焊缝分段的两端应力集中严重，故一般只用在次要构件或次要焊缝连接中。

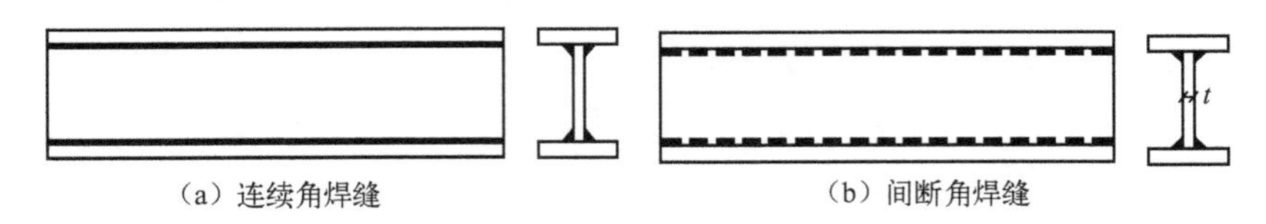

图 5-6　连续角焊缝和间断角焊缝

（4）按施焊时焊缝在焊件之间的相对空间位置，焊缝连接可分为平焊、立焊、横焊和仰焊四种（见图 5-7）。平焊也称为俯焊，施焊方便，质量易保证；横焊、立焊施焊较难，质量和效率均低于平焊；仰焊是操作最困难的，施焊位置最差，焊缝质量不易保证。设计时，应根据实际条件详细考虑每条焊缝的方位，特别是工地施焊的焊缝，由于焊件不易翻转，更应注意使主要焊缝大多数处于平焊位置，尽量避免仰焊。

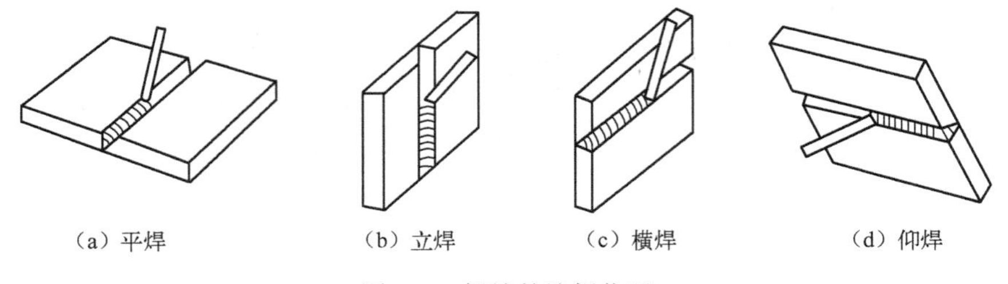

图 5-7　焊缝的施焊位置

5.1.4 对接焊缝的构造和计算

对接焊缝坡口的形式与尺寸应根据焊件厚度和施焊条件来确定，以保证焊缝质量、便于施焊和减小焊缝截面为原则。一般由制造厂结合工艺条件并根据国家标准来确定。

1. 对接焊缝坡口的基本形式

对接焊缝的坡口形式有I形（即不开坡口或垂直坡口）、单边V形、V形、J形、U形、K形和X形等（见图5-8）。各种坡口中，沿板件厚度方向通常有高度为p、间隙为b的一段不开坡口，称为钝边，焊接从钝边处（根部）开始。

当采用手工焊时，若焊件厚度很小（$t \leqslant 10$mm），可采用不开坡口的I形缝［见图5-8（a）］。对于一般厚度（$t = 10 \sim 20$mm）的焊件，可采用有斜坡口的带钝边单边V形缝或V形缝［见图5-8（b）、（c）］，以便斜坡口和焊缝根部共同形成一个焊条能够运转的施焊空间，使焊缝易于焊透。焊件更厚（$t > 20$mm）时，应采用带钝边U形缝或X形缝［见图5-8（e）、（g）］。

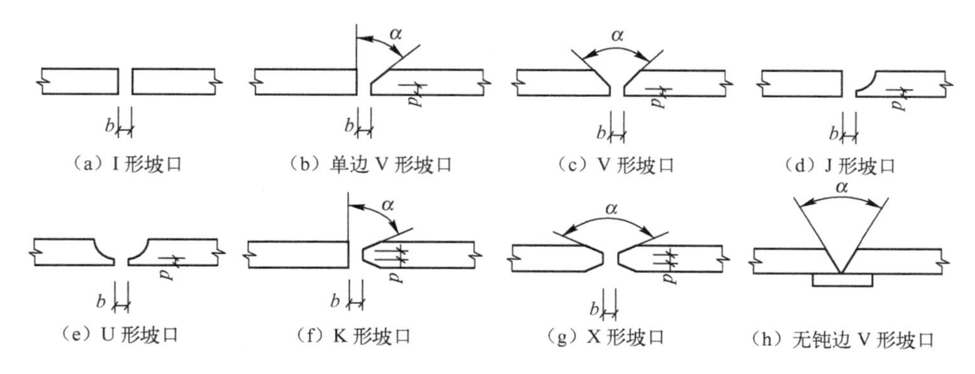

图5-8 对接焊缝坡口形式

2. 对接焊缝的构造处理

1）引弧板的设置

在对接焊缝的起弧落弧处，常出现弧坑等缺陷，以致引起应力集中并易产生裂纹，这对承受动力荷载的结构尤为不利。为了消除焊口的缺陷，《验收规范》规定各种接头的对接焊缝均应在焊缝的两端设置引弧板（见图5-9），这样，起弧落弧均在引弧板上发生。引弧板材质和坡口形式应与焊件的相同，引弧的焊缝长度为：埋弧焊应大于50mm，手工电弧焊及气体保护焊应大于20mm，并应在焊接完毕用气割切除，并修磨平整。

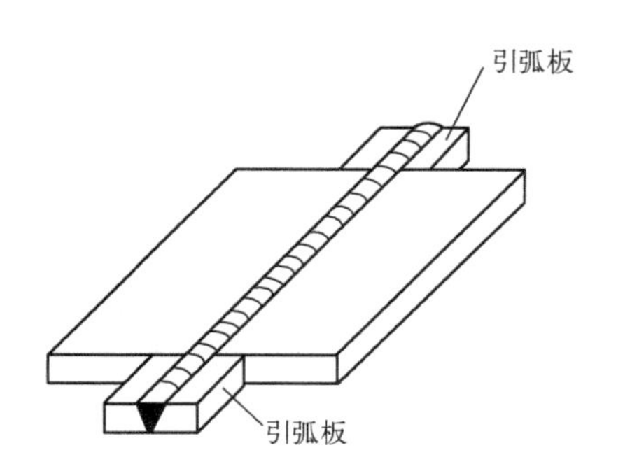

图5-9 对接焊缝施焊用的引弧板

2）不同宽度或厚度的钢板拼接

当对接焊缝拼接的钢板宽度不同或厚度相差4mm以上时，应在宽度或厚度方向从一侧或两侧做成坡度不大于1:2.5的斜坡（见图5-10），以使截面平缓过渡，减少应力集中。当厚度相差不大于4mm时，可不做斜坡，因焊缝表面形成的斜度即可满足平缓过渡的要求。

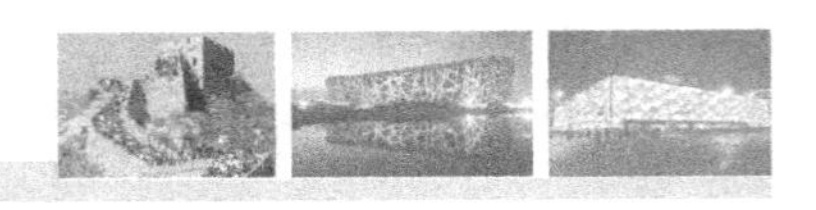

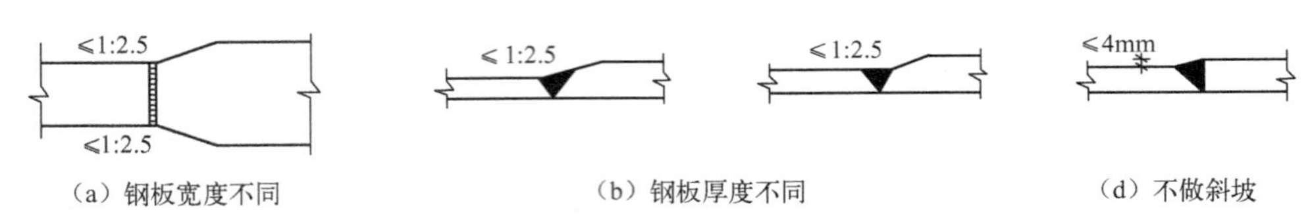

（a）钢板宽度不同　（b）钢板厚度不同　（d）不做斜坡

图 5-10　不同宽度或厚度的钢板拼接

3. 对接焊缝的计算

1）轴心力（拉力或压力）作用时对接焊缝的计算

当外力作用于对接焊缝的垂直方向，其合力通过焊缝的重心时（见图 5-11），按下式计算焊缝的强度：

$$\sigma = \frac{N}{l_w t} \leqslant f_t^w \quad 或 \quad f_c^w \tag{5-1}$$

式中　N——轴心拉力或轴心压力设计值（本书以后凡公式中内力和外力在未加说明时均为设计值）；

l_w——焊缝的计算长度，当采用引弧板时取焊缝的实际长度，当未采用引弧板时每条焊缝取实际长度减去 $2t$（引弧、灭弧端各 t）；

t——在对接接头中为连接板件中的较小厚度，在 T 形连接中为腹板厚度；

f_t^w、f_c^w——对接焊缝的抗拉、抗压强度设计值，按附录 A 中表 A-2 选用。

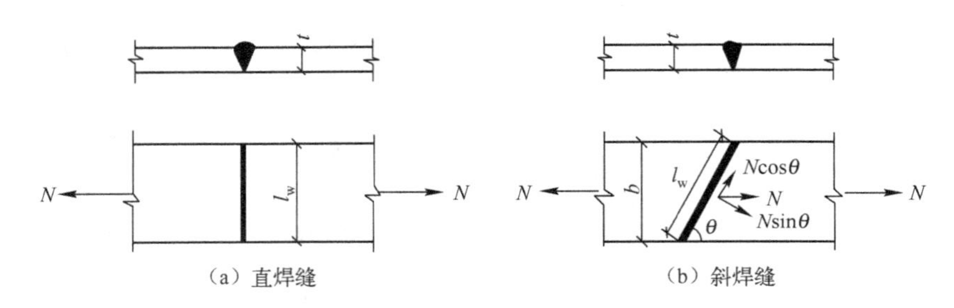

（a）直焊缝　（b）斜焊缝

图 5-11　轴心力作用下的对接焊缝连接

按《验收规范》的规定，对接焊缝施焊时均应加引弧板，以避免焊缝两端的起、灭弧缺陷，这样，焊缝计算长度应取为实际长度。因此，在一般加引弧板施焊的情况下，所有受压、受剪的对接焊缝及受拉的一、二级焊缝，均与母材等强，不用计算，只有受拉的三级焊缝才需要进行计算。

如直焊缝经计算不满足强度要求时，若是拼接焊缝，首先应考虑将其移至拉应力较小处，不便移动时可用二级直焊缝［见图 5-11（a）］或三级斜焊缝［见图 5-11（b）］。斜焊缝可加长焊缝，提高连接的承载力，但较费材料。《设计规范》规定，当斜焊缝与作用力间的夹角符合 $\mathrm{tg}\theta \leqslant 1.5(\theta \leqslant 56°)$ 时，其强度超过母材，可不作计算。

【实例 5-1】 计算两块钢板对接焊缝。

已知钢板截面为 460mm×12mm，承受轴心拉力 N = 1 180kN（静力荷载），钢材为 Q235 钢，焊条采用 E43 型，焊缝质量为三级，施工中不采用引弧板。

【解】（1）验算钢板的承载力。查附录 A 表 A-1，12mm 厚钢板的受拉设计强度 f = 215N/mm²，因此，钢板的设计承载力 N_C 为：

$$N_C = Af = 460 \times 12 \times 215 = 1\ 186\ 800\mathrm{N} = 1\ 186.8\mathrm{kN} > N = 1\ 180\mathrm{kN}(满足)$$

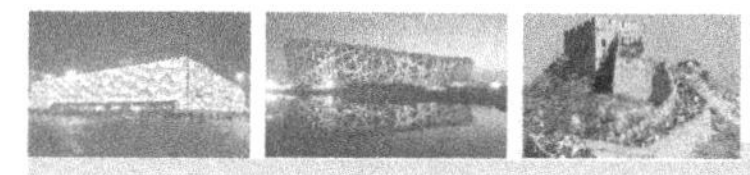
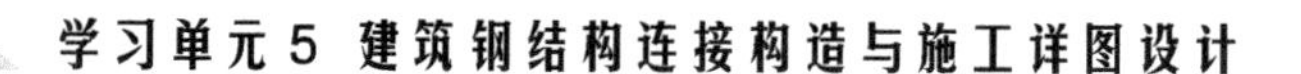

（2）验算对接焊缝。当采用直缝对接时，焊缝的计算长度 $l_w = 460 - 2 \times 12 = 436\text{mm}$，$t = 12\text{mm}$。查附录A表A-2，焊缝受拉设计强度 $f_t^w = 185\text{N/mm}^2$，按式（5-1）：

$$\sigma = \frac{N}{l_w t} = \frac{1\ 180 \times 10^3}{436 \times 12} = 225.5\text{N/mm}^2 > f_t^w = 185\text{N/mm}^2$$

直缝不能满足要求，改为斜缝对接，切割斜度取1.5∶1，相应的斜角为 $\theta = 56.3°$，$\sin\theta = 0.832$，$\cos\theta = 0.555$，斜缝的计算长度 $l_{w1} = 460/\sin\theta - 2 \times 12 = 529\text{mm}$，由附录A表A-2查得焊缝受剪设计强度 $f_v^w = 125\text{N/mm}^2$，斜缝的正应力和剪应力分别为：

$$\sigma = \frac{N\sin\theta}{l_{w1} t} = \frac{1\ 180 \times 10^3 \times 0.832}{529 \times 12} = 155\text{N/mm}^2 \leqslant f_t^w = 185\text{N/mm}^2$$

$$\tau = \frac{N\cos\theta}{l_{w1} t} = \frac{1\ 180 \times 10^3 \times 0.555}{529 \times 12} = 103\text{N/mm}^2 \leqslant f_v^w = 125\text{N/mm}^2$$

计算结果表明，斜焊缝的强度满足要求。这说明当斜焊缝与作用力间的夹角符合 $\text{tg}\theta \leqslant 1.5$（$\theta \leqslant 56°$）时，其强度超过焊件本身的强度，实际上不再需要验算。

2）弯矩和剪力共同作用时的对接焊缝计算

（1）矩形截面的对接焊缝

如图5-12（a）所示，这类焊缝同时承受弯矩和剪力时，因为最大正应力与最大剪应力不在同一点，故应分别计算正应力和剪应力。即最大正应力和剪应力应分别符合下列公式的要求：

$$\sigma_{max} = \frac{M}{W_w} = \frac{6M}{l_w^2 t} \leqslant f_t^w \tag{5-2}$$

$$\tau_{max} = \frac{VS_w}{I_w t_w} \leqslant f_v^w \tag{5-3}$$

式中 M——焊缝计算截面的弯矩；

W_w——焊缝截面抵抗矩；

S_w——焊缝截面计算剪应力处的以上部分对中和轴的面积矩；

I_w——焊缝截面对中和轴的惯性矩；

f_v^w——对接焊缝的抗剪强度设计值，按附录A表A-2选用。

（2）工字形、箱形、T形截面的对接焊缝

工字形［见图5-12（b）］、箱形、T形截面的构件，在弯矩和剪力共同作用时，同样截面中的最大正应力与最大剪应力也不在同一点上，所以也应按式（5-2）和式（5-3）分别进行验算。此外，在同时受有较大正应力 σ_1 和剪应力 τ_1 的梁腹板横向对接焊缝受拉区的端部“1”点（以工字形截面为例），还应按下式计算折算应力：

$$\sqrt{\sigma_1^2 + 3\tau_1^2} \leqslant 1.1 f_t^w \tag{5-4}$$

式中 σ_1——腹板对接焊缝端部处的正应力，按下式计算：

$$\sigma_1 = \frac{M}{W_w}\frac{h_0}{h} = \sigma_{max}\frac{h_0}{h}$$

τ_1——腹板对接焊缝端部处的剪应力，按下式计算：

$$\tau_{max} = \frac{VS_{w1}}{I_w t_w} \leqslant f_v^w$$

S_{w1}——工字形截面受拉翼缘对截面中和轴的面积矩；

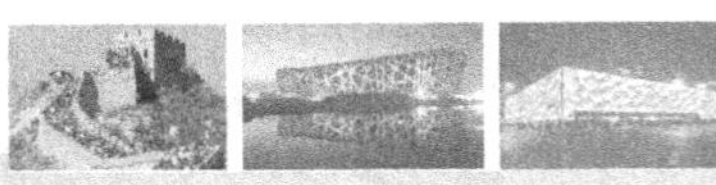

t_w——工字形截面的腹板厚度。

1.1——考虑最大折算应力只发生在焊缝的局部，而焊缝强度最小值与最不利应力同时存在的概率较小，故将其强度设计值提高10%。

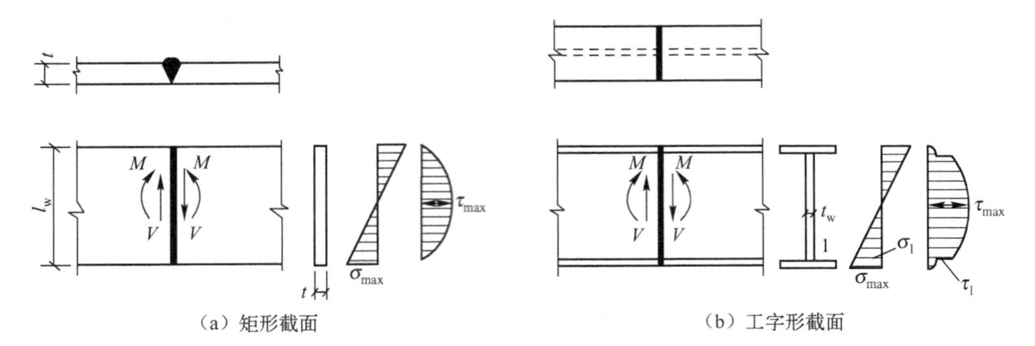

图5-12　弯矩和剪力共同作用下的对接焊缝连接

【实例5-2】 验算柱与牛腿的对接焊缝连接。

试验算图5-13所示柱与牛腿的对接焊缝连接。已知钢材为Q390，焊条为E55型，手工焊，三级质量，不用引弧板。

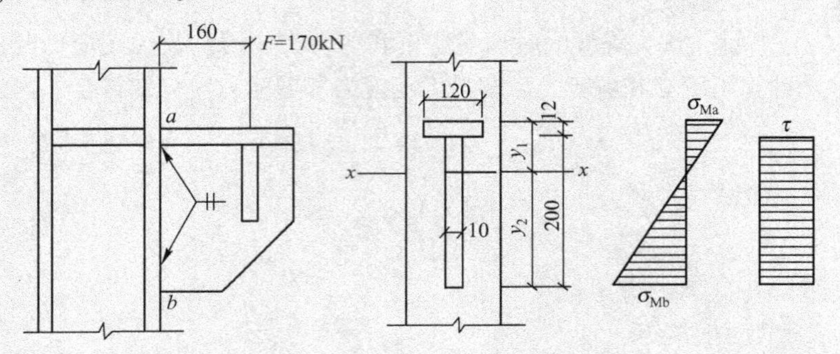

图5-13　［实例5-2］图（单位：mm）

【分析】 工字形或T形截面（牛腿）的翼缘部分很薄，在剪力作用下，其竖向抗剪刚度很低，不能起刚体作用。故在计算时，假定剪力全部由腹板上的竖直焊缝平均承受，而弯矩则由整个焊缝计算截面承受（此假设也可用于角焊缝中的牛腿计算）。

【解】 由附录A表A-2查得：$f_c^w=350\text{N/mm}^2$，$f_t^w=300\text{N/mm}^2$，$f_v^w=205\text{N/mm}^2$。

（1）焊缝计算截面的几何特征值

① 焊缝计算截面的形心位置：

$$y_1=\frac{(12-2.4)\times1.2\times0.6+(20-1.0)\times1.0\times10.7}{(12-2.4)\times1.2+(20-1.0)\times1.0}=689\text{cm}$$

$$y_2=(20-1.0+1.2)-6.89=13.31\text{cm}$$

② 焊缝计算截面的面积和惯性矩：

$$A_w=(20-1.0)\times1=19.0\text{cm}^2$$

$$I_w=\frac{1.0\times(20-1.0)^3}{12}+(20-1.0)\times1\times(10.7-6.89)^2$$

$$+\frac{(12-2.4)\times1.2^3}{12}+(12-2.4)\times1.2\times(6.89-0.6)^2=1\,304.6\text{cm}^4$$

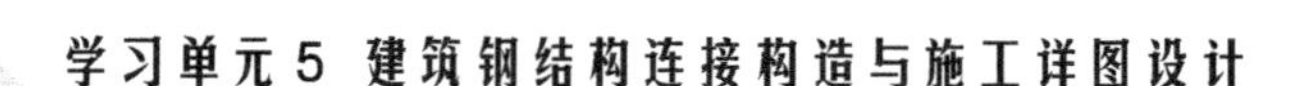

(2) 焊缝强度验算

① a、b 点的正应力和腹板的剪应力:

$$\sigma_{Mb}=\frac{M\cdot y_2}{I_w}=\frac{170\times10^3\times160\times13.31\times10}{1\ 304.6\times10^4}=277\text{N/mm}^2<f_c^w=350\text{N/mm}^2$$

$$\sigma_{Ma}=\frac{M\cdot y_1}{I_w}=\frac{170\times10^3\times160\times6.89\times10}{1\ 304.6\times10^4}=143.7\text{N/mm}^2<f_t^w=300\text{N/mm}^2$$

$$\tau=\frac{V}{A_w}=\frac{170\times10^3}{1\ 900}=89.5\text{N/mm}^2<f_v^w=205\text{N/mm}^2$$

② b 点的折算应力:

$$\sqrt{\sigma_{Mb}^2+3\tau^2}=\sqrt{277^2+3\times89.5^2}=317.4\text{N/mm}^2<1.1f_c^w=1.1\times350=385\text{N/mm}^2$$

验算表明,该连接满足要求。

5.1.5 角焊缝的构造和计算

1. 角焊缝的构造

1) 最小焊脚尺寸

直角角焊缝的直角边也称为焊脚尺寸,其较小的焊脚尺寸以 h_f 表示。h_e 则称为有效厚度,取 $h_e=0.7h_f$。

角焊缝的焊脚尺寸与焊件的厚度有关,当焊件较厚而焊脚又过小时,焊缝内部将因冷却过快而产生淬硬组织,容易使焊缝附近主体金属产生裂纹。因此,角焊缝的最小焊脚尺寸 h_{fmin}(mm)应符合下式要求[见图5-14(a)]:

$$h_{fmin}=1.5\sqrt{t_{max}} \tag{5-5}$$

此处 t_{max} 为较厚焊件的厚度(mm)。自动焊因热量集中,熔深较大,h_{fmin} 可按上式减小1mm;T形接头的单面角焊缝的性能较差,h_{fmin} 应按上式增加1mm;当焊件厚度等于或小于4mm时,h_{fmin} 应与焊件厚度相同。

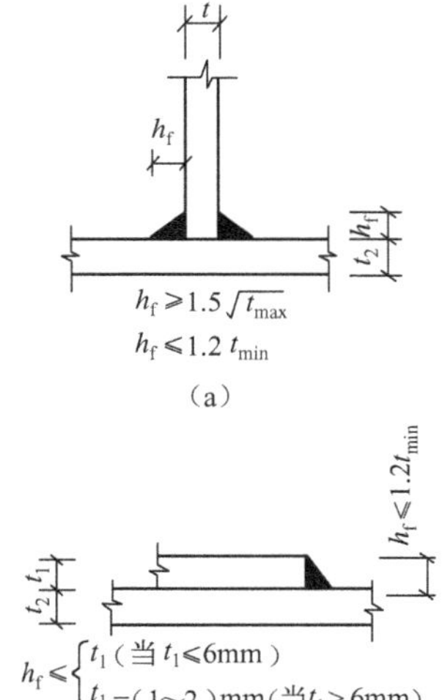

图5-14 角焊缝的焊脚尺寸

2) 最大焊脚尺寸

角焊缝的焊脚尺寸也不宜过大,否则焊接时热量输入过大,焊缝收缩时将产生较大的焊接残余应力和焊接变形。且热影响区扩大易产生脆裂,较薄焊件易烧穿。因此,角焊缝的最大焊脚尺寸 h_{fmax} 应符合下式要求:

$$h_{fmax}=1.2t_{min} \tag{5-6}$$

式中 t_{min}——较薄焊件的厚度。

对位于焊件边缘(厚度为 t_1)的角焊缝,为防止施焊时产生"咬边",h_{fmax} 还应符合下列要求[见图5-14(b)]:

(1) 当 $t_1>6$mm 时,$h_{fmax}=t_1-(1\sim2)$ mm;

(2) 当 $t_1\leqslant6$mm 时,$h_{fmax}=t_1$。

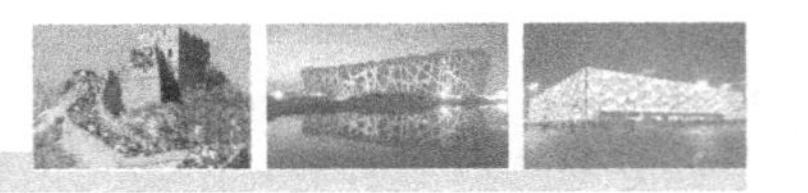

3）最小计算长度

角焊缝焊脚大而长度过小时，将使焊件局部受热严重，且焊缝起落弧的弧坑相距太近，加上可能产生的其他缺陷，也使焊缝不够可靠。另外，焊缝集中在一段较短的距离，焊件的应力集中也较严重。因此《设计规范》规定，无论正面角焊缝还是侧面角焊缝，其最小计算长度不得小于 $8h_f$，且≥40mm。

4）侧面角焊缝的最大计算长度

在侧面角焊缝连接中，构件的内力要集中到边缘来传递，所以侧焊缝沿长度方向的剪应力分布很不均匀，两端大，中间小，且随焊缝长度与其焊脚比值的增大而差别越大。当此比值过大时，焊缝端部应力将会达到极值而首先破坏，而此时焊缝中部还未充分发挥其承载能力。因此，侧面角焊缝的计算长度不宜大于 $60h_f$。当大于上述数值时，其超过部分在计算中不予考虑。若内力沿侧面角焊缝全长分布时，其计算长度不受此限，如工字形截面柱或梁的翼缘与腹板的连接焊缝，屋架中弦杆与节点板的连接焊缝，梁的支承加劲肋与腹板的连接焊缝等。

5）搭接长度要求

在搭接连接中，搭接长度不得小于焊件较小厚度的 5 倍，并不得小于 25mm，以减小围焊缝收缩产生的残余应力及因偏心产生的附加弯矩（见图 5-15）。

6）仅用两侧缝连接的构造要求

当板件的端部仅有两侧面角焊缝连接时（见图 5-16），为了避免应力传递过分弯折而使构件中应力过分不均，应使每条侧面角焊缝长度大于它们之间的距离，即 $l_w > b$。同时，为了避免焊缝收缩时引起板件的拱曲过大，还宜使 $b \leqslant 16t$（当 $t > 12$mm）或 190mm（当 $t \leqslant 12$mm），t 为较薄焊件厚度。当不满足此规定时，应加正面角焊缝。

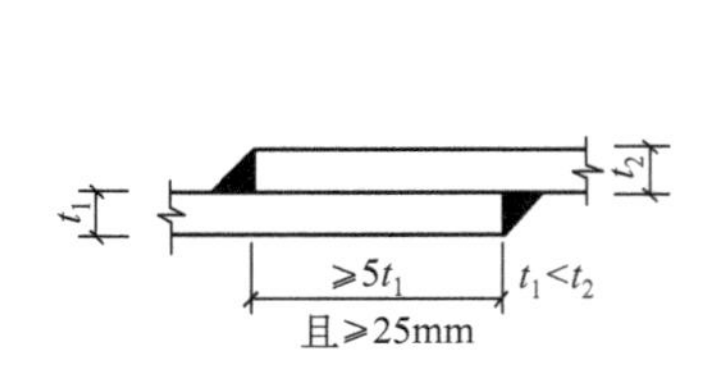

图 5-15　搭接长度要求

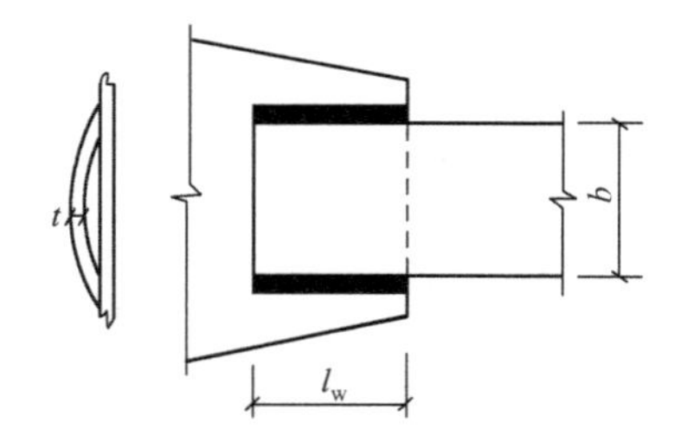

图 5-16　仅用两侧缝连接的构造要求

7）角焊缝的绕角焊

当角焊缝的端部在构件转角处时，为避免起落弧的缺陷发生在此应力集中较大部位，宜作长度为 $2h_f$ 的绕角焊（见图 5-17），且转角处（包括围焊缝的转角处）必须连续施焊，不能断弧，以改善连接的受力性能。

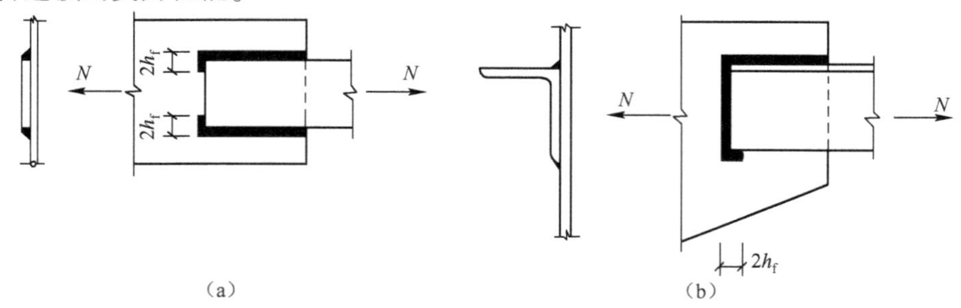

图 5-17　角焊缝的绕角焊

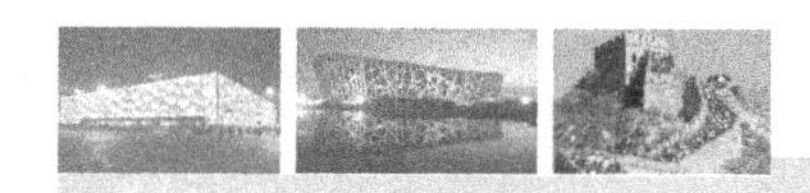

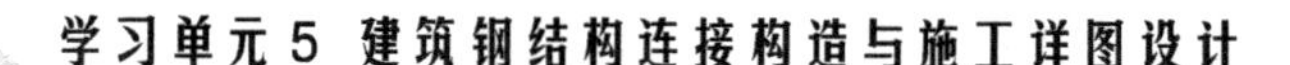

2. 轴心力作用时角焊缝的计算

1）当作用力平行于焊缝长度方向时

$$\tau_f = \frac{N}{h_e \sum l_w} \leqslant f_f^w \tag{5-7}$$

2）当作用力垂直于焊缝长度方向时

$$\sigma_f = \frac{N}{h_e \sum l_w} \leqslant \beta_f f_f^w \tag{5-8}$$

3）当两方向力综合作用时

应分别计算该条角焊缝在两方向力作用下的 σ_f 和 τ_f，然后按式（5-9）计算其强度：

$$\sqrt{\left(\frac{\sigma_f}{\beta_f}\right)^2 + \tau_f^2} \leqslant f_f^w \tag{5-9}$$

对承受静力或间接动力荷载的结构，上式中 β_f 按下列规定采用：侧面角焊缝部分取 $\beta_f = 1.0$；正面角焊缝部分取 $\beta_f = 1.22$；斜向角焊缝部分按 $\beta_f = 1/(1 - \sin^2\theta/3)^{1/2}$ 计算，θ 为轴心力与焊缝长度方向的夹角。对直接承受动力荷载的结构则一律取 $\beta_f = 1.0$。

设计角焊缝时还应注意，考虑到每条焊缝两端起弧和灭弧的缺陷，在上述各式中每条角焊缝的计算长度 l_w 为实际长度每端各减去1个焊脚尺寸，即共减去 $2h_f$。

【实例5-3】 双盖板的对接接头设计。

试设计如图5-18（a）所示双盖板的对接接头。已知钢板截面为250×14，盖板截面为2-200×10，承受轴心力设计值700kN（静力荷载），钢材为Q235，焊条E43型，手工焊。

【解】（1）确定角焊缝的焊脚尺寸 h_f

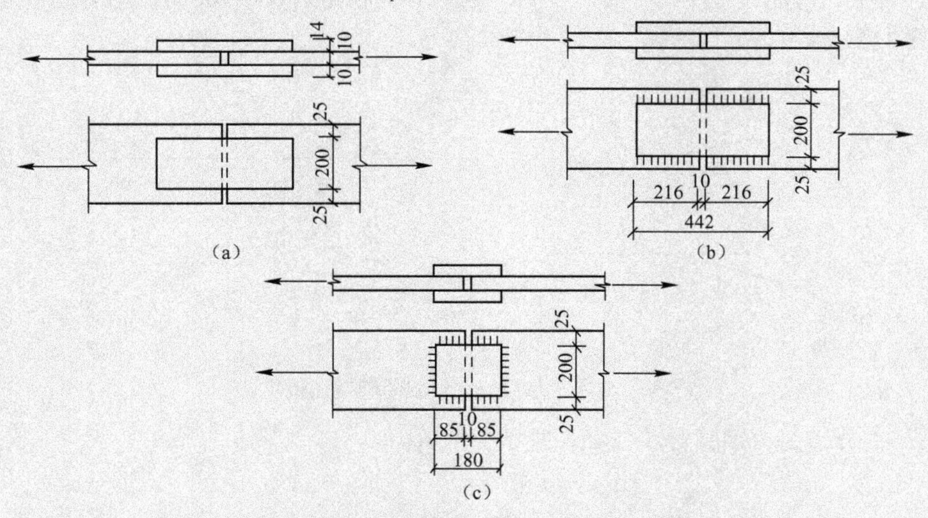

图5-18 双盖板对接接头（单位：mm）

取 $h_f = 8\text{mm} \leqslant h_{fmax} = t - (1 \sim 2)\text{mm} = 10 - (1 \sim 2)\text{mm} = 8 \sim 9\text{mm}$

$< h_{fmax} = 1.2t_{min} = 1.2 \times 10 = 12\text{mm}$

$> h_{fmin} = 1.5(t_{max})^{1/2} = 15 \times (14)^{1/2} = 5.6\text{mm}$

由附录A表A-2查得角焊缝强度设计值 $f_f^w = 160\text{N/mm}^2$。

（2）采用侧面角焊缝［见图5-18（b）］

因用双盖板，接头一侧共有4条焊缝，每条焊缝所需的计算长度为：

$$l_w=\frac{N}{4h_e f_f^w}=\frac{700\times10^3}{4\times0.7\times8\times160}=195.3\text{mm}，取 l_w=200\text{mm}。$$

盖板总长：$L=(200+2\times8)\times2+10=442\text{mm}$

$l_w=200\text{mm}<60h_f=60\times8=480\text{mm}$

$>8h_f=8\times8=64\text{mm}$

$l=216\text{mm}>b=200\text{mm}$

$b=200\text{mm}>190\text{mm}(t=10\text{mm}<12\text{mm})$，不满足构造要求。

(3) 采用三面围焊 [见图 5-18 (c)]

正面角焊缝所能承受的内力 N_3 为：

$$N_3=2\times0.7h_f l_w\beta_f f_f^w=2\times0.7\times8\times200\times1.22\times160=437\ 284\text{N}$$

接头一侧所需侧缝的计算长度为：

$$l_w=\frac{N-N_3}{4h_e f_f^w}=\frac{700\ 000-437\ 284}{4\times0.7\times8\times160}=73.3\text{mm}$$

盖板总长：$L=(73.3+8)\times2+10=172.6\text{mm}$，取 180mm。

3. 角钢连接的角焊缝计算

角钢与连接板用角焊缝连接常常采用两种形式，即两侧缝和三面围焊。为避免偏心受力，应使焊缝传递的合力作用线与角钢杆件的轴线相重合。

1）用两侧缝连接

用两侧缝连接时，如图 5-19 (a) 所示，由于角钢截面重心轴线到肢背和肢尖的距离不相等，靠近重心轴线的肢背焊缝承受较大的内力。

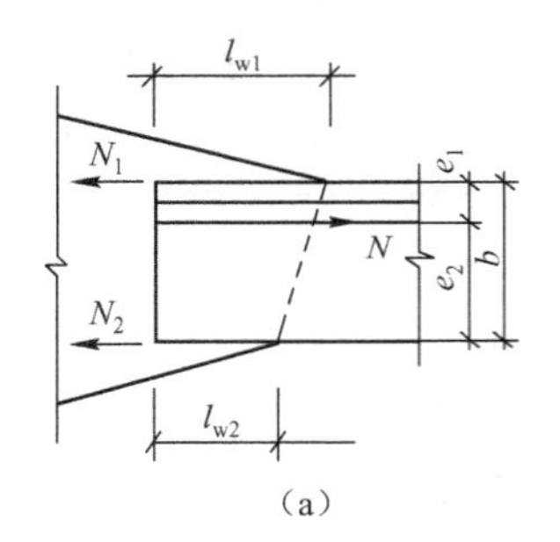

(a)

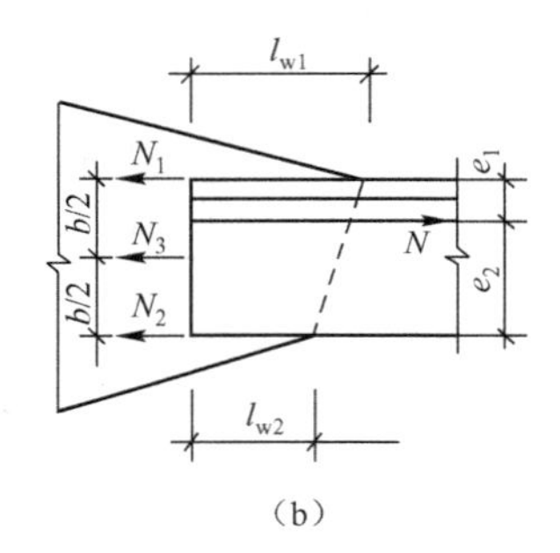

(b)

图 5-19 角钢与钢板的角焊缝连接

设 N_1、N_2 分别为角钢肢背和肢尖焊缝承受的内力：

$$N_1=K_1N \tag{5-10}$$

$$N_2=K_2N \tag{5-11}$$

$$\sum l_{w1}=\frac{N_1}{0.7h_{f1}f_f^w} \tag{5-12}$$

$$\sum l_{w2}=\frac{N_2}{0.7h_{f2}f_f^w} \tag{5-13}$$

式中 b——角钢与连接板贴合肢的肢宽；

K_1、K_2——角钢肢背与角钢肢尖焊缝的内力分配系数，实际设计时，可按表 5-1 的近似值采用。

表5-1 角钢侧面角焊缝内力分配系数

角钢类型	连接情况	分配系数	
		角钢肢背 K_1	角钢肢尖 K_2
等肢		0.70	0.30
不等肢	短肢相连	0.75	0.25
	长肢相连	0.65	0.35

2）采用三面围焊

采用三面围焊时，如图5-19（b）所示，根据构造要求，首先选取端缝的焊脚尺寸 h_{f3}，并计算其所能承受的内力（设截面为双角钢组成的T形截面）：

$$N_3 = 2 \times 0.7 h_{f3} b \beta_f f_f^w \tag{5-14}$$

由平衡条件可得：

$$N_1 = K_1 N - \frac{N_3}{2} \tag{5-15}$$

$$N_2 = K_2 N - \frac{N_3}{2} \tag{5-16}$$

同样可由 N_1、N_2 分别计算角钢肢背和肢尖的侧面焊缝 h_{f1} 和 h_{f2}。

【实例5-4】 三面围焊连接中焊脚尺寸和焊缝长度的计算。

图5-20所示角钢与连接板的三面围焊连接中，轴心力设计值 $N = 800\text{kN}$（静力荷载），角钢为2∟110×70×10（长肢相连），连接板厚度为12mm，钢材Q235，焊条E43型，手工焊。试确定所需焊脚尺寸和焊缝长度。

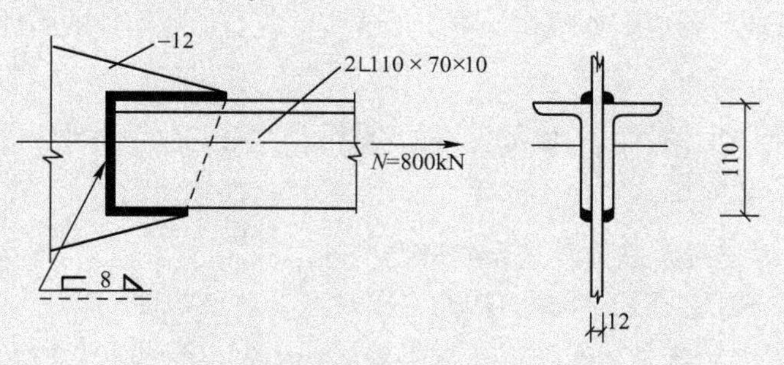

图5-20 角钢与连接板的焊接图（单位：mm）

【解】 设角钢肢背、肢尖及端部焊脚尺寸相同。

取 $h_f = 8\text{mm} \leqslant t - (1 \sim 2)\text{mm} = 10 - (1 \sim 2)\text{mm} = 8 \sim 9\text{mm}$

$< 1.2 t_{min} = 1.2 \times 10 = 12\text{mm}$

$> 1.5 (t_{max})^{1/2} = 1.5 \times 12^{1/2} = 5.2\text{mm}$

由附录A中表A-2查得角焊缝强度设计值 $f_f^w = 160\text{N/mm}^2$。

端缝能承受的内力为：

$$N_3 = 2 \times 0.7 h_{f3} b \beta_f f_f^w = 2 \times 0.7 \times 8 \times 110 \times 1.22 \times 160 = 240\text{kN}$$

肢背和肢尖承受的内力分别为：

$$N_1 = K_1 N - \frac{N_3}{2} = 0.65 \times 800 - \frac{240}{2} = 400\text{kN}$$

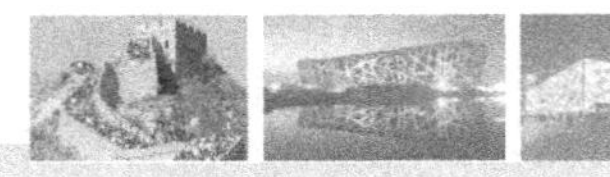

$$N_2 = K_2 N - \frac{N_3}{2} = 0.35 \times 800 - \frac{240}{2} = 160\text{kN}$$

肢背和肢尖焊缝需要的实际长度为：

$$l_{w1} = \frac{N_1}{2 \times 0.7 h_{f1} f_f^w} + 8 = \frac{400 \times 10^3}{2 \times 0.7 \times 8 \times 160} + 8 = 231\text{mm}，取 240\text{mm}$$

$$l_{w2} = \frac{N_2}{2 \times 0.7 h_{f2} f_f^w} + 8 = \frac{160 \times 10^3}{2 \times 0.7 \times 8 \times 160} + 8 = 97\text{mm}，取 100\text{mm}$$

5.1.6 焊接残余应力和残余变形

1. 焊接残余应力和残余变形的概念

钢结构的焊接过程是一个不均匀加热和冷却的过程。在施焊时，焊件上产生不均匀的温度场，焊缝及附近温度最高，达 1 600℃以上，其邻近区域则温度急剧下降。不均匀的温度场产生不均匀的膨胀和收缩。而高温处钢材的膨胀和收缩要受到两侧温度较低、胀缩较小的钢材的限制，从而使焊件内部产生残存应力并引起变形，此即通称的焊接残余应力和残余变形。

2. 焊接残余应力和残余变形对钢结构的影响

1）焊接残余应力的影响

常温下对于具有较好塑性的钢材，在静荷载作用下，焊接残余应力是不会影响结构强度的，但却会降低它的刚度。有焊接残余应力的轴心压杆，刚度的降低必定影响构件的稳定承载能力。另外，焊接结构中常有两向或三向焊接拉应力场，使材料的塑性变形不能开展，材质变脆，裂缝易发生和发展，降低疲劳强度。如果在低温下工作，则容易加速构件的脆性破坏。

2）焊接残余变形的影响

焊接残余变形使结构构件不能保持正确的设计尺寸和位置，影响结构正常工作。严重时还可使各个构件无法安装就位。

3. 消除和减小焊接残余应力及残余变形的措施

焊接残余应力和残余变形是焊接结构的主要缺点，对结构性能均有不利影响，因此，钢结构从设计到制造都应密切注意如何消除和减小焊接残余应力和残余变形。

1）设计方面

（1）焊接的位置要合理，焊缝的布置应尽可能对称于构件重心，以减小焊接变形。

（2）焊缝尺寸要适当，在容许范围内，可以采用较小的焊脚尺寸，并加大焊缝长度，使需要的焊缝总面积不变，以免因焊脚尺寸过大而引起过大的焊接残余应力。焊缝过厚还可能引起施焊时烧穿、过热等现象。

（3）焊缝不宜过分集中，以防止焊接变形因受到严重约束而产生过大的焊接应力，甚至产生裂缝。图 5-21（a）中 a_2 比 a_1 好。

（4）应尽量避免三向焊缝相交。因为在相交处往往形成三向拉应力场，使材料变脆。为防止三相焊缝相交，应使次要焊缝中断而主要焊缝连续通过，如图 5-21（b）所示，梁的加劲肋切去一角，让翼缘与腹板的连接焊缝穿过，避免与加劲肋连接焊缝相交。

（5）当拉力垂直于受力板面时，要考虑板材有分层破坏的可能。垂直于板面传递拉力是不合理的，图 5-21（c）中 c_2 比 c_1 好。

（6）要考虑施焊时，焊条是否易于到达。图5-21（d）中d_1的右侧焊缝很难焊好，而d_2则较易焊好。

（7）要注意施焊方便和可能，以保证焊缝质量。如采用手工焊时，应保证焊接作业所要求的最小空间和适宜的焊条角度，尽量避免仰焊。

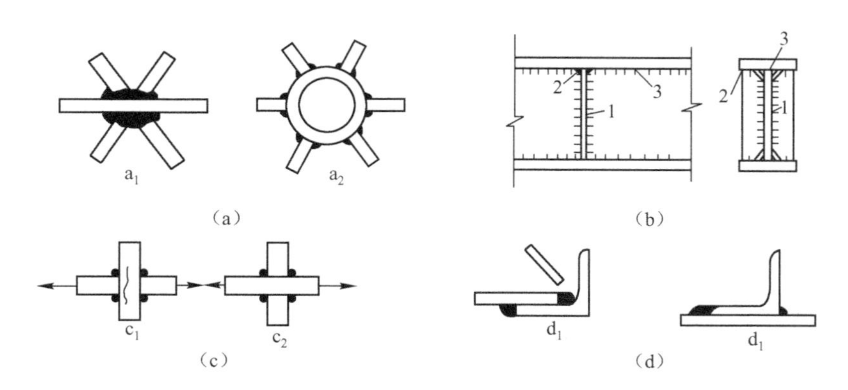

图5-21 合理的焊缝设计

2）制造加工方面

（1）采用合理的施焊次序。例如：对于长焊缝，实行分段倒方向施焊［见图5-22（a）］；对于厚的焊缝，进行分层施焊［见图5-22（b）］；工字形顶接焊接时采用对称跳焊［见图5-22（c）］；钢板分块拼焊图［见图5-22（d）］等。这些做法的目的是避免焊接时热量过于集中，从而减小焊接残余变形和残余应力。

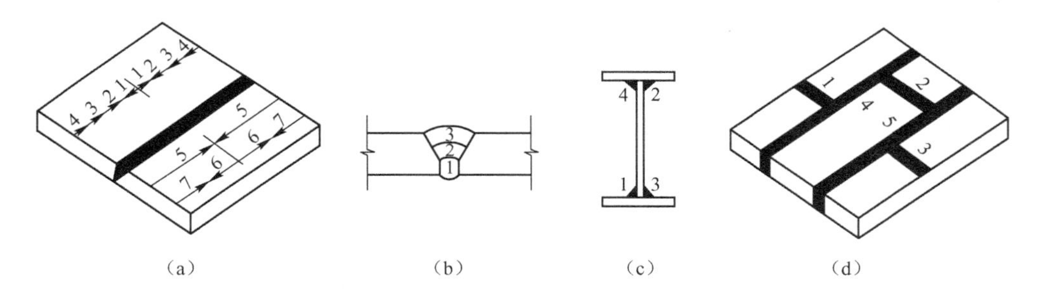

图5-22 合理的施焊次序

（2）施焊前给构件以一个和焊接变形相反的预变形（见图5-23），使构件焊接后产生的焊接残余变形与预变形相互抵消，以减小最终的总变形。

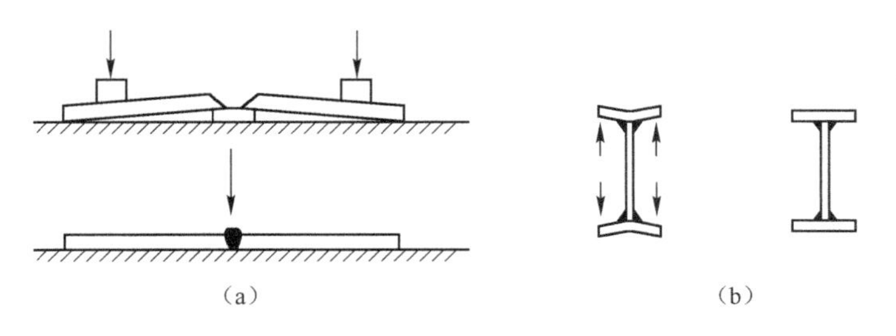

图5-23 用反变形法减小焊接残余变形

（3）对已经产生焊接残余变形的结构，可局部加热后用机械的方法进行矫正。

（4）对于焊接残余应力，可采用退火法或锤击法等措施来消除或减小。退火法是构件焊

成后再加热到600～650℃，然后慢慢冷却，从而消除或减小焊接残余应力；而锤击法是焊接后，用铁锤轻击焊缝，可减小焊缝中部的约束，从而减小厚度方向的焊接残余应力。

任务5.2 螺栓连接构造设计

螺栓连接可分为普通螺栓连接和高强度螺栓连接两种。普通螺栓通常采用Q235钢材制成，安装时使用普通扳手拧紧；高强度螺栓则采用高强度钢材经热处理后制成，用能控制扭矩或螺栓拉力的特制扳手拧到规定的预拉力值，把被连接件高度夹紧。

5.2.1 螺栓连接的构造

1. 螺栓的规格

钢结构采用的普通螺栓形式为六角头形，其代号用字母M和公称直径的毫米数表示。为制造方便，一般情况下，同一结构中宜尽可能采用一种栓径和孔径的螺栓，需要时也可采用2～3种螺栓直径。

螺栓直径d应根据整个结构及其主要连接的尺寸和受力情况选定，同时还应考虑与被连接件的厚度相匹配。建筑工程中常用M16、M20、M24、M27等。

2. 螺栓的排列

螺栓的排列有并列和错列两种基本形式（见图5-24）。并列较简单，但栓孔对截面削弱多；错列较紧凑，可减少截面削弱，但排列较复杂。

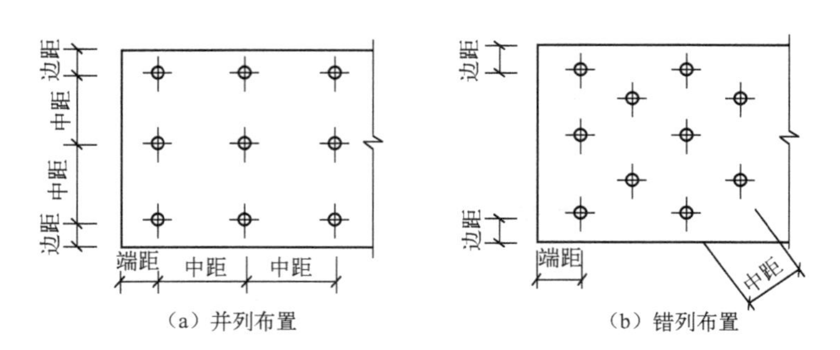

图5-24 螺栓的排列

螺栓在构件上的排列，应保证螺栓间距及螺栓至构件边缘的距离不过于小，否则螺栓之间的钢板及边缘处螺栓孔前的钢板可能沿作用力方向被剪断；同时，螺栓间距及边距太小，也不利于扳手操作；另一方面，螺栓的间距及边矩也不应太大，否则连接钢板不易夹紧，潮气容易侵入缝隙引起钢板锈蚀。对于受压构件，螺栓间距过大还容易引起钢板鼓曲。为此，《设计规范》根据螺栓孔直径、钢材边缘加工情况（轧制边、切割边）及受力方向，规定了螺栓中心间距及边距的最大、最小限值，见表5-2。

表 5-2 螺栓或铆钉的最大、最小容许距离

<table>
<tr><th>名 称</th><th colspan="3">位置和方向</th><th>最大容许距离
（取两者的较小值）</th><th>最小容许距离</th></tr>
<tr><td rowspan="5">中心间距</td><td colspan="3">外排（垂直内力方向或顺内力方向）</td><td>$8d_0$或$12t$</td><td rowspan="5">$3d_0$</td></tr>
<tr><td rowspan="3">中间排</td><td colspan="2">垂直内力方向</td><td>$16d_0$或$24t$</td></tr>
<tr><td rowspan="2">顺内力方向</td><td>构件受压力</td><td>$12d_0$或$18t$</td></tr>
<tr><td>构件受拉力</td><td>$16d_0$或$24t$</td></tr>
<tr><td colspan="3">沿对角线方向</td><td>—</td></tr>
<tr><td rowspan="4">中心至构件边缘距离</td><td colspan="3">顺内力方向</td><td rowspan="4">$4d_0$或$8t$</td><td>$2d_0$</td></tr>
<tr><td rowspan="3">垂直内力方向</td><td colspan="2">剪切边或手工气割边</td><td rowspan="2">$1.5d_0$</td></tr>
<tr><td rowspan="2">轧制边、自动气割或锯割边</td><td>高强度螺栓</td></tr>
<tr><td>其他螺栓或铆钉</td><td>$1.2d_0$</td></tr>
</table>

注：（1）d_0为螺栓或铆钉的孔径，t为外层较薄板件厚度。

（2）钢板边缘与刚性构件（如角钢、槽钢等）相连的螺栓或铆钉的最大间距，可按中间排的数值采用。

对于角钢、工字钢、槽钢上的螺栓排列，除应满足表 5-3 所列要求外，还应注意不要在靠近截面倒角和圆角处打孔，《设计规范》对此做了详细规定，在此不再赘述。

3. 螺栓的连接形式

螺栓连接按其传力方式可分为：外力与螺栓杆垂直的受剪螺栓连接，外力与螺栓杆平行的受拉螺栓连接，同时受剪和受拉的拉剪螺栓连接。受剪螺栓依靠螺栓杆抗剪和螺栓杆对孔壁的承压传力［见图 5-25（a）］；受拉螺栓由板件使螺栓张拉传力［见图 5-25（b）］；同时受剪和受拉的螺栓连接［见图 5-25（c）］。

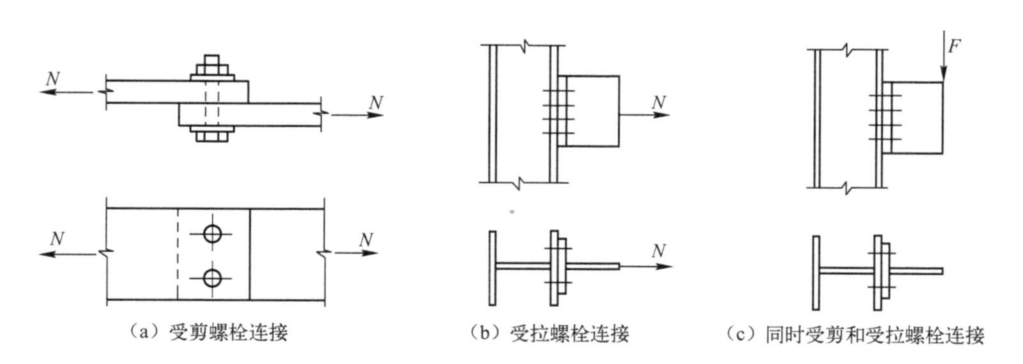

（a）受剪螺栓连接 （b）受拉螺栓连接 （c）同时受剪和受拉螺栓连接

图 5-25 普通螺栓按传力方式分类

5.2.2 普通螺栓连接的计算

1. 受剪连接的计算

1）*破坏形式*

抗剪螺栓的破坏可能有 5 种形式（见图 5-26）：

（1）当螺栓的直径较小而板件较厚时，螺栓杆可能被剪坏［见图 5-26（a）］，这时连接的承载能力由螺栓的抗剪强度控制；

（2）当螺栓杆直径较大、构件相对较薄时，连接将由于孔壁被挤压而产生破坏［见

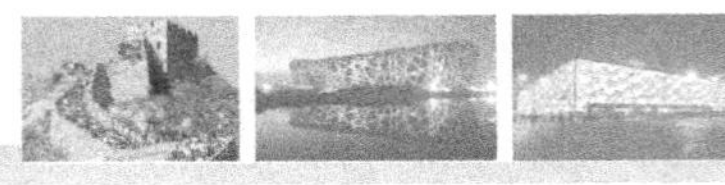

图5-26（b）]；

（3）构件本身由于截面开孔削弱过多而被拉断［见图5-26（c）］；

（4）由于板件端部螺栓孔端距太小而被剪坏［见图5-26（d）］；

（5）由于连接板叠太厚，螺栓杆太长，杆身可能发生过大的弯曲而破坏［见图5-26（e）］。

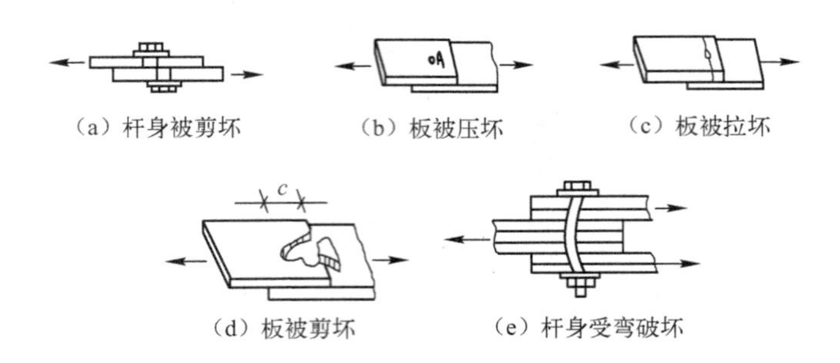

图5-26　受剪螺栓连接的破坏形式

上述5种破坏形式中，后两种破坏可通过构造措施加以防止，使端距$\geq 2d_0$（栓孔直径）就可避免板端被剪坏，使板叠厚度$\leq 5d$（栓杆直径）就可避免螺栓杆发生过大弯曲而破坏。前三种破坏形式则须通过计算加以防止，其中板件被拉的计算属于构件的计算，杆身被剪断和孔壁被压坏则属于连接的计算。

2）计算方法

（1）确定连接一侧所需螺栓连接的数目n。

图5-27（a）所示为两块钢板通过上、下两块盖板用螺栓连接，在轴心拉力作用下，螺栓受剪，由于力N通过螺栓群中心，可假定每个螺栓受力相等，则连接一侧所需螺栓数为：

$$n \geq \frac{N}{N_{\min}^{b}} \tag{5-17}$$

$$N_{\min}^{b} = \min(N_v^b, N_c^b) \tag{5-18}$$

$$N_v^b = n_v \frac{\pi d^2}{4} f_v^b \tag{5-19}$$

$$N_c^b = d \sum t f_c^b \tag{5-20}$$

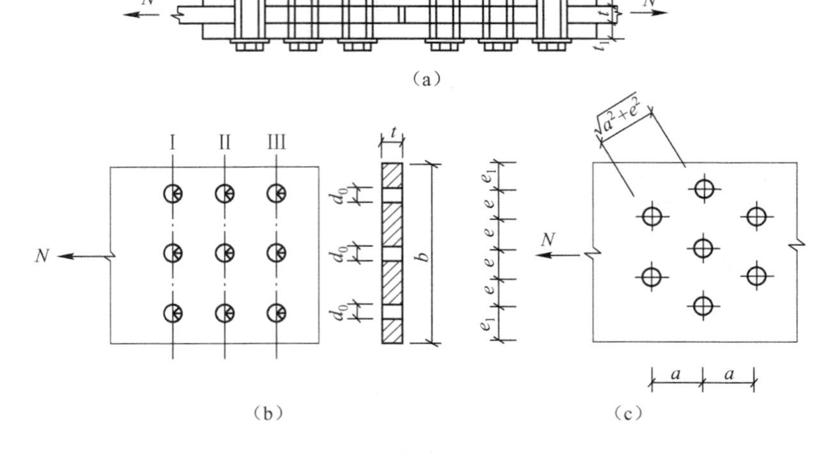

图5-27　受剪螺栓连接受轴心力作用

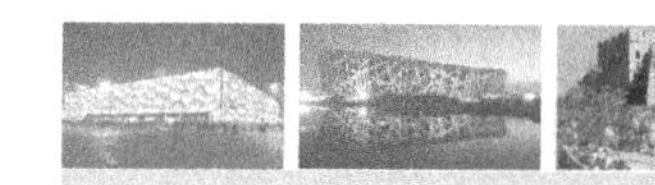

式中 N^b_{min}——单个受剪螺栓的承载力设计值；

n_v——螺栓受剪面数，单剪 $n_v=1$，双剪 $n_v=2$，四剪 $n_v=4$ 等（见图 5-28）；

$\sum t$—— 在同一受力方向承压构件的较小总厚度；

d——螺栓杆直径；

f^b_v、f^b_c——分别为螺栓的抗剪和承压强度设计值，按附录 A 中表 A-3 采用。

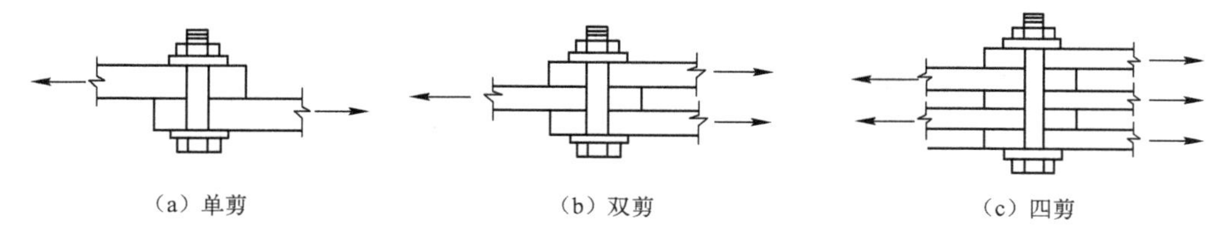

图 5-28 螺栓连接的受剪面

当拼接一侧所排一列螺栓的数目过多，致使首尾两螺栓之间距离 l_1 过大时（见图 5-29），各螺栓实际受力会严重不均匀，两端的螺栓受力将大于中间的螺栓，可能首先达到极限承载力而破坏，然后依次向内逐个破坏。故《设计规范》规定，当 $l_1 \geqslant 15d_0$ 时，各螺栓受力仍可按均匀分布计算，但螺栓承载力设计值 N^b_v、N^b_c应乘以下列折减系数 β 给予降低，即

$$\beta = 1.1 - \frac{l_1}{15d_0} \geqslant 0.7 \tag{5-21}$$

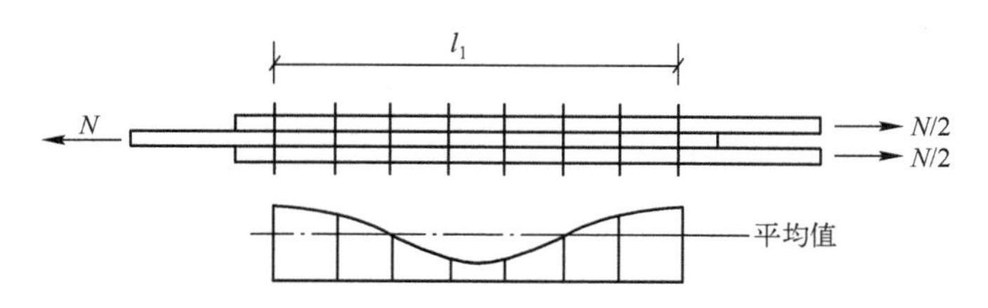

图 5-29 长接头螺栓群的内力分布

（2）净截面强度计算。

螺栓连接中，由于螺栓孔削弱了构件截面，因此需要验算构件开孔处的净截面强度：

$$\sigma = \frac{N}{A_n} \leqslant f \tag{5-22}$$

式中 A_n——连接件或构件在所验算截面上的净截面面积；

N——连接件或构件验算截面处的轴心力设计值；

f——钢材的抗拉（或抗压）强度设计值，按附录 A 中表 A-1 选取。

净截面强度验算应选择最不利的截面，即内力最大或净截面面积较小的截面。

【实例 5-5】 设计双盖板和 C 级普通螺栓拼接。

两截面为 14×400 的钢板，采用双盖板和 C 级普通螺栓拼接（见图 5-30），螺栓 M20，钢材 Q235，承受轴心拉力设计值 $N=940$kN，试设计此连接。

【解】（1）确定连接盖板截面：采用双盖板拼接，截面尺寸选 7×400，与连接钢板截面面积相等，钢材也采用 Q235。

（2）确定螺栓数目和螺栓排列布置。

由附录 A 中表 A-3 查得：$f^b_v=140\text{N/mm}^2$，$f^b_c=305\ \text{N/mm}^2$。

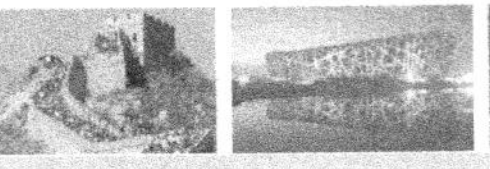

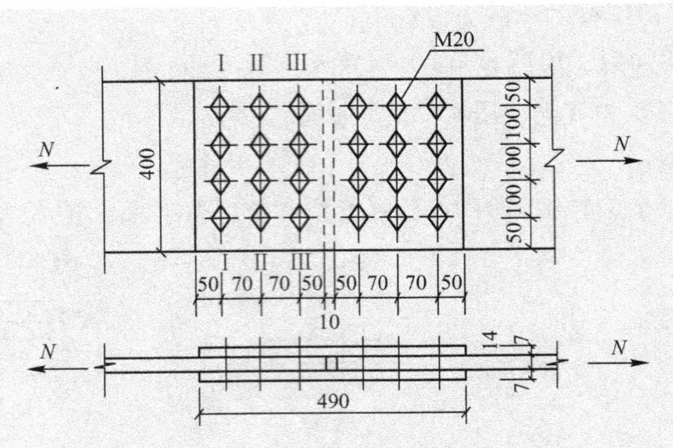

图 5-30 双盖板和螺栓连接（单位：mm）

单个螺栓受剪承载力设计值为：

$$N_v^b = n_v \frac{\pi d^2}{4} f_v^b = 2 \times \frac{\pi \times 20^2}{4} \times 140 = 87\,965\text{N}$$

单个螺栓承压承载力设计值为：

$$N_c^b = d \sum t f_c^b = 20 \times 14 \times 305 = 85\,400\text{N}$$

则连接一侧所需螺栓数目为：

$$n \geqslant \frac{N}{N_{min}^b} = \frac{940 \times 10^3}{85\,400} = 11.01 \text{ 个，取 } n = 12 \text{ 个。}$$

采用图 5-30 所示的并列布置，连接盖板尺寸采用 2 块 7×400×490，其螺栓的中距和端距均满足表 5-3 的构造要求。

(3) 验算连接板的净截面强度。

由附录 A 中表 A-1 查得 $f = 215\text{N/mm}^2$。

连接板在截面Ⅰ－Ⅰ受力最大，为 $N = 940\text{kN}$，连接盖板则是截面Ⅲ－Ⅲ受力最大，也是 N，但因两者钢材和截面均相同，故只验算连接钢板。设螺栓孔直径为 $d_0 = 21.5\text{mm}$。

$$A_n = (b - n_1 d_0) t = (400 - 4 \times 21.5) \times 14 = 4\,396/\text{mm}^2$$

$$\sigma = \frac{N}{A_n} = \frac{940 \times 10^3}{4\,396} = 213.8\text{N/mm}^2 < f = 215\text{N/mm}^2$$

验算结果满足要求。

2. 受拉连接的计算

1) 轴心受拉连接计算

当外力通过螺栓群中心使螺栓受拉时，可以假定各个螺栓所受拉力相等，则所需螺栓数为：

$$n \geqslant \frac{N}{N_t^b} \tag{5-23}$$

$$N_b^t = \frac{1}{4} \pi d_e^2 f_t^b = A_e f_t^b \tag{5-24}$$

式中 N_b^t——单个受拉螺栓的承载力；

d_e、A_e——分别为螺栓螺纹处的有效直径和有效面积；

f_t^b——螺栓抗拉强度设计值，按附录 A 中表 A-3 采用。

2）弯矩受拉连接计算

图 5-31 所示为一工字形截面柱翼缘与牛腿用螺栓连接。图中螺栓群在弯矩作用下，连接上部牛腿与翼缘有分离的趋势。计算时，通常假定牛腿绕最底排螺栓旋转，从而使螺栓受拉。弯矩产生的压力则由弯矩指向一侧的部分牛腿端板通过挤压传递给柱身。各排螺栓所受拉力的大小与该排螺栓转动轴的距离 y 成正比，最顶排螺栓所受的拉力最大。因此，设计时只要保证受力最大的最外排螺栓所受拉力 N_1^M 不超过一个螺栓的承载力设计值，即可满足安全要求。

$$N_1^M = \frac{My_1}{m\sum y_i^{\ 2}} \leqslant N_t^b \tag{5-25}$$

式中 M——弯矩设计值；

y_1、y_i——分别为最外排螺栓和第 i 排螺栓到转动轴的距离，转动轴通常取在弯矩指向一侧最外排螺栓处；

m——螺栓的纵向列数，图 5-31 中 $m=2$。

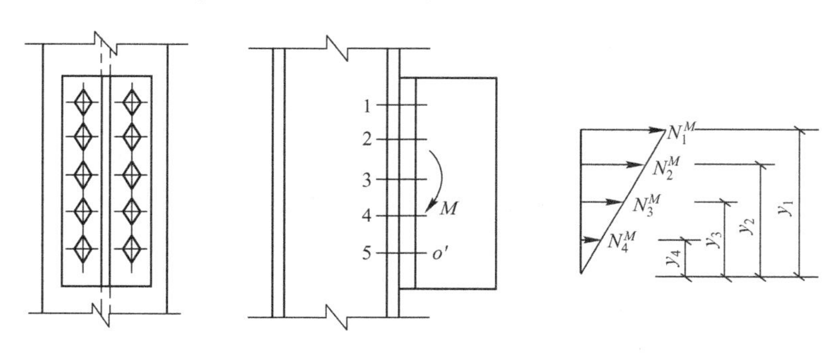

图 5-31 受拉螺栓连接受弯矩作用

5.2.3 高强度螺栓连接计算

高强度螺栓连接和普通螺栓连接的主要区别是：普通螺栓拧紧螺帽时，螺栓产生的预拉力很小，由板面挤压力产生的摩擦力可以忽略不计。普通螺栓连接抗剪时是依靠孔壁承压和栓杆抗剪来传力。高强度螺栓由于采用的是高强度钢材，因此，可以对其螺栓杆施加强大的紧固预拉力，使被连接构件的接触面之间产生挤压力，因此板面之间垂直于螺栓杆方向受剪时有很大的摩擦力；依靠接触面间的摩擦力来阻止其相互滑移，以达到传递外力的目的，因而变形较小。

1. 高强度螺栓连接的分类

高强度螺栓连接受剪力时，按其传力方式可分为摩擦型连接和承压型连接两种。

摩擦型连接在受剪设计时，以外剪力达到板件接触面间的最大摩擦力为极限状态。由于摩擦型螺栓所具有的连接紧密、受力可靠、耐疲劳、可拆换、安装简单，以及动力荷载作用下不易松动等优点，目前在桥梁、工业与民用建筑结构中得到广泛应用。

承压型连接起初由摩擦传力，在被连接件间的摩擦力被克服后则依靠栓杆抗剪和孔壁承压传力，以杆身剪切或孔壁承压破坏，即达到连接的最大承载力作为连接受剪的极限状态。高强度螺栓承压型连接，由于摩擦力被克服产生相对滑移后可以继续承载，所以其设计承载力高于

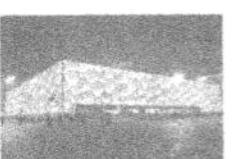

摩擦型，因而可节省螺栓用量，也具有连接紧密、可拆换、安装简单等优点，但与摩擦型相比，整体性和刚度较差，变形大，动力性能差，其实际强度储备小，只限用于承受静力或间接动力荷载结构中允许发生一定滑移变形的连接。

2. 高强度螺栓摩擦型受剪连接的计算

目前，高强度螺栓摩擦型连接形式应用广泛，这里只介绍摩擦型连接的计算。

1）单个摩擦型高强度螺栓抗剪承载力设计值

受剪摩擦型高强度螺栓连接中单个螺栓的设计承载力，与其预拉力 P、连接中的摩擦面抗滑移系数 μ 及摩擦面数 n 有关。单个螺栓承载力设计值为：

$$N_v^b = 0.9 n_f \mu P \tag{5-26}$$

式中 n_f——螺栓的传力摩擦面数；

P——高强度螺栓的预拉力，按表 5-3 采用；

μ——摩擦面的抗滑移系数，按表 5-3 采用。

表 5-3 高强度螺栓的预拉力设计值 P（kN）

螺栓的性能等级	螺栓公称直径（mm）					
	M16	M20	M22	M24	M27	M30
8.8 级	80	125	150	175	230	280
10.9 级	100	155	190	225	290	355

表 5-4 摩擦面抗滑移系数 μ

在连接处构件接触面的处理方法	构件的钢号		
	Q235 钢	Q345 钢、Q390 钢	Q420 钢
喷砂（丸）	0.45	0.50	0.50
喷砂（丸）后涂无机富锌漆	0.35	0.40	0.40
喷砂（丸）后生赤锈	0.45	0.50	0.50
钢丝刷除去浮锈或未经处理的干净轧制表面	0.30	0.35	0.40

2）高强度螺栓摩擦型连接承受剪力时的计算

受剪摩擦型高强度螺栓连接的受力分析方法与受剪普通螺栓连接一样。所以，受剪摩擦型高强度螺栓连接在受轴心力作用或受偏心力作用时的计算均可利用前述普通剪力螺栓连接的计算公式，只需将单个普通螺栓的承载力设计值 N_{min}^b 改为单个受剪高强度螺栓摩擦型连接的承载力设计值 N_v^b（式 5-26）即可。

摩擦型高强度螺栓连接中构件的净截面强度验算与普通螺栓连接有所区别，应特别注意。这是由于摩擦型高强度螺栓是依靠被连接件接触面间的摩擦力传递剪力，假定每个螺栓所传递的内力相等，且接触面间的摩擦力均匀地分布于螺栓孔的四周（见图 5-32），则每个螺栓所传递的内力在螺栓孔中心线的前面和后面各传递一半。这种通过螺栓孔中心线前面板件的接触面传递摩擦力的现象称为“孔前传力”。图 5-32 所示的最外列螺栓截面 Ⅰ－Ⅰ 已传递 $0.5n_1N/n$（n 和 n_1 分别为构件一端和截面 Ⅰ－Ⅰ 处的高强度螺栓数目），故该截面的内力为 $N' = N - 0.5n_1N/n$，因此，连接开孔截面 Ⅰ－Ⅰ 的净截面强度应按下式验算：

$$\sigma = \frac{N'}{A_n} = \left(1 - 0.5\frac{n_1}{n}\right)\frac{N}{A_n} \leqslant f \tag{5-27}$$

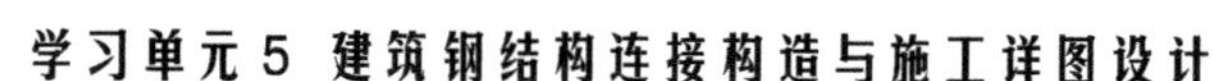

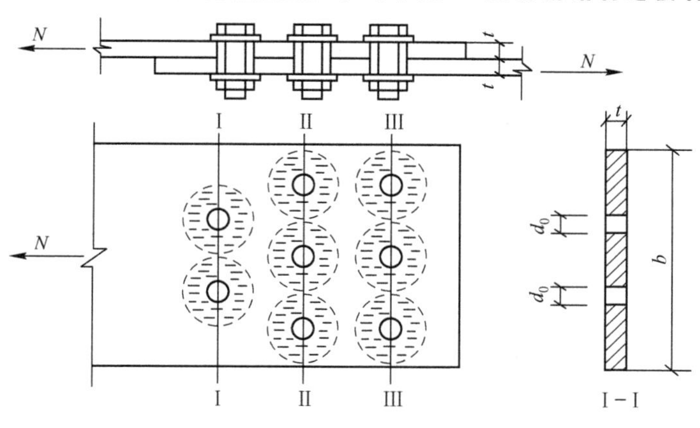

图 5-32 钢板净截面强度

由以上分析可知，最外列以后各列螺栓处构件的内力显著减小，只有在螺栓数目显著增多（净截面面积显著减小）的情况下，才有必要作补充验算。因此，通常只须验算最外列螺栓处有孔构件的净截面强度。

此外，由于 $N' < N$，所以除对有孔截面进行验算外，还应对毛截面进行验算，即应验算 $\sigma = N/A \leqslant f$。

高强度螺栓的排列和普通螺栓相同，它沿受力方向的连接长度 l_1，也考虑 $l_1 > 15d_0$ 时对设计承载力的不利影响。

【实例5-6】 双盖板和高强度螺栓摩擦型连接的拼接设计。

图 5-33 所示为一轴心受拉钢板用双盖板和高强度螺栓摩擦型连接的拼接接头。已知钢材为 Q345，钢板截面为 300mm×16mm，盖板截面为 300mm×10mm，螺栓为 10.9 级 M20，接触面喷砂后涂无机富锌漆。试确定该拼接的最大承载力设计值 N。

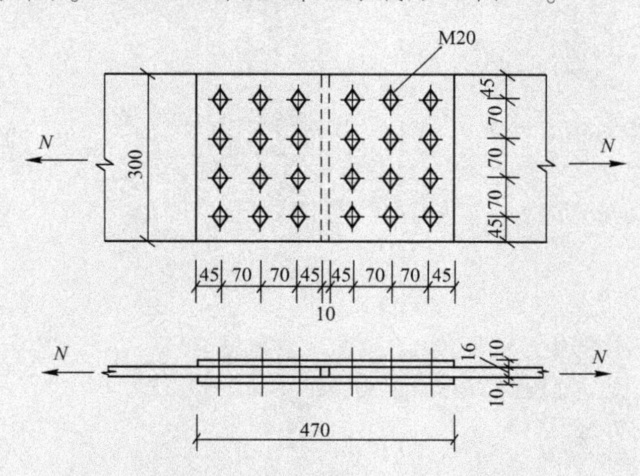

图 5-33 双盖板与高强度螺栓连接（单位：mm）

【解】（1）按螺栓连接强度确定 N。

由表 5-4 查得 $P = 155\text{kN}$，由表 5-5 查得 $\mu = 0.40$。

$$N_v^b = 0.9 n_f \mu P = 0.9 \times 2 \times 0.4 \times 155\text{kN} = 111.6\text{kN}$$

12 个螺栓连接的总承载力设计值为：

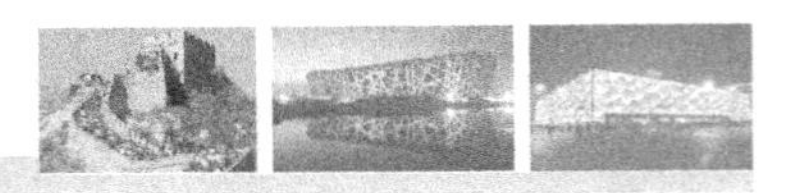

$$N = nN_v^b = 12 \times 111.6\text{kN} = 1\,339\text{kN}$$

(2) 按钢板截面强度确定 N。

构件厚度 $t = 16\text{mm} <$ 两盖板厚度之和 $2t_1 = 20\text{mm}$，所以按构件钢板计算。

① 按毛截面强度：由附录 A 中的表 A-1 查得 $f = 315\ \text{N/mm}^2$。

$$A = bt = 300\text{mm} \times 16\text{mm} = 4\,800\text{mm}^2$$

$$N = Af = 4\,800\text{mm}^2 \times 315\text{N/mm}^2 = 1\,512 \times 10^3\text{N} = 1\,512\text{kN}$$

② 按第一列螺栓处净截面强度：

$$A_n = (b - n_1 d_0)t = (300\text{mm} - 4 \times 22\text{mm}) \times 16\text{mm} = 3\,392\text{mm}^2$$

根据式 (5-27)：

$$N = \frac{A_n f}{1 - 0.5n_1/n} = \frac{3\,392\text{mm}^2 \times 315\text{N/mm}^2}{1 - 0.5 \times 4/12} = 1\,282 \times 10^3\text{N} = 1\,282\text{kN}$$

因此，该拼接的承载力设计值为 $N = 1\,282\text{kN}$，由钢板的净截面强度控制。

3. 高强度螺栓摩擦型受拉连接的计算

1) 单个受拉高强度螺栓的承载力设计值

为使板件间保留一定的压紧力，《设计规范》规定，单个受拉摩擦型高强度螺栓的承载力设计值 N_t^b 为：

$$N_t^b = 0.8P \tag{5-28}$$

2) 高强度螺栓连接受轴心力作用时

受拉摩擦型高强度螺栓连接受轴心力 N 作用时，与普通螺栓连接一样，假定每个螺栓均匀受力，则连接所需的螺栓数 n 为：

$$n \geqslant \frac{N}{N_t^b} \tag{5-29}$$

3) 高强度螺栓连接受弯矩作用时

受拉高强度螺栓连接受弯矩 M 作用时，只要确保螺栓所受最大外拉力不超过 $N_t^b = 0.8P$，被连接件接触面将始终保持密切贴合。因此，可以认为螺栓群在 M 作用下将绕螺栓群中心轴转动，最外排螺栓所受拉力最大。其值 N_{t1}^M 可按下式计算：

$$N_{t1}^M = \frac{My_1}{m\sum y_i^2} \leqslant N_t^b = 0.8P \tag{5-30}$$

式中 y_1——最外排螺栓群中心的距离；

y_i——第 i 排螺栓至螺栓群中心的距离；

m——螺栓纵向列数。

4) 高强度螺栓连接受偏心拉力 F 作用时

受拉高强度螺栓连接受偏心拉力 F 作用时，产生偏心弯矩 Fe，只要螺栓最大拉力不超过 $0.8P$，连接件接触面就能保证紧密结合。因此，螺栓群中所有螺栓均受拉，单个螺栓内力由两部分组成，由拉力 F 产生的 F/n，计算由 M 产生的螺栓内力时，取螺栓群的转动轴在螺栓群中心位置 O 处（见图5-34），内力值 N_{ti} 可按式（5-31）计算。从图中可看到，最顶排螺栓所受拉力最大，因而只要保证最顶排螺栓安全就可保证整个连接不被破坏。最大值可按式（5-32）计算：

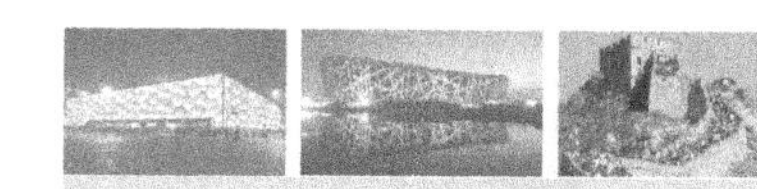

$$N_{ti} = \frac{Fey_i}{m\sum y_i^{\ 2}} \tag{5-31}$$

$$N_{max} = \frac{F}{n} + \frac{Fey_1}{m\sum y_i^{\ 2}} \leqslant N_t^b \tag{5-32}$$

式中 F——偏心拉力设计值；

e——偏心拉力至螺栓群中心 O 的距离；

n——螺栓数，图5-34中取 $n=10$；

y_1——最外排螺栓到螺栓群中心的距离；

y_i——第 i 排螺栓到螺栓群中心的距离；

m——螺栓的纵向列数，图5-34中 $m=2$。

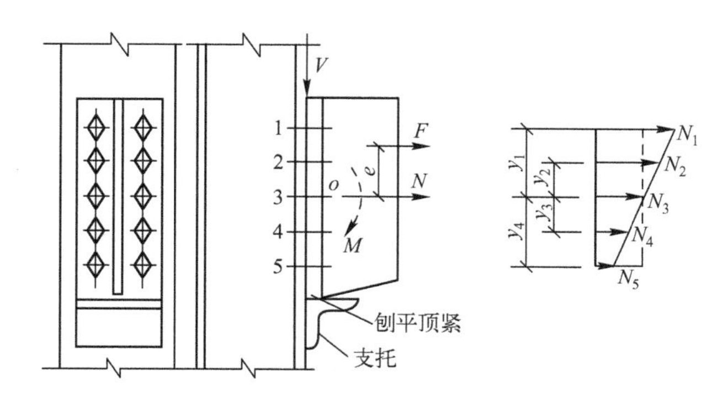

图5-34 高强度螺栓承受偏心拉力示意

5）高强度螺栓连接同时承受拉力和剪力作用时

图5-35所示为一柱与牛腿用高强度螺栓相连的T形连接。将所受偏心外力 F 移至螺栓群中心，则螺栓连接同时承受弯矩 $M=Fe$ 和剪力 $V=F$ 的作用。其承载力应满足下式的要求：

$$\frac{N_V}{N_V^b} + \frac{N_t}{N_t^b} \leqslant 1 \tag{5-33}$$

式中 N_v、N_t——单个高强度螺栓所承受的剪力和拉力；

N_v^b、N_t^b——单个高强度螺栓的受剪、受拉承载力设计值。

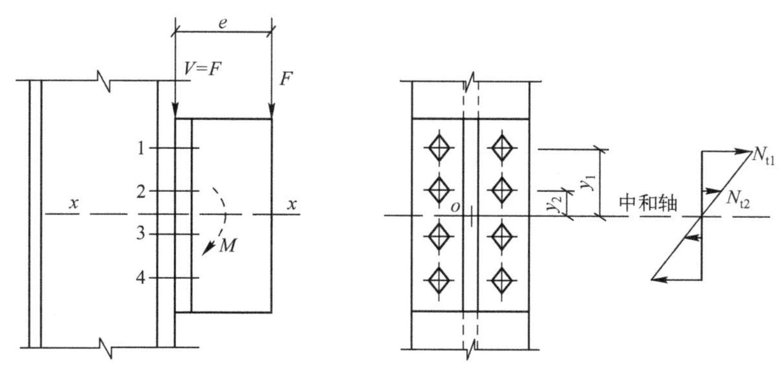

图5-35 同时受拉受剪高强度螺拴摩擦型连接

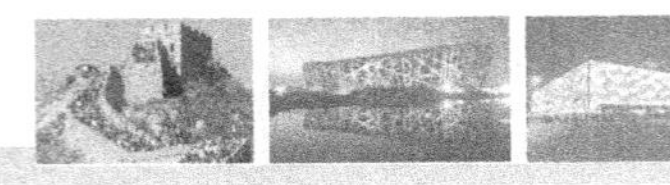

【实例 5-7】设计牛腿与柱的连接。

采用 10.9 级高强度螺栓摩擦型连接，螺栓直径 M20，构件接触面用喷砂处理，结构钢材为 Q345 钢，作用力设计值如图 5-36 所示，支托起安装作用。

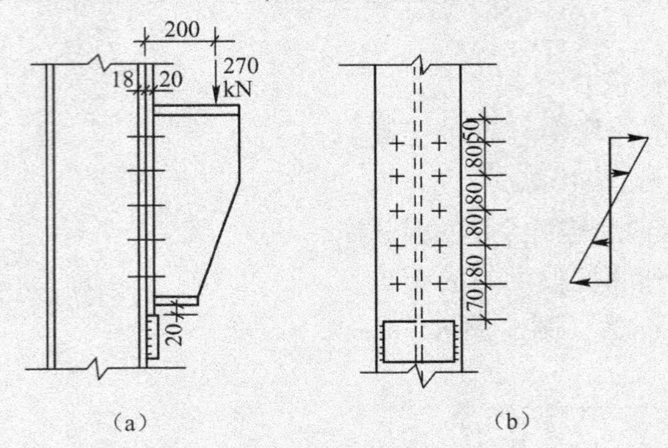

图 5-36　牛腿与柱连接（单位：mm）

【解】螺栓布置如图 5-36（b）所示。

（1）连接中受力最大螺栓承受的拉力及剪力为：

$$N_{t} = N_{t1}^{M} = \frac{My_1}{m\sum y_i^2} = \frac{270 \times 20 \times 16}{2 \times (2 \times 8^2 + 2 \times 16^2)} = 67.5\text{kN}$$

$$N_V = \frac{N}{n} = \frac{270}{10} = 27\text{kN}$$

（2）单个高强度螺栓受剪、受拉承载设计值为：

$$N_v^b = 0.9 n_f \mu P = 0.9 \times 1 \times 0.5 \times 155 = 69.75\text{kN}$$

$$N_t^b = 0.8P = 0.8 \times 155\text{kN} = 124\text{kN}$$

（3）拉、剪共同作用下，受力最大螺栓的承载力验算：

$$\frac{N_V}{N_v^b} + \frac{N_t}{N_t^b} = \frac{27}{69.75} + \frac{67.5}{124} = 0.931 < 1$$

验算结果满足要求。

任务 5.3　钢结构施工详图设计

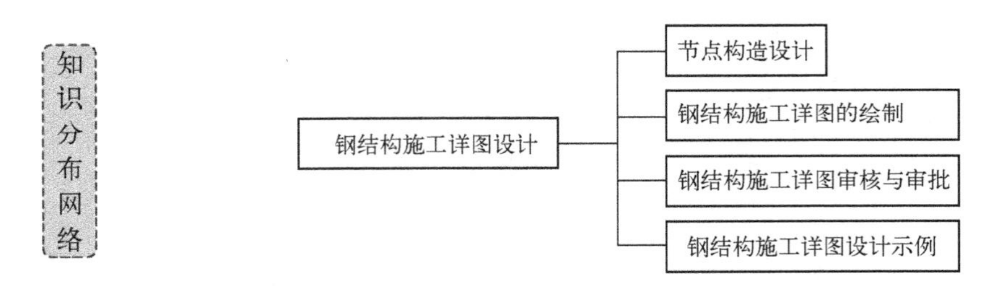

5.3.1　节点构造设计

1. 节点形式选择

在钢结构中，节点起着连接汇交杆件、传递荷载的作用，所以节点的形式是钢结构设计中

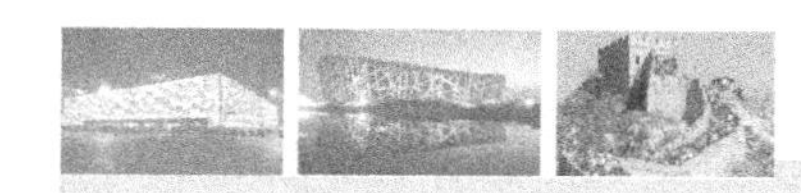

的重要环节之一，合理地选择节点形式对钢结构的安全度、制作安装、工程进度、用钢量指标及工程造价都有直接的影响。节点选择应满足下列几点要求：

（1）受力合理、传力明确，务必使节点构造与所采用的计算假定尽量符合，使节点安全可靠；

（2）保证汇交杆件交于一点，不产生附加弯矩；

（3）构造简单，制作简便，安装方便；

（4）耗钢量少，造价低廉，造型美观。

2. 节点连接设计内容

选择节点连接形式主要包括以下内容。

1）焊接

当采用焊接连接时，要从设计角度充分考虑到焊接连接在热影响区内容易产生残余应力和残余变形，焊接后的材料性能对疲劳较敏感。

焊缝计算一般在钢结构设计图中已经标明了焊脚尺寸和焊缝长度，钢结构施工详图阶段主要对构件的构造进行完善；如果设计图只给出构件截面和内力，则钢结构施工详图阶段应按照《设计规范》有关焊缝计算公式进行计算。

焊接的构造要求是钢结构施工详图绘制时应遵守的规定，其中有的是设计规范规定，有的是抗震规范或专业规程的规定。例如：在设计中不得任意加大焊缝，应尽量避免焊缝的立体交叉，焊缝布置应尽量对称于构件或节点板截面中和轴，避免偏心传力；焊脚尺寸、焊缝长度应在允许范围内，等等。

对于高层钢结构建筑而言，由于钢板一般都较厚，因而要采取合理的节点设计以防止层状撕裂。具体来说，在满足设计要求的焊透深度的前提下，宜采用较小的坡口角度和间隙，以减小由于焊缝截面积收缩而在母材厚度方向上产生的拉应力。

2）螺栓连接

普通螺栓抗剪性能差，不宜用于重要的抗剪连接结构中。普通螺栓连接一般采用C级螺栓，螺栓连接的制孔应采用钻孔。对有防松要求的普通螺栓连接，应采用弹簧垫圈或双螺帽以防止松动。

高强度螺栓的使用日益广泛，常用的高强度螺栓为M16～M30。超大规格的螺栓性能不稳定，设计中应慎重使用。

3）连接板

连接板起着杆件或构件间保证可靠传力的重要作用，其构造原则应符合：传力直接，中心交汇，外形应力求简单，不应有凹角，以免产生应力集中。

3. 从便于施工角度对节点构造设计提出的要求

施工详图设计应考虑施工构造、施工工艺等相关要求，主要包括以下几个方面。

（1）封闭或管截面构件应采取相应的防水或排水构造措施。

混凝土浇筑或雨季施工时，水容易从工艺孔进入箱型截面内或直接聚积在构件表面低凹处，需要采取排水或防水构造设计措施，以防止构件锈蚀、冬季结冰构件胀裂，构造措施要求在结构设计施工图中绘出。

（2）钢管混凝土结构柱底板和内隔板应设置混凝土浇筑孔和排气孔，必要时可在柱壁上设置浇筑孔和排气孔。

浇筑孔和排气孔的大小、数量和位置一般在设计施工图中确定，当施工方案有特殊要求时，孔的设置可以由施工单位与设计单位协商确定。中国工程建设标准化协会标准《矩形钢管混凝土结构技术规程》（CECS159:2004）规定，内隔板浇筑孔径不应小于200mm，排气孔孔径宜为25mm。

（3）构件加工过程中，根据工艺要求设置工艺隔板。设置工艺隔板的目的是为保证施工过程中的装配精度、减小焊接变形等。

（4）安装用的连接板、吊耳等宜根据安装工艺要求设置，在工厂完成。

5.3.2 钢结构施工详图的绘制

钢结构施工详图的绘制应遵守5.3.1节的基本规定，并参照下面的基本方法进行。

1. 布置图的绘制方法

（1）绘制结构的平面、立面布置图，构件以粗单线或简单外形图表示，并在其旁侧注明标号，对规律布置的较多同号构件，也可以指引线统一注明标号。

（2）构件编号一般应标注在表示构件的主要平面和剖面图上，在一张图上同一构件编号不宜在不同图形中重复表示。

（3）同一张布置图中，只有当构件截面、构造样式和施工要求完全一样时才能编同一个号，只要尺寸略有差异或制造上要求不同（例如，有支撑屋架需要多开几个支撑孔）的构件均应单独编号。对安装关系相反的构件，一般可将标号加注角标来区别，杆件编号均应有字首代号，一般可采用同音的拼音字母。

（4）每一构件均应与轴线有定位的关系尺寸，对槽钢、C形钢截面应标示肢背方向。

（5）平面布置图一般可用1:100或1:200的比例；图中剖面宜利用对称关系、参照关系或转折剖面简化图形。

（6）一般在布置图中，根据施工的需要，对于安装时有附加要求的部位、不同材料构件连接处及主要的安装拼接接头处宜选取节点进行绘制。

2. 构件图的绘制方法

（1）构件图以粗实线绘制。构件详图应根据布置图上的构件编号按类别依次绘制成，不应前后颠倒。所绘构件主要投影面的位置应与布置图相一致，水平者，水平绘制；垂直者，垂直绘制；斜向者，倾斜绘制。构件编号用粗线标注在图形下方。

绘制内容应包括：构件本身的定位尺寸、几何尺寸；标注所有组成构件的零件间的相互定位尺寸，连接关系；标注所有零件间的连接焊缝符号及零件上的孔、洞及其相互关系尺寸；标注零件的切口、切槽、裁切的大样尺寸；构件上的零件编号及材料表；有关本图构件制作的说明（如相关布置图号、制孔要求、焊缝要求等）。

（2）构件图形一般应选用合适的比例绘制，常采用的比例有1:20、1:15、1:50等。一般规定为：构件的几何图形采用1:20～1:25；构件截面和零件采用1:10～1:15；零件详图采用1:5。对于较长、较高的构件，其长度、高度与截面尺寸可以用不同的比例表示。

（3）构件中每一零件均应编零件号，编号时应尽量先编主要零件（如弦材、翼缘板、腹板等），再编次要较小构件，正反零件可用相同编号，但在材料表内的正反栏内注明。材料表中应注明零件规格、数量、重量及制作要求等。

（4）一般尺寸注法宜分别标注构件控制尺寸、各零件相关尺寸，对斜尺寸应注明其斜度。

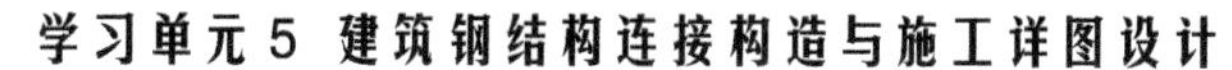

当构件为多弧形构件时，应分别标明每一弧形尺寸相对应的曲率半径。

（5）一般情况下，一个构件应单独画在一张图纸上，只有在特殊情况下才允许画在两张或两张以上的图纸上。此时，每张图纸应在所绘该构件一段的两端画出相关联尺寸的移植线，并在其侧注明相关联的图号。

3. 钢结构施工详图编制中易出现的错误

（1）CAD 制图错误。计算机是制图的表现工具，初学者或未精通者用 CAD 制图仍会出现一些错误，表现为以下几个方面。① 精确度不准。工厂里生产的构件只要求精确到毫米，角度到度。②图形修改引起的错误。有些工程人员为方便了事，当画出构件与实际不符时，常常修改尺寸标注的数字了事，但却不知这样一来会引起更大的误差，同时为计算拉杆、系杆、隅撑长度造成错误。因此要按实际尺寸画，这是非常关键的一点。③放样造成的错误。这是最严重的错误，因为图纸深化是以整个放样为基础的，若是这里出错，后面的工作就没有任何实用价值。

（2）设计变更引起的错误。这是图纸深化最常遇到的，所以应同设计院保持紧密联系。当有设计变更要弄清楚改变的是哪些部分，哪些不变。遇到一些变更较大的工程，最好的办法就是重做。

（3）与实际不符造成的错误。这也是与设计院有关的，因为有时设计院出的图纸与实际尺寸不符合，作为详图人员就不能按照其进行图纸深化，而应当根据实际情况及时向设计院提出来；同时还要注意有时施工队柱脚螺栓预埋和设计图纸误差较大（与施工队水平有关），有可能制作的柱子安装不上，这时应及时调整详图图纸柱脚螺栓孔的位置，应以实际为准，误差不能超过 1mm。

总之，要想编制适用的施工详图，首先要理解设计者的思想，然后顺着设计者的思路进行详图设计，其中要注意梁柱的编号，活用对称和反对称，尽量将截面相同的构件编在一起；做到用最少的图纸拆出最多的构件，而且要让生产车间的工人看懂，注意不能有太多的文字叙述；此外还要注意材料表，因为工人制作是按材料表来下料的。

5.3.3 钢结构施工详图审核与审批

1. 图纸审核的目的

审核图纸的目的一方面是检查图纸设计的深度能否满足施工的要求，核对图纸上构件的数量和安装尺寸，检查构件之间有无矛盾等；另一方面也对图纸进行工艺审核，即审查在技术上是否合理，构造是否便于施工，图纸上的技术要求按加工单位的施工水平能否实现等。

设计图审核过程中，制造企业要与甲方、设计方、监理方等参与人员进行充分的沟通，了解设计意图。施工详图编制后，审图人员要结合本单位的设备、技术条件、工地现场的实际起重能力和运输条件，核对施工图中钢结构的分段是否满足要求，工厂工地的工艺条件是否满足设计要求。施工详图应经原设计工程师会签及由合同文件规定的监理工程师批准方可施工。如果是由加工单位自己设计施工详图，在制图期间又已经过审查，则审图的程序可相应简化。

2. 图纸审核的内容

图纸审核的主要内容包括以下项目。

（1）设计文件是否齐全。设计文件包括设计图、施工图、图纸说明和设计变更通知单等。

（2）构件的几何尺寸和相关构件的连接尺寸是否标注齐全和正确。

（3）节点是否清楚，是否符合国家标准。

（4）标题栏内构件的数量是否符合工程的总数量。

（5）构件之间的连接形式是否合理。

（6）加工符号、焊接符号是否齐全，清楚。

（7）结合本单位的设备和技术条件考虑，能否满足图纸上的技术要求。

（8）图纸的标准化是否符合国家规定等。

3. 钢结构施工详图审批

钢结构施工详图审批主要由原设计单位签认审定，其目的是验证施工详图与结构设计施工图的符合性。当钢结构工程项目较大时，施工详图数量相对较多，为保证施工工期，施工详图一般分批提交设计单位批准。

图纸审核过程中发现的问题应报原设计单位处理，当由于设计文件变更或制作、运输和安装原因（如材料代用、工艺要求或其他原因）对设计文件修改而导致的施工详图修改时，必须取得原设计单位的同意并签署书面设计变更文件。

4. 技术交底准备

图纸审查后要做技术交底准备，主要有以下内容。

（1）根据构件尺寸考虑原材料对接方案和接头在构件中的位置。

（2）考虑总体的加工工艺方案及重要的工装方案。

（3）对构件的结构不合理处或施工有困难的地方，要与需方或者设计单位做好变更签证的手续。

（4）列出图纸中的关键部位或者有特殊要求的地方，加以重点说明。

5.3.4 钢结构施工详图设计示例

本节以门式刚架结构为例，说明施工详图所表达的内容。

【实例 5-8】 编制门式刚架结构施工详图。

1. 钢柱

①钢构件材质、规格、数量；②柱底板标高、基础顶面标高、柱顶标高，地脚螺栓孔位置、尺寸；③檩托板标高、方向（包括角柱檩托板的长度、位置、标高）；④柱间支撑开孔或连接板搁置位置、间距；⑤抗剪键的设置；⑥梁柱连接板的孔径、孔位、板厚，第一孔至柱顶盖板的距离；⑦系杆置的位置（上标高、水平位置）是否影响天沟、屋面内板或雨水管的安装；⑧系杆连接板的孔位距腹板中线的距离；⑨屋面坡度，即柱顶盖板坡度或高差；⑩吊车轨道标高及轨道中心线位置，并计算吊车梁及牛腿的标高，与吊车梁连接的耳板标高、位置、孔径、孔距是否与吊车梁孔对应；⑪吊车轨道中心线与主柱的位置关系，牛腿与主柱有无特殊的焊接要求，吊车的计算跨度是否符合吊车生产模数；⑫各处屋面梁或桁架与吊车梁的距离是否满足吊车净高的要求；⑬抗风柱的位置；⑭柱头最后一道檩托板是否考虑天沟的设置；⑮是否有墙面隅撑，位置是否正确，孔中与柱的关系是否正确；⑯门窗的位置及檩托板的方向是否与其对应（结构与建筑是否对应）；⑰施工图中是否有色带等特殊的效果要求，是否需要增加墙梁或收边等；⑱最后一道檩条的位置是否满足内天沟包件的安装要求；⑲施工图中有无特殊工艺及施工要求。

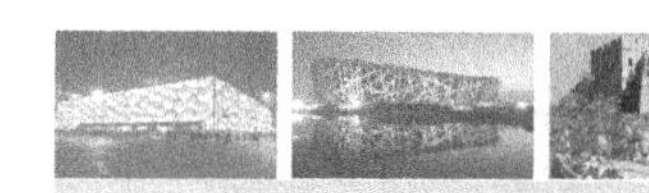

2. 钢梁

①构件的材质、规格、数量；②屋面坡度、屋脊标高；③对照钢柱截面计算单跨梁的跨度，即梁单跨屋面梁的长度是否正确，注意轴线的位置；④屋面檩托板的位置、间距；⑤水平支撑孔径、孔位的设置；⑥与抗风柱的连接方式；⑦系杆连接板的孔径、孔中距腹板中心线的距离；⑧端板厚度、孔径、孔位，第一孔距梁上翼缘板的距离；⑨隅撑的连接方式，孔径、孔中距腹板中心线及下翼缘板的距离；⑩屋脊处第一道檩条的设置是否考虑脊瓦的安装；⑪最后一道檩条的设置是否考虑天沟的尺寸，是否满足内天沟包件的安装要求；⑫檩托板的方向、尺寸；⑬系杆安装后是否影响屋面内板的安装；⑭有无气窗、气楼，其安装位置的确定；⑮有无特殊工艺及施工要求；⑯钢柱、钢梁是否存在连接螺栓安装无法穿入的工艺性问题，以及扭剪型高强度螺栓施工工具无法使用问题。

3. 柱间支撑

①材质、规格、数量；②按柱上（成型拼装图）孔距计算支撑长度；③柱间支撑、系杆的位置是否与雨水管（内置）有交叉现象，雨水管有无与推拉门交叉现象并提出初步解决方案。

4. 水平支撑

①材质、规格、数量；②按梁上（成型拼装图）孔距计算支撑长度；③按梁上（成型拼装图）连接板孔位计算支撑长度。

5. 系杆

①材质、规格、数量；②按柱（梁）上系杆连接板孔中心距腹板中心线的距离计算系杆长度；③系杆安装完毕是否影响屋面内板安装；④系杆上连接板是否能够顺利安装，连接板上孔位设置是否合理，包括孔中心距连接板边缘距离等。

6. 隅撑

①材质、规格、数量；②按梁上隅撑连接板孔中心位置，量取梁在该处的截面高度，按施工图中的连接方式计算隅撑的长度及孔距。

7. 檩条

①材质、规格、数量；②涂装要求；③连接孔与对应檩托板孔位、孔径是否相符；④长度是否正确，按对应柱距计算檩条连接孔距；⑤标注尺寸是否闭合，拉条孔位、孔径设置是否正确；⑥边跨檩条挑出长度是否正确；⑦门框或窗框长度是否考虑檩条翼缘宽度的影响；⑧檩条布置中门窗布置与建筑图是否相符。

8. 拉条

①材质、规格、数量；②涂装要求；③按屋面梁檩托布置计算直拉条长度，檩托间距加50mm；④按檩条加工图的孔距计算斜拉条的长度，斜向距离加80mm；⑤若有带形窗或特殊结构需单侧焊接的拉条，应在上述计算结果的基础上加50mm折边，保证焊接质量；⑥拉条、撑杆布置应联合应用，确保每道檩条能调平（直），有些设计本身忽略此问题，应及时沟通洽商。

9. 屋面板

①彩基板材质、涂层要求、厚度、颜色、型号是否与图纸相符；②图纸中未注明或注明的相关信息与报价单是否相符；③有无采光带，采光带位置对排版的影响，尽可能降低损耗；④彩板是否为现场轧制，是否考虑车辆运输的承运能力；⑤单坡彩板断开是否考虑搭接量，应符合国家规范要求；⑥屋面内板应按两柱间距减屋面梁翼缘宽度排版；⑦屋面外板长度是否考虑伸入天沟的尺寸；⑧板尺寸是否与现场施工人员校对；⑨按实际板面宽度计算彩板数量；⑩排板图中的安装方向是否考虑实际上板的方向。

10. 墙面板

①彩基板材质、涂层要求、厚度、颜色、型号是否与图纸相符；②图纸中未注明或注明的相关信息与报价单是否相符；③有无彩带，复合板墙面色带更应注意此点；④墙面板长度尺寸应与现场施工人员校对；⑤有坎墙时其标高与墙面檩条是否相符，墙板长度在建筑标高基础上是否加上檩条翼缘宽度；⑥是否考虑包件标准做法的增减长度；⑦墙内板应按两柱间距减柱翼缘宽度进行排版；⑧按实际板面宽度计算彩板数量。

11. 彩板饰边

①饰边板材厚度、颜色；②依据公司标准做法或施工图纸要求计算包边尺寸；③是否有特殊防水处理；④是否有与砌体连接处，防水处理、包边具体尺寸应实测实量。

知识梳理与总结

本单元简要讲述钢结构焊接连接、螺栓连接构造设计及钢结构施工详图设计，学习时需注意以下两点：

(1) 钢结构焊接连接、螺栓连接构造设计，应注意其不同形式及不同受力时的构造合理性；

(2) 钢结构施工详图设计应全面、细致、准确，应按照基本规定要求，采取合理的设计方法，避免常见错误。

思考题5

(1) 焊接连接构造设计主要包括哪些内容？

(2) 螺栓连接构造设计主要包括哪些内容？

(3) 钢结构施工详图绘制主要包括哪些内容？

实训5

绘制一套完整的钢结构轻钢厂房施工详图。

(1) 目的：通过轻钢厂房施工详图的绘制，掌握施工详图的内容及其与加工和施工的实际关系。

(2) 能力标准及要求：能进行钢结构轻钢厂房施工详图的绘制，并能根据内容列出加工和施工注意事项。

(3) 实训条件：轻钢厂房设计图图纸一套

(4) 步骤如下：

① 课堂讲解；

② 读图，思考设计及施工问题，熟悉钢结构设计及施工规范；

③ 结合相关制图软件完成制图，含图纸内容、注意事项及有关指导加工等内容。

学习单元6

钢结构加工制作前期准备

教学导航

教	知识重点	1. 钢结构制造厂的建立； 2. 原材料订货、检验及存储； 3. 钢结构制作前的准备
	知识难点	钢结构制作前的准备
	推荐教学方式	1. 利用多媒体，借助实际案例、实际钢结构用材图片演示讲解； 2. 钢结构制作现场教学
	建议学时	4 学时
学	推荐学习方法	以参观实际钢结构制作的前期准备为学习内容
	必须掌握的理论知识	钢结构制作的前期准备
	必须掌握的技能	组织钢结构制作的前期准备工作

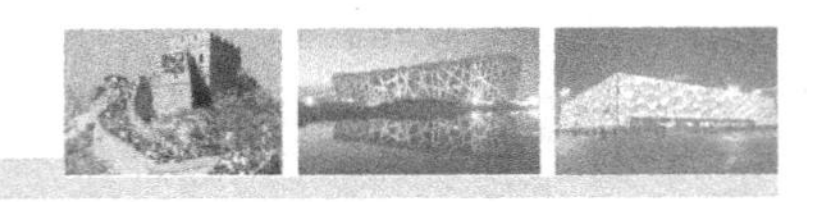

任务6.1　钢结构制造厂的建立

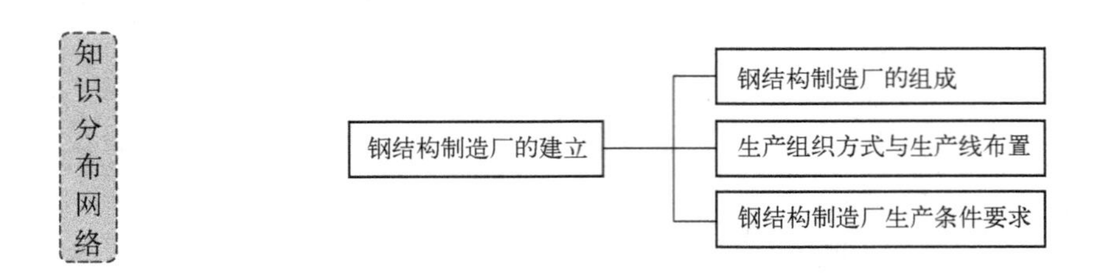

6.1.1　钢结构制造厂的组成

由于钢材的强度高、硬度大，对钢结构的制造精度要求较高，因而钢结构构件的制作必须在具有专门机械设备的钢结构制造厂中进行。

钢结构的制作从钢材进厂到构件出厂，一般要经过生产准备、放样、号料、下料、矫正、成型、边缘加工、装配、焊接、涂装、储存等工序。科学的制作工艺对保证产品质量、缩短生产周期、节约原材料等方面均有重要的影响，因而钢结构制造厂通常由材料仓库、准备车间、放样车间、零件加工车间、半成品仓库、装配车间和喷涂车间等组成。

材料库主要有两种，一是金属材料库，主要存放保管钢材；二是焊接材料库，主要存放焊丝、焊剂和焊条。材料库主要负责材料的入库验收、分类存放及按规定发放。准备车间内主要进行材料的预处理，包括矫正、除锈（如打磨、喷丸、酸洗等）、预落料等；在放样车间根据施工图制成实际尺寸的样板，以供加工车间号料用；在加工车间进行号料、切割、制孔、边缘加工和弯曲等工序并送入中间仓库存放；在装配车间进行装配、焊接、铆前扩孔、铆接、端铣和钻安装孔等工序；在喷涂车间进行构件表面处理及喷涂工序。在整个制作过程中，必须及时对零件或构件进行矫正，以满足设计要求。在装配、焊接及铆接过程中，必须对结构进行全面的技术检查和验收。验收合格的构件或运输单元送到油漆装运车间进行油漆和编号，然后运往安装工地。

6.1.2　钢结构制造厂的生产组织方式与生产线布置

1. 生产组织形式

钢结构制造厂目前采用的是专业分工的大流水作业生产组织方式。这种生产组织方式的特点是各工序分工明确，所做的工作相对稳定，定机、定人进行流水作业。这种生产组织方式的生产效率和产品质量都有显著提高，适合于长年大批量生产的专业工厂或车间，一般年产4 000 ～ 20 000t以上的大中型企业均以此种方式生产。

此外，对于小批量生产标准产品的工地生产和生产非标准产品的专业工厂而言，常采用一包到底的混合组织方式。这种生产组织方式的特点是产品统一由大组包干。除焊工因有合格证制度需专人负责外，其他各工种多数为“一专多能”，如放样工兼做划线、拼配工作；剪冲工兼做平直、矫正等工作，机具也由大组统一调配使用。其优点是：劳动力和设备都容易调配，管理和调度也比较简单。但对工人的技术水平要求较高，工种也不能相对地稳定。

2. 生产线的布置

钢结构制造厂一般来说都属于非定型产品生产。尤其在我国，目前尚未有划分为单一生产某一产品（工业厂房或高层建筑）的钢结构厂的专门程度，大都是在合同范围内以销定产，所以它的生产布局也难以固定为某一模式。一般大、中型企业均以大流水作业生产的工艺流程为主线，布置同类型构件作批量的流水线（见图6-1）。大流水作业生产的区域划分见图6-2。中、小型企业均以作坊式一竿子到底，以某一产品类型组织生产。多数厂家则属混合型，即以产品类型作区域性的生产布置，其设备也就据此作相应的固定性配置。

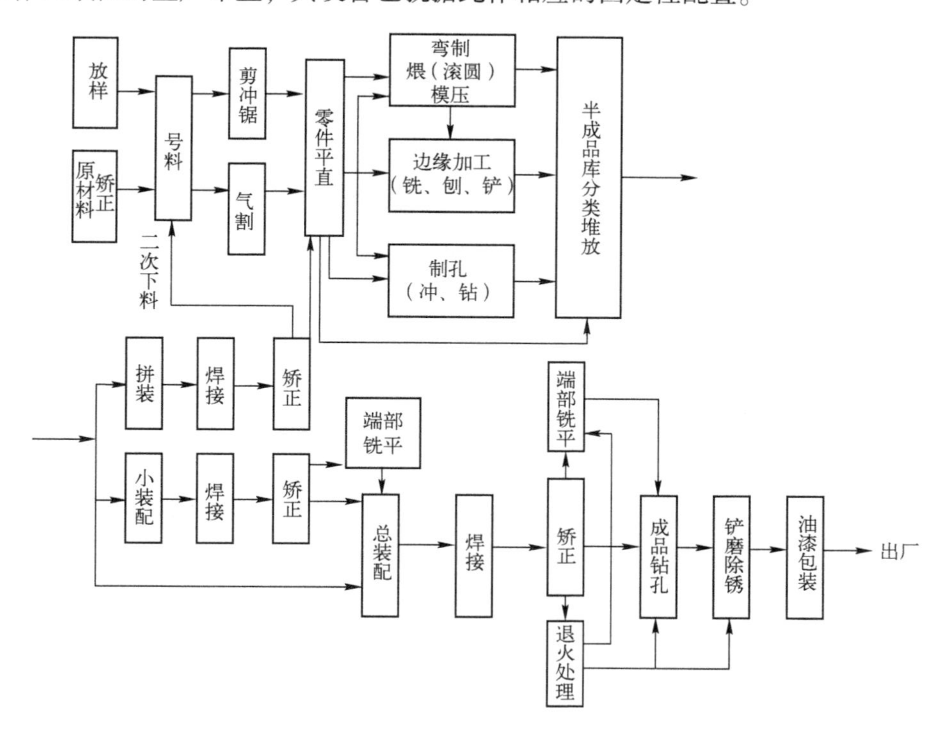

图6-1　大流水作业生产流程

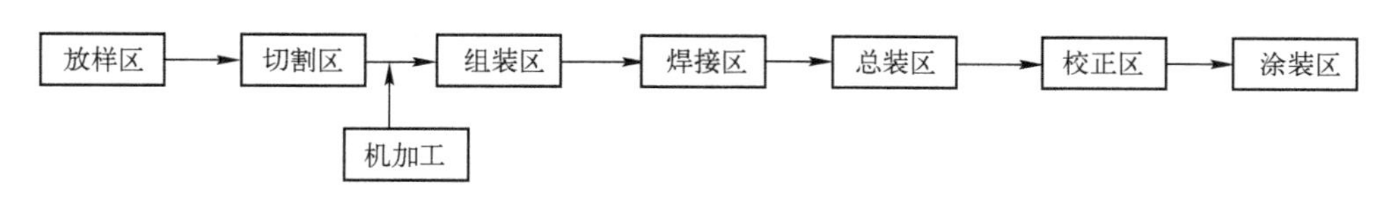

图6-2　大流水作业生产区域划分

1）流水生产布置

流水生产布置方式的特点是：以工艺流程为主导，线条清晰，厂房以长条形为佳；操作单一，便于计划控制和生产管理；一旦某区域发生障碍，不致影响其他区域和工序的正常生产；占有厂房场地较大，工艺装备固定。

2）固定式生产布置

产品固定在区域内基本不流动，一道工序完成，移动配置设备，下道工序继续在原区域内生产直至完成。这是一种传统的、原始的作坊式生产形式，小型企业采用较多。其特点是：占有生产场地较小；操作者必须具备多种工序操作能力；工效低，一旦出现生产障碍，将可能全部停顿。

3）混合式布置

基本以流水生产（或以固定生产）的布置为基础，再考虑两者生产的交叉，按厂房、设备、人员水平、构件的类型（特殊的或一般的）将两者的生产布置混合使用。这是比较切合

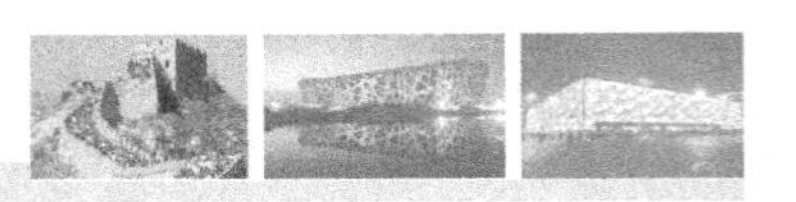

实际和调整比较灵活的一种布置形式。当然，也可按规模、设备条件进行有倾向性的安排，是中型企业采用较多的生产布置形式。

6.1.3 钢结构制造厂的生产条件要求

钢结构制造厂硬件条件具备后还需要在加工环境、制作安全、环境卫生等方面满足基本的要求，才能具备生产条件。

1. 加工环境要求

为保证钢结构零部件在加工中钢材原材质不变，在零件冷、热加工和焊接时，应按照施工规范规定的环境温度和工艺要求进行施工。具体温度要求可参见后续章节。

2. 制作安全要求

钢结构生产的现场环境，不管是室内还是室外，往往处于一个立体的操作空间之下，因此对安全生产要极为重视，尤其在室内流水生产布置条件下，生产效率很高，工件在空间大量、频繁地移动。工件多由行车等起吊在空间作纵横向及上下向的线性运动，其移动几乎遍及生产场所每一角落的上空。

为便于钢结构的制作和操作者的操作活动，构件均宜在一定高度上搁置。所有堆放的搁置架、装配组装胎架、焊接胎架等都应与地面离开0.4 ～ 1.2m。因此，操作者实际上除在安全通道外，随时随地都处于重物包围的空间范围内。

在制作大型钢结构，或高度较大、重心不稳的狭长构件和超大构件时，结构和构件更有倾倒和倾斜的可能性，因此必须十分重视安全事故的防范。除操作者自身应有防护意识外，还应对各方位都加以照看，以避免安全事故的发生。

在钢结构生产的各个工序中，很多都要使用剪、冲、压、锯、钻、磨等机械设备，这是一种人与机械直接接触的操作，被机械损伤的事故时有发生。机械损伤事故的概率仅次于工件起运中坠落的事故，更须作必要的防护和保护。安全防护主要包括以下内容。

(1) 自身防范。必须按国家规定的有关劳动法规条例，对各类操作人员进行安全知识普及和安全教育，特别对特殊工种必须持证上岗。对生产场地必须留有安全通道，为安全生产，加工设备之间要留有一定的间距作为工作平台和堆放材料、工件等之用。设备之间的最小间距不得小于图6-3所示。进入现场，无论是操作者或生产管理人员，均应穿戴好劳动防护用具，并应注意观察和检查周围的环境。

(2) 他人防范。操作者必须严格遵守各岗位的操作规程，以免损及自身和伤害他人，对危险源应作出相应的标志、信号、警戒等，以免现场人员遭受无意的损害。

(3) 所有构件的堆放、搁置应十分稳固，欠稳定的构件应设支撑或固结定位，超过自身高度构件的并列间距宜大于自身高度（如吊车梁、屋架、桁架等），以避免多米诺骨牌式的连续塌倒。构件安置要求平稳、整齐，堆垛不得超过两层。

(4) 索具、吊具要定时检查，不得超过额定荷载。焊接构件时不得留存、连接起吊索具。被碰甩过的钢绳，一律不得使用。正常磨损股丝应按规定更新。

(5) 所有钢结构制作中半成品和成品胎具的制造和安装，应进行强度验算，切忌凭经验自行估算。

(6) 钢结构生产过程的每一工序中所使用的乙炔、氧气、丙烷、电源必须有安全防护措施，定期检测泄漏和接地状况。

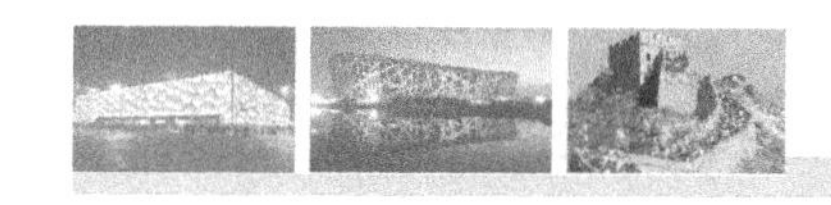

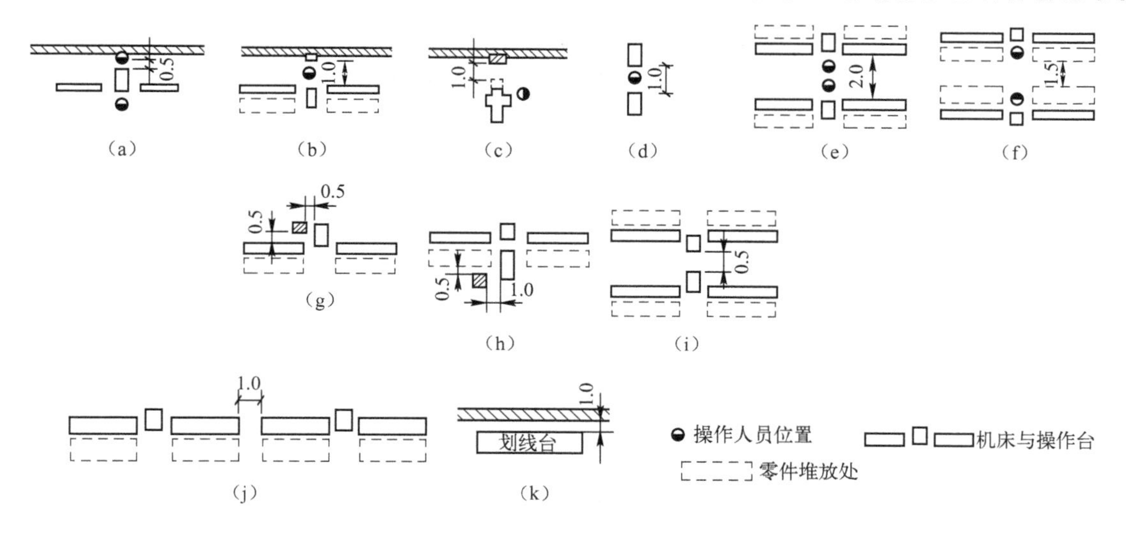

图6-3 设备之间的最小间距（m）

（7）起吊构件的移动和翻身，只能听从一人指挥；起重物件移动时，不得有人在本区域投影范围内滞留、停立或通过。

（8）所有制作场地的安全通道必须畅通。

3. 钢结构制作的环境卫生

钢结构制作的环境卫生，归结一点就是，应有效地防止污染源的产生。钢结构构件本身并不对环境卫生有直接的影响，而是在生产过程中，由所用机械、动力、检测、设备、辅料等引起的，所以控制污染源的产生和防备才是首要的。

（1）机械噪声。在目前对某些机械的噪声源还无法根治和消除的情况下，应重点控制并采取相应的个人防护，以免给操作人员带来职业性疾病。

（2）粉尘。严控在卫生标准内，操作时应佩戴有良好和完善的劳动防护用品加以保护。

（3）油漆细雾。油漆场地应空气流通，通风良好，操作者应有完善的个人防护。

（4）“RT”检测。在钢结构生产企业中，进行无损检测是不可避免的，其中尤以采用射线检测中的放射源危害为最。这在密集型生产区域一定要有时间限制，一般以夜间拍片为好，并应在检测区域内划定隔离防范警戒线、远距离控制操作。有条件时作铅房隔离最佳。

任务6.2 原材料订货、进厂检验与存储管理

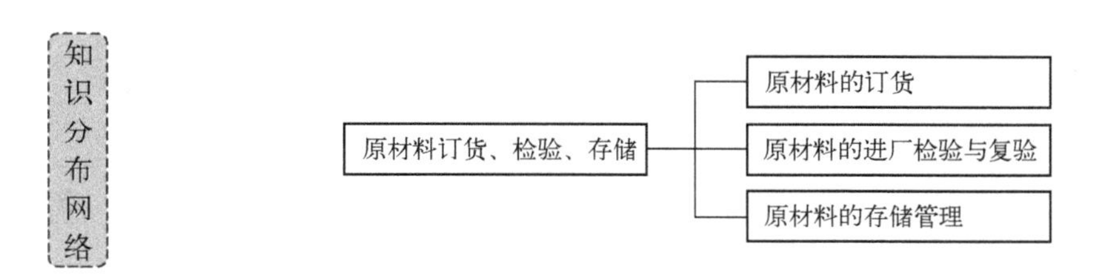

1. 原材料的订货

钢结构工程用材应严格按设计要求与现行材料技术标准进行订货，订货合同应对材料牌号、质量等级、材料性能（指标）、检验要求、尺寸偏差等有明确的约定。对定尺材料，应考虑留有复验取样的余量；对钢材的交货状态，宜按设计文件对钢材的性能要求与供货厂家商定。

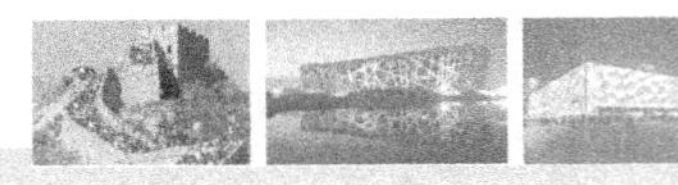

1）钢材

钢材订货时，其性能、材质、技术条件与检验要求等均应以设计文件及现行国家钢材标准或行业标准为依据。常用钢材产品标准参见表 6-1。

表 6-1　常用钢材产品标准

标准号	标准名称
GB/T 699	《优质碳素结构钢》
GB/T 700	《碳素结构钢》
GB/T 1591	《低合金高强度结构钢》
GB/T 3077	《合金结构钢》
GB/T 4171	《耐候性结构钢》
GB/T 5313	《厚度方向性能钢板》
GB/T 19879	《建筑结构用钢板》
GB/T 247	《钢板和钢带检验、包装、标志及质量证明的一般规定》
GB/T 708	《冷轧钢板和钢带的尺寸、外形、重量及允许偏差》
GB/T 709	《热轧钢板和钢带的尺寸、外形、重量及允许偏差》
GB 912	《碳素结构钢和低合金钢热轧薄钢板及钢带》
GB/T 3274	《碳素结构钢和低合金钢热轧厚钢板及钢带》
GB/T 3277	《花纹钢板》
GB/T 14977	《热轧钢板表面质量的一般要求》
GB/T 17505	《钢及钢产品交货一般技术要求》
GB/T 2101	《型钢验收、包装、标志及质量证明书的一般要求》
GB/T 11263	《热轧 H 型钢和剖分 T 型钢》
GB/T 706	《热轧工字钢尺寸、外形、重量及允许偏差》
GB 707	《热轧槽钢尺寸、外形、重量及允许偏差》
GB 9787	《热轧等边角钢尺寸、外形、重量及允许偏差》
GB 9788	《热轧不等边角钢尺寸、外形、重量及允许偏差》
GB/T 8162	《结构用无缝钢管》
GB/T 13793	《直缝电焊钢管》
GB/T 17395	《无缝钢管尺寸、外形、重量及允许偏差》
GB/T 6728	《结构用冷弯空心型钢尺寸、外形、重量及允许偏差》
GB/T 12755	《建筑用压型钢板》
GB 8918	《钢丝绳》

钢材表面质量，当设计文件未提出要求时，在钢材订货或进场检验中，应要求钢材表面的锈蚀等级不低于 B 级（主要承重构件）或 C 级（次要构件），等级的判定应符合现行国家标准《涂装前钢材表面锈蚀等级和除锈等级》（GB 8923—2008）的规定。

2）焊接材料

钢结构焊接材料的材质、材性应符合表 6-2 所列现行国家标准的规定。焊条、焊丝、焊剂、电渣焊熔嘴等焊接材料应与母材强度相匹配，并符合国家标准《钢结构焊接规范》（GB 50661—2011）的规定。焊接切割所用的气体可按国家标准《钢结构焊接规范》和表 6-3 所列的现行国家标准选用。

表 6-2 焊接材料标准

标准号	标准名称
GB/T 5117	《碳钢焊条》
GB/T 5118	《低合金钢焊条》
GB/T 14957	《熔化焊用钢丝》
GB/T 8110	《气体保护电弧焊用碳钢、低合金钢焊丝》
GB/T 10045	《碳钢药芯焊丝》
GB/T 17493	《低合金钢药芯焊丝》
GB/T 5293	《埋弧焊用碳钢焊丝和焊剂》
GB/T 12470	《埋弧焊用低合金钢焊丝和焊剂》
GB/T 10433	《电弧螺柱焊用圆柱头焊钉》

表 6-3 焊接材料标准

标准号	标准名称
GB/T 4842	《氩气——纯氩》
GB/T 10624	《氩气——高纯氩》
GB/T 6052	《工业液体二氧化碳》
HG/T 2537	《焊接用二氧化碳》
GB 16912	《深度冷冻法生产氧气及相关气体安全技术规程》
GB 6819	《溶解乙炔》
GB/T 3661	《焊接切割用气体》
GB/T 13097	《工业用环氧氯丙烷》

3）紧固标准件

普通螺栓、高强度大六角头螺栓连接副、扭剪型高强度螺栓连接副应符合表 6-4 所列现行国家标准的规定。高强度大六角头螺栓连接副和扭剪型高强度螺栓连接副应随箱带有扭矩系数和紧固轴力（预拉力）的出厂检验报告。

表 6-4 钢结构连接用紧固件标准

标准号	标准名称
GB/T 5780	《六角头螺栓——C 级》
GB/T 5781	《六角头螺栓——全螺纹——C 级》
GB/T 5782	《六角头螺栓——A 级和 B 级》
GB/T 5783	《六角头螺栓——全螺纹——A 级和 B 级》
GB/T 1228	《钢结构用高强度大六角头螺栓》
GB/T 1229	《钢结构用高强度大六角螺母》
GB/T 1230	《钢结构用高强度垫圈》
GB/T 1231	《钢结构用高强度大六角头螺栓、大六角螺母、垫圈技术条件》
GB/T 3632	《钢结构用扭剪型高强度螺栓连接副》
GB/T 3633	《钢结构用扭剪型高强度螺栓连接副技术条件》

4）钢铸件

焊接结构铸钢节点的钢铸件材料应符合表 6-5 中所列的现行国家标准、设计文件和其他现行国家产品标准的规定。

表 6-5 钢铸件标准

标 准 号	标准名称
GB 11352	《一般工程用铸造碳钢件》
GB/T 7659	《焊接结构用碳素钢铸件》

5）涂装材料

钢结构防腐涂料、稀释剂和固化剂，应按设计文件和现行国家标准《涂料产品分类、命名和型号》（GB/T2705）的要求选用，其品种、规格、性能等应符合设计文件及相关现行国家标准的要求。钢结构防火涂料的品种和技术性能应符合设计文件、现行国家标准《钢结构防火涂料》（GB 14907）及其他相关规范的要求。钢结构防火涂料应与防腐涂料相兼容。

2. 原材料的进厂检验与复验

1）原材料的检验

原材料的检验是保证钢结构工程质量的重要环节，应该按照现行国标《验收规范》的规定全数检验其质量合格证明文件、中文标志及检验报告等。

钢材主要检验内容如下。

（1）钢材的数量和品种是否与订货单符合。

（2）钢材的质量保证书是否与钢材上打印的记号符合；每批钢材必须具备生产厂提供的材质证明书，写明钢材的炉号、钢号、化学成分和机械性能。

（3）核对钢材的规格尺寸。各类钢材尺寸的容许偏差，可参照有关国标中相关规定进行核对。

（4）钢材表面质量检验。无论扁钢、钢板或型钢，表面均不允许有结疤、裂纹、折叠和分层等缺陷。钢材表面的锈蚀深度，不得超过其厚度公差。

2）原材料的复验

对属于下列情况之一的钢材，应进行抽样复验，并要求见证取样、送样。钢材复验内容应包括力学性能、工艺性能试验和化学成分分析，其取样、制样及试验方法可按常见钢材试验标准或其他现行国家标准执行。

（1）国外进口钢材。当具有国家进出口质量检验部门的复验商检报告时，可以不再进行复验。

（2）钢材混批。由于钢材经过转运、调剂等方式供应到用户后容易产生混炉号，而钢材是按炉号和批号发材质合格证，因此对于混批的钢材应进行复验。

（3）板厚等于或大于40mm，且设计有Z向（厚度方向）性能要求的厚板。

（4）建筑结构安全等级为一级，大跨度钢结构中主要受力构件所采用的钢材。

（5）设计有复验要求的钢材。

（6）对质量有疑义的钢材。

对钢材质量有疑义主要是指有质量合格证明文件但对文件有怀疑的情况，一般有以下情况：对质量证明文件的真伪性有疑义，如复印件、印章签字不清、不全等；对质量证明文件内容有疑义，如化学成分与机械性能有矛盾，某项性能指标过高或过低等情况的钢材；质量证明文件不全的钢材；质量证明文件中检验项目少于设计要求的钢材。

高强度大六角螺栓连接副和扭剪型高强度螺栓连接副应分别进行扭矩系数和紧固轴力（预拉力）复验。复验用的螺栓应在施工现场待安装的螺栓批中随机抽取。

普通螺栓作为永久性连接螺栓时，当设计有要求或对其质量有疑义时，应进行螺栓实物最小拉力载荷复验，试验方法和结果应符合现行国家标准《验收规范》的规定。

3. 原材料的存储管理

材料存储及成品管理应有专人负责，管理人员应经企业培训上岗，主要有以下内容。

1）存储管理要求

材料入库前应进行检验，核对材料的牌号、规格、批号、质量合格证明文件、中文标志和检验报告等，检查表面质量、包装等。检验合格的材料应按品种、规格、批号分类堆放；材料堆放应有标识。材料入库和发放应有记录，发料和领料时应核对材料的品种和规格。剩余材料应回收管理；回收入库时，应核对其品种、规格和数量，分类保管。

2）原材料堆放要求

钢材可露天堆放，也可堆放在有顶棚的仓库里。露天堆放时，堆放场地要平整，并应高于周围地面，堆放时应尽量使钢材截面的背面向上或向外，以免积雪、积水，两端应有高差，以利排水。堆放在有顶棚的仓库内时，可直接堆放在地坪上，下垫楞木，对于小钢材也可堆放在架子上，堆与堆之间应留出过道。

钢材的堆放要尽量减少钢材的变形和锈蚀，钢材堆放的方式既要节约用地，也要注意提取方便。钢材堆放时每隔5～6层放置楞木，其间距以不引起钢材明显的弯曲变形为宜。楞木要上下对齐，在同一垂直平面内。为增加堆放钢材的稳定性，可使钢材互相勾连，或采取其他措施。这样，钢材的堆放高度可达到所堆宽度的两倍，否则，钢材堆放的高度不应大于其宽度。堆放时一般应一端对齐，在前面立标牌写清工程名称、钢号、规格、长度、数量。

焊条、焊丝、焊剂等焊接材料应按品种、规格和批号分别存放在干燥、去湿、保温的存储室内；焊条、焊剂及栓钉瓷环在使用前，应按产品说明书的规定进行焙烘和保温。连接用紧固件应防止锈蚀和碰伤，且不得混批存储。涂装材料应按产品说明书的要求进行存储。

3）钢材的标识

钢材端部应树立标牌，标牌要标明钢材的规格、钢号、数量和材质验收证明书编号。钢材端部根据其钢号涂以不同颜色的油漆，油漆的颜色可按表6-6选择，示例见图6-4。

表6-6　钢材牌号和色漆对照表

钢　　号	Q195	Q215	Q235	Q255	Q275	Q345
油漆颜色	白+黑	黄色	红色	黑色	绿色	白色

图6-4　钢材标志及标牌

钢材的标牌应定期检查。余料退库时要检查有无标识，当退料无标识时，要及时核查清楚，重新标识后再入库。

任务6.3　钢结构制作工程开工前的准备

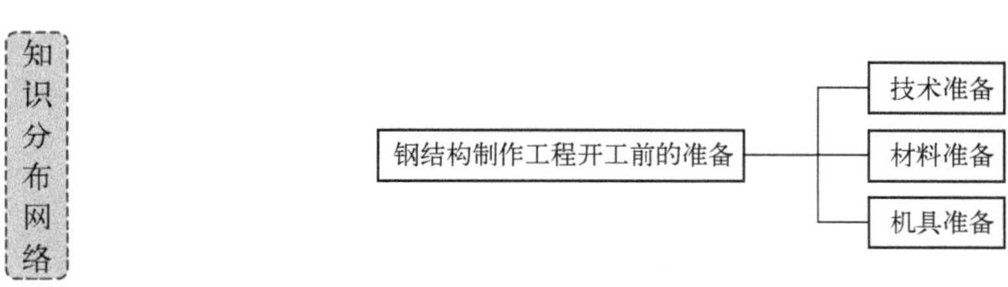

为了便于对整个制作过程加以控制、管理，使制作过程能够有序进行，优质高效地完成制作任务，在钢结构工程制作开始之前，准备工作是一个重要的环节。制作前的准备工作主要有技术准备、材料准备、机具准备等几个方面的内容。

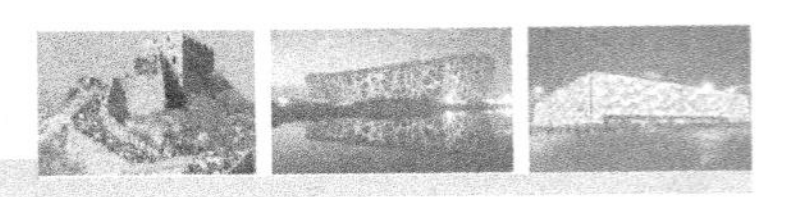

6.3.1 技术准备

1. 建立健全质量管理体系

钢结构工程施工单位应具备相应的钢结构工程施工资质，制作现场质量管理应有相应的企业技术标准、质量管理体系、质量控制及检验制度，施工现场有经项目技术负责人审批的施工组织设计、施工方案等技术文件。

1）施工资质条件

钢结构工程施工单位应具备相应的钢结构工程施工资质，并有安全、质量和环境管理体系。

钢结构制造企业等级按照由高到低分为钢结构制造特级、一级、二级、三级，相应级别的钢结构制造企业，承担不同范围的钢结构加工制造任务。

2）企业质量管理体系

企业技术标准主要包含以下几个方面：施工工艺方面，要求包含钢结构施工方法和工艺标准、操作规程标准等内容；检验检测方面，主要包括基本试验方法标准和现场检测方法标准等内容；质量验评方面，主要包括质量验收标准和优质标准等内容。

施工企业应具有健全的生产控制和合格控制的质量管理体系。这里不仅包括原材料控制、工艺流程控制、施工操作控制、每道工序质量检查、各道相关工序间的交接检验，以及专业工程之间的中间交接环节的质量管理和控制要求，还应包括满足施工图设计和功能要求的抽样检验制度等。

2. 技术文件的编制

钢结构工程实施前，应有经施工单位技术负责人审批的施工组织设计、与其配套的专项施工方案等技术文件。施工单位编制的技术文件应报送监理工程师或业主代表批准；对于重要钢结构工程的施工技术方案和安全应急预案，宜组织企业外部专家评审。

3. 技术交底

钢结构工程在施工前应进行设计施工图、承包合同技术文件、施工组织设计和施工专项技术方案等技术交底。

为确保工程质量，制作单位在生产前必须组织技术交底的专题讨论会。技术交底会的目的是对某一项钢结构工程中的技术要求进行全面的交底，同时也可对制作中的难题进行研究讨论和协商，以求达到意见统一，解决生产过程中的具体问题。

技术交底会按工程的实施阶段可分为两个层次。第一个层次是工程开工前的技术交底会，参加的人员主要有设计单位、建设单位、工程监理及制作单位的有关部门和有关人员。技术交底的主要内容由以下几个方面组成：①工程概况；②工程结构件的类型和数量；③图纸中关键部位的说明和要求；④设计图纸的节点情况介绍；⑤对钢材、辅料的要求和原材料对接的质量要求；⑥工程验收的技术标准说明；⑦交货期限、交货方式的说明；⑧构件包装和运输要求；⑨涂层质量要求；⑩其他需要说明的技术要求。

第二层次的技术交底会是在加工前进行的本工厂施工人员交底会，参加的人员主要有制作单位技术、质量负责人，技术部门和质检部门的技术人员、质检人员，生产部门的负责人、施工人员及相关工序的代表人员等。此类技术交底的主要内容除上述10点外，还应增加工艺方案、工艺规程、施工要点、主要工序的控制方法、检查方法等与实际施工相关的内容。

6.3.2 材料准备

1. 提料与备料

提料是根据图纸材料表算出各种材质、规格的材料净用量，再加一定数量的损耗，提出材料预算计划。备料应结合施工图纸、施工进度来编制材料采购计划。

备料时，需根据使用尺寸合理订货，以减少不必要的拼接和损耗。钢材的实际损耗率可参考表6-7给出的数值。工程预算一般可按实际用量所需的数值再增加10%进行提料和备料。如果技术要求不允许拼接，其实际损耗还要增加。

表6-7 钢板、角钢、工字钢、槽钢损耗率

编号	材料名称	规 格	损耗率%	编号	材料名称	规 格	损耗率%
1	钢 板	1 ～ 5mm	2.00	9	工字钢	14a 以下	3.20
2		6 ～ 12mm	4.50	10		24a 以下	4.50
3		13 ～ 25mm	6.50	11		36a 以下	5.30
4		26 ～ 60mm	11.00	12		60a 以下	6.00
			平均：6.00				平均：4.75
5	角钢	75×75 以下	2.20	13	槽钢	14a 以下	3.00
6		80×80 ～ 100×100	3.50	14		24a 以下	4.20
7		120×120 ～ 150×150	4.30	15		36a 以下	4.80
8		180×180 ～ 200×200	4.80	16		40a 以下	5.20
			平均：3.70				平均：4.30

注：不等边角钢按长边计，其损耗率与等边角钢同。

2. 核对

核对来料的规格、尺寸和重量，仔细核对材质。如果进行材料代用，必须经设计部门同意，并将图纸上所有的相应规格和有关尺寸全部进行修改。

由于市场、技术等方面的原因，钢材需要代用时，应由制作单位事先提出附有材料证明书的申请文件（如技术核定单），向甲方和监理报审后，经设计单位确认并办理书面代用手续后方可代用。在钢材代用的过程中应注意以下原则。

（1）钢材性能虽然能满足设计要求，但性能优于提出的要求时，应注意节约，以保证钢材代用的安全性能和经济合理性。普通低合金钢的相互代用，如用Q390代用Q345等情况，要更加谨慎，除力学性能满足设计要求外，在化学成分方面还应注意可焊性。重要的结构要有可靠的试验依据。

（2）若钢材性能满足设计要求，而质量低于设计要求时，一般不允许代用。若结构性质和使用条件允许，在性能相差不大的情况下，经设计单位同意也可代用。

（3）钢材的牌号和性能都与设计提出的要求不符时，如Q235钢代替Q345钢，应按钢材的设计强度重新验算，根据计算结果确定改变结构的截面、焊接尺寸和节点构造。在普通碳素钢中，以Q215代替Q235是不经济的，而且Q235的设计强度低，代用后结构的截面和焊缝尺寸都要增大很多。

（4）钢材的规格尺寸与设计要求不同时，不能随意以大代小，须经计算后才能代用。

（5）若钢材供应不全，可根据钢材选择的原则灵活调整。建筑结构对材质的要求是：受

拉构件高于受压构件；焊接结构高于螺栓或铆钉连接的结构；厚钢板结构高于薄钢板结构；低温结构高于常温结构；受动力荷载的结构高于受静力荷载的结构。如桁架中上、下弦可用不同的钢材。遇含碳量高或焊接困难的钢材，可改用螺栓连接，但须与设计单位商定。

（6）钢材代用在取得设计单位的同意认可后，要做好变更钢材签证手续。在此基础上发出材料代用通知单。材料代用通知单一般由工艺部门签发，通知有关部门执行。

3. 卷板开平板

钢板的包装有卷装、平装两种，分别称为卷板和原平板。中板厚16mm以下以卷板居多，它的优点是占地小，运输方便，可按用户需要长度开平切断，提高钢材利用率和减少不必要的拼接。这样加工出来的板俗称“开平板”，但其也存在较难克服的缺点。例如，卷板开平切断后，表面上看很平整，但由于轧制和卷制冷却应力等原因，当按规格宽度尺寸切断后，应力即刻显示出来，尤其厚度6mm以下的开平板在切割机上边切割边变形，沿原卷制方向大量起鼓，给切割工序造成很大困难，甚至造成废品。

开平板的化学成分和力学性能均符合国家标准，利用率高，相对价格低，很多企业都在使用。各企业在使用开平板时均有相应的手段和措施，如切割时各切割口留30mm连体，也就是由钢板端头留30mm之后再切割，切割车每走1 500 ～ 2 000mm时，再留30mm左右连体不切，以此类推直至全部长度切完，切割后条料之间仍相连。每条的轧制和卷制应力得到控制之后，再用手动切割枪将连体逐个切开。这样就达到了控制切割热切应力和不跑尺的目的。

6.3.3 机具准备

钢结构制作前，除了技术和材料两大方面的准备工作外，还应结合工程实际及企业实际情况检查加工机具是否完备，主要机具有以下几类。

（1）运输设备，如塔式起重机、门式起重机、汽车起重机、10t运输汽车、叉车等。

（2）机加工设备，如型钢带锯机、多头直条切割机、剪板机、喷砂机、卷板机、翼缘矫正机、刨边机、数控三维钻床、端面铣床等。

（3）焊接设备，如交流焊机、CO_2焊机、埋弧焊机等。

（4）检测设备，如超声波探伤仪、焊缝检验尺、漆膜测厚仪、游标卡尺、钢卷尺等。

（5）加工工具，如各种钢尺、划规、划针、样冲、凿子、撬杠、千斤顶、夹具等。

知识梳理与总结

本单元简要讲述了钢结构加工制作的前期准备工作，学习时需要注意以下三点：

（1）钢结构制造厂的建立应合理确定组成部分生产流水线布置，应达到一定的生产条件要求；

（2）钢结构制造厂原材料订货应符合有关技术标准，进厂检验应符合国家规范要求，做好原材料存储；

（3）钢结构制作开工前应做好技术、材料和机具准备。

思考题6

（1）钢结构制造厂的建立应考虑几方面的问题？分别是什么？

（2）原材料的进场检验与复验的主要内容是什么？

（3）钢结构制作工程开工前的准备主要有哪几点？

实训6

到钢结构公司学习钢结构制作的前期准备工作。

（1）目的：通过到钢结构公司现场学习，在工程师的讲解下，对钢结构制作的前期准备过程有一个详细的了解和认识。

（2）能力标准及要求：掌握钢结构制作的前期准备工作要点。

（3）实训条件：钢结构制作公司。

（4）步骤如下：

① 课堂讲解钢结构制作前的准备工作；

② 结合课堂内容及问题，组织钢结构制作现场学习，详细了解钢结构制作前的准备内容及可能出现的问题；

③ 完成钢结构制作现场的学习报告，内容主要是钢结构制作的前期准备工作要点。

学习单元 7

钢结构零部件加工

教学导航

教	知识重点	1. 放样和号料； 2. 加工成型
	知识难点	网架杆件和钢球加工
	推荐教学方式	1. 利用多媒体，借助实际案例、实际钢结构加工视频及图片演示讲解； 2. 钢结构加工现场教学
	建议学时	4 学时
学	推荐学习方法	以参观实际钢结构加工项目、观看视频、图片等方式学习
	必须掌握的理论知识	钢结构放样和号料
	必须掌握的技能	钢结构部件加工的主要流程及关键方法

任务 7.1 放样和号料

知识分布网络

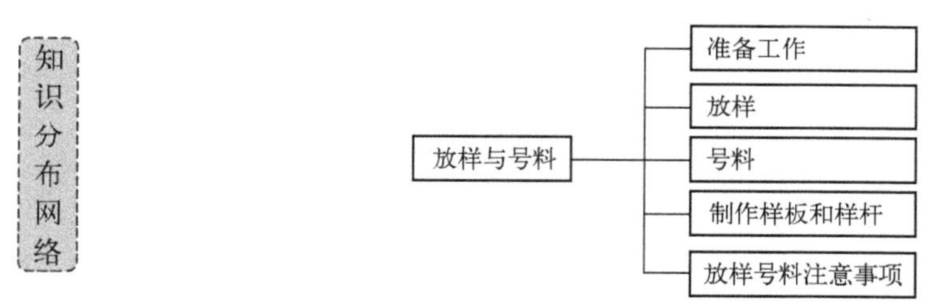

在一个结构中往往有许多完全相同的构件，而每个构件又由各种零件组成，所以一个结构工程中各种零件的数量一般很多。为了保证构件的制作质量和提高工作效率，按施工图上的图形和尺寸，在放样台上用 1∶1 比例绘出大样，并制作样板或样杆，进行号料，作为切割、加工、弯曲、制孔等的标记，这一工序叫放样。放样是整个钢结构制作工艺中的第一道工序，也是至关重要的一道工序。大多数加工单位采用数控加工设备，省略了放样和号料工序，但是有些加工和组装工序仍需放样、做样板和号料等工序。号料也称划线，即利用样板、样杆或根据图纸，在板料及型钢上画出孔的位置和零件形状的加工界线。

1. 准备工作

1）审图

放样前的审图是一个非常重要的环节。加工前，应进行设计图纸的审核，熟悉设计施工图和施工详图，做好各道工序的工艺准备，结合加工工艺，编制作业指导书。

首先，施工图下达生产车间以后，必须经专业人员认真审核。审图人员必须从设计总配置开始，逐个图号、逐个部位核对，找清相应安装或装配关系。再核对外形几何尺寸、各部件之间尺寸能否互相衔接。之后，再逐个核对各节点、孔距、孔位、孔径等相关尺寸。此外，还要认真核对施工图零件数量、单重和总重，这是重要的一环，因为往往施工材料表标注有误，造成进料不足及交工结算困难。

发现施工图标注不清的问题要及时向设计部门反映，不得擅自修改。以免模糊不清的标注给生产造成困难。

2）准备工具

放样需在放样平台上进行，平台的面积一般较大，以适应较大的产品或几种产品同时进行放样的需要，材质为钢质或木质，普遍使用钢质平台。

放样号料用的工具及设备有划针、冲子、手锤、粉线、直尺、钢卷尺等。其中放样使用的钢尺、直角尺、盘尺，必须经计量单位检验合格，并与土建、安装等有关方面使用的钢尺相核对，以防出现计量误差，造成损失。

3）确定加工余量

放样和号料需预留余量，一般包括制作和安装时的焊接收缩余量，构件的弹性压缩量，切割、刨边和铣平等加工余量，以及厚钢板的展开余量等。

（1）切割余量（割缝宽度留量）。切割余量与板材的厚度有关，当无明确规定时，可参照表 7-1 取值。

（2）加工余量。由于铣刨加工时常常成叠进行操作，尤其当长度较大时，材料不易对齐，所以，要对所有加工边预留加工余量，加工余量一般预留 5mm 为宜。

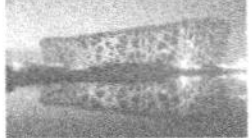

表 7-1 切割余量表

切割方式	材料厚度（mm）	割缝宽度余量（mm）
气割下料	≤10	1 ～ 2
	10 ～ 20	2.5
	20 ～ 40	3.0
	>40	4.0

（3）焊接收缩量。焊缝冷却时，在其横向、纵向均有收缩。焊接收缩量由于受焊肉大小、气候条件、施焊工艺和结构断面等多种因素的影响，变化较大，需依设计确定。

（4）弹性压缩量。高层钢结构的框架柱还应预留弹性压缩量，高层钢框架柱的弹性压缩量应按照结构自重和实际作用的活荷载产生的柱轴力计算。柱压缩量应由设计者提出，由制作厂和设计者协商确定其数值。

2. 放样

放样的方法有实尺放样、电脑放样等。

实尺放样是根据图样的形状和尺寸，用基本的作图方法，以产品的实际大小划到放样台上。实尺放样前，应看清看懂图样，分析结构设计是否合理，工艺上是否便于加工，并确定哪些线段可按已知尺寸直接划出，哪些线段需要根据连接条件才能划出。这些都应先确定放样基准，然后确定放样步骤。值得注意的是，在钢结构的制作过程中，板厚会对构件的尺寸和形状产生一定的影响，在放样及展开的过程中应采取相应措施，对板厚进行处理，以消除或减少影响。

电脑放样又称计算机辅助放样，在钢结构行业中应用日渐广泛。随着技术软件和加工设备的不断更新，人工放样的手工操作都在人机对话中由数控机器自主完成。例如，企业的工程技术人员可以直接在计算机上，利用 CAD 绘制成二维或三维大样图，完成钢结构的放样工作；提供控制尺寸，直接输入数控机床，完成下料工序。

3. 号料

号料的一般工作内容包括：检查核对材料，在材料上划出切割、铣、刨、弯曲、钻孔等加工位置；打冲孔，标注出零件的编号等。使用样板或样杆进行号料，不但可以提高生产效率和产品质量，而且在材料上可以合理地布置，提高材料的利用率。

号料时，为了提高材料的利用率，首先要进行排料。采用不同的号料方法进行排料会有不同的材料利用率。号料的方法有集中号料法、统计计算法、余料统一号料法、套料法等。

为了表示材料的利用程度，将零件的总面积与板料总面积之比称为材料的利用率，用百分数表示。即

$$\eta = \frac{\sum A_i}{A} \times 100\% \tag{7-1}$$

式中 η—— 材料的利用率；

A_i——板料上某个零件的面积；

A——板料的面积。

（1）集中号料法。由于钢材的规格多种多样，为减少原材料的浪费，提高生产效率，应把同厚度的钢板零件和相同规格的型钢零件，集中在一起进行号料，此种方法称为集中号料法。

（2）统计计算法。统计法是在型钢下料时采用的一种方法，号料时应将所有同规格型钢零件的长度归纳在一起，先把较长的排出来，再算出余料的长度，然后把和余料长度相同或略

短的零件排上，直至整根料被充分利用为止。

（3）余料统一号料法。将号料后剩下的余料按厚度、规格与形状基本相同的集中在一起，把较小的零件放在余料上进行号料，此法称为余料统一号料法。

（4）套料法。在号料时，要精心安排板料零件的形状位置，把同厚度各种不同形状的零件和同一形状的零件进行套料，这种方法称为套料法。即利用零件的形状特点设法把它们穿插在一起，或者在大件的里边划小件，或者改变排料方案等使材料利用率提高。如图 7-1 所示为支脚的几种套料实例。

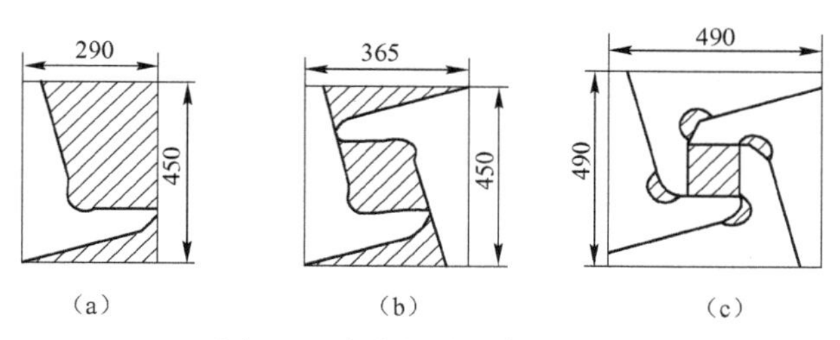

图 7-1 支脚的排样套料实例

变截面在轻钢结构设计中较多，尤其梁的设计大部分是变截面，如何合理套裁提高钢材的利用率是关键所在。排料人员应在放样时取得变截面的大头和小头数据及长度等实际下料尺寸，将大、小头颠倒排列，按实际进料钢板宽度合理排板，充分利用料边，如图 7-2 所示。变截面的料切割后，应在 90°角上做好 90°标记，以防止组对翼缘板时搞错。

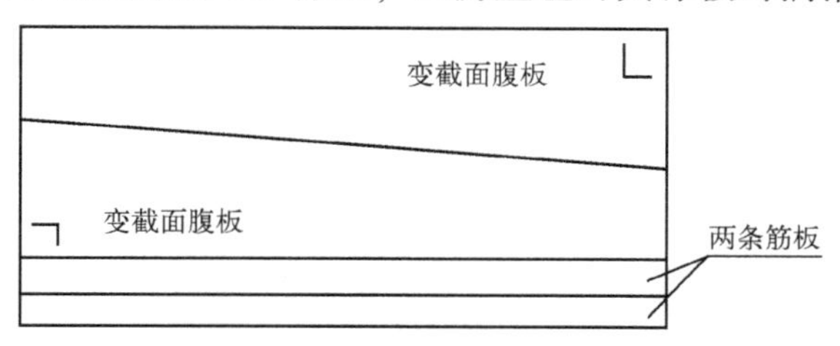

图 7-2 变截面构件的排板

4. 制作样板和样杆

样板一般分为四种类型，见图 7-3。

（1）成型样板，见图 7-3（a），用于煨曲或检查弯曲件平面形状的样板。此种样板不仅用于检查各部分的弧度，同时又可以作为端部割豁口的号料样板。

（2）号孔样板，见图 7-3（b），专用于号孔的样板。

（3）号料样板，见图 7-3（c），供号料或号料同时号孔的样板。

（4）卡型样板，见图 7-3（d），用于煨曲或检查构件弯曲形状的样板。卡型样板分为内卡型样板和外卡型样板两种。

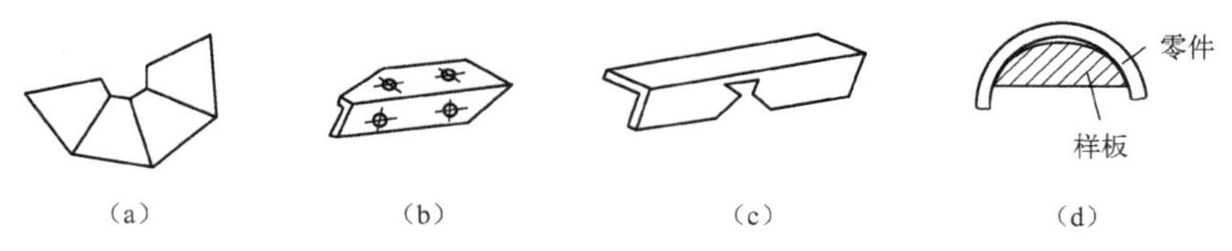

图 7-3 样板类型

样板、样杆一般采用铝板、薄钢板等材料制作，按精度要求不同选用的材料也不同。在采用除薄钢板以外的材料时，需注意由于温度和湿度引起的误差。零件数量多且精度要求较高时，可选用 0.5 ～ 2.0mm 的薄钢板制作样板、样杆。下料数量少、精度要求不高时，可用硬

纸板、油毡纸等制作。

样板、样杆上应注明构件编号，图 7-4（a）是某钢屋架的一个上弦节点板的样板，钢板厚度为 12mm，共 96 块。对于型钢则用样杆，它的作用主要是用来标定螺栓或铆钉的孔心位置，图 7-4（b）是某钢屋架上弦杆的样杆。

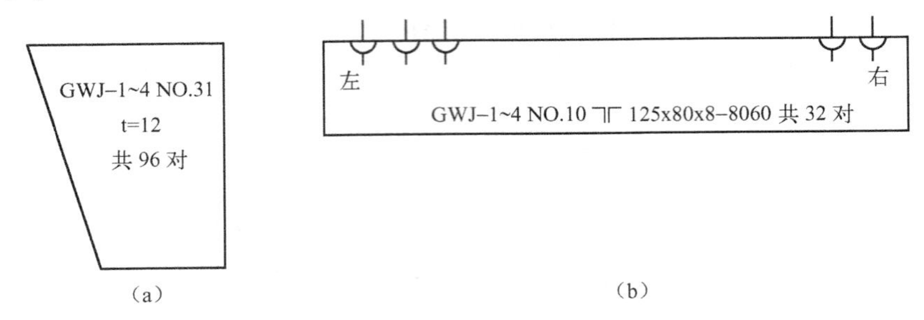

图 7-4　样板和样杆

样板、样杆应妥善保管，防止折叠和锈蚀，以便出现误差时进行校核，直至工程结束后方可销毁。对单一的产品零件，从经济上讲没有制作样杆、样板的必要时，可以直接在所需厚度的平板材料或型钢上进行划线下料。

5. 放样号料注意事项

（1）当钢材有较大弯曲、凹凸不平等问题时，应先进行矫正。

（2）不同规格、不同材质的零件应分别号料，并根据先大后小的原则依次号料。

（3）在号料时，应将材料垫平、放稳，划线时要尽可能使线条细且清晰，笔尖与样板边缘间不要内倾和外倾。

（4）带圆弧型的零件，不论是剪切还是气割，都不应紧靠在一起进行号料，必须留有间隙，以利于剪切或气割。

（5）钢板宜按工艺规定的方向进行号料，考虑构件受力方向和加工方向等因素。号料方向，主要考虑钢板沿轧制方向和垂直于轧制方向的力学性能有差异，一般构件受力方向与钢板轧制方向一致，弯曲加工方向（如弯折线、卷制轴线）与钢板轧制方向垂直，以防止出现裂纹。

（6）当钢板两边不垂直时一定要去边，划尺寸较大的矩形时，一定要检查对角线。需特别指出的是，号料时要注意合理排料，提高材料的利用率，节约钢材。

（7）号料工作完成后，在零件的加工线和接缝线上，以及孔中心位置，应视具体情况打上錾印或样冲；同时应根据样板上的加工符号、孔位等，在零件上用白铅油标注清楚，为下道工序提供方便。

（8）号料后剩余材料应进行余料标识，包括按余料编号、规格、材质及炉批号等，以便于余料的再次使用。

任务 7.2　切割

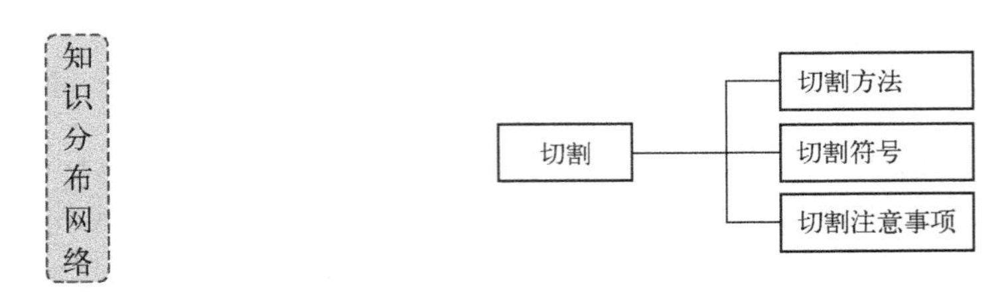

1. 切割方法

钢材的切割方法有机械切割、气割、等离子切割等。各种切割方法的分类比较见表 7-2，常见切割设备见图 7-5。

表 7-2 各种切割方法分类比较

类 别	使用设备	特点、适用范围
机械切割	剪板机 型钢冲剪机	切割速度快、切口整齐、效率高，适用于薄钢板、压型钢板、冷弯檩条的切割
	无齿锯	切割速度快，可切割不同形状的各类型钢、钢管和钢板，切口不光洁，噪声大，适用于锯切精度要求较低的构件或下料留有余量后尚需精加工的构件
	砂轮锯	切口光滑，噪声大，粉尘多，适用于切割薄壁型钢及小型钢管，切割材料的厚度不宜超过 4mm
	锯床	切割精度高，适用于切割各类型钢及梁、柱等型钢构件
气割	自动切割	切割精度高、速度快，在使用数控气割时可省去放样、划线等工序而直接切割，适用于钢板切割
	手工切割	设备简单、操作方便、费用低、切割精度较低，能够切割各种厚度的钢材
等离子切割	等离子切割机	切割温度高，冲刷力大，切割边质量好，变形小，可以切割任何高熔点金属，特别是不锈钢、铝、铜及其合金等

（a）龙门剪床图

（b）曲柄压力机

（c）砂轮锯

（d）带锯机

（e）半自动气割机

（f）多条直头切割机

（g）等离子切割机

图 7-5 常见切割设备

2. 切割符号

切割时，在零件的加工线、拼缝线及孔的中心位置上，应打冲印或凿印，同时用标记笔或色漆在材料的图形上注明加工内容，为后续的切割提供方便条件。常见的切割符号如表 7-3 所示。

表 7-3 常见切割符号

名 称	符 号	名 称	符 号
板缝线		余料切线（被划斜线面为余料）	
中心线		弯曲线	
R 曲线	R	结构线	
切断线		刨边符号	

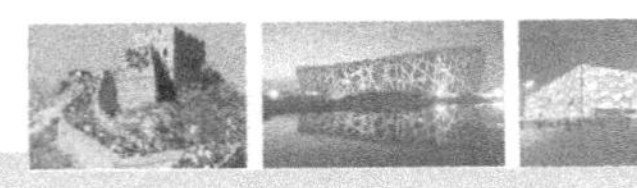

任务7.3 边缘和端部加工

知识分布网络

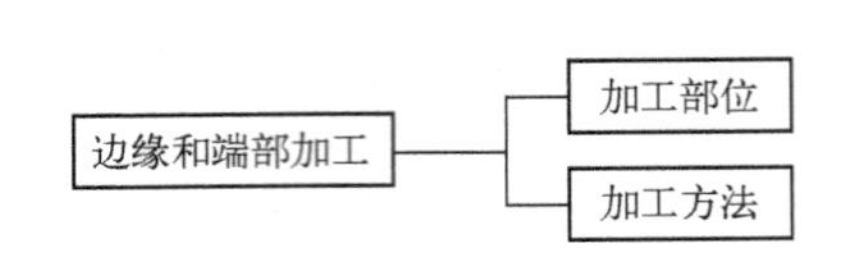

在钢结构制造中，经过剪切或气割的钢板边缘，其内部结构会硬化和变态，脆性增加。所以，如桥梁或重型吊车梁的重型构件，需将下料后的边缘刨去2～4mm，以保证质量。此外，为了保证焊缝质量和工艺性焊透及装配的准确性，前者要将钢板边缘刨成或铲成坡口，后者要将边缘刨直或铣平。边缘和端部加工就是利用专门工具，将加工成型后的构件边缘存在的影响承载力或正常使用的缺陷去除所进行的工序。

1. 加工部位

钢吊车梁翼缘板的边缘、钢柱脚和肩梁承压支承面及其他要求“刨平顶紧”的部位、焊接对接口、焊接坡口的边缘，尺寸要求严格的加劲板、隔板、腹板和有孔眼的节点板，以及由于切割下料产生硬化的边缘或采用气割、等离子弧切割方法切割下料产生的有害组织的热影响区，一般均需边缘加工，进行刨边、刨平或刨坡口。

2. 加工方法

常用的边缘和端部加工方法主要有铲边、刨边、铣边、碳弧气刨、坡口加工等。

1）铲边

对加工质量要求不高，并且工作量不大的边缘加工，可以采用铲边。铲边有手工铲边和机械铲边两种。手工铲边的工具有手锤和手铲（见图7-6）等，机械铲边的工具有风动铲锤（见图7-7）和铲头等。

2）刨边

刨边使用的设备是刨边机（见图7-8），需切削的板材固定在作业台上，由安装在移动刀架上的刨刀来切削板材的边缘。刀架上可以同时固定两把刨刀，以同方向进刀切削，也可在刀架往返行程时正反向切削。刨边加工有刨直边和刨斜边两种。刨边加工的加工余量随钢材厚度、钢板切割方法的不同而不同，一般的刨边加工余量为2～4mm。

图7-6　手动铲边

图7-7　风动铲锤

图7-8　刨边机

3）坡口加工

坡口加工可以采用刨边机、坡口加工机、气割机等机械进行。

刨边机可加工各种形式的直线坡口，并有较好的光洁程度，加工的尺寸准确，不会出现加工硬化和淬硬组织，特别适合低合金高强钢、高合金钢、复合钢板及不锈钢等的加工。坡口加工机这种设备体积小，结构简单，操作方便，效率高；气割坡口包括手工气割和用半自动、自动气割机进行坡口切割。其操作方法和使用工具与气割相同，所不同的是将割炬嘴偏斜成所需要的角度，对准要开坡口的地方，运行割炬即可。

4）铣边（端部铣平）

对于有些构件的端部支承边要求刨平顶紧和构件顶部截面精度要求较高的，如吊车梁、桥梁等接头部分，钢柱支承部位，无论由何种钢材组成和何种方法切割，都要在构件端部矫正合格后刨边或铣边。铣边机（见图 7-9）利用滚铣切削原理，对钢板焊前的坡口、斜边、直边、U 形边等一次铣削成型，比刨边机提高工效 1.5 倍，且加工质量优于刨边。

图 7-9　铣边机

5）碳弧气刨

碳弧气刨的切削是将直流电焊机的直流反接，通电后，碳棒与被刨削的金属间产生高温电弧将工件熔化，压缩空气随即将熔化的金属吹掉以达到刨削金属的目的。

任务 7.4　加工成型

知识分布网络

1. 钢材加工方法

钢结构工程中，有些构件需由钢材弯曲而成，如弧形钢梁、网架节点球等。这些工序是由热加工和冷加工完成的。

1）热加工

把钢材加热到一定温度后进行的加工方法，统称热加工。热加工常用的有两种加热方法，一种是利用乙炔火焰进行局部加热，这种方法简便，但是加热面积较小；另一种是放在工业炉内加热，虽然它没有前一种方法简便，但是加热面积很大。

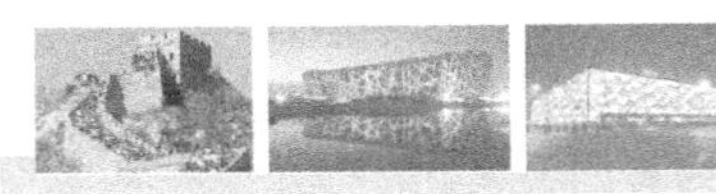

2）冷加工

钢材在常温下进行加工制作，统称冷加工。冷加工绝大多数是利用机械设备和专用工具进行的。

冷加工具有如下优点：① 使用的设备简单，操作方便；② 节约材料和燃料；③ 钢材的机械性能改变较小，材料的减薄量甚少。由此看出，冷加工与热加工相比较，冷加工具有较多的优越性。

2. 加工控制温度

1）冷加工控制温度

冷加工时应注意温度。低温中的钢材，其韧性和延伸性均相应减小，极限强度和脆性相应增加，若此时进行冷加工受力，易使钢材产生裂纹。因此，应注意低温时不宜进行冷加工。对于普通碳素结构钢，在工作地点温度低于 -20℃时，或低合金结构钢工作地点温度低于 -15℃时，都不允许进行剪切和冲孔；当普通碳素结构钢在工作地点温度低于 -16℃时，或低合金结构钢在工作地点温度低于 -12℃时，不允许进行冷矫正和冷弯曲加工。

2）热加工控制温度

当零件采用热加工成型时，加热温度一般应控制在 900 ～ 1 000℃，而根据热加工需要，加热温度也可控制在 1 100 ～ 1 300℃；碳素结构钢和低合金结构钢在加热矫正时，加热温度不应超过 900℃。低合金结构钢矫正温度冷却到 600℃时严禁急冷。碳素结构钢和低合金结构钢在温度分别下降到 700℃和 800℃之前，应结束加工；低合金结构钢应自然冷却。钢材加热的温度可以从加热时所呈现的颜色来判断（见表 7-4）。

表 7-4　钢材温度和颜色的辨别

颜　色	温度 ℃	颜　色	温度 ℃
黑色	< 470	亮樱红色	800 ～ 830
暗褐色	520 ～ 580	亮红色	830 ～ 880
赤褐色	580 ～ 650	黄赤色	880 ～ 1 050
暗樱红色	650 ～ 750	暗黄色	1 050 ～ 1 150
深樱红色	750 ～ 780	亮黄色	1 150 ～ 1 250
樱红色	780 ～ 800	黄白色	1 250 ～ 1 300

热加工成型温度应均匀，不宜对同一构件反复进行热加工；温度冷却到 200 ～ 400℃时，严禁捶打和弯曲。

3. 弯曲加工

弯曲加工是根据构件形状的需要，利用加工设备和一定的工、模具把板材或型钢弯制成一定形状的工艺方法。

任务 7.5　制孔

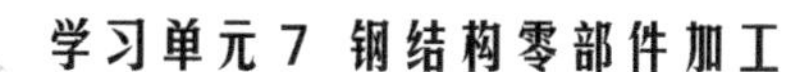

孔加工在钢结构制造中占有一定的比重。尤其是高强度螺栓的采用，使孔加工不仅在数量上，而且在精度要求上都有了很大的提高。制孔可采用钻孔、冲孔、铣孔、铰孔、扩孔等方法，对直径较大或长形的孔也可采用气割制孔。

1. 钻孔

钻孔有人工钻孔和机床钻孔两种方式，加工方法有划线钻孔、钻模钻孔、数控钻孔三种。

1）划线钻孔

钻孔前先在构件上划出孔的中心和直径，在孔的圆周（90°位置）打四只冲眼，可作钻孔后检查用，孔中心的冲眼应大而深，在钻孔时作为钻头定心用。划线工具一般用划针和钢尺。为提高钻孔效率，可将数块钢板重叠起来一起钻孔，但一般重叠板厚度不超过50mm，重叠板边必须用夹具夹紧或点焊固定。厚板和重叠板钻孔时要检查平台的水平度，以防止孔的中心倾斜。

2）钻模钻孔

当批量大、孔距精度要求较高时，可以采用钻模钻孔。

3）数控钻孔

近年来数控钻孔的发展更新了传统的钻孔方法，数控钻孔无须在工件上划线、打样冲眼，整个加工过程都是自动进行的，钻孔效率高、精度高。

2. 冲孔

冲孔在冲孔机或冲床上进行，一次可冲一个或多个孔眼，生产速度快，效率高。冲孔的原理是剪切，因此，在冲孔过程中，在孔壁周围2～3mm会形成严重的冷作硬化。冲孔的质量较差，对钢板厚度和冲孔直径也有一定的限制，一般只能冲较薄的钢板和冲制非圆孔，直径通常不小于钢板的厚度，否则易损坏冲头。当环境温度低于-20℃时，禁止冲孔。

3. 铰孔

铰孔是用铰刀对已经粗加工的孔进行精加工，可提高孔的光洁度和精度。铰孔的切削工具是铰刀。

4. 扩孔

扩孔是用扩孔钻对工件上已有的孔进行扩大加工的操作。扩孔主要用于构件的安装和拼装，常先把零件孔钻成比设计小3mm的孔，待整体组装后再行扩孔，以保证孔眼一致，孔壁光滑。扩孔工具有麻花钻和扩孔钻。

5. 气割制孔

实际加工中一般直径在80mm以上的圆孔，钻孔不能实现时采用气割制孔；另外，对于长圆孔或异形孔，一般采用先行钻孔再采用气割制孔的方法。

任务7.6 网架杆件和钢球加工

网架结构属于空间受力体系，由钢管制成的杆件通过相互间的螺栓球或焊接球相互连接成一个整体，共同受力，杆件作为主要受力构件，承受轴心拉力或压力。为了保证实际受力和设计一致，对网架杆件和钢球的制作工艺和精度提出更高的要求。

1. 钢球加工

1）焊接球加工

在网架中采用管截面、球形节点的焊接网架日益普及。球形节点系一空心焊接钢球，可以采用焊接成型或铸造成型。在工程实践中，普遍采用焊接成型的空心钢球。其形式如图 7-10 所示，有加肋和不加肋两种，前者用于外径大于 300mm 且杆件内力较大时。焊接空心球宜采用钢板热压成半圆球，加热温度宜为 800 ～ 950℃，并经机械加工坡口后焊成圆球。焊接后的成品球表面应光滑平整，不应有局部凸起或褶皱。钢球制作流程见图 7-11。

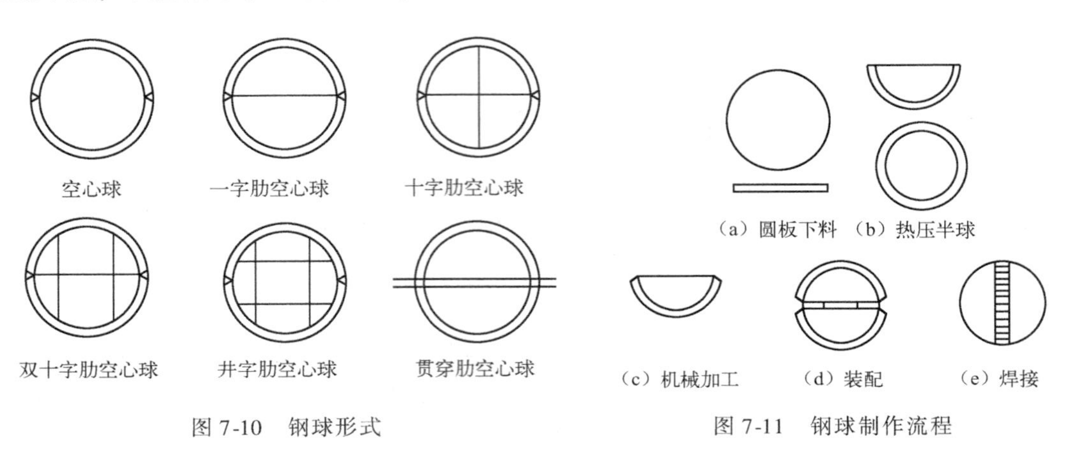

图 7-10　钢球形式

图 7-11　钢球制作流程

2）螺栓球加工

螺栓球球体为一实心钢球，钢球毛坯的加工方法有两种：铸造和模锻。铸造球容易产生砂眼、裂缝；模锻球质量好、工效高，成本较低，在工程实践中广泛采用。为了确保螺栓球的加工精度，应预先加工一个高精度的分度夹具。球在车床上加工时，先加工平面螺栓孔，再用分度夹具加工斜孔。螺栓球热锻成型，加热温度宜为 1 200 ～ 1 250℃，终锻温度不得低于 800℃，螺栓球不应有裂纹、褶皱和过烧。

2. 杆件加工

1）下料计算

当网架采用钢管杆件及焊接球节点时，球节点通常由工厂定点制作，而钢管杆件往往在现场加工，加工前首先根据下式计算出钢管杆件的下料长度：

$$l = l_1 - 2\sqrt{R^2 - r^2} + l_2 - l_3$$

式中　l_1——根据起拱要求计算出的杆中心长；

R——钢管外壁半径；

r——钢管内壁半径；

l_2——预留焊接收缩量（2 ～ 3.5mm）；

l_3——对接焊缝根部宽（3 ～ 4mm）。

2）钢管下料

钢管应用机床下料，杆件下料后应检查是否弯曲，若有弯曲应加以校正。焊接球杆件壁厚在5mm以下，可不开坡口，螺栓球杆件必须开坡口，一般由机床加工成坡口。

3）杆件焊接

杆件焊接时会对已埋入的高强度螺栓产生损伤，如打火、飞溅等现象，所以在钢杆件拼装和焊接前，应对埋入的高强度螺栓加上包裹加以保护。

4）钢网架杆件成品保护

钢杆件应涂刷防锈漆，高强度螺栓应加以保护，防止锈蚀，同一品种、规格的钢杆件应码放整齐。

知识梳理与总结

本单元简要讲述了钢结构零部件的加工流程与方法，学习时需注意以下四点：

（1）钢结构放样与号料是至关重要的一道工序，要做好准备工作，采用合理的方法进行；

（2）钢结构的连接材料主要有螺栓、焊接材料等，应注意区分其类型与受力等要求；

（3）切割方法要因料制宜，注意事项要做好；

（4）钢结构构件具体加工成型及开孔等应根据构件具体要求采取合理的方法。

思考题 7

（1）放样和号料的主要方法有哪些？

（2）钢材的切割方法主要有哪些？

（3）钢材常用的边缘和端部加工方法主要有哪些？

（4）钢材的弯曲加工方法主要有哪些？

（5）钢材的制孔方法主要有哪些？

实训 7

到钢结构公司学习钢结构制作的零部件加工工作。

（1）目的：通过到钢结构公司现场学习，在工程师的讲解下，对钢结构制作的零部件加工工作过程有一个详细的了解和认识。

（2）能力标准及要求：掌握钢结构制作的零部件加工工作要点。

（3）实训条件：钢结构制作公司。

（4）步骤如下：

① 课堂讲解钢结构制作的零部件加工工作；

② 结合课堂内容及问题，组织钢结构制作现场学习，详细了解钢结构制作的零部件加工内容及可能出现的问题；

③ 完成钢结构制作现场的学习报告，内容主要是钢结构制作的零部件加工工作要点。

学习单元8

钢结构焊接

教学导航

教	知识重点	1. 焊接基本规定； 2. 焊接工艺
	知识难点	焊接工艺
	推荐教学方式	1. 利用多媒体，借助实际案例、钢结构焊接视频、图片演示讲解； 2. 钢结构焊接现场教学
	建议学时	4 学时
学	推荐学习方法	以参观实际钢结构工程焊接工艺进行学习
	必须掌握的理论知识	常见钢结构焊接工艺
	必须掌握的技能	钢结构焊接质量检查

任务 8.1 焊接基本规定

知识分布网络

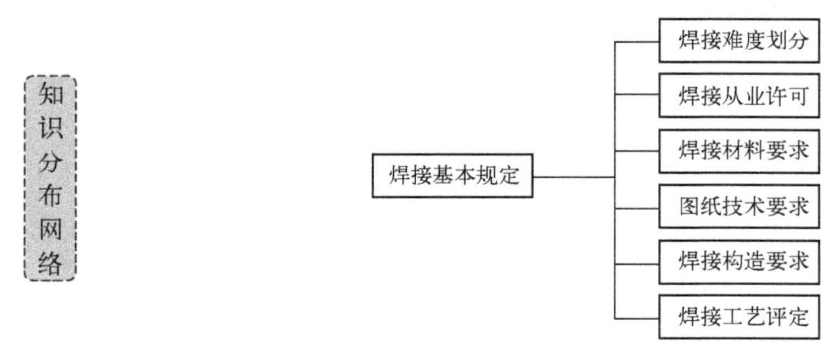

1. 钢结构焊接难度的划分

为了提高钢结构工程焊接质量，保证结构使用安全，根据影响施工焊接的各种基本因素将钢结构工程焊接按难易程度区分为易、一般、较难和难四个等级，见表 8-1。针对不同情况，施工企业在承担钢结构工程时应具备与焊接难度相适应的技术条件，如施工企业的资质、焊接施工装备能力、施工技术和人员水平能力、焊接工艺技术措施、检验与试验手段、质保体系和技术文件等。

表 8-1 钢结构工程焊接难度等级划分

焊接难度影响因素① 焊接难度等级	板厚 (mm)	钢材分类②	受力状态	钢材碳当量③ $C_{eq,IIW}$ (%)
A，易	$t \leqslant 30$	Ⅰ	一般静载拉、压	$\leqslant 0.38$
B，一般	$30 < t \leqslant 60$	Ⅱ	静载且板厚方向受拉或间接动载	$0.38 < C_{eq} \leqslant 0.45$
C，较难	$60 < t \leqslant 100$	Ⅲ	直接动载、抗震设防烈度≥8 度	$0.45 < C_{eq} \leqslant 0.50$
D，难	$t > 100$	Ⅳ		$C_{eq} > 0.50$

注：①——根据上述因素所处最难等级确定整体焊接难度；

②——钢材分类，见表 8-2；

③——$C_{eq,IIW}(\%) = C + \frac{Mn}{6} + \frac{Cr + Mo + V}{5} + \frac{Cu + Ni}{15}$ (%)（适用于非调质钢）。

表 8-2 常用钢材分类

类别号	标称屈服强度	钢材牌号举例	对应标准号
Ⅰ	≤295MPa	Q195、Q215、Q235、Q275	GB/T 700
		Q295	GB/T 1591
		20、25、15Mn、20Mn、25Mn	GB/T 699
		Q235q	GB/T 714
		Q235GJ	GB/T 19879
		Q235GNH	GB/T 4171
		Q235NH、Q295NH	GB/T 4172
		ZG 200－400H、ZG 230－450H、ZG 275－485H	GB/T 7659
		ZGD270－480、ZGD290－510	GB/T 14408

续表

类别号	标称屈服强度	钢材牌号举例	对应标准号
Ⅱ	295 ~ 370MPa	Q345	GB/T 1591
		Q345q、Q370q	GB/T 714
		Q345GJ	GB/T 19879
		Q355GNH	GB/T 4171
		Q355NH	GB/T 4172
		ZGD345 - 570	GB/T 14408
Ⅲ	370 ~ 420MPa	Q390、Q420	GB/T 1591
		Q390GJ 、Q420GJ	GB/T 19879
		Q420q	GB/T 714
		Q415NH	GB/T 4172
		ZGD410 - 620	GB/T 14408
Ⅳ	>420MPa	Q460	GB/T 1591
		Q460GJ	GB/T 19879
		Q460NH、Q500NH、Q550NH	GB/T 4172

注：国内新材料和国外钢材按其屈服强度级别归入相应类别。

2. 钢结构焊接从业许可制度

1）焊接施工企业资质许可制度

钢结构焊接工程设计、施工单位应具备与工程结构类型相应的设计或施工资质。当施工单位承担钢结构焊接工程施工详图设计时，应具有相应的设计资质或经原设计单位认可。

2）焊接从业人员资格许可制度

焊接相关人员，包括焊工、焊接技术人员、焊接检验人员、无损检测人员、焊接热处理人员，是焊接实施的直接或间接参与者，是焊接质量控制环节中的重要组成部分，因而国家对焊接从业人员实行资格许可制度。焊接从业人员的专业素质是关系到焊接质量的关键因素，2008年北京奥运会场馆钢结构工程的成功建设和四川彩虹大桥的倒塌，从正、反两个方面说明了加强焊接从业人员管理的重要性。

3. 钢结构焊接材料要求

（1）建筑钢结构用钢材及焊接填充材料的选用应符合设计图的要求，并应具有钢厂和焊接材料厂出具的质量证明书或检验报告；其化学成分、力学性能和其他质量要求必须符合国家现行标准规定。当采用其他钢材和焊接材料替代设计选用的材料时，必须经原设计单位同意。(属于强制性规定，必须严格执行)

（2）钢材的成分、性能复验应符合国家现行有关工程质量验收标准的规定；大型、重型及特殊钢结构的主要焊缝采用的焊接填充材料应按生产批号进行复验，复验应由国家技术质量监督部门认可的质量监督检测机构进行。

（3）钢结构工程中选用的新材料必须经过新产品鉴定。

（4）焊接T形、十字形、角接接头，当其翼缘板厚度等于或大于40mm时，设计宜采用有厚度方向性能要求的钢板。

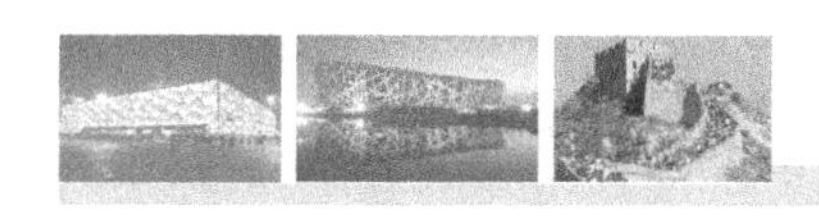

4. 钢结构施工图中需标明的焊接技术要求

1）钢结构设计图中需标明的焊接技术要求

钢结构设计施工图中应标明下列焊接技术要求：

（1）明确规定构件采用钢材和焊接材料的牌号或型号、性能及相关的国家现行标准；

（2）明确规定结构构件相交节点的焊接部位、焊接方法、有效焊缝长度、焊缝坡口形式和尺寸、焊脚尺寸、部分焊透焊缝的焊透深度、焊后热处理要求；

（3）明确规定焊缝质量等级，有特殊要求时，应标明无损检测的方法和抽查比例；

（4）明确规定工厂制作单元及构件拼装节点的允许范围，必要时应提出结构设计内力图。

2）钢结构施工详图中应标明的焊接技术要求

（1）应对设计施工图中所有焊接技术要求进行详细标注；

（2）应明确标注焊缝剖口详细尺寸，并标注钢垫衬尺寸；

（3）对于重型、大型钢结构，应明确工厂制作单元和工地拼装焊接的位置，标注工厂制作或工地安装焊缝；

（4）应根据运输条件、安装能力、焊接可操作性和设计允许范围确定构件分段位置和拼接节点，按《设计规范》有关规定进行焊缝设计并提交设计单位进行安全审核。

5. 焊接连接构造要求

钢结构焊接节点选择，一般应符合下列要求：

（1）尽量减少焊缝的数量和尺寸；

（2）焊缝的布置对称于构件截面的中和轴；

（3）便于焊接操作，避免仰焊位置施焊；

（4）采用刚性较小的节点形式，避免焊缝密集和双向、三向相交；

（5）焊缝位置避开高应力区；

（6）根据不同焊接工艺方法合理选用坡口形状和尺寸。

6. 焊接工艺评定

通过对焊成的试件作外观检查、无损检测和机械性能试验，得出一系列数据，来验证所拟订焊件焊接工艺的正确性及对试验结果的评价，这样的过程称为焊接工艺评定（Welding Procedure Qualification Test）。焊接工艺评定结束后，要整理出一份焊接工艺评定报告，即 Report of Welding Procedure Qualification Test，简称 PQR。行业上为方便起见，通常也将焊接工艺评定称为 PQR。

由于钢结构工程中的焊接节点和焊接接头不可能进行现场实物取证检验，为保证工程焊接质量，必须在钢结构制作和钢结构安装施工焊接前进行焊接工艺评定。《验收规范》对此有明确的要求并已将焊接工艺评定报告列入竣工资料必备资料文件之一。

凡符合以下情况之一者，应在钢结构构件制作及安装施工之前进行焊接工艺评定：

（1）国内首次应用于钢结构工程的钢材；

（2）国内首次应用于钢结构工程的焊接材料；

（3）设计规定的钢材类别、焊接材料、焊接方法、接头形式、焊接位置、焊后热处理制度，以及施工单位所采用的焊接工艺参数、预热后热措施等各种参数的组合条件为施工企业首次采用。

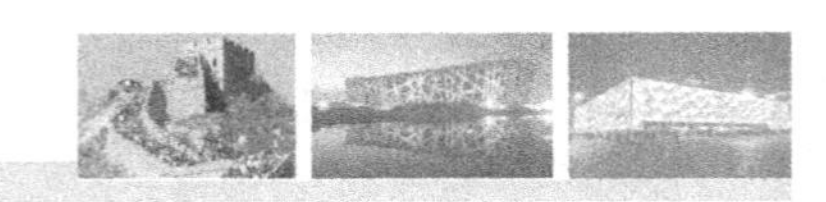

任务 8.2 焊接工艺

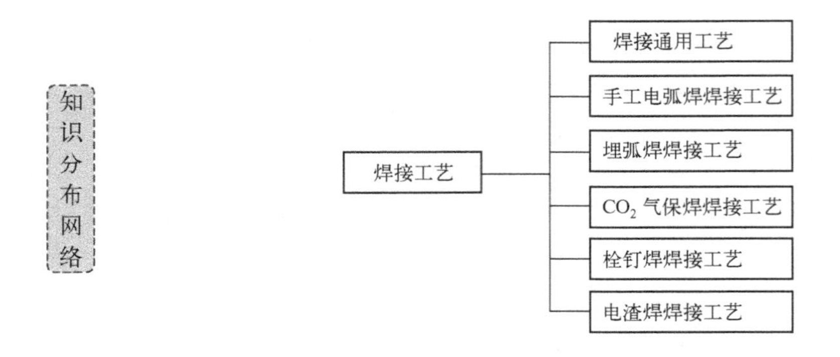

8.2.1 焊接通用工艺

1. 焊接作业环境的要求

焊接质量的好坏与焊接环境有着很大的关系。风速过大，渣或气体对熔化的焊缝金属的保护环境将遭到破坏，熔化的高温金属被大气中的氧气氧化，空气中的 N 也溶于熔池中，致使焊缝中存在大量的密集气孔；温度过低会使钢材脆化，也使焊接过程中母材热影响区的冷却速度加快，易于产生淬硬组织，对于碳当量相对较高的低合金高强钢的焊接是不利的，尤其是在厚板、接头拘束度大的情况下影响更大，即使是低碳钢也存在冷裂纹的可能性；焊接作业环境不符合要求时，会对焊接施工造成不利影响；工件潮湿或雨、雪天气操作对任何焊接方法都应避免，因为水分是氢的来源，而氢是导致焊接延迟裂纹产生的重要因素之一。

（1）焊条电弧焊和自保护药芯焊丝电弧焊，其焊接作业区最大风速不宜超过 8m/s，气体保护电弧焊不宜超过 2m/s，否则应采取有效措施以保障焊接电弧区域不受影响。

（2）当焊接作业处于下列情况下应严禁焊接：焊接作业区的相对湿度大于 90%；焊件表面潮湿或暴露于雨、冰、雪中。

（3）焊接环境温度不低于 -10℃。低于 0℃时，应采取加热或防护措施，确保焊接范围内的母材温度不低于 20℃，当焊接环境温度低于 -10℃时，必须进行相应焊接环境下的工艺评定试验，评定合格后方可进行焊接，否则严禁焊接。

2. 母材的要求

母材上待焊接的表面和两侧应均匀、光洁，且无毛刺、裂纹和其他对焊缝质量有不利影响的欠缺。待焊接的表面及距焊缝位置 50mm 范围内不得有影响正常焊接和焊缝质量的氧化皮、锈蚀、油脂、水等杂质。可采用机加工、热切割、碳弧气刨、铲凿或打磨等方法进行母材焊接接头坡口的加工或欠缺的清除。

3. 焊接材料的要求

焊接不同类别钢材时，焊接材料的匹配应符合设计要求。这个匹配的原则是，务必使焊缝金属的强度、塑性和韧性同母材相当，或者更确切地说，使之略高于母材。

焊条、焊丝、焊剂和熔嘴应储存在干燥、通风良好的地方，由专人保管；在使用前，必须按产品说明书及有关工艺文件的规定进行烘干。

4. 引、熄弧板和衬垫

引、熄弧板和衬垫板的材质应为《钢结构焊接规范》规定的可焊性钢材，对焊缝金属性

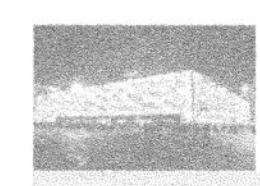
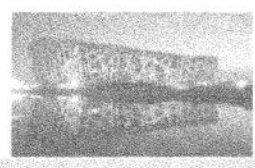

能不产生显著影响；不要求完全与母材同一材质，材料强度等级应不高于所焊母材。引、熄弧板和衬垫应符合下列要求：

(1) 引、熄弧板都必须成对使用，严禁单块使用；

(2) 引、熄弧板可只用Q235作原材料；

(3) 不应在焊缝以外的母材上打火、引弧，以防止因焊接热输入太小使焊接热影响区冷却速度太快而出现淬硬组织从而导致冷裂的产生；

(4) 引、熄弧板的坡口必须同工件的坡口完全一致，并用同一种方法制作、同一种方法打磨；

(5) 焊接完成后，应用火焰切割去除引、熄弧板，并修磨平整，不得用锤击落引、熄弧板(原因是为了避免撕裂母材，造成局部应力集中)；

(6) 衬垫一般采用钢板制成，在整个焊缝长度内应连续布置，并与焊缝金属熔合良好。

5. 定位焊要求

定位焊是在焊接前进行零件组装时，为了保证产品的正确尺寸，将零件固定，使之符合胎具形状，而先在适当部位加以间断焊接的工序。定位焊缝必须是没有焊接缺陷的，因为它是正式焊缝的一部分。

定位焊应符合以下要求：

(1) 定位焊必须由持相应合格证的焊工施焊，所用焊接材料应与正式焊缝的焊接材料相当；

(2) 定位焊多采用药皮焊条手工电弧焊，也可采用实芯焊丝气体保护焊，要求与正式焊缝相同；

(3) 定位焊焊缝厚度应不小于3mm，对于厚度大于6mm的正式焊缝，其定位焊缝厚度不宜超过正式焊缝厚度的2/3，定位焊缝的长度宜大于40mm，定位焊缝的间距宜为300～600mm；

(4) 定位焊的坡口及其两侧各30mm范围内应做好表面清洁工作，其要求同正式焊接。

(5) 定位焊缝不准留有弧坑，也不准残留飞溅物。定位焊缝不符合要求，应用碳弧气刨刨去，并打磨光洁，重新施焊，禁止留存不合要求的定位焊缝。

6. 焊后消除应力处理

目前国内消除焊缝应力主要采用的方法为消除应力热处理和振动消除应力处理两种。消除应力热处理主要用于承受较大拉应力的厚板对接焊缝或承受疲劳应力的厚板或节点复杂、焊缝密集的重要受力构件，主要目的是为了降低焊接残余应力或保持结构尺寸的稳定。振动消除应力虽能达到一定的应力消除目的，但消除应力的效果目前学术界还难以准确界定。用锤击法消除中间焊层应力时，应使用圆头手锤或小型振动工具进行，不应对根部焊缝、盖面焊缝或焊缝坡口边缘的母材进行锤击。

8.2.2 手工电弧焊焊接工艺

1. 焊接前准备

(1) 焊条、焊剂用前应用专用设备烘干并由专人负责，焊接设备及各种附件、仪表性能良好；

(2) 待焊表面及其周围20mm范围内氧化皮、锈、油污、水分等污物应用钢丝刷、砂轮、氧乙炔火焰等工具彻底清除；

(3) 焊工应持焊工合格证并在有效期内方可进行焊接操作；

(4) 焊接环境符合施工要求；

(5) 安全防护设施佩戴齐全。

2. 焊接工艺流程

焊接工艺流程参见图 8-1。

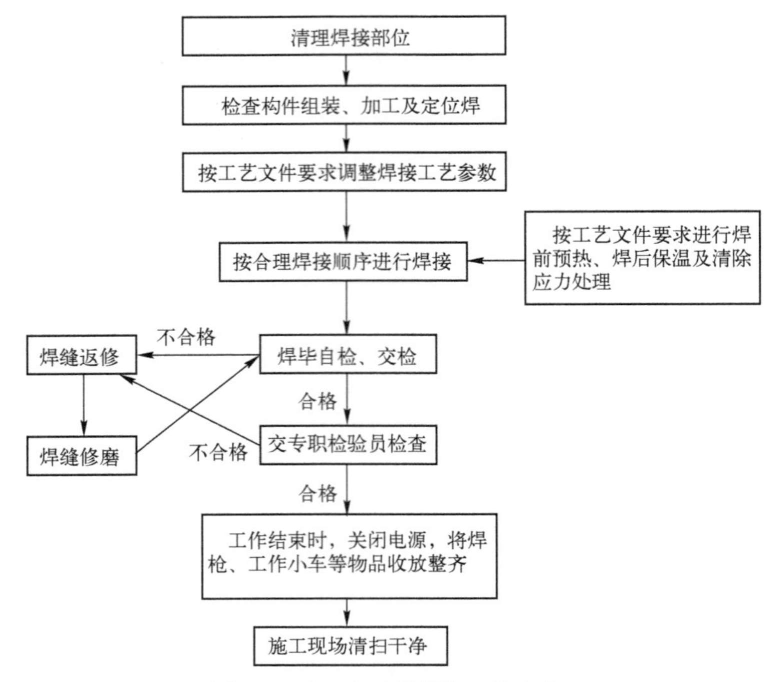

图 8-1　手工电弧焊焊接工艺流程

8.2.3　埋弧焊焊接工艺

1. 焊接前准备

(1) 母材已按照设计要求开好坡口，焊接材料和母材相匹配，并已经烘焙干燥、清除杂质；

(2) 待焊接母材表面处的氧化皮、铁锈、油污、水分等妨碍焊接的物质，均应清理干净，要求露出金属光泽；

(3) 焊接应尽可能采用胎夹具进行，通常采用船形焊接支架，以便有效地控制焊接变形，并尽可能使主要的焊接工作处于水平位置状态下进行；

(4) 已经焊好引、熄弧板和衬垫；

(5) 安全防护设施佩戴齐全。

2. 焊接工艺流程

焊接工艺流程同图 8-1。

8.2.4　CO_2气体保护焊焊接工艺

CO_2气体保护焊是以电弧作为热源的熔化焊焊接方法，它与手工电弧焊和埋弧自动焊同属于电弧焊的范畴。CO_2作为保护气体防止焊接区金属被空气中的氧、氮等有害气体侵入而发生氧化。

手工电弧焊与埋弧自动焊以渣保护为主，一般适宜焊接碳钢、合金钢等，而对于各种有色金属、高合金钢、稀有金属等材料的焊接则比较困难。采用气体保护的气体保护焊能可靠地保证焊接质量，从而弥补手工电弧焊和埋弧自动焊的局限性。同时，气体保护焊在薄板焊接、高效焊接方面具有独特的优越性，因此在焊接生产中的应用日益广泛。

1. 焊接前准备

（1）气体保护焊使用的CO_2应符合国家现行标准《焊接用二氧化碳》（HG/T2537）的规定，且CO_2气瓶上必须装有预热干燥器；

（2）焊接材料符合要求，焊接设备运转正常；

（3）检查施焊环境，确保施焊周围风速小于2.0m/s；

（4）清理工件表面，焊前清除焊缝两侧100mm以内的油、污、水、锈等，重要部位要求直至露出金属光泽；

（5）安全防护设施佩戴齐全。

2. 焊接工艺流程

焊接工艺流程同图8-1。

8.2.5 栓钉焊焊接工艺

1. 栓钉焊的特点及原理

栓钉又称焊钉，是指在各类结构工程中应用的抗剪件、埋设件和锚固件，由于具有施工方便、操作简单、效率高、焊接质量稳定等优点，在建筑工程的组合结构领域已得到大量使用。与栓钉配套使用的瓷环在栓钉焊接过程中起电弧防护、减少飞溅并参与焊缝成型的作用。栓钉焊是将夹持好的栓钉置于瓷环内部，通过焊枪或焊接机头的提升机构将栓钉提升起弧，经过一定时间的电弧燃烧，通过外力将栓钉顶送插入熔池实现栓钉焊接的方法。

栓钉焊接分两种：栓钉直接焊在工作件上的为普通栓钉焊；栓钉在引弧后先熔穿具有一定厚度的压型钢板，然后再与构件熔成一体的为穿透栓钉焊。

栓钉焊接过程中具有瞬间电流大、焊接过程中产生火花、热量、飞溅物等特点，易于引发火灾或对焊工的身体造成伤害。因此，在施工过程中必须遵守国家现行安全技术和劳动保护的有关规定。栓钉焊在工程中的应用见图8-2。

2. 焊接前准备

（1）焊接前栓钉不得带有油污，两端不得有锈蚀，若有油污或锈蚀应在施工前采用化学或机械方法进行清除；

（2）瓷环应保持干燥状态，若受潮应在使用前经120～150℃烘干2h；

（3）母材或楼承钢板表面若存在水、氧化皮、锈蚀、非可焊涂层、油污、水泥灰渣等杂质，应清除干净；

（4）在准备进行栓钉焊接的构件表面不宜进行涂装，当构件表面已涂装对焊接质量有影响的涂层时，施焊前应全部或局部清除；

（5）栓钉焊接作业环境应符合《钢结构焊接规范》等现行国家标准规定。

3. 焊接工艺流程

栓钉焊接工艺流程见图8-3，焊接过程见表8-3。

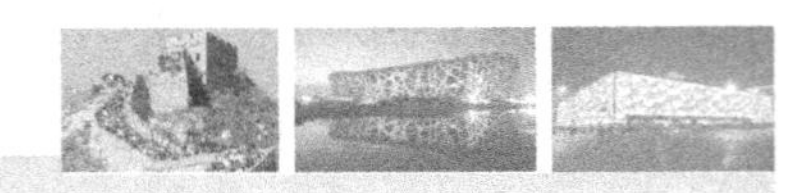

图 8-2　栓钉焊在工程中的应用

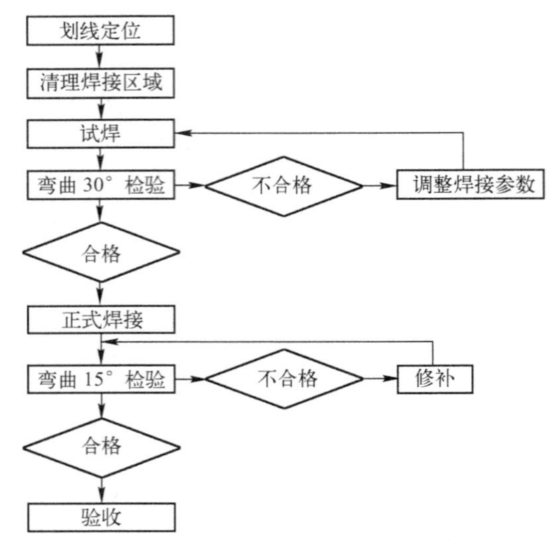

图 8-3　栓钉焊接工艺流程

表 8-3　栓钉焊接过程示意表

序号	栓焊过程		示意图
1	焊前准备	将栓钉置于焊枪的夹持装置中夹紧的同时，将瓷环安放在母材要求的位置上，再将栓钉垂直插入瓷环内并与母材接触	栓钉 陶瓷保护罩 铝制引弧结 母材
2	引弧	按动电源开关，栓钉自动提升，产生引导电弧	电弧
3	熔化	焊接电流迅速增大，使栓钉端部和母材局部表面熔化，形成熔核	焊接电弧 高温气体
4	加压	设定的电弧燃烧时间到达后，外力将栓钉自动压入母材熔化的部位	飞溅物
5	断电冷却	在焊枪位置不变的情况下，母材局部表面和栓钉熔核加压达到设定的时间后，切断电流停止加热，熔化的部位冷却凝固结晶，形成接头	焊接金属部
6	焊后清理	除去陶瓷保护环，清理焊缝表面的杂物	余高

4. 焊接注意事项

（1）施工单位首次使用新材料、新工艺的栓钉焊接前，应进行工艺评定试验，确定焊接工艺参数。每班次焊接作业前，应试焊 3 个栓钉。

（2）正式焊接前试焊 1 个栓钉，用榔头敲击使栓钉弯曲大约 30°，见图 8-4（a）。无肉眼可见裂纹方可开始正式焊接，否则应修改焊接工艺。

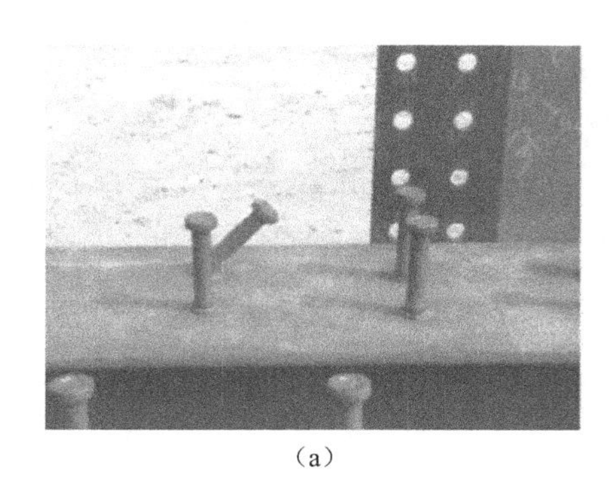
（a）

（b）

图 8-4　栓钉弯曲检验

（3）焊接完的栓钉要从每根梁上选择两个用榔头敲弯约 30°，无肉眼可见裂纹方可继续焊接，否则应修改焊接工艺；如果有不饱满或修补过的栓钉，要弯曲 15°检验，见图 8-4（b），榔头敲击方向应从焊缝不饱满的一侧进行。

（4）焊接完毕后，应将套在栓钉上的瓷环或附着在焊缝上的药皮全部清除。

（5）进行穿透焊的组合楼板应在铺设施工后的 24h 内完成栓钉焊接。当遇有雨雪天气时，必须采取适当措施保证焊接区干燥。

8.2.6　电渣焊焊接工艺

1. 电渣焊的特点及原理

电渣焊是利用电流通过液体熔渣产生的电阻热作为热源，将工件和填充金属熔合成焊缝的垂直位置的焊接方法。常用的电渣焊种类有熔嘴电渣焊、非熔嘴电渣焊。前者应用广泛，在建筑钢结构上主要用于箱形构件内横隔板的焊接（见图 8-5），由于箱体空间的限制，焊工无法进入进行正常焊接。电渣焊的原理是利用电阻热对焊丝熔化建立熔池，再利用熔池的电阻热对填充焊丝和接头母材进行熔化而形成焊接接头的。

图 8-5　箱形构件内隔板电渣焊接示意图

2. 电渣焊焊接工艺流程

电渣焊焊接工艺流程见图 8-6。

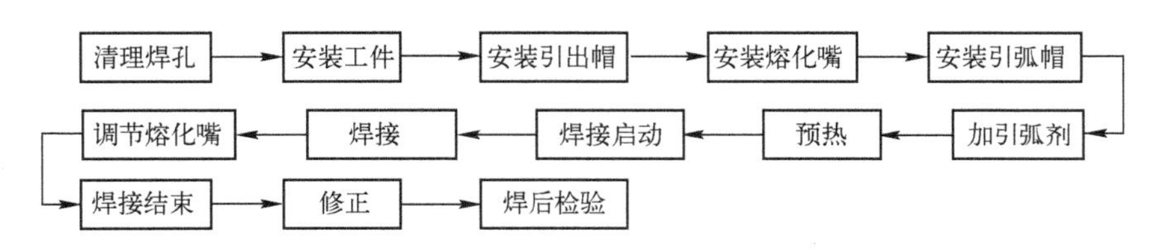

图 8-6　电渣焊焊接工艺流程

知识梳理与总结

本单元简要讲述了钢结构焊接基本规定及焊接工艺，学习时需注意以下两点：

(1) 钢结构焊接应按照难易程度合理划分、严格执行从业许可制度、严把焊接材料质量及图纸技术要求、符合构造要求、做好工艺评定；

(2) 钢结构焊接工艺应符合通用工艺要求，根据具体情况采取不同焊接工艺及相关要求，并做好质检。

思考题 8

(1) 钢结构工程焊接按难易程度分为哪几级？

(2) 什么是 CO_2 气体保护焊？

(3) 栓钉焊接工艺流程主要有哪几步？

实训 8

到钢结构公司学习钢结构焊接工作。

(1) 目的：通过到钢结构公司现场学习，在工程师的讲解下，对钢结构焊接工作过程有一个详细的了解和认识。

(2) 能力标准及要求：掌握钢结构焊接工作要点。

(3) 实训条件：钢结构制作公司。

(4) 步骤如下：

① 课堂讲解钢结构焊接工作及观看焊接工艺和安全注意事项视频；

② 结合课堂内容及问题，组织钢结构焊接现场学习，详细了解钢结构焊接的焊前准备、焊接工艺、注意事项及可能出现的问题等；

③ 完成钢结构焊接现场的学习报告，内容主要是钢结构焊接工作要点。

学习单元9

钢结构组装与预拼装

教学导航

教	知识重点	1. 钢构件组装； 2. 典型构件组装； 3. 钢结构预拼装
	知识难点	典型构件组装
	推荐教学方式	1. 利用多媒体，借助实际案例、钢结构构件组装图片演示讲解； 2. 钢结构组装现场教学
	建议学时	6 学时
学	推荐学习方法	以参观实际钢结构构件现场组装进行学习
	必须掌握的理论知识	钢结构构件组装方法
	必须掌握的技能	钢结构构件组装工作组织

任务9.1 组装前的准备工作

钢构件的组装是遵照施工图的要求，把已加工完成的各零件或半成品构件，用装配的手段组合成独立的成品，这种装配方法通常称为组装。组装前要作充分细致的准备工作，它是高质量、高效率地完成装配工作的有力保证。

1. 技术准备

钢构件组装前应熟悉产品图纸和工艺规程。主要是了解产品的用途、结构特点，以便提出装配的支承与夹紧等措施；了解各零件的相互配合关系，使用材料及其特性，以便确定装配方法；了解装配工艺规程和技术要求，以便确定控制程序、控制基准及主要控制数值。

2. 场地选择

组装工作场地应尽量设置在起重机的工作区间内，而且要求场地平整、清洁，人行道通畅。

3. 材料准备

1）理料

组装开始前，首先应进行理料，即把加工好的零件分门别类，按照零（部）件号、规格堆放在组装工具旁，方便使用，可以极大地提高工效。需要注意的是：有些构件需要进行钢板或型钢的拼接，应在组装前进行。

2）构件检查

理料结束后，必须再次检查各组构件的外形尺寸、孔位、垂直度、平整度、弯曲构件的曲率等，符合要求后将组装焊接处的连接接触面及沿边缘30～50mm范围内的铁锈、毛刺、污垢等在组装前清除干净。

3）开坡口

开坡口时，必须按照图纸和工艺文件的规定进行，否则焊缝强度将难以得到保证。

4）划安装线

一个构件装在另一个构件上，必须在另一个构件上绘出安装位置线，这关系到钢结构的总体尺寸；同时必须考虑预留焊缝收缩量和加工余量。有的厂家忽视了这一点，结果焊接完毕后总长度超差，造成构件报废，损失惨重。

4. 机具准备

钢构件组装视构件的大小、体型、重量等因素需选择适合的组装胎具或胎模、组装工具及固定构件所需的夹具。组装中常用的工、量、卡夹具和各种专用吊具，都必须配齐并组织到场，此外，根据组装需要配置的其他设备，如焊机、气割设备、钳工操作台、风砂轮等，也必须安置在规定的场所。

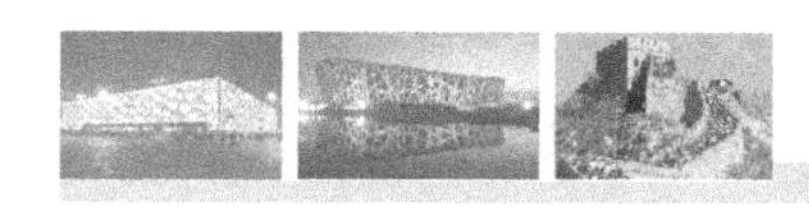

1）组装胎具（胎模）

组装胎具主要用于表面形状比较复杂，又不便于定位和夹紧或大批量生产的焊接结构的组装与焊接。组装胎具可以简化零件的定位工作，改善焊接操作位置，从而可以提高组装与焊接的生产效率和质量。

组装胎具应符合下列要求：

（1）胎具模必须根据施工图的构件1:1实样制造，其各零件定位靠模加工精度与构件精度符合或高于构件精度；

（2）胎具应有足够的强度和刚性，是一个完整的不变形的整体结构；

（3）胎具应便于对工件的装、卸、定位等装配操作，胎具宜离地800mm左右设置；

（4）胎具上应画出中心线、位置线、边缘线等基准线，以便于找正和校验；

（5）较大尺寸的装配胎应安置在相当坚固的基础上，以避免基础下沉导致胎具变形；

（6）布置装配胎模时必须根据其钢结构构件特点考虑预放焊接收缩余量及其他各种加工余量。

2）组装工具

常用的工具有大锤、小锤、凳子、手砂轮、撬杠（见图9-1）、扳手及各种划线用的工具等。常用的量具有钢卷尺、钢直尺、水平尺、90°角尺、线锤及各种检验零件定位情况的样板，以及双头螺栓、花篮螺栓（见图9-2）等。

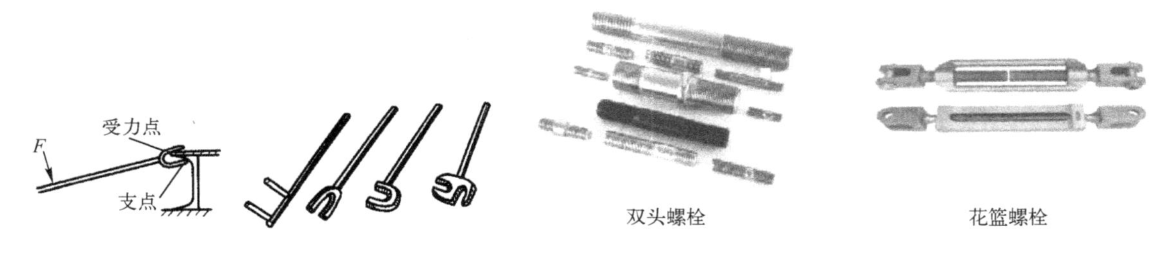

图9-1　撬杠　　　图9-2　双头螺栓和花篮螺栓

3）组装夹具

组装夹具是指在组装中用来对零件施加外力，使其获得可靠定位的工艺装备。组装过程中的夹紧，通常是通过组装夹具实现的。它包括通用夹具和组装胎架上的专用夹具，见图9-3。

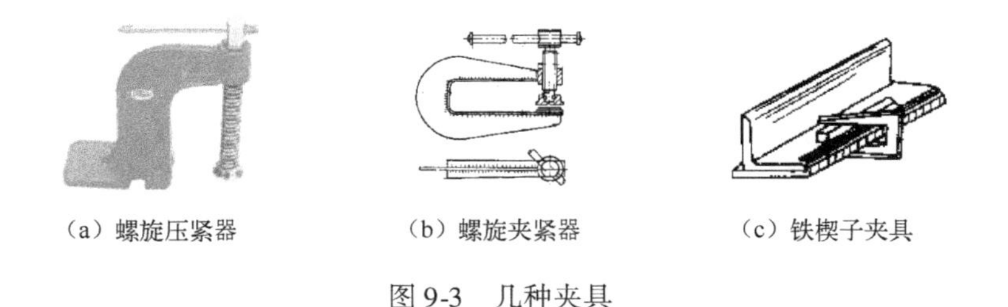

（a）螺旋压紧器　（b）螺旋夹紧器　（c）铁楔子夹具

图9-3　几种夹具

任务9.2　钢构件组装

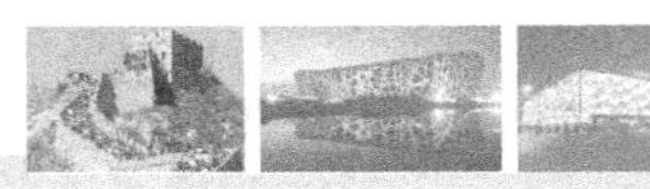

9.2.1 钢板的拼接

钢板拼接是最基本的部件装配。钢板拼接在装配平台上进行，将钢板零件摆列在平台板上，调整粉线，用撬杠等工具将钢板平面对接缝对齐，用定位焊固定。

1. 钢板拼接的种类

按照所用钢板厚度的不同，钢板拼接分为厚板拼接和薄板拼接。图 9-4 所示为厚板拼接的一般方法：先按拼接位置将需拼接的钢板排列在操作平台上，然后将拼接钢板靠紧，或按要求留出一定的间隙。当板缝处出现高低不平时，可用压马调平，然后进行定位焊使之固定。为了保证焊接质量和防止应力集中，定位焊的位置应离开焊缝交叉处和焊缝边缘一定距离，且焊点间保持一定间距。若板缝对接采用自动焊，应根据焊接规程的要求决定是否开坡口。若不开坡口，应预先在定位焊处铲出沟槽，使定位焊缝的余高与未定位焊的接缝基本相平，以保证自动焊的质量。

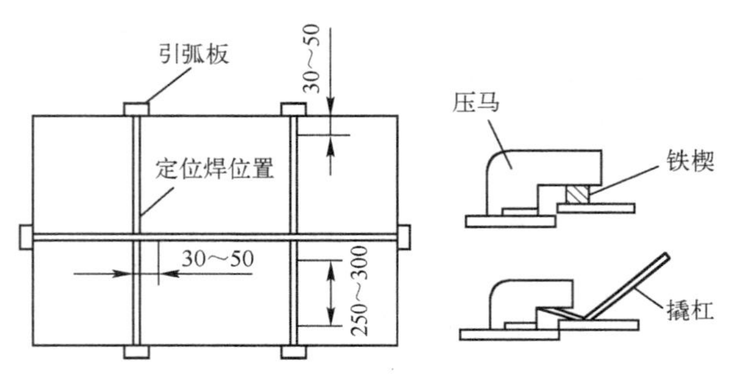

图 9-4 厚板拼接示意图

薄板拼接常常因焊接应力作用引起波浪变形，需要专门采取防变形的措施，一般应用刚性固定法解决。

2. 钢板拼板

拼板时，拼料应按规定先开好坡口后，再进行拼板。拼板时必须注意板边垂直度，以便控制间隙，若检查板边不直，应修直后再行拼板。

拼板时，通带在板的一端（离端部 30mm 处），当间隙及板缝平度符合要求后进行定位，在另一端把一只双头螺栓分别用定位焊定位于两块板上，控制接缝间隙，当发现两板对接处不平时，可参见图 9-5 的做法，在低板上焊“铁马”并用铁楔矫正。焊装“铁马”的焊缝应焊在引入“铁楔”的一面，焊缝紧靠“铁马”开口直角边（单面焊），长度约 20mm，不宜焊的太长，否则拆“铁马”很麻烦，甚至会把钢板拉损。拆除“铁马”时，在“铁马”的背面，用锤轻轻一击即可。

3. 拼接顺序

对于多片钢板拼接，为了尽可能地减少焊接残余应力和残余变形及焊缝对母材的损伤，应该合理安排拼接顺序，如图 9-6 所示，可作为参考。对于大面积钢板拼接可以分成几片分别拼接，然后再作片与片之间的横向拼接，如图 9-7 所示。

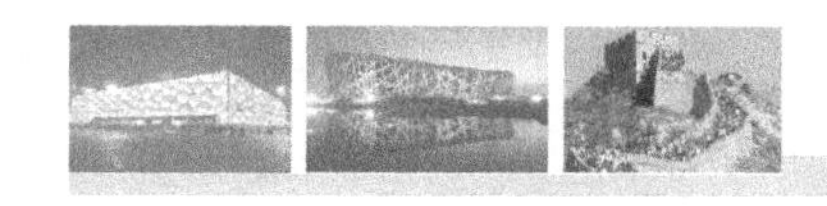

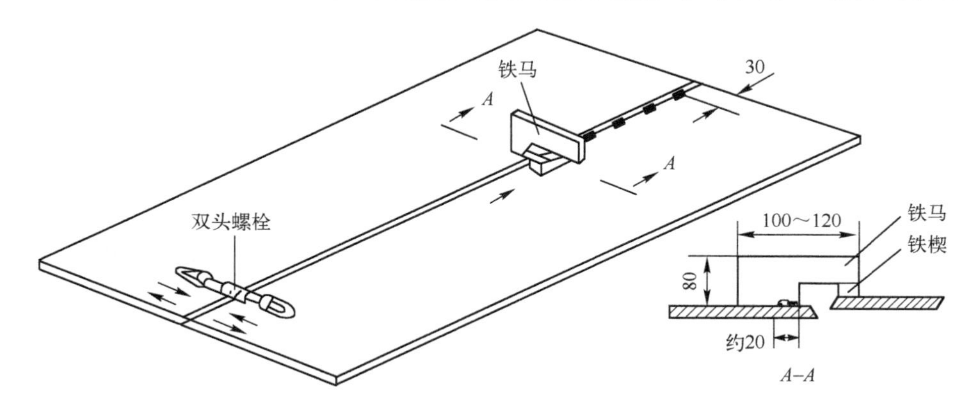

图 9-5　拼板

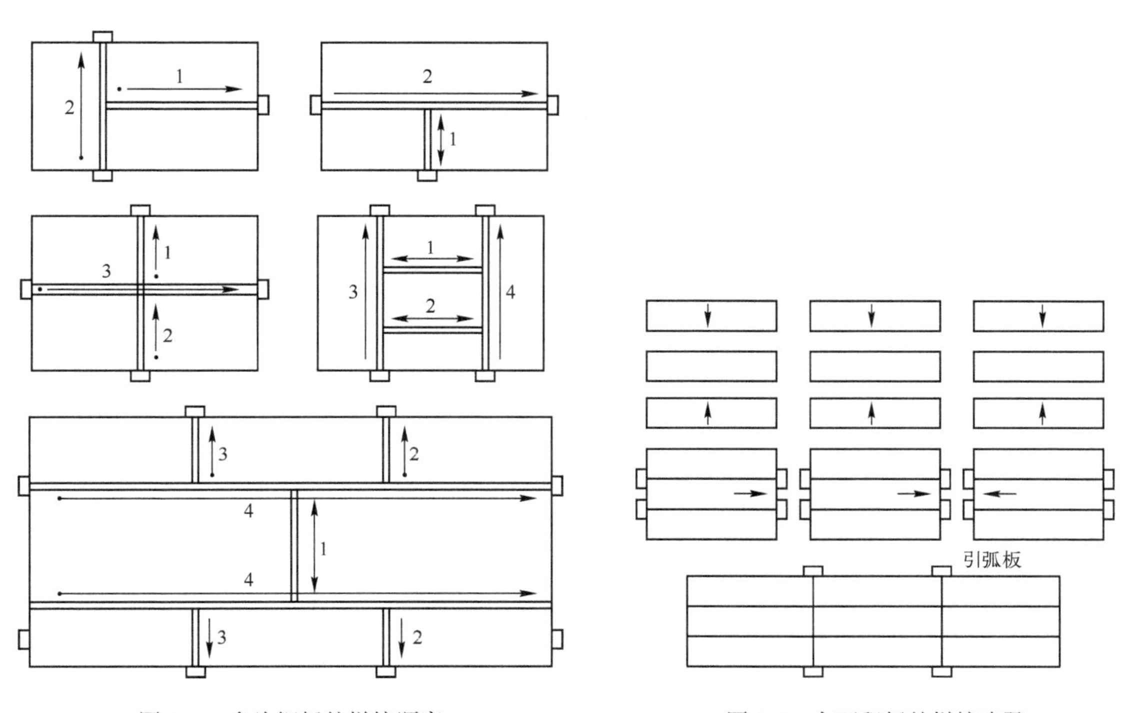

图 9-6　多片钢板的拼接顺序

图 9-7　大面积板的拼接步骤

9.2.2　钢构件组装

1. 组装方法

钢结构构件组装方法的选择，必须根据构件的结构特性和技术要求，结合制造厂的加工能力、机械设备等情况，选择能有效控制组装精度、耗工少、效益高的方法进行。

根据零件的具体情况，选取零件的定位和组装方法。常见的定位组装方法有以下几种。

1）地样法

地样法是用1:1比例在装配平台上放出构件实样，然后根据零件实样上的位置，分别组装起来成为构件的装配方法。它主要适用于桁架、框架等少批量结构组装。图9-8所示为柱脚的定位装配，在工件底板上划上中心线和接合线作定位线（地样），以确定槽钢、立板和三角形加强筋的位置。图9-9所示为钢屋架的定位装配。先在装配平台上按1:1的实际尺寸划出屋

架零件的位置和接合线（地样），然后依照地样将零件组合起来。

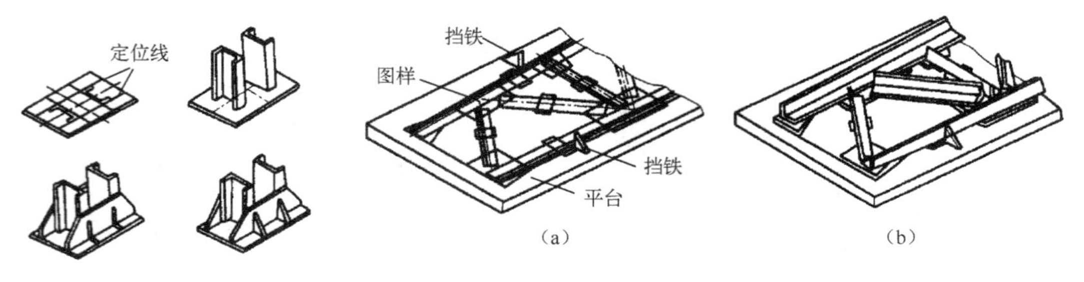

图 9-8　柱脚地样装配　　　图 9-9　钢屋架地样装配

2）仿形复制法

用地样法组装成单面（单片）结构，并且必须定位点焊，然后翻身作为复制胎模，在上面装配另一单面的结构，往返 2 次组装，这样的装配方法称为仿形复制法。它适用于断面形状对称的结构，如钢屋架、梁、柱等结构。图 9-10 所示为斜 T 形结构的仿形复制法定位装配，根据斜 T 形结构立板的斜度，预先制作样板，装配时在立板与平板接合线位置确定后，即以样板来确定立板的倾斜度，使其得到准确定位。

3）胎模装配法

在钢结构中，当一种构件数量较多，内部结构又不很复杂时，可将构件装配所需的零件用定位元件、夹具、装配胎架等固定在装配位置上，这种组装方法称为胎模装配法。胎模装配法多用于制造批量大、精度高的构件。在布置拼装胎模时必须注意各种加工余量。图 9-11 所示为 T 形梁胎模装配示意。

4）立装法

立装法是根据构件的特点及其零件的稳定位置，选择自上而下或自下而上的装配。此法用于放置平稳、高度不大的结构或者大直径圆筒，示例见图 9-12。

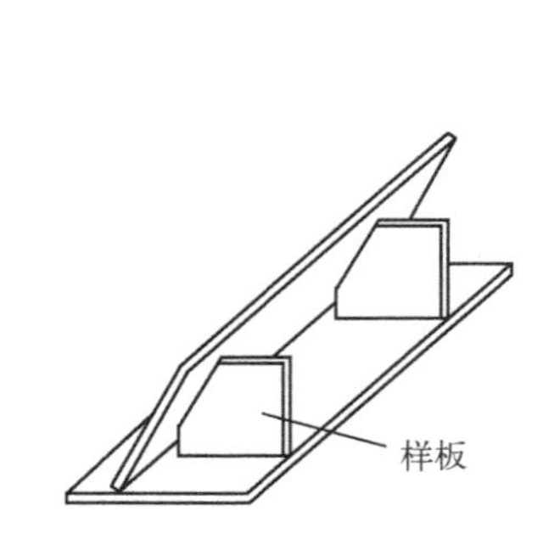

图 9-10　斜 T 形结构的定位装配示意图

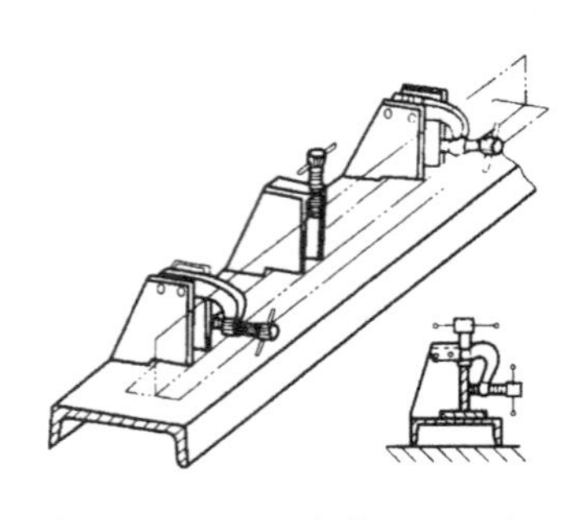

图 9-11　T 形梁胎模装配示意图

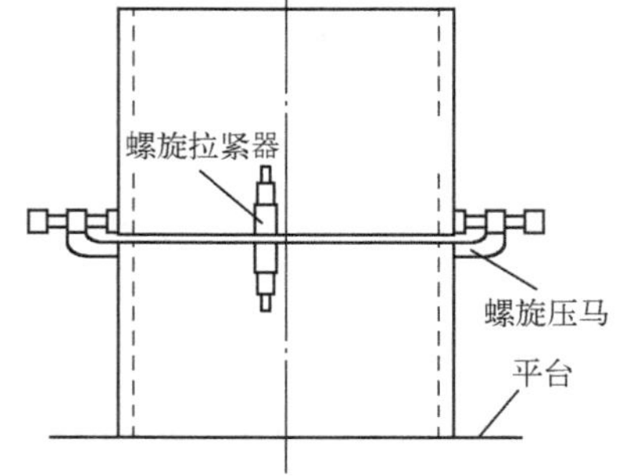

图 9-12　圆筒立装示意图

5）卧装法

卧装法是将构件放置卧位进行的装配。卧装适用于断面不大但长度较大的细长构件。

2. 组装注意事项

（1）组装出首批构件后，必须由质量检查部门进行全面检查，经合格认可后方可继续进行组装。

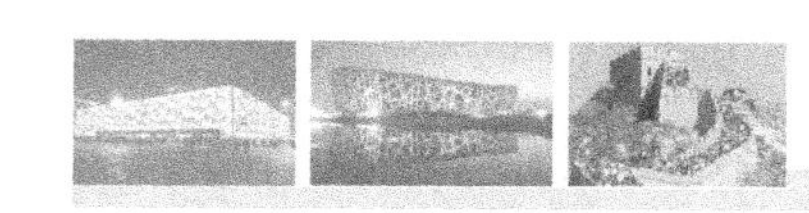

(2) 构件在组装过程中必须严格按工艺规定装配，当有隐蔽焊缝时，必须先行预施焊，并经检验合格方可覆盖。

(3) 钢结构组装必须严格按照工艺要求进行，其顺序在通常情况下，先组装主要结构的零件，从内向外或从里向表装配。在其装配组装的全过程中不允许采用强制的方法来组装构件，避免产生各种内应力，减少其装配变形。

(4) 为了减少变形和装配顺序，尽量可采取先组装焊接成小件，并进行矫正，尽可能消除施焊产生的内应力，再将小件组装成整体构件。

(5) 拼装好的构件应立即用油漆在明显部位编号，写明图号、构件号和件数，以便查找。

(6) 构件的隐蔽部位应焊接、涂装，并经检查合格后方可封闭；完全密闭的构件内表面可不涂装。

(7) 要求起拱的钢构件应在组装时按规定起拱量做好起拱。

任务9.3 典型构件的组装

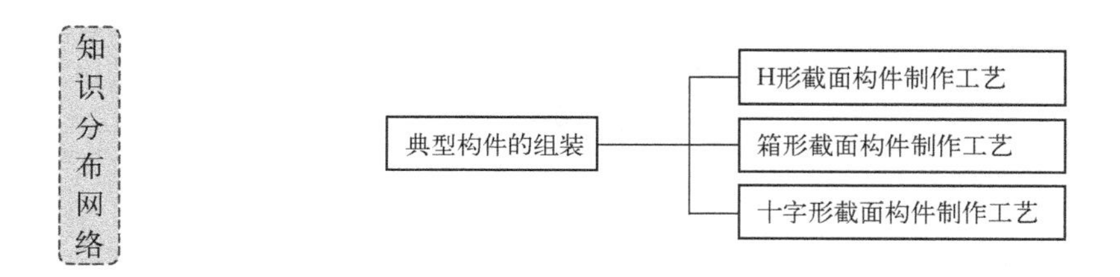

9.3.1 H形截面构件制作工艺

H型钢梁、钢柱是钢结构中应用最为广泛的组合截面构件，这种构件由两块翼缘板和一块腹板组成，通常采用流水线生产或车间现场焊接制作两种方法来制作。

1. H型钢流水线生产

H型钢流水线实行工业化生产，生产效率和制造质量均大大提高，同时也提高了经济效益。H型钢流水线生产流程见图9-13。

2. 焊接H型钢车间制作

H型钢流水线生产并不适用于截面尺寸较大或形状不规则的构件，况且固定设备投资较大。因而，对于中小钢结构企业及上文提到的非标构件，往往在制作车间根据构件加工图纸采用现场组立焊接的方式。

最常见的H型钢梁生产首先是在不同的加工场地准备组合材料，然后由一些通用或专用设备进行装配焊接。例如，采用埋弧焊制造不同断面的H型钢梁的生产线就是这样组织的。首先在钢材库进行材料检验，钢板尺寸如果不够，可在专门场地进行钢板拼接。由切割机自动切割成需要的宽度后，将表面经初步清理的半成品钢板用起重机运输到H型钢梁组立机组，进行组装及定位焊接，然后吊运到门式埋弧焊接支架上开始组装焊接，焊接完毕后经过矫正机矫正变形，最后送往喷丸工段进行喷丸处理，完成整个构件的制作。H型钢的制作见图9-14，制作流程见图9-15。

H型钢焊接工艺如下。

1）下料、开坡口

下料前应将钢板上的铁锈、油污清除干净，以保证切割质量。钢板下料应根据配料单规定的规格尺寸落料，并适当考虑构件加工时的焊接收缩余量。

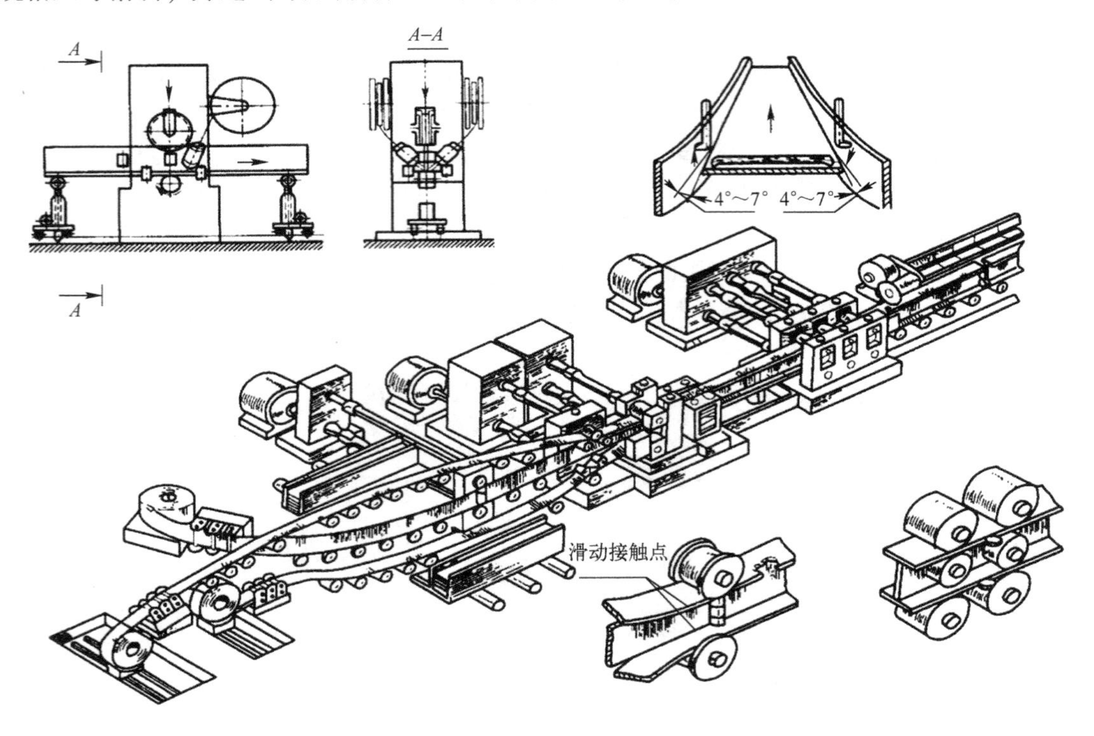

图 9-13　H 型钢流水线生产流程

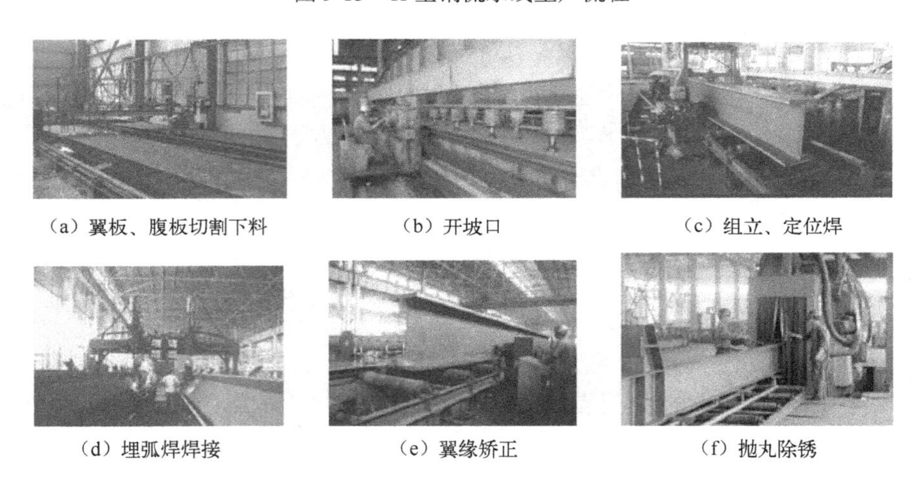

（a）翼板、腹板切割下料　（b）开坡口　（c）组立、定位焊

（d）埋弧焊焊接　（e）翼缘矫正　（f）抛丸除锈

图 9-14　H 型钢的制作

2）组装及定位焊接成 H 形

装配在组立机上进行。装配前，应先将焊接区域内的氧化皮、铁锈等杂物清除干净；翼缘板放入，由两侧辊道使之对中；腹板放入，由翻转装置使其立放，由辊道使之对中；由上、下辊使翼板和腹板之间压紧；数控的点焊机头自动在两侧进行定位焊。

3）埋弧焊焊接

采用埋弧自动焊填充、盖面，船形焊施焊的方法。构件要勤翻身，防止构件产生扭曲变形，如果构件长度大于 4m，则采用分段施焊的方法。

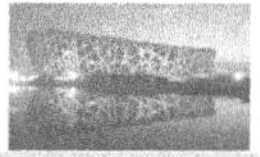

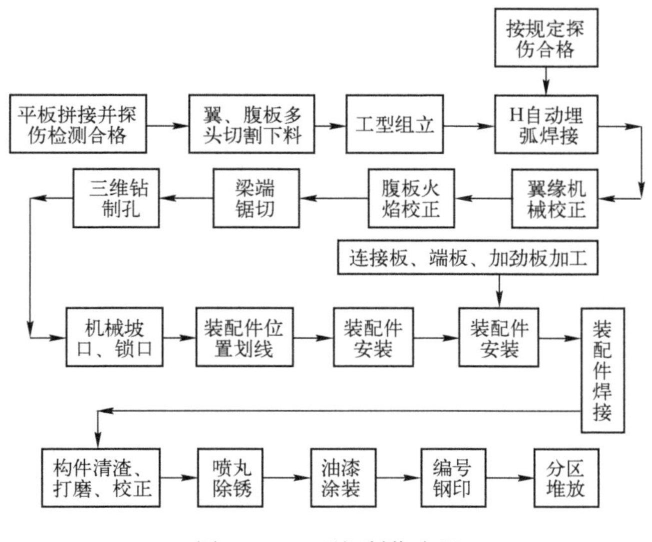

图9-15　H型钢制作流程

4）矫正

组合梁焊接后容易产生挠曲变形、翼缘板与腹板不垂直，薄板焊接还会产生波浪形等焊接变形，因此一般采用机械矫正及火焰加热矫正。

5）二次下料

二次下料的目的是确定构件基本尺寸及构件截面的垂直度，作为制孔、装焊其他零件的基准。当梁截面小于750mm×520mm时，可采用锯切下料；当梁截面大于750mm×520mm时，可采用铣端来确定构件长度。

9.3.2　箱形截面构件制作工艺

在钢结构建筑中，承载力较大的梁或柱通常采用箱形截面。下面以箱形截面柱为例，介绍箱形构件的制作工艺。

箱形柱一般为矩形或方形结构，其特点是刚性大、自重轻、强度高，中部空间还可灌注混凝土，形成混凝土钢柱结构。它具有良好的承载轴压力、弯矩和抵抗水平侧力能力，在高层和超高层建筑中广泛应用。

箱形柱结构在柱-梁连接处，柱内设加劲隔板，因其工艺复杂，焊接熔敷金属量大，隔板处需采用熔嘴电渣焊（S. E. S），焊接变形不易控制、施工工艺难度较大。

箱形构件制作工艺流程见图9-16，主要制作工序及技术要求如下。

1）下料

对箱体的四块主板采用多头自动切割机进行下料，其他零件采用半自动切割机或剪床下料。

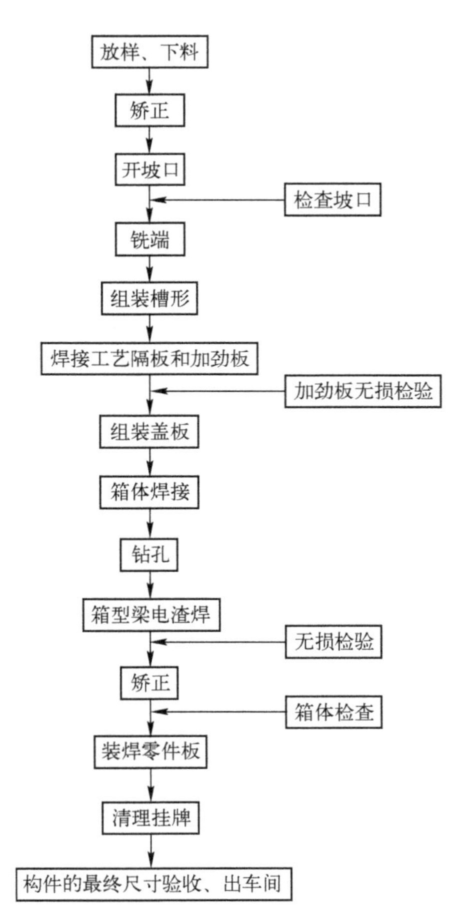

图9-16　箱形构件制作工艺流程

2）开坡口

坡口采用半自动切割机或倒边机进行开制。

3）铣端、制孔

箱体在组装前应对工艺隔板进行铣端，目的是保证箱形的方正和定位，以及防止焊接变形。

4）箱形柱内隔板、衬板、垫板的组装

箱形柱内隔板、衬板的组装示意图见图 9-17，隔板和衬板或垫板必须组装密贴，间隙小于 0.5mm，防止电渣焊漏渣；隔板四周必须经铣削，每边铣削余量为 2 ～ 3mm。组装需在组装胎具上进行，见图 9-18。

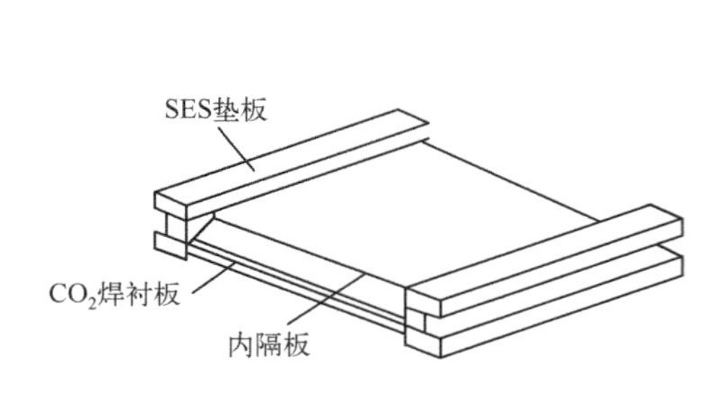

图 9-17　内隔板、衬板的组装

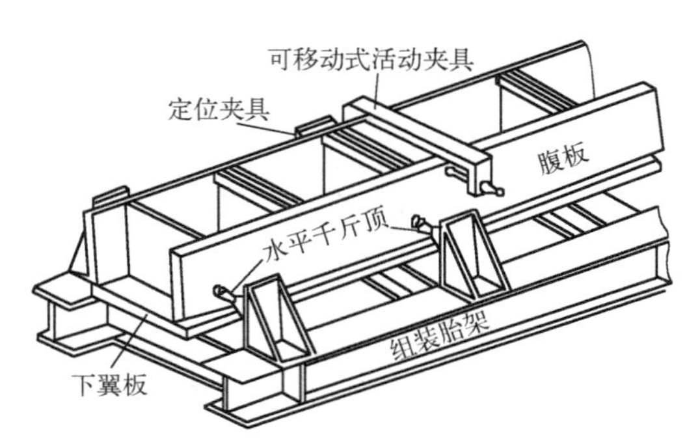

图 9-18　组装胎具或夹具

5）箱体组装

箱体组装时，首先在下翼板上划线，组装内隔板，然后组装两侧腹板，两侧腹板及下翼板采用 CO_2 气体保护焊，焊后 100% UT 检测，合格后，安装上翼板。组装成箱形后，焊接四条纵向主角焊缝，严格遵守同向、同步、同规范施焊，不得中途间断。最后按设计图纸规定部位钻孔，进行电渣焊（SES）。矩形截面的箱形柱内隔板焊接时，直立式电渣焊应做在短边方向，而不做在长边方向。焊接结束后切除 SES 焊后熄弧物，并打磨光滑。具体过程见图 9-19。

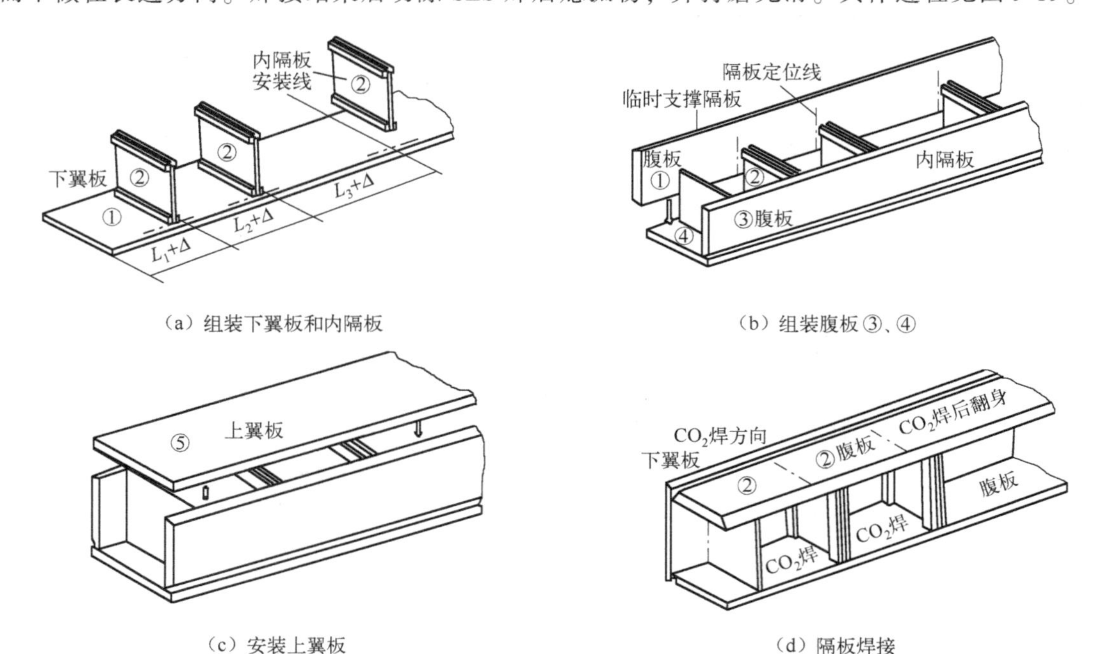

（a）组装下翼板和内隔板

（b）组装腹板③、④

（c）安装上翼板

（d）隔板焊接

图 9-19　箱体组装焊接示意图

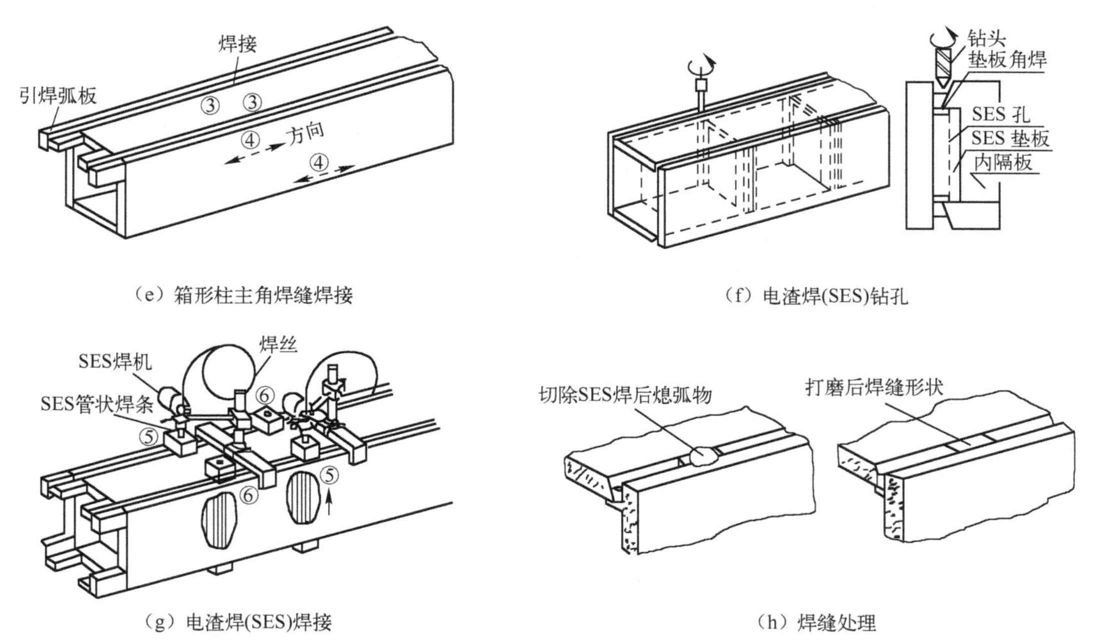

（e）箱形柱主角焊缝焊接

（f）电渣焊(SES)钻孔

（g）电渣焊(SES)焊接

（h）焊缝处理

图9-19 箱体组装焊接示意图（续）

9.3.3 十字形截面构件制作工艺

十字截面形式目前在高层钢结构中应用颇为广泛，双向受力性能接近箱形截面，加工起来比箱形截面容易，与钢梁连接也比箱形截面简单，用于高层钢结构独立柱或者钢骨混凝土的芯柱都很好。

十字柱是由一个H形截面和两个T形截面相交组成，其组立过程主要分为三个步骤，即H型钢的制作、T型钢的制作及十字柱的组立，见图9-20。

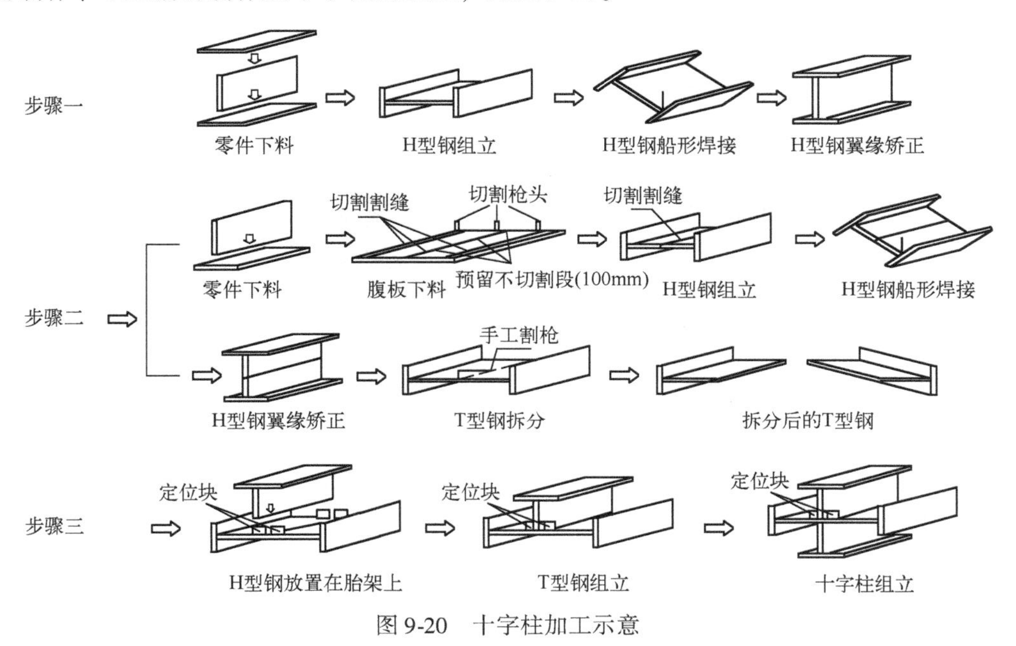

图9-20 十字柱加工示意

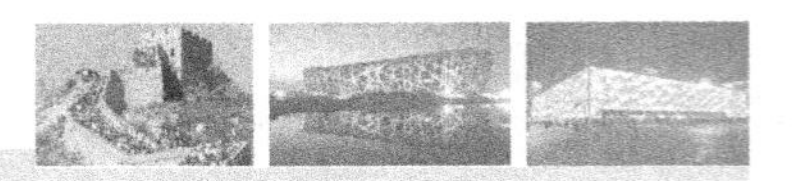

十字柱的加工工艺流程见图9-21，主要工序及技术要求如下。

1）下料

零件下料采用数控等离子切割机、数控火焰切割机及数控直条切割机进行切割加工。对十字柱的翼板、腹板其长度放50mm的余量，宽度不放余量。

2）H型钢的组立

H型钢的组立可采用H型钢流水线组立机或人工胎架进行组立，见图9-22。

3）T型钢制作

对于T型钢的制作采取先制作H型钢，再将H型钢拆分成两个T型钢的方法。因此，在进行H型钢腹板下料时，其腹板宽度为两块T型钢腹板宽度之和，并对该H型钢腹板在直条切割时断续割开，外形上仍是一个整体，切割起始处可用手枪钻加工一个直径为ϕ(8～10mm)的小孔作为起始端；待H型钢组焊、矫正完毕后，再利用手工割枪将预留处割开，使之成为两个T型钢，见图9-23。

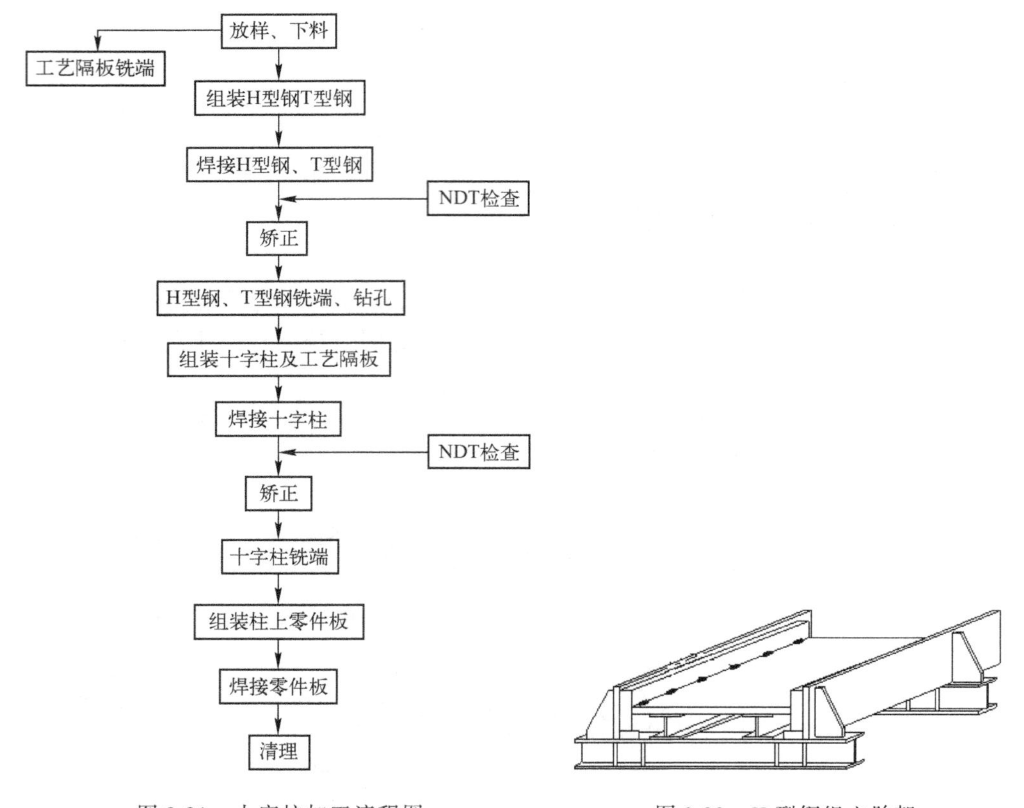

图9-21　十字柱加工流程图

图9-22　H型钢组立胎架

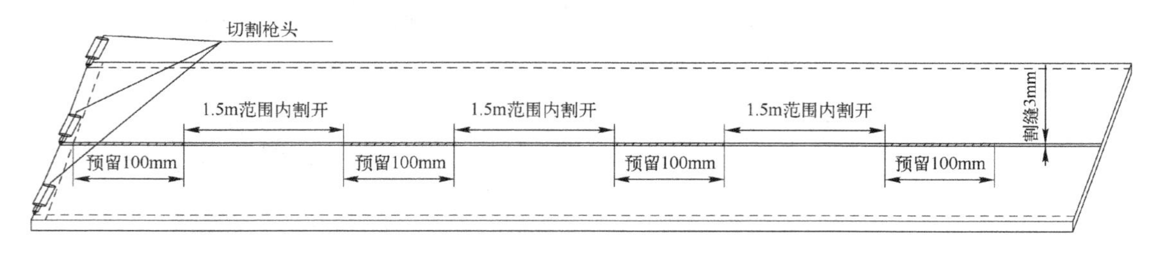

图9-23　H型钢切缝处理

4）十字柱组立

十字柱的组立应在胎架上完成（见图9-24），并辅以千斤顶使部件间顶紧，组立前应先确定装配基准线。在H型钢及T型钢（已组立成H形）组焊完毕并校正合格后，在其端头腹板上确立装配基准线，并用记号笔标记，打样冲眼。将部件就位顶紧后，进行定位焊，见图9-25。

5）十字柱焊接

十字形柱十字位置的焊缝盖面采用小车式埋弧焊机，为合理地控制焊接过程中产生的变形，焊接顺序按图9-26所示进行，并在焊接过程中加强检查，以便随时作出相应调整。

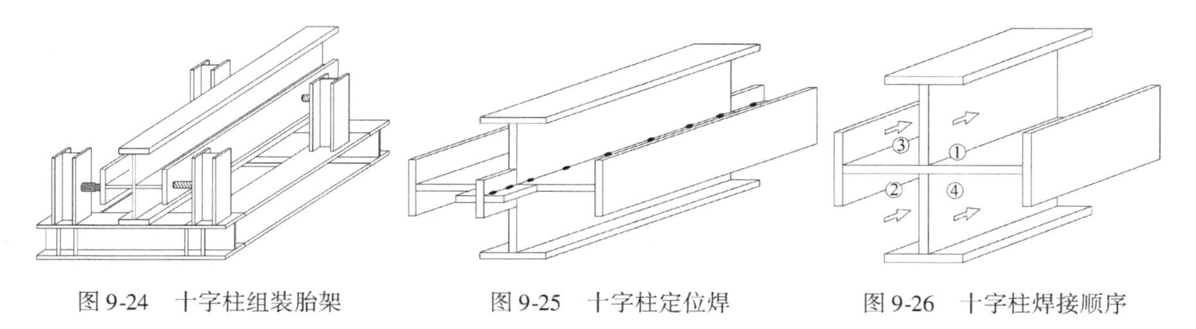

图9-24　十字柱组装胎架　　图9-25　十字柱定位焊　　图9-26　十字柱焊接顺序

6）柱上零件板的组装

（1）零件板装配前，应首先确认十字柱的主体已检测合格，局部的补修及弯扭变形均已调整完毕。

（2）将钢柱本体放置在装配平台上，确立水平基准；根据各部件在图纸上的位置尺寸，利用石笔在钢柱本体上进行划线，其位置线包括中心线、基准线等，见图9-27。各部件的位置线应采用双线标识，定位线条清晰、准确，避免因线条模糊而造成尺寸偏差。

（3）待装配的部件（如牛腿等），应根据其在结构中的位置，先对部件进行组装焊接，使其自身组焊在最佳的焊接位置上完成，实现部件焊接质量的有效控制。

7）安装柱底板与柱顶板

首先，将装配用的平台调好水平；其次，在柱顶板或柱底板上划出十字中心线及钢柱的断面形状；再次，在水平胎架上，将顶板或底板与钢柱本体按靠线装配，确保柱顶板或底板对于钢柱本身成直角，并利用线坠确认，见图9-28；最后，对钢柱大组立装配完毕后，在柱顶及柱底按要求对钢柱的中心线做样冲眼标识，并准确核对装配的方向，用石笔标注北向标识。

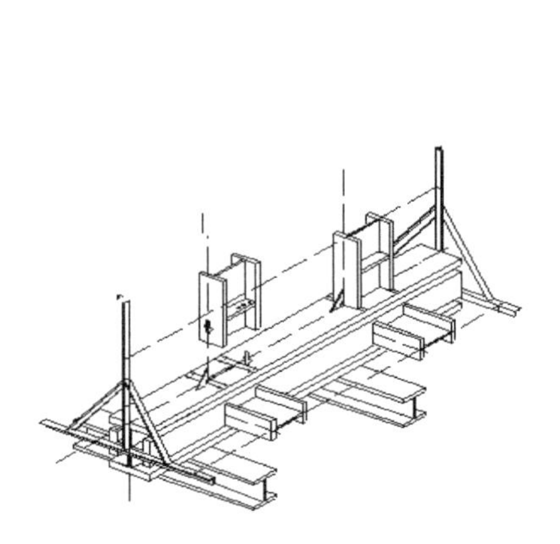

图9-27　零部件组装标记图

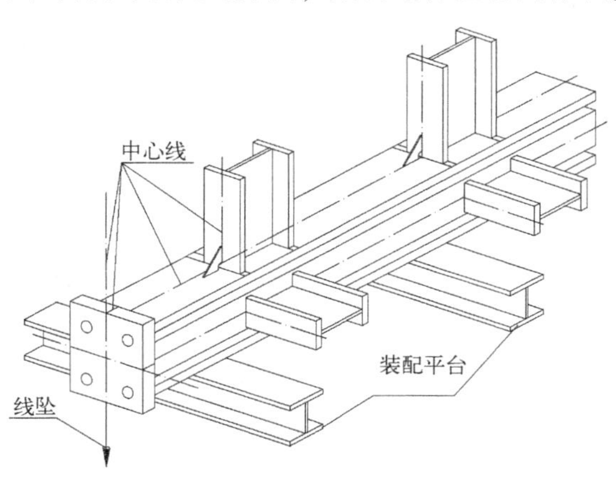

图9-28　柱底板组装示意图

任务9.4 钢结构预拼装

知识分布网络

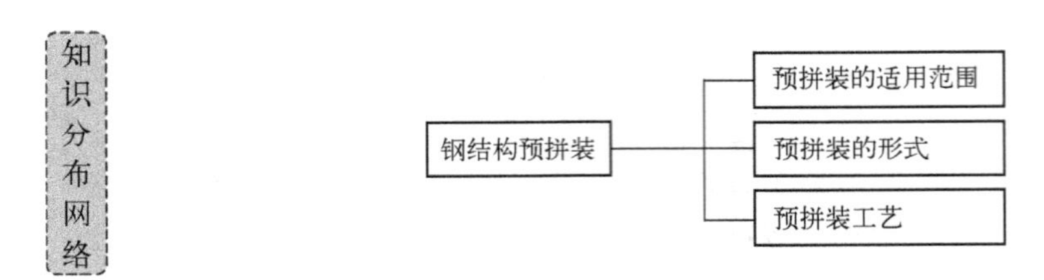

由于现代工业建筑钢结构工程中大型、重型、多层、大跨度结构比重的增加和民用建筑钢结构工程中高层、超高层的兴建，其中很多构件受到运输或起吊等条件的限制，不可能整体而要分段制作或安装，为了检验其制作的整体性和准确性，往往由设计规定或合同要求在出厂前进行工厂预拼装。

预拼装均在工厂支承凳或平台上自由状态下进行，所谓“自由状态”即在预拼装过程中可以用卡具、夹具、点焊、拉紧装置等临时固定，调整各部位尺寸后，在连接部位每组孔用不多于1/3孔数且不少于两个普通螺栓固定，再拆除卡具、夹具、点焊、拉紧装置等临时固定，即可实现自由状态，以观察制作质量，防止在安装现场出现安装困难，造成返工，费时费力。

1. 预拼装的适用范围

(1) 为保证安装的顺利进行，应根据构件或结构的复杂程度、设计要求或合同协议规定，在构件出厂前进行预拼装。

(2) 由于受运输条件、现场安装条件等因素的限制，大型钢结构构件不能整体出厂，必须分成两段或若干段出厂时，也要进行预拼装。

2. 预拼装的形式

预拼装可按结构形式，采用单体预拼装、立体预拼装和平面预拼装三种形式。构件单体预拼装是指本属一个构件而分成若干段（或片、件）后，两段（件）或多段（件）的拼装，视现场场地及需要而定；后面两种形式是指构件总体，如建（构）筑物在某一个或数个柱列平面中的柱、梁、支撑等构件间的拼装。除管结构为立体预拼装外，其他结构一般均为平面预拼装。

3. 预拼装工艺

1）预拼装施工准备工作

(1) 主要施工机具准备，预拼装主要的施工机具有电焊机、焊钳、焊把线、扳手、撬棍、铣刀或锉刀、手持电砂轮、记号笔、水准仪、钢尺、拉线、吊线、焊缝量规等。

(2) 预拼装场地准备，应根据预拼装工程的长、宽、高尺寸及钢构件的最大重量等，选择合适的场地。场地应平整、坚实，在预拼装过程中不积水、不下沉，道路应畅通，便于运输车辆及起吊设备的顺利通行。

(3) 应根据预拼装工程的类型，选定支垫形式，如枕木、型钢、支凳、钢平台等。

(4) 按构件明细表核对预拼装单元各构件的规格型号、尺寸、编号等是否符合图纸要求。

(5) 预拼装所用的支承凳或平台应测量找平，检查时应拆除全部临时固定和拉紧装置。

2）预拼装工艺

拼装工艺流程为：施工准备→测量放线→构件拼装→拼装检查→编号和标记→拆除。

(1) 在操作平台上放出预拼装单元的轴线、中心线、标高控制线和各构件的位置线，并复

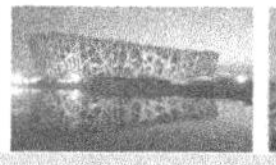

验其相互关系和尺寸等是否符合图纸要求。

（2）在操作平台上点焊临时支撑、垫铁、定位器等。

（3）按轴线、中心线、标高控制线依次将各构件吊装就位，然后用拼装螺栓将整个拼装单元拼装成整体，其连接部位的所有连接板均应装上。

（4）拼装过程中若发现尺寸有误、栓孔错位等情况，应及时查清原因，认真处理。预拼装中错孔在3mm以内时，一般用铰刀铣孔或锉刀锉孔，其孔径扩大不得超过原孔径的1.2倍；错孔超过3mm，可采用与母材材质相匹配的焊条补焊堵孔，修磨平整后重新打孔。特别强调：不得在孔内填塞钢块，否则会酿成严重后果。

（5）预拼装后，经检验合格，应在构件上标注上下定位中心线、标高基准线等。同时在构件上编注顺序号，作出必要的标记。

（6）按照与拼装相反的顺序依次拆除各构件。

（7）在预拼装下一单元前，应对平台或支承凳重新进行检查，并对轴线、中心线、标高控制线进行复验，以便进行下一单元的预拼装。

【实例9-1】 某重型厂房格构柱预拼装工艺。

某重型厂房格构柱长40.45m，由H型钢、钢板、钢管组合而成。现根据结构特点及运输制作要求，将大柱子分为4段，见图9-29，各段柱制作完成后，出厂前需要进行工厂预拼装，现将预拼装工艺介绍如下。

钢柱工厂预拼装流程见图9-30，主要拼装步骤及技术要求如下。

1）预拼装场地准备

工厂预拼装场地选用长225m、宽40m的露天场地，配有1台100t的龙门吊，其轨距为35m，场地两边设置汽车装卸区，场地旁为汽车通道，方便运货车及汽车吊行驶。地面为承载力达12t/m^{2}混凝土地面，长195m、宽28m，并埋有按一定间距布置的预埋钢板，用于固定预拼装胎架。场地示意图见图9-31。

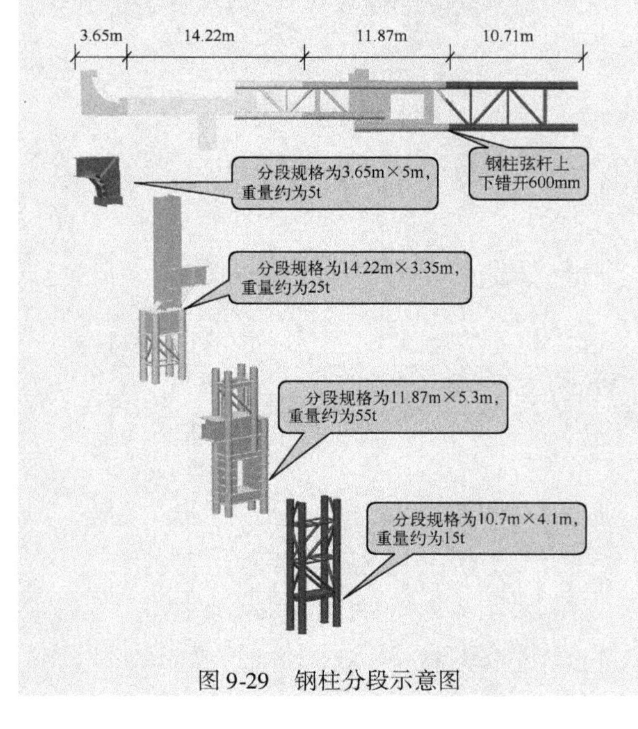

图9-29 钢柱分段示意图

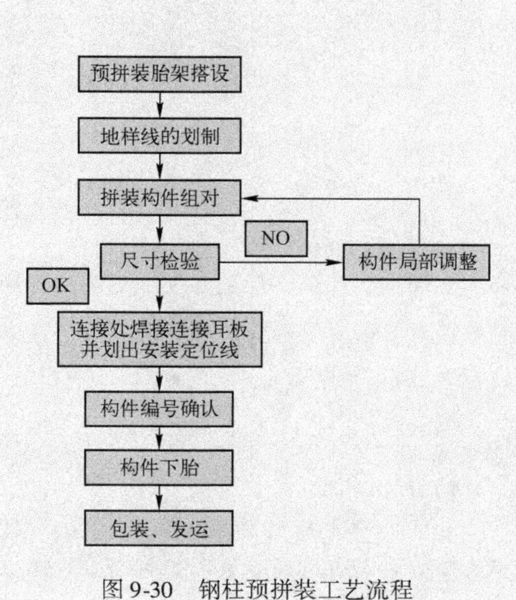

图9-30 钢柱预拼装工艺流程

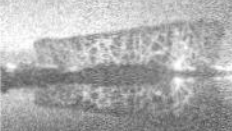

2）预拼装胎架支设

工厂预拼装胎架由36号工字钢焊接而成，胎架制成后将其焊接在混凝土地面的预埋钢板上，使整个胎架形成一个刚性体，见图9-32。

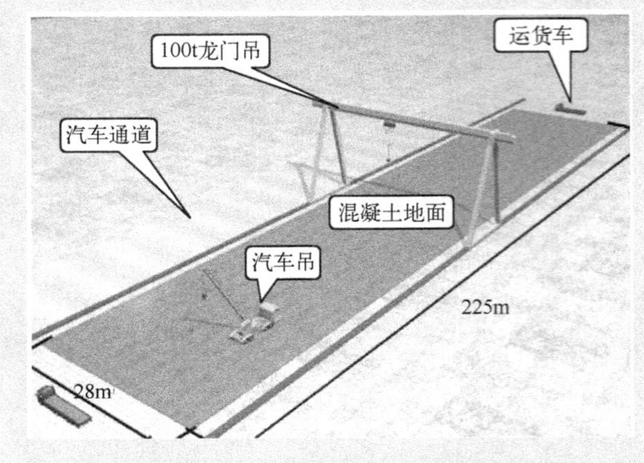

图9-31　预拼装场地示意图

图9-32　预拼装胎架

3）安置胎架

合理摆放胎架，设置胎架的高度，胎架与场地的预埋件刚性固定，见图9-33。

4）钢管安置

将制作对接合格的钢管吊上拼装胎架，对齐地样上的定位基准线，并校正与基准线的平行度，同时调节其空间定位，然后临时固定在胎架上，见图9-34。

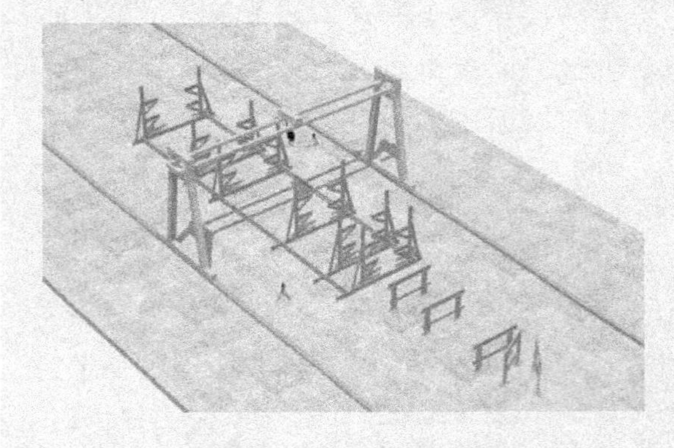

图9-33　胎架安置示意图

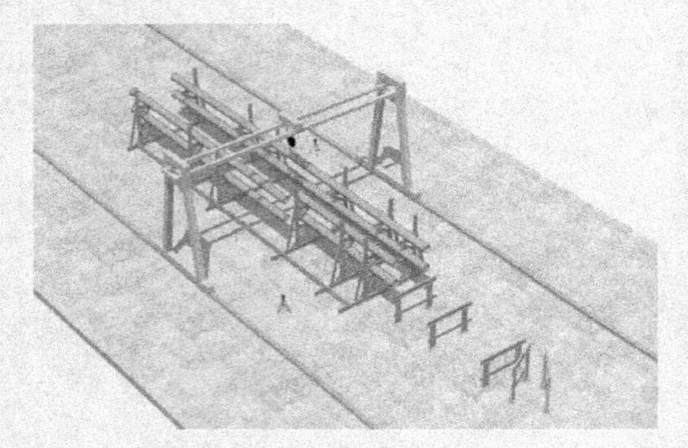

图9-34　钢管安置示意图

5）腹杆拼装焊接

复测钢管，合格后进行腹杆组装，将切割合格的斜腹杆吊上组装胎架平台进行组装，定准定位中心线，然后固定在钢管上。腹杆的组装顺序为从中间向两端依次进行，见图9-35。

6）隔板拼装（见图9-36）

7）柱顶构件安装（见图9-37）

8）标记

在经过测量确定拼装准确无误后，对钢管桁架分段处拼装接头处做好安装标记：在距离节头中心各150mm处的两相邻面内划出安装标记线，并用样冲冲眼，然后在钢管四面上焊接安装耳板，见图9-38。

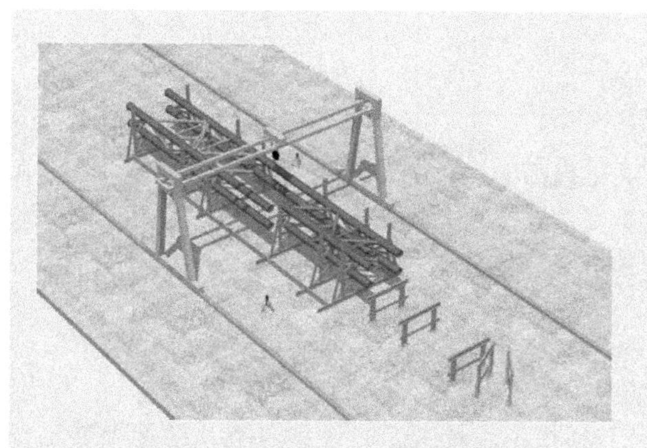

图9-35 腹杆拼装焊接示意图

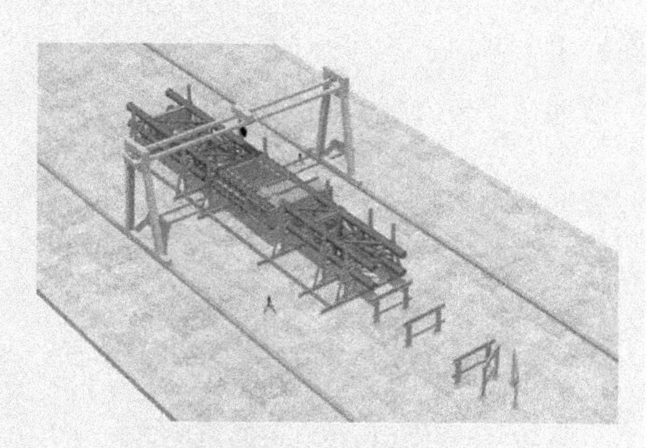

图9-36 隔板拼装示意图

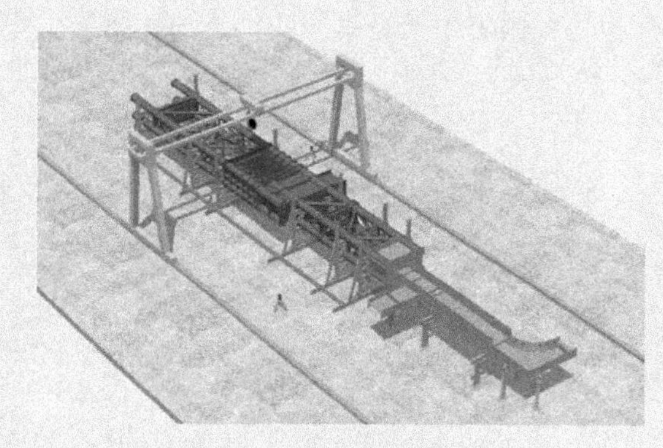

图9-37 柱顶构件安装示意图

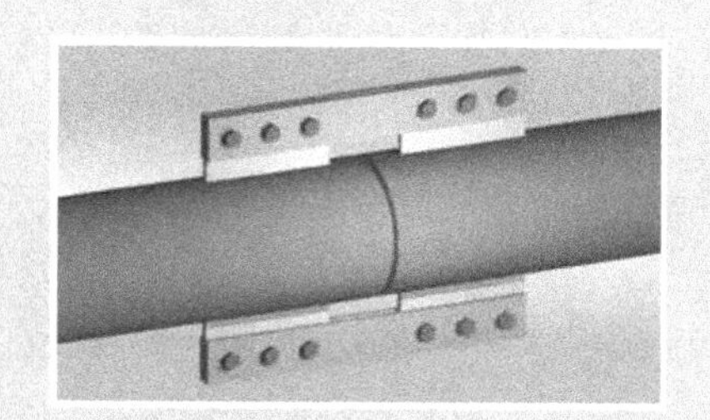

图9-38 圆管构件标记示意图

9）包装、发运

按与拼装相反的顺序拆除，包装发运。

知识梳理与总结

本单元简要讲述了钢结构组装与预拼装工作，学习时需注意以下三点：

（1）钢结构组装前应做好各项准备工作；

（2）钢结构构件组装应根据工程特点按顺序采取合理的组装方法；

（3）钢结构预拼装工作很重要，对一些重要部位的大型构件特别要提前进行工厂预拼装。

思考题9

（1）组装前的准备工作主要有哪些？

（2）钢构件组装方法主要有哪些？

（3）H型钢的焊接工艺是什么？

（4）钢结构预拼装的工艺流程是什么？

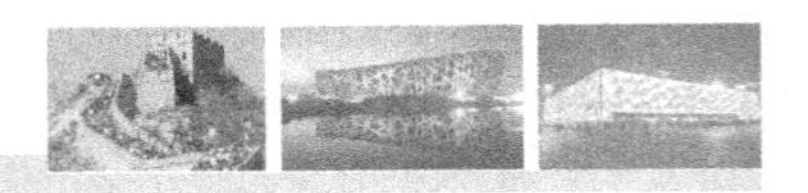

实训 9

到钢结构公司学习钢结构组装与预拼装工作。

(1) 目的：通过到钢结构公司现场学习，在工程师的讲解下，对钢结构组装与预拼装工作过程有一个详细的了解和认识。

(2) 能力标准及要求：掌握钢结构组装与预拼装工作要点。

(3) 实训条件：钢结构制作公司。

(4) 步骤如下：

① 课堂讲解钢结构组装与预拼装工作，观看组装与预拼装工艺和注意事项视频；

② 结合课堂内容及问题，组织钢结构组装与预拼装现场学习，详细了解钢结构组装与预拼装的准备、工艺流程、注意事项及可能出现的问题等；

③ 完成钢结构组装与预拼装现场的学习报告，内容主要是钢结构组装与预拼装工作要点。

学习单元10

钢结构变形矫正

教学导航

教	知识重点	1．钢结构常见变形； 2．钢结构变形矫正； 3．防止和减少变形的措施
	知识难点	钢结构变形矫正
	推荐教学方式	1．利用多媒体，借助实际案例、钢结构变形及矫正图片演示讲解； 2．钢结构矫正现场教学
	建议学时	3 学时
学	推荐学习方法	以参观实际钢结构矫正过程进行学习
	必须掌握的理论知识	钢结构矫正方法
	必须掌握的技能	对钢结构的不同变形情况采取针对性方法进行合理矫正

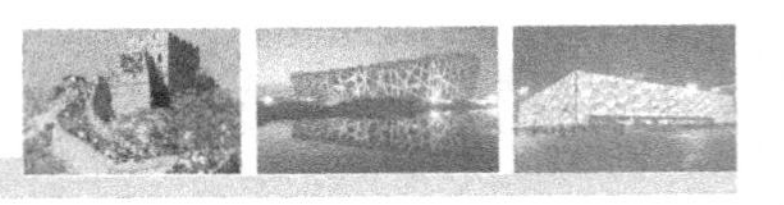

钢结构在加工制造和安装使用等过程中，由于受到外力和热过程的作用，其零部件或整体结构都会发生变形，这些都将直接影响零件和产品的制造质量。因此，为了保证制作精度，减少构件变形对承载力的影响，必须先对变形钢材进行矫正使之平直，然后将钢材表面的铁锈、氧化皮等清理干净，此时才能进行后续工序的加工。

任务 10.1 钢结构常见变形

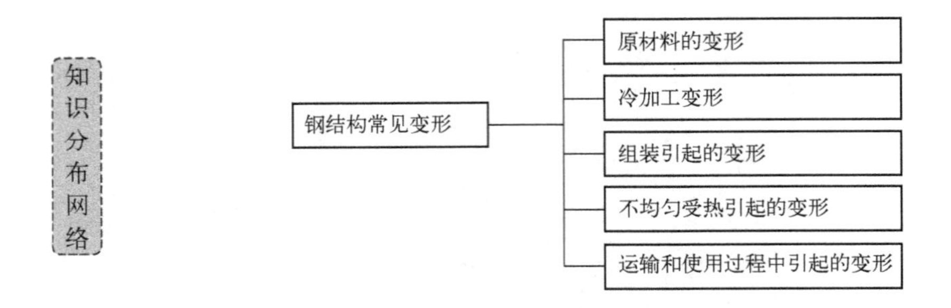

10.1.1 原材料的变形

钢厂轧制的钢材，一般说都是平整、顺直的，变形不大。对于重钢结构，大都在轧制后还要进行一次矫正，用滚板机将钢板滚平，切成一定规格的定尺料，用型钢矫正机将型钢矫直。也有少数钢材由于受到不平衡的热过程或是无法再进行矫正而出现一定程度的变形。如较薄的钢板易产生局部凹凸变形、褶皱变形或比较平缓的波浪变形；较大的工字钢易产生侧向波浪形弯曲，有时产生扭曲；较大的槽钢易产生弯曲变形；较小的角钢常产生扭曲变形。在加工制造之前，需要对钢材的变形进行认真的矫正，不允许用超出规定的变形钢材制造钢结构。

10.1.2 冷加工变形

1. 剪切引起的变形

剪切钢板最常用的剪切机为龙门剪床。剪切时，由于受外力作用，被剪切下来的钢板一般发生如图 10-1 所示的综合变形，它可分解为三种变形，即向下弯曲、侧向弯曲和扭曲。剪切引起的变形与被切钢板的宽度和厚度有关，宽板、簿板变形小，窄板、厚板变形大。

2. 边缘加工引起的变形

钢板边缘用刨床、铣床进行刨削加工后，会产生在板料平面内的不同程度的弯曲（见图 10-2），较窄板条更为明显。产生这种变形的原因主要与机床、工件、操作者等因素有关。

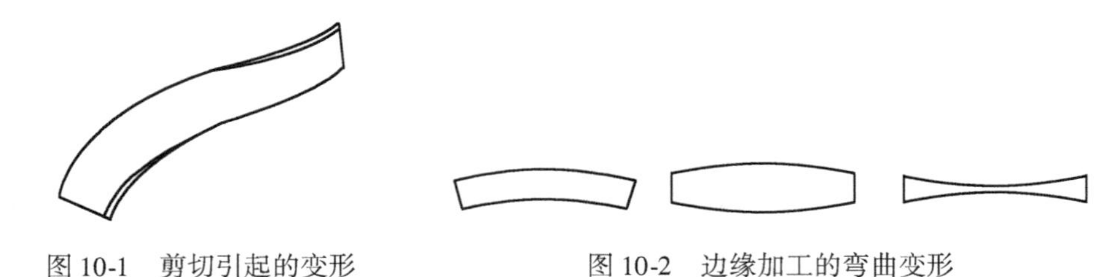

图 10-1 剪切引起的变形　　图 10-2 边缘加工的弯曲变形

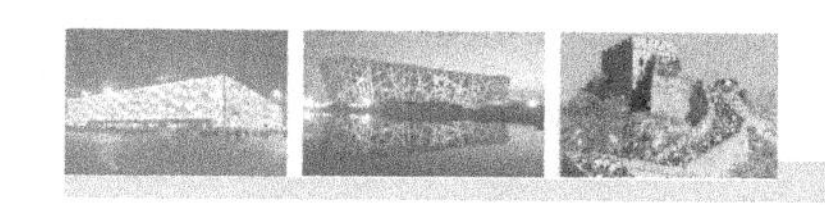

10.1.3　组装引起的变形

构件由于组装而引起的变形有以下三种常见情况。

1. 组装畸变变形

这是发生较多的变形。如工字形、T 形、箱形构件等的腹板和翼缘（盖板）组装不垂直，柱子的竖杆和底板组装不垂直，桁架的竖杆和弦杆组装不垂直等（见图 10-3）。这类变形一般不易矫正，即使大体矫正过来，也会残留局部变形（见图 10-4），这对构件受力状态会产生不利影响。如果有内隔板的箱形构件发生畸变变形，则矫正更加困难。所以要尽量避免组装畸变变形。

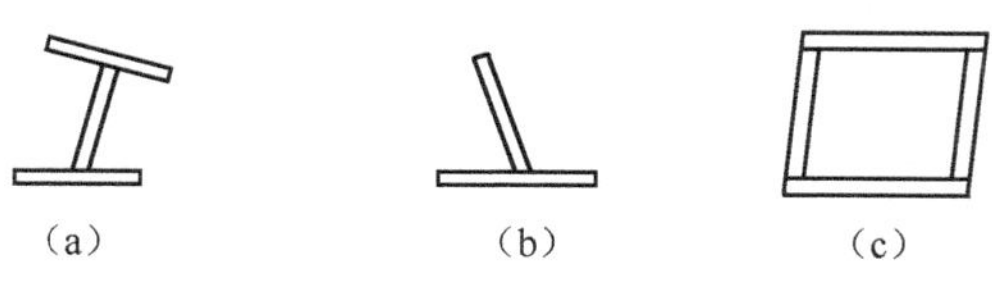

图 10-3　组装畸变变形

图 10-4　组装畸变的残留变形

2. 组装弯曲和扭曲

此类组装变形大多是因组装场地不平或支撑位置不当而引起的。

3. 不正确的组装造成的变形

例如，工字形构件组装时，如果没有考虑翼板的板厚公差或腹板的宽度加工不合适，则组装的构件可能超差；如果不严格执行组装质量标准或操作疏忽，组装的构件将不能使用；组装缝隙过大时，不但外形尺寸可能超差，而且焊后易产生变形；因坡口加工不合适、千斤顶卡栏等使用不当或强迫组装都会使构件产生组装应力，在焊接时由于内应力发生变化就会发生弯曲、扭曲或凹凸变形。

用不合格的零件、部件组装构件时也会造成变形。如使用宽度超差或有较大马刀形弯曲的腹板组装工字型构件，将产生构件外形尺寸超差或弯曲；箱形构件的内隔板加工不合要求时，组装成的箱形构件外形也不会合乎要求。

10.1.4　不均匀受热引起的变形

钢材采用焊接、气割和等离子切割时，由于局部受到不均匀的加热，因而产生残余应力并使钢材产生变形。尤其是切割窄而长的钢材，引起的弯曲变形最明显。

10.1.5　运输和使用过程中引起的变形

钢结构在吊运、装卸、安装过程中发生变形的情况是经常遇到的，发生变形的原因主要有以下几方面。

1. 吊点设置不当

吊点的位置不正确常引起构件变形。如吊点处很薄弱，刚度很小而不足以承受整个构件的重量，则会发生局部塑性弯曲变形（见图 10-5）。长、大杆件需要多个吊点吊运，吊点太少就会使整个杆件变形。

2. 吊运过程中的碰撞

在杆件吊运或翻转过程中，有时发生碰撞、脱钩、用具损坏或因重心偏斜引起钢丝脱滑等现象，这些都会使杆件因摔碰而变形，严重者致使整个结构损坏。

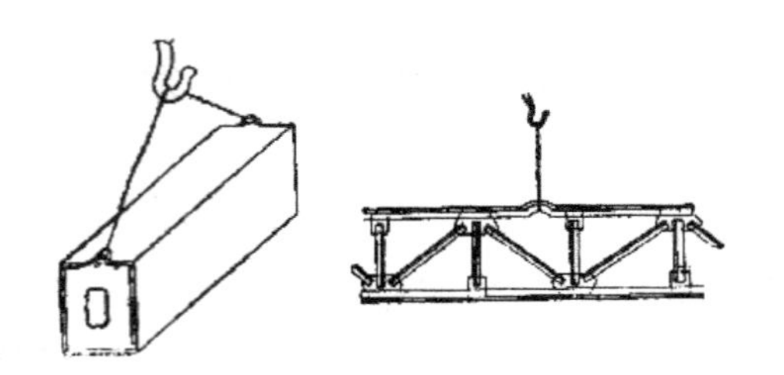

图 10-5　吊装不当引起的变形

3. 构件堆放不当

构件堆放引起的变形有两种情况：一种是堆放的位置不正确，如支点处构件刚度较弱，或支撑点太少，因构件本身的重量引起变形；另一种是构件上还堆放有其他构件或重物迫使其变形。

4. 强迫安装

在构件安装过程中，由于零部件制造误差或操作不当，进行强迫安装而使构件产生变形，在变形的同时，构件内部还有安装应力产生。

任务 10.2　钢结构变形矫正

10.2.1　矫正原理

按照工件的矫正温度不同，钢结构变形的矫正分为冷加工法和热加工法。冷加工法是用人力或机械进行的，这种矫正有时会使金属冷作过度而变脆，并会引起较大的附加内应力，一般用于尺寸较小或变形较小的零件，也可矫正变形不太大的成批生产的构件。热加工法是用附加热源进行加热矫正，目前我国通常采用氧－乙炔火焰作为热源，所以也称为火焰矫正。

当结构变形时，结构的某些尺寸伸长或缩短了，也可能是几个尺寸都伸长或都缩短，但因程度有差异而引起了变形。冷加工法的矫正原理是将尺寸较短的部分加以伸长，并使之与尺寸较长的部分相适应，从而恢复或达到所要求的形状。

热加工法矫正变形的原理和冷加工法相反，其实质是利用局部受热的钢材冷却后收缩所引起的新变形去抵消各种已有变形。

10.2.2　矫正方法

钢结构的变形矫正有人工矫正法、机械矫正法和火焰矫正法三种。

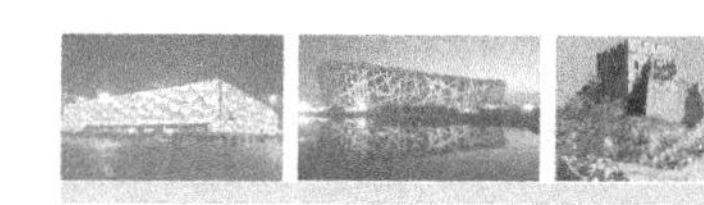

1. 人工矫正法

人工矫正法（又称手工矫正）是以锤击的方式矫正钢构件的弯曲及局部突出。矫正时应根据型材截面尺寸和板料厚度，合理选择锤的大小，并根据情况确定锤击点和着力的轻重程度。由于力量有限，所以适用于一些薄板、变形小、细长焊件的局部变形的矫正，如薄板产生的凹凸变形、角变形、波浪变形和挠曲变形等。

2. 机械矫正法

机械矫正法是利用机械施力给变形部位的作用，迫使钢材反向变形，使之与原有变形相抵来达到矫直压平的目的，主要用于一般板件和型钢构件的变形矫正。机械矫正设备有拉伸机、压力机、钢板矫正机、圆钢与钢管矫正机、型钢矫正机、型钢撑直机等。

1）板材的矫正

板材的矫正主要是在钢板矫正机上进行的。当板材通过多对呈交错布置的轴辊时，板材发生多次反复弯曲，从而达到矫正的目的，图 10-6 所示为钢板矫正机的工作原理。轴辊的数量越多，矫正的质量越好。

2）型材的矫正

型材的矫正一般是在多辊型钢矫正机、型钢撑直机或压力机上进行的。多辊型钢矫正机与钢板矫正机的矫正原理相同。矫正时，型钢通过上、下两列辊轮之间反复的弯曲，以达到矫正的目的。型钢撑直机是利用反变形的原理来矫正型钢，见图 10-7，主要用于矫正角钢、槽钢、工字钢等，也可以用来进行弯曲成形。

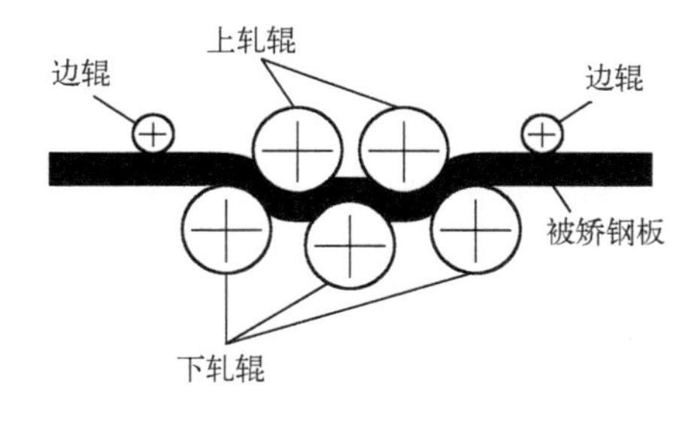

图 10-6　钢板矫正机工作原理图

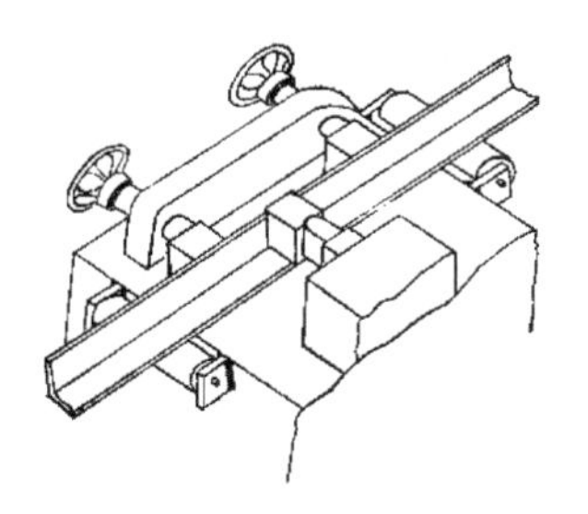

图 10-7　撑直法示意图

3. 火焰矫正法

火焰矫正法是利用可燃气体与助燃气体混合燃烧放出的热量对变形件的局部进行加热，使之产生压缩塑性变形，使伸长的部位冷却后局部缩短，利用收缩产生的变形抵消焊接引起的变形，一般只适用于低碳钢、16Mn 钢。对于中碳钢、高合金钢、铸铁和有色金属等脆性较大的材料，由于冷却收缩变形会产生裂纹，不宜采用。对机械无法矫正的变形，尤其是大型钢结构的变形，采用火焰矫正可达到较好的效果。

确定准确的加热位置、选择好加热温度和加热方式是提高火焰矫正效果的关键。

1）加热位置的确定

加热位置确定得不合适，不但不会矫正原有的变形，反而会增加新的变形。加热位置的选择应根据具体的钢结构变形种类和截面形状来确定，如 H 型钢产生上挠，选择加热位置一般与原变形位置相反。矫正也要遵循杠杆定律，火焰离中性轴越远，矫正力越大。因此确定加热点时首先要看焊件变形大小，变形大时，加热点应选择离中性轴稍远的地方；变形小的，应选择离中性轴稍近的点，切不可矫枉过正。

2）加热温度的控制

矫正中应控制好加热温度，温度过高会使金属材料的晶粒变得粗大，导致钢结构的力学性能降低；温度过低则矫正效果差。常见的结构钢的加热温度一般控制在 600 ～ 800℃之间。现场测温一般是用眼睛观察加热部位的颜色，大致判断加热部位的温度。钢材表面部分颜色与温度的对应关系见表 10-1。

表 10-1　钢材表面颜色与温度的对应关系

颜　色	温度（℃）	颜　色	温度（℃）	颜　色	温度（℃）
深褐色	550～580	暗樱红色	650～730	淡樱红色	800～830
褐红色	580～650	深樱红色	730～770	亮樱红色	830～960

3）加热方式

火焰加热方式主要有点状加热、线状加热和三角形加热。

点状加热就是在加热时，加热位置呈点状分布，如图 10-8 所示。加热点直径在 10 ～ 30mm 之间，点距宜控制在 50 ～ 100mm 之间，呈梅花状分布，加热后“点”的周围向中心收缩，使变形得以矫正。

线状加热是指加热时火焰呈直线方向移动，或沿移动方向稍作横向摆动，连续加热金属表面，形成一条宽度不大的线。线状加热按照路线可分为直线加热、环线加热和摆动曲线加热，如图 10-9 所示。线状加热的特点是横向收缩量一般大于纵向收缩量，横向收缩使构件产生角变形。线状加热多用于较厚板（10mm 以上）的角变形、弯曲变形、扭曲变形等的矫正。图 10-10 所示为箱形梁扭曲变形线状加热示意图。当封闭箱体装配焊接后，翼板局部向箱体内凹陷，无法进入箱体内矫正时，在凹陷处周围采用中性火焰线状加热，同时紧固螺栓，向外提拉，也可以达到预期的效果，如图 10-10（b）所示。

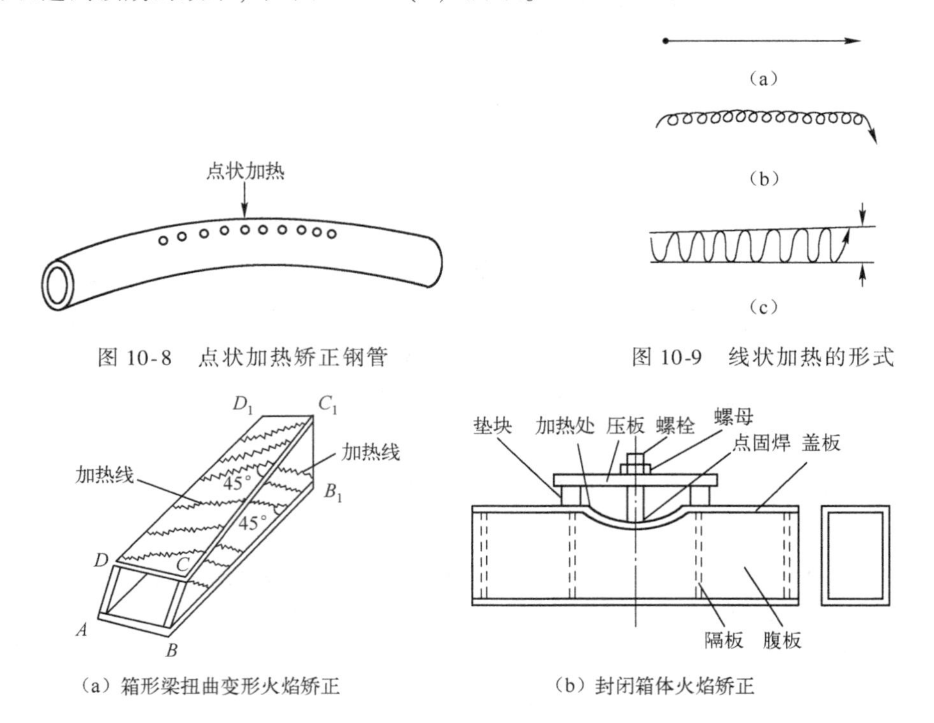

图 10-8　点状加热矫正钢管

图 10-9　线状加热的形式

（a）箱形梁扭曲变形火焰矫正

（b）封闭箱体火焰矫正

图 10-10　箱形梁扭曲变形线状加热示意图

三角形加热是指加热时加热区域形状呈等腰三角形，加热面的高度与底边宽度一般控制在型材高度的 1/5 ～ 2/3 范围内。加热面应该在构件变形突出的一侧，三角形顶部在内侧，底部在工件外侧边缘处，加热后所产生的收缩量从三角形顶点起沿等腰边逐渐增大，冷却后凸起部分收缩使工件得到矫正。因此三角形加热常用于 H 形钢构件、工字形钢构件的拱变形和旁弯的矫正。图 10-11 为三角形加热在工字形、T 形梁中的应用举例。

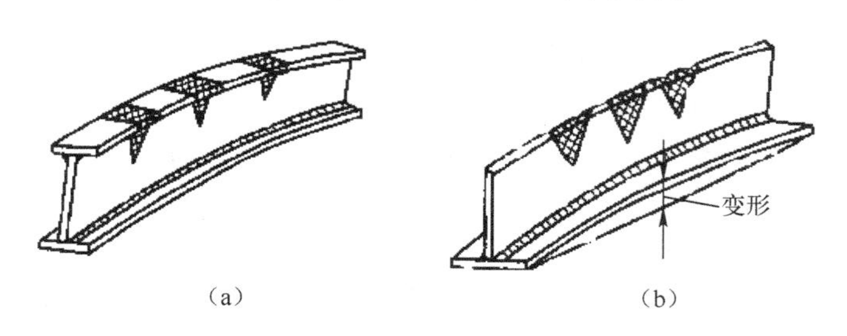

图 10-11　三角形加热举例

任务 10.3　防止和减少变形的措施

知识分布网络

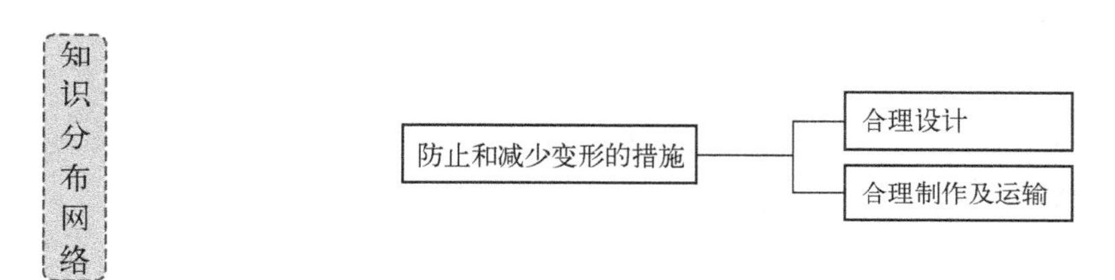

大量的实践说明，变形严重地影响着钢结构的制造和安装，并对它们的运营使用造成了很大困难和不利影响。人们普遍认为，从某种意义上来说，防止变形比矫正变形更为重要。要防止和减少变形的发生就要针对变形产生的原因，从设计、焊接工艺、制造过程和运装使用等方面采取措施。

1. 控制变形的设计措施

1) 选择合理的结构形式

选择的结构形式要尽量使构件稳定，例如，箱形构件就比槽形的稳定；薄壁箱形构件的内隔板布置要合理，特别是两端的内隔板要尽量向端部布置；构件的悬出部分不宜过长；构件放置或吊起的支承部位应具有足够的刚度等。

2) 设计合理的焊缝

焊缝尺寸过大，不但增加焊接工作量，而且也增大焊接变形。因此，在保证结构的承载能力条件下，应该尽量采用较小的焊脚尺寸。

另外，还要设计合理的坡口形式。例如，从减少焊缝横向收缩量的角度看，采用 X 形坡口或 U 形坡口对接接头的收缩量比 V 形坡口的小。又如，同是 V 形坡口，也会因为坡口角度不同而产生不同的角变形，坡口角度大者角变形也大。

除对焊缝进行详细的计算以外，还要尽可能使焊缝的布局有利于减少变形。要从以下几个方面考虑：

(1) 对称地布置焊缝，以使焊缝产生的变形有可能互相抵消，并尽量将焊缝安排在靠近构件重心线的区域内，使整个构件变形量减少；

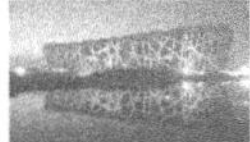

(2) 尽量减少焊缝的长度;

(3) 焊缝避免过分集中，特别是在一个狭小的区域内更应注意;

(4) 相互平行的焊缝之间距离不宜太近;

2. 制造和使用过程中控制变形的措施

零件加工时要预留足够而合理的焊接和热矫正收缩量及加工余量；此外，还要保证精度。控制构件形状尺寸的零件加工时要严格控制，不得超差。

3. 组装过程中的变形控制措施

组装质量对变形的影响很大。在组装工序中若能采取适当措施，对防止和控制变形会起到很重要的作用。除上述合理选择组装顺序外，还要注意以下几点:

(1) 复查零件，检查零件的加工是否合乎技术要求;

(2) 组装场地或操作台架要平整，支撑点的数量要充足，支撑的位置要正确，以避免在组装过程中零部件产生变形;

(3) 严格按照技术标准和工艺要求进行认真组装，要保证各个零件的正确位置，组装缝隙要合乎要求，点固焊之后要认真检查，必要时宁可重新组装;

(4) 组装时若需使用手锤、大锤、千斤顶、卡拦、撬棍等工具，应当使用得当、合理，不要使零件产生强迫变形，尽量避免强迫组装，以免产生较大的组装应力而使焊后变形增大。

4. 运装过程中的变形控制措施

(1) 吊点的位置要正确，特别是薄壁杆件或细长杆件不能任意钩吊，必要时可增加吊点数量，制作专用用具。需要翻转的大型构件，应制作翻转胎具。

(2) 在吊运构件时，要严格执行吊运操作规则，避免发生碰扭、脱钩、断绳等事故；在吊运重量很大的有利棱构件时，钢丝绳和利棱之间要垫以木块或圆滑垫板，以免利棱将绳切断。在吊运已经油漆的构件和易脱滑构件时，要在钢丝绳与构件之间加垫防滑物（木、麻、布等）。

(3) 构件放置时要注意有足够的支撑点，支撑位置要恰当。在构件上面再堆放构件时同样要注意此问题，不要因堆放不当而产生变形。

知识梳理与总结

本单元简要讲述了钢结构的常见变形及控制方法和矫正措施，学习时需注意以下两点:

(1) 钢结构应合理进行构造设计以减少变形，在钢结构制作及运输安装时均应注意防止和控制变形;

(2) 钢结构变形矫正应针对不同情况采取相应的矫正方法。

思考题 10

(1) 钢结构常见变形有哪些?

(2) 钢结构的变形矫正方法主要有哪几种?

(3) 什么是人工矫正法（又称手工矫正）?

(4) 火焰矫正法的加热方式主要有哪些?

(5) 控制钢结构变形的设计措施主要有哪些?

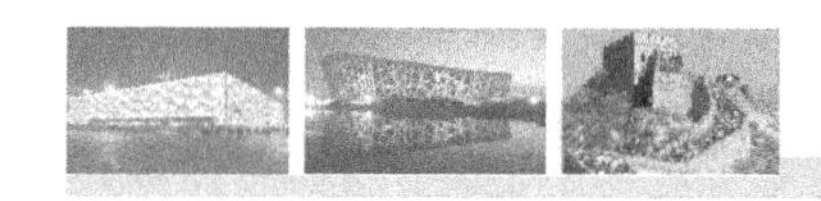

实训10

到钢结构公司学习钢结构变形矫正工作。

(1) 目的：通过到钢结构公司现场学习，在工程师的讲解下，对钢结构变形矫正工作过程有一个详细的了解和认识。

(2) 能力标准及要求：掌握钢结构变形矫正工作要点。

(3) 实训条件：钢结构制作公司。

(4) 步骤如下：

① 课堂讲解钢结构变形矫正工作，观看变形矫正和注意事项视频；

② 结合课堂内容及问题，组织钢结构变形矫正现场学习，详细了解钢结构变形矫正的准备、工艺流程、注意事项及可能出现的问题等；

③ 完成钢结构变形矫正现场的学习报告，内容主要是钢结构变形矫正工作要点。

学习单元11 钢结构防腐涂装

教学导航

教	知识重点	1. 钢结构腐蚀及防护； 2. 钢结构防腐涂装
	知识难点	钢结构防腐涂装
	推荐教学方式	1. 利用多媒体，借助实际案例、钢结构防腐涂装图片演示讲解； 2. 钢结构防腐涂装现场教学
	建议学时	3 学时
学	推荐学习方法	以参观实际钢结构防腐涂装工程进行学习
	必须掌握的理论知识	钢结构防腐用材分类及标准
	必须掌握的技能	钢结构防腐涂装的工序

任务 11.1 钢结构腐蚀及防护

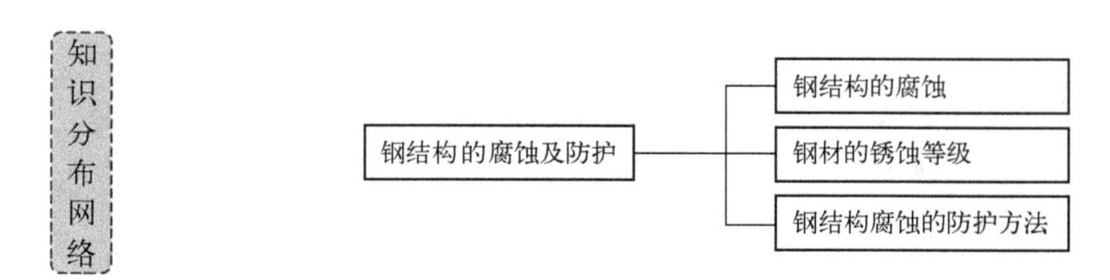

钢结构虽然具有轻质、高强，适用于大跨度、大柱距和大吨位负荷，抗震性能好，制作方便，施工安装速度快和建设周期短等一系列优点，但在使用过程中由于受到各种介质的作用而容易腐蚀。钢结构的腐蚀不仅会造成自身的经济损失，还直接影响生产和安全，损失价值要比钢结构本身大得多。因此，做好钢结构防腐蚀工作具有重要的经济和社会意义。

1. 钢结构腐蚀的临界湿度

钢结构在大气环境中，由于受大气中水分、氧和其他污染物的作用而易被腐蚀。大气中的水分吸附在钢材表面上形成的水膜，是造成钢材腐蚀的决定因素。大气的相对湿度保持在60%以下，钢材的大气腐蚀是很轻微的；但当大气湿度增加到某一数值时，钢材的腐蚀速度突然加快，这一数值称为临界湿度。在常温下，一般钢材的临界湿度为60%～70%。

2. 钢结构腐蚀的种类

1）城市大气腐蚀

城市大气中含有一定的二氧化硫或其他腐蚀物质，各地区的大气相对温度，由于气候的不同而有差异，所以各地的城市大气对金属腐蚀的程度也是不同的。

气候干燥的地区，大气能使金属表面产生很薄的一层氧化膜。该膜能阻碍水和氧等物质的渗透，对金属具有一定的保护作用，随着膜的厚度增加，腐蚀速度逐渐减慢。在干燥的大气条件下，即使大气中含有少量的腐蚀物质，也不会对金属的腐蚀速度产生多大的影响。潮湿的大气是对金属腐蚀的基本条件。纯净的潮湿大气，对金属腐蚀的影响并不严重，也无速度突变现象；当潮湿的大气中含有腐蚀物质时，即使含量很低，也会严重地影响对金属腐蚀的速度，并使速度有明显的突变。

2）工业大气腐蚀

在一般工业密集区的大气中，主要腐蚀物质是二氧化硫和灰尘；在化工工业区的大气中，除含有 SO_2 外，还含有如 H_2S、Cl_2、HCl、NH_3 和 NOx 等气体腐蚀物质。在干燥的大气中，这些腐蚀物质的存在，对金属腐蚀的影响并不严重。但它会使大气的腐蚀临界湿度值降低，从而提供加速腐蚀的机会。在潮湿的大气中，这些腐蚀物质被金属表面的水膜溶解后，形成导电性能良好的电解质溶液，将严重地影响腐蚀速度和程度。

3）海洋大气腐蚀

海水中有约3.4%的盐，pH≈8，呈微碱性，是天然良好的电解质溶液，能引起电偶腐蚀。建筑在海洋中的工程，水下部分受海水的浸蚀，水上部分受海洋大气的腐蚀。海洋大气与工业大气虽然环境与条件不同，但对金属的腐蚀都较为严重。近海工业区的建筑，因同时受海洋大气和工业大气的腐蚀，其腐蚀程度要比上述任何一种单独的大气腐蚀严重得多。

3. 钢材的锈蚀等级

钢材的锈蚀程度对钢结构的涂装质量及结构的安全性有重要影响，钢结构涂装前应该根据

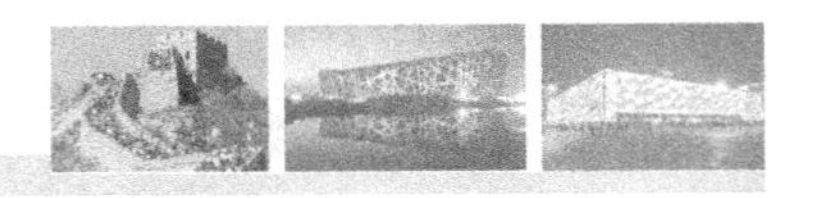

锈蚀程度按照国家标准《涂装前钢材表面锈蚀等级和除锈等级》（GB 8923—2008）的规定判断锈蚀等级，钢材表面分为A、B、C、D四个锈蚀等级，见图11-1。不同的锈蚀等级对钢材的表面处理及涂装要求均不同，D级锈蚀的钢材不得作为主要受力构件。

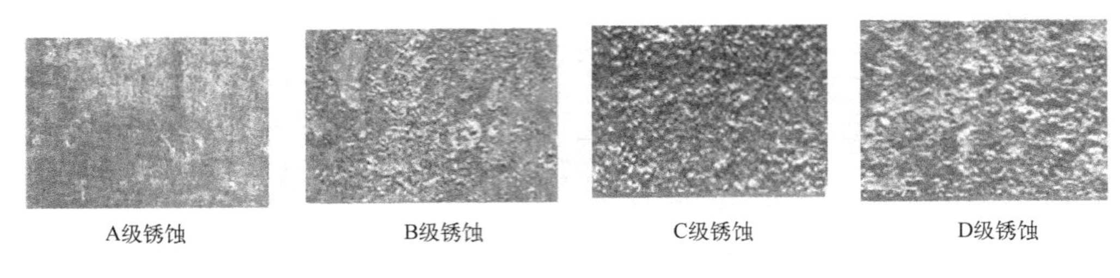

图11-1　锈蚀等级

A级锈蚀：全面覆盖着氧化皮，几乎没有铁锈的钢材表面。

B级锈蚀：已发生锈蚀，并且有部分氧化皮剥落的钢材表面。

C级锈蚀：氧化皮因锈蚀而剥落，或者可以刮除，并有少量点蚀的钢材表面。

D级锈蚀：氧化皮因锈蚀而全面剥落，并且普遍发生点蚀的钢材表面。

4. 钢结构腐蚀的防护方法

钢结构在各种大气环境条件下使用产生腐蚀，是一种自然现象。从金属腐蚀的原理知道，金属的腐蚀，是当金属在大气中与腐蚀介质接触时，由于形成了腐蚀原电池所造成的。显然，要消除金属表面的电化学不均匀性是非常困难的，但如果使用绝缘性的保护层把金属与腐蚀介质隔离开来，腐蚀原电池便不能产生，从而可达到防腐蚀的目的。

采用防护层的方法防止金属腐蚀是目前应用得最多的方法。常用的保护层有以下几种。

1）金属保护层

金属保护层是用具有阴极或阳极保护作用的金属或合金，通过电镀、喷锌、化学镀、热镀和渗镀等方法，在需要防护的金属表面形成金属保护层（膜）来隔离金属与腐蚀介质的接触，或利用电化学的保护作用使金属得到保护，从而防止腐蚀。金属镀层多用在轻工、仪表等制造行业，钢管和薄铁板也常用镀锌的方法。

2）化学保护层

化学保护层是用化学或电化学方法，使金属表面生成一种具有耐腐蚀性能的化合物薄膜，以隔离腐蚀介质与金属接触，来防止对金属的腐蚀。

3）非金属保护层

非金属保护层是用涂料、塑料等材料，通过涂刷和喷涂等方法，在金属表面形成保护膜，使金属与腐蚀介质隔离，从而防止金属的腐蚀。如钢结构、设备、桥梁、交通工具和管道等的涂装，都是利用涂层来防止腐蚀的。目前国内外基本采用涂装非金属保护层的方法进行防护。

任务11.2　钢结构表面处理

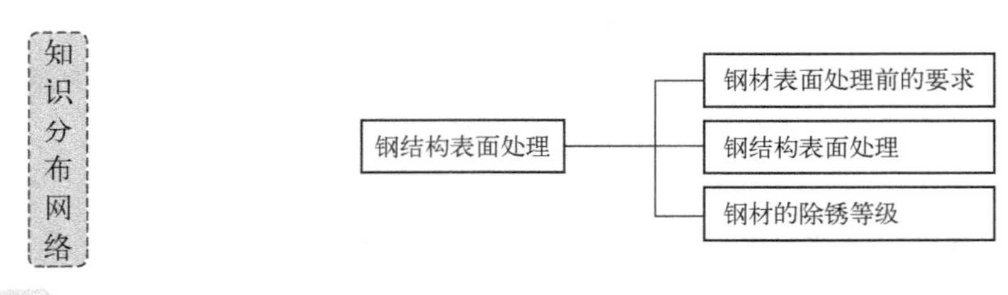

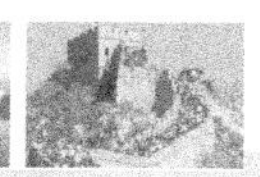

钢材表面处理有两个目的：一是要除尽氧化皮、锈和污物，最大限度地使金属基层露出来；二是使表面获得一个适度的粗糙度。这两个目的最终都是为了提高涂层的附着力和防腐蚀能力。钢材（包括加工后的成品和半成品，以下同）的表面处理应严格按设计规定的除锈方法施工，并达到规定的除锈等级。

11.2.1 钢材表面处理前的要求

（1）加工的构件和制品，应经验收合格后，方可进行表面处理。

（2）钢材表面的毛刺、焊瘤、飞溅物、灰尘等，应在除锈前清理干净。

（3）钢材表面若有油污和油脂，应在除锈前清除干净，可采用有机溶剂或热碱进行清洗。

（4）钢材表面有酸、碱、盐时，可用热水或蒸气冲洗掉，但应注意废水的处理，不能造成环境污染。

11.2.2 钢结构表面处理

1. 钢材表面保养漆的处理

有些新轧制的钢材，为了防止在短期内存放和运输过程中不锈蚀，而涂上保养漆。对涂有保养漆的钢材，要视具体情况进行处理。如保养漆采用固化剂固化的双组份涂料，而且涂层基本完好，则可用砂布、钢丝绒进行打毛或采用轻度喷射方法处理，即可进行下一道工序的施工。

2. 油污及旧涂层的清除

钢材表面除本身产生的氧化皮和锈以外，还有在加工制作或运输、储存过程中带来的污染物，如油脂、灰尘等。这些污染物直接影响涂层的附着力、均匀性、致密性和光泽。因此，在钢材表面除锈前要先清除油污等外来污物。

3. 铁锈的清除方法

1）手工除锈

手工除锈是最早应用的表面处理方法，用于小面积的部位及不需要进行喷砂处理的地方。工具简单，施工方便，但生产效率低、劳动强度大、除锈质量差、影响周围环境，一般只能除掉疏松的氧化皮、较厚的锈和鳞片状的旧涂层。对于附着力牢固的氧化皮、锈皮等则无能为力。在金属制造厂加工制造钢结构时不宜采用此法，所以目前仅用于机械除锈达不到的局部部位除锈。常用的工具有砂布、砂纸、钢丝刷、刮刀等。在手工除锈前，通常需要先行除去堆积的油和污物。现在手工除锈主要是作为辅助手段，如在喷射除锈前，对厚锈、松散起泡的旧涂膜先进行手工铲除，可以节省喷射的成本。

2）动力工具除锈

动力工具除锈是利用压缩空气或电能为动力，使除锈工具产生圆周式或往复式的运动，当与钢材表面接触时，利用其摩擦力和冲击力来清除锈和氧化皮等物。动力工具除锈比手工工具除锈效率高、质量好，是目前一般涂装工程除锈较为常用的方法。常用的除锈工具有磨光机、砂轮机等。

3）喷射除锈

喷射除锈是利用经油、水分离处理过的压缩空气将磨料带入并通过喷嘴以高速喷向钢材表

面，利用磨料的冲击和摩擦力将氧化皮、锈及污物等除掉，同时使表面获得一定的粗糙度，以利于漆膜的附着。

4）抛射除锈

抛射除锈是利用抛射机叶轮中心吸入磨料和叶尖抛射磨料的作用进行工作。磨料被叶轮加速后，射向物件表面，以高速的冲击和摩擦除去钢材表面的锈和氧化皮等污物。图11-2所示为目前企业普遍采用的抛丸除锈机。

图11-2　抛丸除锈机

抛射除锈可以提高钢材的疲劳强度和抗腐蚀应力，并对钢材表面硬度也有不同程度的提高；其劳动强度比喷射方法低，对环境的污染程度较轻，而且费用也比喷射方法低。抛射除锈的不足之处是扰动性差，磨料选择不当，则易使被抛件（较薄物件）变形。

一般抛射除锈常使用的磨料为钢丸和铁丸。磨料的粒径以选用0.5～2.0mm之间为宜。

5）火焰除锈

火焰除锈是利用火焰产生的高温将钢材表面的污物燃烧去除。同时，在高温下铁锈及氧化皮与钢材热膨胀系数不同，产生凸起、开裂，从而与钢材基面剥离，达到最终除锈的目的。目前常采用氧气-乙炔火焰来除锈。

4. 摩擦面的处理和保护

高强度螺栓连接是钢结构中普遍采用的连接方式，摩擦面质量决定其抗滑移系数，直接关系到高强度螺栓连接的承载能力，对结构的安全性影响重大。因而，高强度螺栓连接摩擦面的处理和防护问题不容忽视。

摩擦面的处理一般采用砂轮打磨或喷钢丸处理方法。

砂轮打磨的方向是砂轮打磨处理方法中的一个关键问题。它必须根据设计的受力方向，使打磨方向与之垂直。因此对于摩擦面在绘制加工详图时必须在图上标出受力方向，构件加工时在构件上相应标出受力方向。对于有些构件受力方向不易判断，应全部采用喷丸处理。

对柱体的连接板、牛腿等可预先进行磨擦面加工后装焊到柱体上，然后柱体在整个喷丸时再次进行处理。处理后的摩擦面进行妥善保护，摩擦面不得重复使用。涂装时应对摩擦面进行保护，如采用纸张、塑料布包裹封闭。

11.2.3　钢材的除锈等级

国家标准《涂装前钢材表面锈蚀等级和除锈等级》（GB 8923—2008）中规定，除锈等级分为喷射或抛射除锈、手工和动力工具除锈、火焰除锈三种类型。

1. 喷射或抛射除锈

用字母“Sa”表示，分四个等级：Sa1、Sa2、Sa2½、Sa3，其中Sa3最为彻底。

Sa1：轻度的喷射或抛射除锈。钢材表面应无可见的油脂或污垢，没有附着不牢的氧化皮、铁锈和油漆涂层等附着物。

Sa2：彻底的喷射或抛射除锈。钢材表面无可见的油脂和污垢，氧化皮、铁锈等附着物已基本清除，其残留物应是牢固附着的。

Sa2½：非常彻底的喷射或抛射除锈。钢材表面无可见的油脂、污垢、氧化皮、铁锈和油

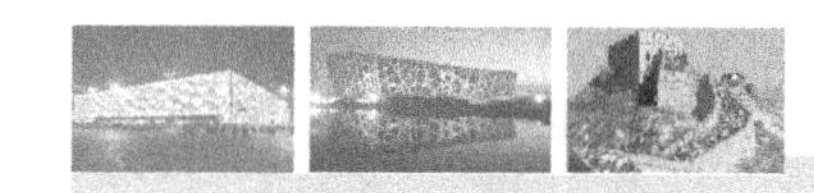

漆涂层等附着物，任何残留的痕迹应仅是点状或条状的轻微色斑。

Sa3：使钢材表观洁净的喷射或抛射除锈。钢材表面无可见的油脂、污垢、氧化皮、铁锈和油漆等附着物，该表面应显示均匀的金属光泽。

2. 手工和动力工具除锈

用字母“St”表示，分两个等级：St2、St3，St3 最为彻底。

St2：彻底手工和动力工具除锈。钢材表面无可见的油脂和污垢，没有附着不牢的氧化皮、铁锈和油漆涂层等附着物。

St3：非常彻底的手工和动力工具除锈。钢材表面应无可见的油脂和污垢，并且没有附着不牢的氧化皮、铁锈和油漆涂层等附着物。除锈应比 St2 更为彻底，底材显露部分的表面应具有金属光泽。

3. 火焰除锈

用字母“F”表示，只有一个等级 FI。

FI：钢材表面应无氧化皮、铁锈和油漆层等附着物，任何残留的痕迹应仅为表面变色（不同颜色的暗影）。

评定钢材表面锈蚀等级和除锈等级，应在良好的散射日光下或在照度相当的人工照明条件下进行。检查人员应具有正常的视力。把待检查的钢材表面与相应的照片进行目视比较。

任务 11.3　钢结构防腐涂装

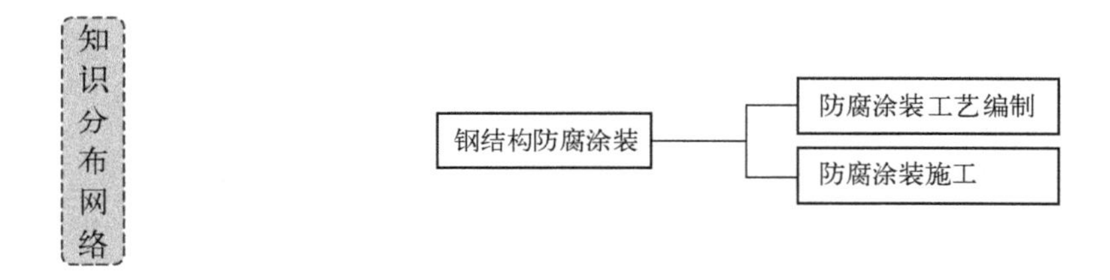

11.3.1　防腐涂装工艺编制

涂装工艺的内容主要包括钢材表面处理、除锈方法的选择和除锈质量等级的确定、涂料品种的选择、涂层结构和涂层厚度设计等。

1. 表面处理（除锈）方法的选择

钢材表面处理是涂装工程中重要的一环，其质量好坏严重影响涂装工程的质量。欧美一些国家认为除锈质量要影响涂装效果的 60% 以上。防腐涂装各因素对涂层质量的影响见表 11-1；钢材表面除锈方法特点见表 11-2；不同除锈方法，在使用同一底漆时，其防护效果也不相同，差异很大，见表 11-3。

表 11-1　防腐涂装各因素对涂层质量的影响

影响质量的因素	影响的程度（%）
表面处理（除锈质量）	49. 5
涂层厚度（涂装道数）	19. 1
涂料品种	4. 9
其他（施工与管理等）	26. 5

表 11-2 各种除锈方法的特点

除锈方法	设备工具	优点	缺点
手工、机械	砂布、钢丝刷、铲刀、尖锤、平面砂轮机、动力钢丝刷	工具简单、操作方便、费用低	劳动强度大、效率低、质量差、只能满足一般的涂装要求
喷射	空气压缩机、喷射机、油水分离器等	能控制质量、获得不同要求的表面粗糙度	设备复杂、需要一定的操作技术、劳动强度较高、费用高、污染环境
酸洗	酸洗槽、化学药品、厂房等	效率高、适用大批件、质量较高、费用较低	污染环境、废液不易处理，工艺要求较严

表 11-3 不同除锈方法的防护效果（年）

除锈方法	红丹、铁红各两道	铁红两道
手工	2～3	1.2
A 级不处理	8.2	3.0
酸洗	<9.7	4.6
喷射	<10.3	6.3

选择除锈方法时，除要根据各种方法的特点和防护效果外，还要根据涂装的对象、目的、钢材表面的原始状态、要求达到的除锈等级、现有的施工设备和条件、施工费用等，进行综合比较，最后才能确定。

2. 除锈等级的确定

钢材表面除锈等级确定过高，会造成人力、财力的浪费；过低会降低涂层质量，起不到应有的防护作用，反而是更大的浪费。单纯从除锈等级标准来看，Sa3 级标准质量最高，但它需要的条件和费用也最高。据文献报导，达到 Sa3 级的除锈质量，只能在相对湿度小于 55% 的条件下才能实现。一般情况下，常采用的喷射或抛射除锈只需达到 Sa2 或 Sa2½ 即可。

3. 涂料品种的选择

涂料选用正确与否，对涂层的防护效果影响很大。涂料选用得当，其耐久性长，防护效果好；相反，则防护时间短，防护效果差。涂料品种的选择取决于对涂料性能的了解程度、预测环境对钢结构及其涂层的腐蚀情况和工程造价。

涂料种类很多，性能各异。《验收规范》对各种涂料要求最低的除锈等级作了规定，见表 11-4。

表 11-4 各种底漆或防锈漆要求最低的除锈等级

涂料品种	除锈等级
油性酚醛、醇酸等底漆或防锈漆	St2
高氯化聚乙烯、氯化橡胶、氯磺化聚乙烯、环氧树脂、聚氨酯等底漆或防锈漆	Sa2
无机富锌、有机硅、过氯乙烯等底漆	Sa2½

涂料在钢构件上成膜后，要受到大气和环境介质的作用，使其逐步老化以至损坏。为此，对各种涂料抵抗环境条件的作用情况必须了解，见表 11-5。

表11-5 与各种大气适应的涂料种类

名称	城镇大气	工业大气	化工大气	海洋大气	高温大气
酚酸漆	△				
醇酸漆	√	√			
沥青漆			√		
环氧树脂漆			√	△	△
过氯乙烯漆			√	△	
丙烯酸漆		√	√	√	
氯化橡胶漆		√	√	△	
氯磺化聚乙烯漆		√	√	√	△
有机硅漆					√
聚氨酯漆		√	√	√	△

注：√—可用；△—尚可用。

4. 涂装方法的选择

涂料施工方法的选择，一般应根据被涂物的材质、形状、尺寸、表面状态、涂料品种、施工现场的环境和现有的施工工具（或设备）等因素来考虑确定。常用的涂料施工方法比较见表11-6，各种涂料与相适应的施工方法见表11-7。

表11-6 常用的涂料施工方法比较

注：摘自《钢结构涂装手册》

施工方法	适用的涂料			被涂物	使用工具或设备	优、缺点
	干燥速度	黏度	品种			
刷涂法	干性较慢	塑性小	油性漆、酚醛漆、醇酸漆等	一般构件及建筑物、各种设备及管道	各种毛刷	投资少、施工方法简单、适于各种形状及大、小面积的涂装；缺点是装饰性较差、施工效率低
手工滚涂法	干性较慢	塑性小	油性漆、酚醛漆、醇酸漆等	一般大型平面的构件和管道等	滚子	投资少、施工方法简单、适用于大面积物的涂装；缺点同刷涂法
浸涂法	干性适当、流平性好、干燥速度适中	触变性小	各种合成树脂涂料	小型零件、设备和机械部件	浸漆槽、离心及真空设备	设备投资较少、施工方法简单、涂料损失少、适于构造复杂的构件；缺点是流平性不太好，有流坠现象，溶剂易挥发
空气喷涂法	挥发快、干燥适中	黏度小	各种硝基漆、橡胶漆、过滤乙烯漆、聚氨酯漆等	各种大型构件、设备和管道	喷枪、空气压缩机、油水分离器等	设备投资较多，施工方法较复杂、施工效率较刷涂法高；缺点是损耗涂料和溶剂量大，污染现场，易引起火灾
无气喷涂	具有高沸点溶剂的涂料	高不挥发份，有触变性	厚浆型涂料和高不挥发份分涂料	各种大型钢结构、桥梁、管道、车辆和船舶等	高压无气喷枪、空气压缩机	设备投资较多，施工方法较复杂，效率比空气喷涂法高，能获得厚涂层；缺点是损失部分涂料，装饰性较差

表 11-7　各种涂料与相适应的施工方法

施工方法 \ 涂料种类	酯胶漆	油性调和漆	醇酸调和漆	酚醛漆	醇酸漆	沥青漆	硝基漆	聚氨酯漆	丙烯酸漆	环氧树脂漆	过氯乙烯漆	氯化橡胶漆	氯磺化聚乙烯漆	聚酯漆	乳胶漆	有机硅漆
刷　涂	1	1	1	1	2	2	4	4	4	3	4	3	2	2	1	3
滚　涂	2	1	1	2	2	3	5	3	3	3	5	3	3	2	2	3
浸　涂	3	4	3	2	3	3	3	3	3	3	3	3	3	1	2	1
空气喷涂	2	3	2	2	1	2	1	1	1	2	1	1	1	2	2	1
无气喷涂	2	3	2	2	1	3	1	1	1	2	1	1	1	2	2	1

注：1——优，2——良，3——中，4——差，5——劣。

5. 涂层结构与涂层厚度

(1) 涂层结构的形式有三种：底漆—中漆—面漆；底漆—面漆；底漆和面漆是同一种漆。

涂层中的底漆主要起附着和防锈作用，面漆主要起防腐蚀耐老化作用；中漆的作用是介于底、面漆两者之间，并能增加漆膜总厚度。所以，它们不能单独使用，只有配套使用，才能发挥最佳的作用，并获得最佳的效果。在作用时，各层漆之间不能发生互溶或“咬底”的现象。

(2) 确定涂层厚度的主要因素有钢材表面原始粗糙度、钢材除锈后的表面粗糙度、选用的涂料品种、结构使用环境对涂层的腐蚀程度、涂层维护的周期等。

涂层厚度要适当。过厚，虽然可增强防护能力，但附着力和机械性能都要降低，而且要增加费用；过薄，易产生肉眼看不见的针孔和其他缺陷，起不到隔离环境的作用。根据有关文献，钢结构涂装涂层厚度可参考表 11-8。

表 11-8　钢结构涂装涂层厚度（μm）

名　称	基本涂层和防护涂层					附加涂层
	城镇大气	工业大气	海洋大气	化工大气	高温大气	
醇酸漆	100～150	125～175				25～50
沥青漆			180～240	150～210		30～60
环氧漆			175～225	150～200	150～200	25～50
过氯乙烯漆				160～200		20～40
丙烯酸漆		100～140	140～180	120～160		20～40
聚氨酯漆		100～140	140～180	120～160		20～40
氯化橡胶漆		120～4160	160～200	140～180		20～40

11.3.2　防腐涂装施工

1. 涂装环境的要求

涂装涂料时必须注意的主要因素是钢材表面状况、钢材温度和涂装时的大气环境。通常涂装施工工作应该在 5 ～ 38℃间，相对湿度在 85% 以下的气候条件中进行。而当表面受大风、雨、雾或冰雪等恶劣气候的影响时，则不能进行涂装施工。控制空气的相对湿度，并不能完全表示出钢材表面的干湿程度。《建筑防腐蚀工程施工及验收规范》（GB 50212—2002）规定，钢材表面的温度必须高于空气露点温度 3℃以上，方能进行施工。露点温度可根据空气温度和相对湿度从表 11-9 中查得。

例如：测得空气温度为 15℃，空气相对湿度为 80%，从表 10-9 中查得露点温度为 11.5℃，则钢材表面的温度应在 11.5 +3 =14.5℃以上，才能施工。

表 11-9 露点值查对表

环境温度（℃）	相对湿度（%）								
	55	60	65	70	75	80	85	90	95
0	-7.9	-6.8	-5.8	-4.8	-4.0	-3.0	-2.2	-1.4	-0.7
5	-3.3	-2.1	-1.0	0.0	0.9	1.8	2.7	3.4	4.3
10	1.4	2.6	3.7	4.8	5.8	6.7	7.6	8.4	9.3
15	6.1	7.4	8.6	9.7	10.7	11.5	12.5	13.4	14.2
20	10.7	12.0	13.2	14.4	15.4	16.4	17.4	18.3	19.2
25	15.6	16.9	18.2	19.3	20.4	21.3	22.3	23.3	24.1
30	19.9	21.4	22.7	23.9	25.1	26.2	27.2	28.2	29.1
35	24.8	26.3	27.5	28.7	29.9	31.1	32.1	33.1	34.1
40	29.1	30.7	32.2	33.5	34.7	35.9	37.0	38.0	38.9

此外，在有雨、雾、雪和较大灰尘的环境下，以及涂层可能受到油污、腐蚀介质、盐分等污染的环境下，没有安全措施和防火、防爆工具条件下的施工均需备有可靠的防护措施。

2. 基底处理要求

表面涂装前，必须清除一切污垢，以及搁置期间产生的锈蚀和老化物，运输、装配过程中的部位及损伤部位和缺陷处，均需进行重新除锈。上述作为隐蔽工程，填写隐蔽工程验收单，交监理或业主验收合格后方可施工。

钢结构工程有一些部位是禁止涂漆的，为防止误涂，施工前必须进行遮蔽保护。禁止涂漆的部位如下：

（1）地脚螺栓和底板、高强度螺栓连接摩擦面；

（2）结构上的构件编号及其他各种标志，如基础号、预装连接有关的编号等均应以颜色涂于易识别部位，凡有冲打编号处不加涂底，而以鲜明油漆划出一框，加以显示；

（3）结构件与混凝土接触部分不许涂底，而以水泥浆涂刷；

（4）工地焊缝在距焊缝 50 ～ 100mm 处不予涂底。

3. 涂装材料准备

涂料及辅助材料（溶剂或稀释剂等）进厂后，应检查有无产品合格证和质量检验报告单，若没有，则不应验收入库。施工前应对涂料型号、名称和颜色进行校对，是否与设计规定相符；同时检查制造日期，若超过储存期，应重新取样检验，质量合格后才能使用，否则禁止使用。

涂料在开桶前，应充分摇匀。开桶后，原漆应不存在结皮、结块、凝胶等现象，有沉淀应能搅起，有漆皮应除掉。

4. 涂装施工程序

1）杆件预涂装

对于隐蔽部位，由于构件成型后无法除锈，因此要进行预涂装，即将原材料除锈，喷涂一道底漆，然后进行切割下料；对于关键焊接部位，除锈后不油漆。

2）正式涂装

正式涂装需按照底漆—中漆—面漆的顺序采用喷涂或刷涂的方法依次涂装。

5. 涂装施工注意事项

（1）钢材表面处理后，一般在4小时内涂上底漆，摆放时间过长会使抛丸工作失去效果。

（2）喷涂防腐材料应按顺序进行，先喷底漆，使底层完全干燥后方可进行封闭漆的喷涂施工，做到每道工序严格受控。施工完的涂层应表面光滑、轮廓清晰、色泽均匀一致、无脱层、不空鼓、无流挂、无针孔。

（3）漆膜厚度是使防腐涂料发挥最佳性能的关键因素，施工时应按使用量进行涂装，经常使用湿膜测厚仪测定湿膜厚度，以控制干膜厚度并保证厚度均匀。

知识梳理与总结

本单元简要讲述了钢结构防腐涂装，学习时需注意以下两点：

（1）钢结构表面处理应符合有关标准要求；

（2）钢结构防腐涂装应按设计要求结合实际合理选取涂料和涂装方法。

思考题 11

（1）钢材的锈蚀等级有哪几种？

（2）钢结构腐蚀的防护层有哪几种？

（3）钢材的除锈等级有哪几种？

（4）钢结构防腐涂装施工的要求有哪些？

实训 11

到钢结构公司学习钢结构防腐涂装工作。

（1）目的：通过到钢结构公司现场学习，在工程师的讲解下，对钢结构防腐涂装工作过程有一个详细的了解和认识。

（2）能力标准及要求：掌握钢结构防腐涂装工作要点。

（3）实训条件：钢结构制作公司。

（4）步骤如下：

① 课堂讲解钢结构防腐涂装工作，观看防腐涂装和注意事项视频；

② 结合课堂内容及问题，组织钢结构防腐涂装现场学习，详细了解钢结构防腐涂装的准备、工艺流程、注意事项及可能出现的问题等；

③ 完成钢结构防腐涂装现场的学习报告，内容主要是钢结构防腐涂装工作要点。

学习单元 12

钢构件出厂检验与运输

教学导航

教	知识重点	1. 钢构件检验； 2. 钢构件包装
	知识难点	钢构件包装与运输
	推荐教学方式	1. 利用多媒体，借助实际案例、钢结构包装与运输图片演示讲解； 2. 钢结构包装、运输现场教学
	建议学时	2 学时
学	推荐学习方法	以参观实际钢结构工程钢构件包装与运输进行学习
	必须掌握的理论知识	钢构件出厂检验内容及包装与标识
	必须掌握的技能	合理组织钢构件出厂检验、包装与运输

任务 12.1 钢构件出厂检验与堆放

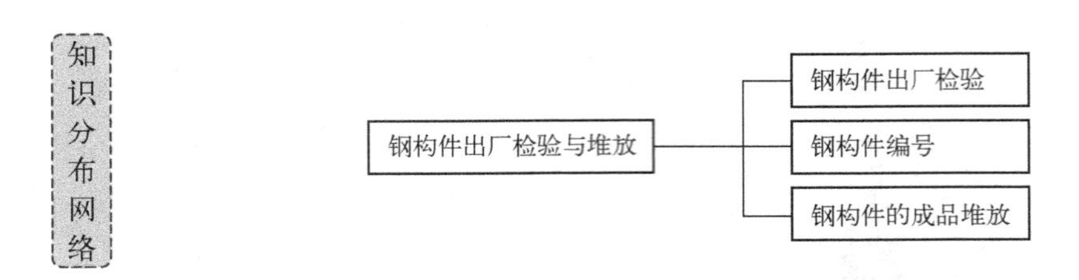

1. 钢构件出厂检验

制成的构件，应在涂刷前交质检部门作最后检验，若合同有规定，则须有建设单位的检验人员共同进行检验。

交货时，应具备下列文件备查或供安装单位核对：

(1) 最后更改完整的施工详图及安装布置图；

(2) 设计单位或建设单位对设计修改表示同意的证明文件；

(3) 出厂构件和安装配件的明细表；

(4) 焊接工艺评定报告和焊工技术证书编号表；

(5) 高强度螺栓摩擦面抗滑移系数试验报告；

(6) 检验合格的构件，技术质量检验部门应在提出的检验证书上签章，并按构件标号注明验收构件的主要尺寸、公差，以及对设计的修改和修改的依据。

2. 钢构件编号

钢构件在出厂前需要进行编号，以便于清理和交接验收，编号时必须遵循如下原则：

(1) 构件编号唯一性原则。所有构件必须编号，每一个构件只能有一个编号，所有的构件编号不允许有重复。

(2) 醒目性原则。构件的编号必须醒目且编在观察者易于观测的位置，编号的字号大小应适中。

(3) 编号不易擦除性原则。编号时采用的颜色笔必须是不易擦除的，以防在运输过程中失去编号。

3. 钢构件的成品堆放

成品验收后，在装运或包装以前堆放在成品仓库。目前，国内钢结构产品的主件大部分露天堆放，部分小件一般可用捆扎或装箱的方式放置于室内。由于成品堆放的条件一般较差，所以堆放时更应注意防止失散和变形。

成品堆放时应注意下述事项：

(1) 堆放场地的地基要坚实，地面平整干燥，排水良好；

(2) 堆放场地内备有足够的垫木、垫块，使构件得以放平、放稳，以防构件因堆放方法不正确而产生变形；

(3) 钢结构产品不得直接置于地上，要垫高 200mm 以上；

(4) 侧向刚度较大的构件可水平堆放，当多层叠放时，必须使各层垫木在同一垂线上；

(5) 大型构件的小零件应放在构件的空挡内，用螺栓或铁丝固定在构件上；

(6) 不同类型的钢构件一般不堆放在一起，同一工程的构件应分类堆放在同一地区内，以便于装车发运。

任务 12.2 钢构件包装与运输

知识分布网络

- 钢构件的包装与运输
  - 钢构件的包装
  - 钢构件的标识
  - 钢构件的运输

1. 钢构件的包装

1）包装遵循原则

（1）同部位的杆件尽量包装在一起，可以与安装进度配套运输，保证现场所需构件的及时供应；否则，会出现现场堆积的构件很多，但是构件不配套，影响安装进度。

（2）包装牢固，运输过程中不要出现散包的现象，导致构件混乱，影响施工现场的交接。

（3）每个包装箱内的构件必须与装箱清单一一对应，便于交接与查找。

2）钢构件包装方法

钢构件根据构件的形状、数量、重量可以采用包装箱包装或捆扎包装等形式。

包装箱包装适用于外形尺寸较小、重量较轻、易散失的构件，如连接板、螺栓或标准件等；包装依据安装顺序分单元配套进行，并应有装箱单，箱体一般由钢板或木板制成，箱体上标明箱号、毛重、净重、构件名称编号等，见图 12-1；装箱构件在箱内应排列整齐、紧凑、稳妥牢固，不得窜动，必要时应将构件固定于箱内，以防在运输和装卸时滑动和冲撞。

对于一些细长构件如支撑、腹杆、桁架组合件、檩条钢结构等，一般采用捆扎包装，每捆重量不宜大于 20t，吊具不宜直接钩挂在捆扎件上。直杆件全部用钢框架进行固定，下部用垫木支承，见图 12-2。弯曲杆件也按同类型进行集中堆放，并用钢框架、垫木和钢丝绳进行绑扎固定。

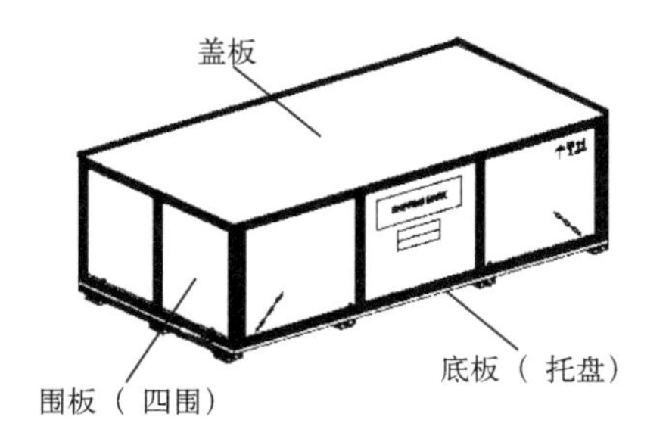

图 12-1 钢构件包装箱包装示意图

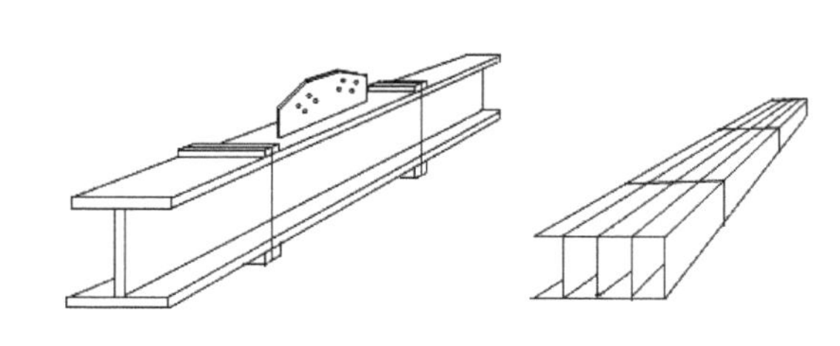
图 12-2 钢构件捆装包装示意图

对于片状构件，如屋架、托架等，平运时易造成变形，单件竖运又不稳定，一般可将几片构件装夹成近似一个框架，其整体性能好，各单件之间互相制约而稳定。

包装注意事项如下：

（1）包装的产品须经产品检验合格，随机文件齐全，漆膜完全干燥。

（2）每个包装的重量一般不超过 3 ～ 5t，包装的外形尺寸根据货运能力而定。若通过汽车运输，一般长度≤12m，个别件不应超过 18m，宽度不超过 2.5m，高度不超过 3.5m，超长、超宽、超高时要做特殊处理。

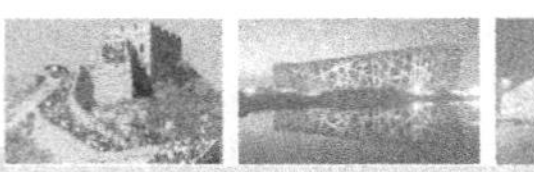

(3) 钢结构的加工面、孔洞和螺纹均应涂以润滑脂和贴上油纸，或用塑料布包裹，螺栓应用木楔塞住。

(4) 一些不装箱的小件和零配件可直接捆扎或用螺栓连在钢构件主体的需要部位，要捆扎、固定牢固，且不影响运输和安装。

(5) 经过油漆的构件，在包装时应使用木材、塑料等垫衬加以隔离保护。

2. 钢构件的标识

(1) 主标记：一般指构件的图号及构件号。其中钢印位置为：柱为两侧面方向标记处，梁、桁架为左侧腹板及上表面。

(2) 方向标记：柱为两侧面，梁、桁架为左侧。

(3) 安装标记：柱的安装中心线、1m 位置线、底板中心线（四侧）。

(4) 重心和吊点标记：重量在 5t 以上的复杂构件，一般要标出重心，重心用鲜红色油漆标出，再加上一个箭头向下，见图 12-3。在通常情况下，吊点的标注是由吊耳来实现的。吊耳也称耳板，见图 12-4，在制作厂内加工、安装好。耳板及其连接焊缝要做无损探伤，以保证吊运构件时的安全。

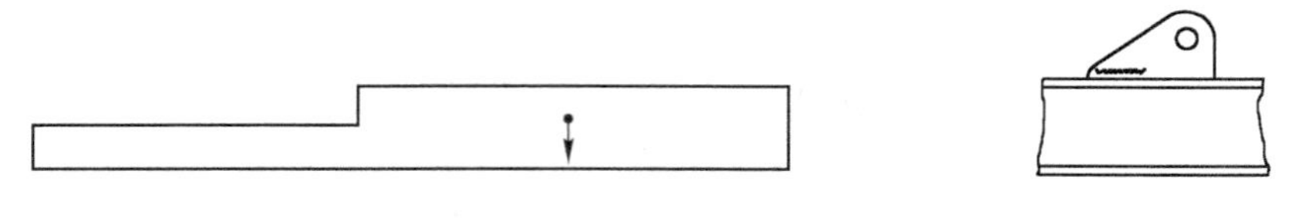

图 12-3　构件的重心标志

图 12-4　吊耳示意图

注意：上述四类标记在制作后油漆前均用钢印在相应的位置标出，并用黄色漆圈住。构件油漆后，各类标记用醒目区别底漆的油漆在构件上写出。

(5) 钢构件包装标记：钢结构构件包装完毕，要对其进行标记。标记一般由承包商在制作厂成品库装运时标明。

对于国内的钢结构用户，其标记可用标签方式带在构件上，也可用油漆直接写在钢结构产品或包装箱上；对于出口的钢结构产品，必须按海运要求和国际通用标准标记。

标记通常包括下列内容：工程名称、构件编号、外廓尺寸、净重、毛重、始发地点、到达港口、收货单位、制造厂商、发运日期等，必要时要标明重心和吊点位置。

3. 钢构件的运输

1) 技术准备

(1) 制订运输方案：根据厂房结构件的基本形式，结合现场起重设备和运输车辆的具体条件制订切实可行、经济实用的装运方案。

(2) 设计、制作运输架：根据构件的重量、外形尺寸，设计制作各种类型构件的钢或木运输架（支承架）。

(3) 验算构件的强度：对大型屋架、多节柱等构件，根据装运方案确定的条件，验算构件在最不利截面处的抗裂度，避免装运时出现裂缝。

2) 运输工具准备

(1) 选定运输车辆及起重工具：根据构件的形状几何尺寸及重量、工地运输起重工具、道路条件及经济效益，确定合适的运输车辆和吊车型号、台数与装运方式。

(2) 准备装运工具和材料：如钢丝绳扣、倒链、卡环、花篮螺拴、千斤顶、信号旗、垫木、木板、汽车旧轮胎等。

3）修筑现场运输道路

（1）按装运构件车辆载重量大小、车体长宽尺寸，确定修筑临时道路的标准等级、路面宽度及路基、路面结构要求，修筑通入现场的运输道路。

（2）查看运输路线和道路：组织运输司机及有关人员，沿途查勘运输线路和道路平整、坡度情况、转弯半径、有无电线等障碍物、过桥涵洞净空尺寸是否够高等。

（3）试运行：将装运最大尺寸构件的运输架安装在车辆上，模拟构件尺寸，沿运输道路试运行。

4）构件准备

（1）清点构件：包括构件的型号和数量，按构件吊装顺序核对、确定构件装运的先后顺序，并编号。

（2）检查构件：包括尺寸和几何形状，埋设件及吊环位置和牢固性，安装孔的位置和预留孔的贯通情况等。

（3）构件的外观检查和修饰：发现存在缺陷和损伤，如裂缝、麻面、破边、焊缝高度不够、长度小、焊缝有灰渣或大气孔等，应经修饰和补焊后，才可运输和使用。

5）构件装载和加固

构件装载时需满足以下要求：

（1）按安装顺序进行配套发运。

（2）装载时保证均衡平稳、捆扎牢固。

（3）运输构件时，根据构件规格、重量选用汽车。大型货运汽车载物高度从地面起控制在4m 以内，宽度不超出车厢，长度前端不超出车身、后端不超出车身 2m。

（4）钢结构长度未超出车厢后栏板时，不准将栏板平放或放下；超出时，构件、栏板不准遮挡号牌、转向灯、制动灯和尾灯。

6）运输

钢构件的运输方式有陆路运输、铁路运输、船运三种，运输方式的选择应考虑经济性、快捷性。一般情况下，国内运输往往采用陆路运输，国外运输一般采用船运。

知识梳理与总结

本单元简要讲述了钢结构构件出厂前的检验、包装和运输，学习时需注意以下三点：

（1）钢构件出厂前要仔细核对各项文件是否齐全，编号是否准确、清楚；

（2）钢构件应做好仓储，保证出库质量；

（3）钢构件包装应牢固、配套，注意文件齐全、标识清楚、防潮、防坏；运输应采用合理机具保证安全。

思考题 12

（1）钢构件出厂前，编号的原则是什么？

（2）钢构件包装与运输中，对钢结构的标识主要有哪些？

（3）简述钢构件的发运全过程。

实训 12

到钢结构公司学习钢结构出厂检验与运输工作。

(1) 目的：通过到钢结构公司现场学习，在工程师的讲解下，对钢结构出厂检验与运输工作过程有一个详细的了解和认识。

(2) 能力标准及要求：掌握钢结构出厂检验与运输工作要点。

(3) 实训条件：钢结构制作公司。

(4) 步骤如下：

① 课堂讲解钢结构出厂检验与运输工作，观看出厂检验与运输和注意事项视频；

② 结合课堂内容及问题，组织钢结构出厂检验与运输现场学习，详细了解钢结构出厂检验与运输的准备、工艺流程、注意事项及可能出现的问题等；

③ 完成钢结构出厂检验与运输现场的学习报告，内容主要是钢结构出厂检验与运输工作要点。

学习单元13

单层钢结构安装施工

教学导航

教	知识重点	1. 安装前期准备； 2. 主体结构安装； 3. 紧固件连接施工； 4. 围护结构安装施工
	知识难点	主体结构安装
	推荐教学方式	1. 利用多媒体，借助实际钢结构工程安装工作视频、图片等演示讲解； 2. 单层钢结构施工现场教学
	建议学时	18 学时
学	推荐学习方法	以参观实际钢结构工程、观看施工视频、图片和现场学习为主
	必须掌握的理论知识	单层钢结构施工方法
	必须掌握的技能	科学组织现场施工

任务13.1 结构吊装机械设备

知识分布网络

13.1.1 卷扬机

卷扬机又称绞车，按驱动方式可分为手动卷扬机和电动卷扬机，见图13-1，是结构吊装最常用的工具。手动卷扬机又称手拉葫芦，用于结构吊装的卷扬机多为电动卷扬机。

手拉葫芦是利用滑轮组成滑轮组、省力不省功的道理制成的一种起吊重物的工具。它适用于工厂、矿山、建筑工地、仓库等场合，用来安装机器、起吊货物和装卸车辆，尤其适用于露天及无电源作业的情况。手拉葫芦具有安全可靠、经久耐用、维护简单、效率高、便于携带等优点。

电动卷扬机主要由电动机、卷筒、电磁制动器和减速机构等组成，分快速和慢速两种。快速电动卷扬机主要用于垂直运输和打桩作业；慢速电动卷扬机主要用于结构吊装、钢筋冷拉、预应力钢筋张拉等作业。

电动葫芦是卷扬机的一种类型，是用途十分广泛的较小型起重设备。电动葫芦的主体是居中的钢丝绳卷筒，一端是电动机，通过中间的转动轴，将动力传递到另一端的减速机，减速机带动卷筒（或环链）钢丝绳起吊重物。其特点是体积小、重量轻、承载能力大，常被安装在桥式起重机和悬挂式起重机上，用来升降和移动物品。

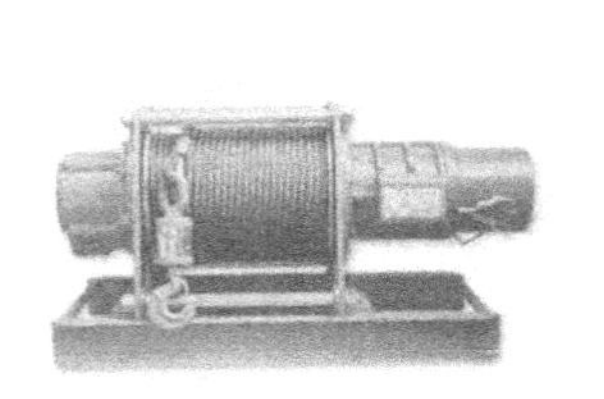

（a）电动卷扬机(卧式)

（b）电动葫芦

（c）手拉葫芦

图13-1 卷扬机

13.1.2 起重机

起重机一般分为自行式起重机、塔式起重机、桅杆式起重机三种。在结构安装中起重机的应用十分普遍。

1. 自行式起重机

自行式起重机分为履带式起重机和轮胎式起重机两种，轮胎式起重机又分为汽车式起重机

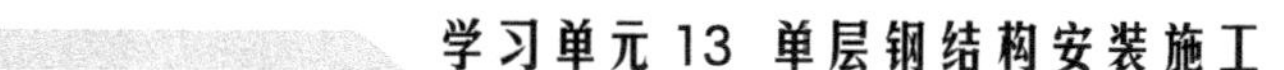

和轮胎式起重机，见图 13-2。自行式起重机的优点是灵活性大，移动方便；缺点是稳定性较差。

（a）履带式起重机　（b）汽车式起重机　（c）轮胎式起重机

图 13-2　自行式起重机

1）履带式起重机

履带式起重机是一种具有履带行走装置的转臂起重机，如图 13-2（a）所示。其起重量和起重高度较大，常用的起重量为 100 ～ 500kN，目前最大起重量达 3 000kN，最大起重高度达 135m。由于履带接地面积大，起重机能在较差的地面上行驶和工作，可负载移动，并可原地回转，故多用于单层工业厂房结构吊装；但其自重大，行走速度慢，稳定性较差，不宜超负荷吊装，远距离转移时，需要其他车辆运载。

2）汽车式起重机

汽车式起重机是一种将起重作业部分安装在汽车通用或专用底盘上、具有载重汽车行驶性能的轮式起重机，如图 13-2（b）所示。因其机动灵活性好，能够迅速转移场地，广泛用于土木工程。

汽车起重机作业时，必须先打支腿，以增大机械的支承面积，保证必要的稳定性。因此，汽车起重机不能负荷行驶。

3）轮胎式起重机

轮胎式起重机不采用汽车底盘，而另行设计轴距较小的专门底盘。其构造与履带式起重机基本相同，只是底盘上装有可伸缩的支腿，起重时可使用支腿以增加机身的稳定性，并保护轮胎，如图 13-2（c）所示。轮胎起重机的优点是行驶速度较高，能迅速地转移工作地点或工地，对路面破坏小。但这种起重机不适合在松软或泥泞的地面上工作。

2. 塔式起重机

塔式起重机有竖立的塔身，吊臂安装在塔身顶部形成 T 形工作空间，因而具有较大的工作范围和起重高度，其幅度比其他起重机高，一般可达到全幅度的 80%。塔式起重机在土木施工中、尤其在高层建筑施工中得到广泛应用，用于物料的垂直与水平运输和构件的安装。

塔式起重机按照行走机构分为固定式、轨道式、爬升式和附着式等多种，见图 13-3。固定式起重机的底座固定在轨道或地面上，或塔身直接装在特制的固定基础上，是应用最广泛的起重机；轨道式起重机装有轨轮，在铺设的钢轨上移动；爬升式起重机置于结构内部，随着结构的升高，以结构为支承而升高；附着式是固定式的一种，也随着结构的升高而不断加长塔身，为了减小塔身的弯矩，在塔身上每隔一定高度用附着杆与结构相连。

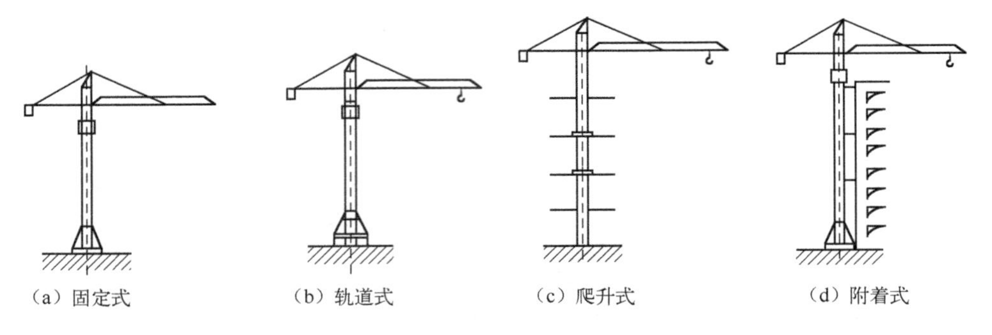

图 13-3　塔式起重机

3. 桅杆式起重机

桅杆式起重机具有制作简单、装拆方便、起重量大（可达 1 000kN 以上）、受地形限制小等特点。但它的灵活性较差，工作半径小，移动较困难，并需要拉设较多的缆风绳，故一般只适用于安装工程量比较集中的工程。桅杆式起重机可分为独脚抱杆、人字抱杆、悬臂抱杆和牵缆式桅杆起重机四种，见图 13-4。

1）独脚抱杆式起重机

独脚抱杆式起重机由抱杆、起重滑轮组、卷扬机、缆风绳和锚碇等组成，如图 13-4（a）所示。使用时，抱杆应保持不小于 10°的倾角，以便吊装构件时不致撞击抱杆。抱杆底部要设置拖子以便移动。抱杆的稳定主要依靠缆风绳，绳的一端固定在桅杆顶端，另一端固定在锚碇上，缆风绳一般设 4 ～ 8 根。

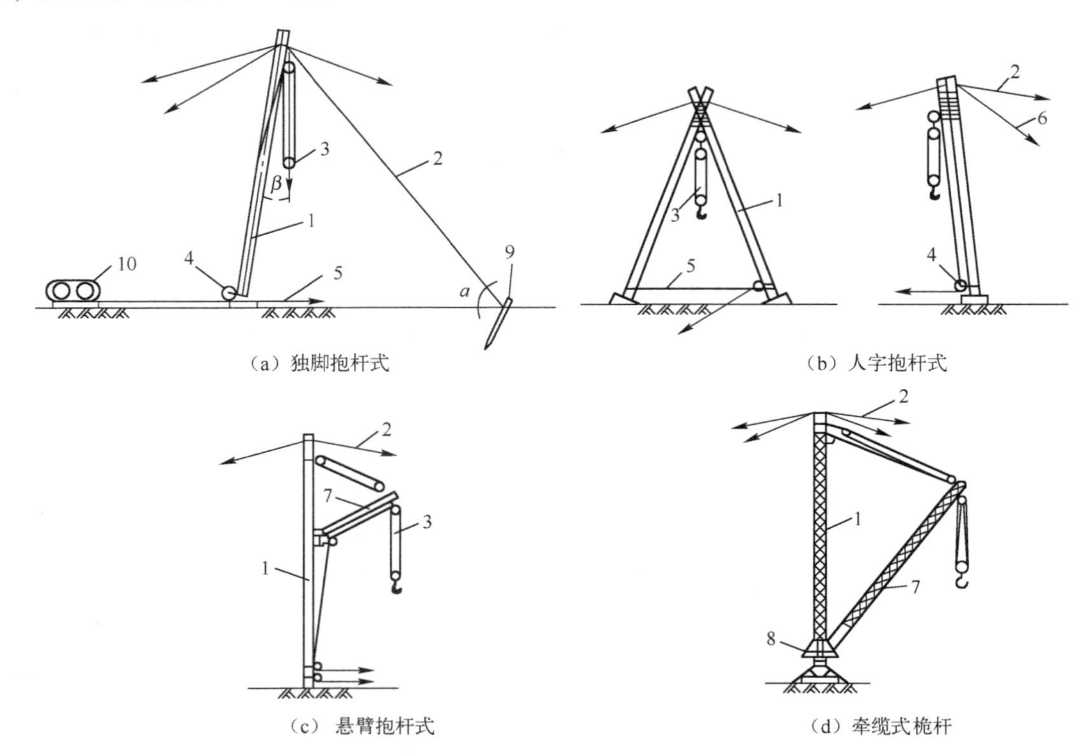

1—把杆；2—缆风绳；3—起重滑轮组；4—导向装置；5—拉索；6—主缆风绳；
7—起重臂；8—回转盘；9—锚锭；10—卷扬机

图 13-4　桅杆式起重机

2）人字抱杆式起重机

人字抱杆式起重机由两根圆木或两根钢管以钢丝绳绑扎或铁件铰接而成，如图 13-4（b）所示。两杆在顶部相交成 20°～30°角，底部设有拉杆或拉绳，以平衡抱杆本身的水平推力。其中一根抱杆的底部装有导向滑轮组，起重索通过它连到卷扬机，另用一根钢丝绳连接到锚碇，以保证在起重时底部稳固。人字抱杆是前倾的，但倾斜度不宜超过 1/10，并在前、后面各用两根缆风绳拉结。人字抱杆的优点是侧向稳定性较好，缆风绳较少；缺点是起吊构件的活动范围小，故一般仅用于安装重型柱或其他重型构件。

3）悬臂抱杆式起重机

在独脚抱杆的中部或 2/3 高度处装上一根起重臂，即成悬臂抱杆式起重机。起重杆可以回转和起伏变幅，如图 13-4（c）所示。悬臂抱杆的特点是能够获得较大的起重高度，起重杆能左右摆动 120°～270°，宜于吊装高度较大的构件。

4）牵缆式桅杆起重机

在独脚抱杆的下端装上一根可以回转和起伏 360° 的起重杆即可组成牵缆式桅杆起重机，如图 13-4（d）所示。它具有较大的起重半径，能把构件吊送到有效起重半径内的任何位置。格构式截面的桅杆起重机，起重量可达 600kN，起重高度可达 80m，其缺点是缆风绳较多。

13.1.3 吊装索具

1. 钢丝绳

钢丝绳（见图 13-5）是吊装工作中的主要绳索，它具有强度高、弹性大、韧性好、耐磨、能承受冲击荷载等优点，且钢丝绳磨损后外部产生许多毛刺，容易检查，便于预防事故。结构吊装中常用的钢丝绳由 6 束绳股和 1 根绳芯捻成。钢丝绳按每股钢丝数量的不同分为 6×19、6×27、6×61 三种规格：6×19 钢丝绳粗，硬而耐磨，不易弯曲，一般用做缆风绳；6×27 钢丝绳钢丝细、较柔软，可用做穿滑车组和做吊索；6×61 钢丝绳质地软，主要用于重型起重机械中。

图 13-5 钢丝绳

2. 吊索

吊索主要用以绑扎构件以便起吊，如图 13-6（a）所示。

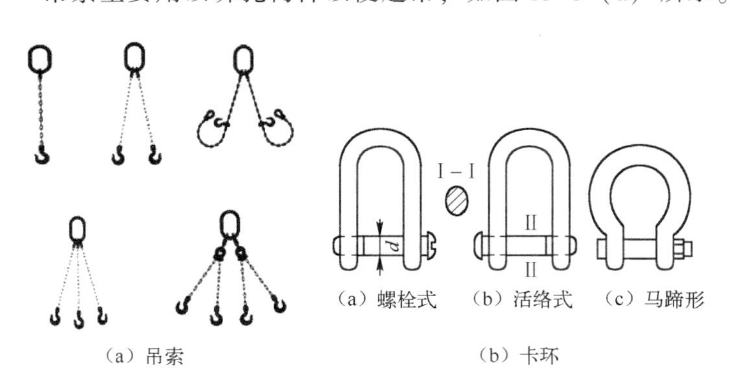

（a）螺栓式 （b）活络式 （c）马蹄形

1—吊索；2—活络卡环；3—销子安全绳；4—白棕绳；5—柱子

（a）吊索 （b）卡环 （c）吊索与卡环应用

图 13-6 吊索和卡环

3. 卡环

卡环用于吊索和吊索或吊索和构件吊环之间的连接，由弯环与销子两部分组成。卡环按弯

环形式分，有螺栓式卡环和活络卡环。螺栓式卡环的销子和弯钩采用螺纹连接，活络卡环的销子端头和弯环孔眼无螺纹，可直接抽出，销子断面有圆形和椭圆形两种，见图 13-6（b）。活络卡环多用于吊装柱子，见图 13-6（c），可避免高空作业。

4. 横吊梁（铁扁担）

横吊梁常用于柱和屋架等构件的吊装。用横吊梁吊柱容易使柱身保持垂直，便于安装；用横吊梁吊屋架可以降低起吊高度，减少吊索的水平分力对屋架的压力。图 13-7（a）为吊装柱子常用的钢板横吊梁，图 13-7（b）为吊装屋架常用的钢管横吊梁。

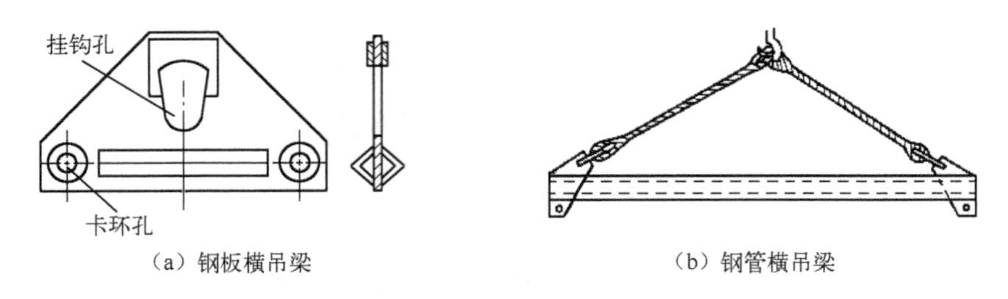

（a）钢板横吊梁　　（b）钢管横吊梁

图 13-7　横吊梁示意

任务 13.2　地脚螺栓预埋施工

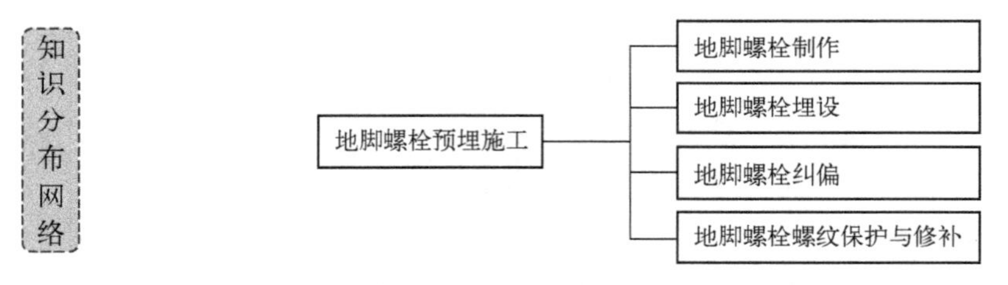

钢结构建筑上部结构通常是通过预埋在混凝土基础中的地脚螺栓将上部钢柱柱脚与基础牢固地联系在一起。因此，钢结构基础地脚螺栓预埋施工对整个工程的质量、工期的影响很大，预埋件施工是关键工序，其质量的好坏直接影响工程三大目标的有效控制。

13.2.1　地脚螺栓制作

地脚螺栓的直径、长度，均应按设计规定的尺寸制作；一般地脚螺栓应与钢结构配套出厂，其材质、尺寸、规格、形状和螺纹的加工质量，均应符合设计施工图的规定。若钢结构出厂不带地脚螺栓，则需自行加工。地脚螺栓各部尺寸应符合下列要求。

（1）地脚螺栓的直径尺寸与钢柱底座板的孔径应相适配，为便于安装找正、调整，多数是底座孔径尺寸大于螺栓直径。

（2）地脚螺栓长度尺寸可用下式确定：

$$L = H + S \quad \text{或} \quad L = H - H_1 + S \tag{13-1}$$

式中　L——地脚螺栓的总长度（mm）；

H——地脚螺栓埋设深度（指一次性埋设）（mm）；

H_1——当预留地脚螺栓孔埋设时，螺栓根部与孔底的悬空距离一般不得小于 80mm；

S——垫铁高度、底座板厚度、垫圈厚度、压紧螺母厚度、防松锁紧副螺母（或弹簧垫

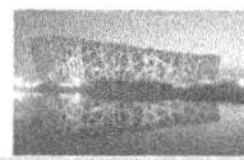
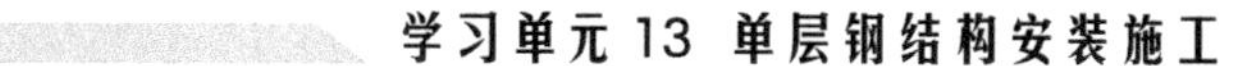

圈）厚度和螺栓伸出螺母的长度（2 ～ 3 扣）的总和（mm）。

(3) 为使埋设的地脚螺栓有足够的锚固力，其根部需经加热后加工成（或煨成）L、U 等形状，见图 13-8。

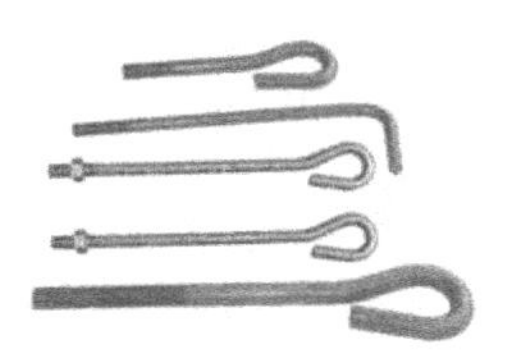

图 13-8　地脚螺栓

(4) 地脚螺栓样板尺寸放完后，在自检合格的基础上交监理抽检，进行单项验收。

13.2.2　地脚螺栓埋设

1. 预埋孔清理

对于预留孔的地脚螺栓埋设前，应将孔内杂物清理干净。一般的做法是用较长的钢凿将孔底及孔壁结合薄弱的混凝土颗粒和贴附的杂物全部清除，然后用压缩空气吹净，浇灌前用清水充分湿润，再进行浇灌。

2. 地脚螺栓清洁

不论一次埋设或事先预留孔二次埋设地脚螺栓，埋设前，一定要将埋入混凝土中的一段螺杆表面的铁锈、油污清理干净。若清理不净，会使浇灌后的混凝土与螺栓表面结合不牢，易出现缝隙或隔层，不能起到锚固底座的作用。清理的一般做法是用钢丝刷或砂纸去锈；油污通常用火焰烧烤去除。

3. 地脚螺栓埋设

目前钢结构工程柱基地脚螺栓的预埋方法有直埋法和套管法两种，如图 13-9 所示。

直埋法就是用套板控制地脚螺栓相互之间的距离，立固定支架控制地脚螺栓群不变形，在柱基底板绑扎钢筋时埋入，控制位置，同钢筋连成一体，整体浇筑混凝土，一次固定。为防止浇灌时地脚螺栓的垂直度及距孔内侧壁、底部的尺寸变化，浇灌前应将地脚螺栓找正后加固固定。

(a) 直埋法

(b) 套管法

图 13-9　地脚螺栓埋设

套管法就是先安装套管（内径比地脚螺栓大 2 ～ 3 倍），在套管外制作套板，焊接套管并立固定架，将其埋入浇筑的混凝土中，待柱基底板上的定位轴线和柱中心线检查无误后，在套管内插入螺栓，使其对准中心线，通过附件或焊接加以固定，最后在套管内注浆锚固螺栓。地脚螺栓在预留孔内埋设时，其根部底面与孔底的距离不得小于 80mm；地脚螺栓的中心应在预留孔中心位置，螺栓的外表与预留孔壁的距离不得小于 20mm。

比较上述两种预埋方法，一般认为采用直埋法施工对结构的整体性比较好，而采用套管法施工，地脚螺栓与柱基底板之间隔着套管，尽管可以采取多种措施来保证其整体性，但都无法与直埋法相比。目前绝大多数工程设计都要求采用直埋法施工。

4. 地脚螺栓定位

(1) 基础施工确定地脚螺栓或预留孔的位置时，应认真按施工图规定的轴线位置尺寸放出基准线，同时在纵、横轴线（基准线）的两对应端分别选择适宜位置，埋置铁板或型钢，标定出永久坐标点，以备在安装过程中随时测量参照使用。

（2）浇筑混凝土前，应按规定的基准位置支设、固定基础模板及地脚螺栓定位支架、定位板等辅助设施，见图13-10。

（3）浇筑混凝土时，应经常观察及测量模板的固定支架、预埋件和预留孔的情况。当发现有变形、位移时应立即停止浇灌，进行调整、排除。

（4）为防止基础及地脚螺栓等的系列尺寸、位置出现位移或过大偏差，基础施工单位与安装单位应在基础施工放线定位时密切配合，共同把关控制各自的正确尺寸。

图13-10　地脚螺栓的固定

13.2.3　地脚螺栓纠偏

（1）埋设的地脚螺栓有个别的垂直度偏差很小时，应在混凝土养生强度达到75%或以上时进行调整。调整时可用氧乙炔焰将不直的螺栓在螺杆处加热后采用木质材料垫护，用锤敲移、扶直到正确的垂直位置。

（2）对位移或垂直度超差过大的地脚螺栓，可在其周围用钢凿将混凝土凿到适宜深度后，用气割割断，按规定的长度、直径尺寸及相同材质材料，加工后采用搭接焊上一段，并采取补强的措施，来调整达到规定的位置和垂直度。

（3）对位移偏差过大的个别地脚螺栓除采用搭接焊法处理外，在允许的条件下，还可采用扩大底座板孔径侧壁来调整位移的偏差量，调整后用自制的厚板垫圈覆盖，进行焊接补强固定。

（4）预留地脚螺栓孔在灌浆埋设前，当螺栓在预留孔内位置偏移超差过大时，可采取扩大预留孔壁的措施来调整地脚螺栓的准确位置。

13.2.4　地脚螺栓螺纹保护与修补

（1）与钢结构配套出厂的地脚螺栓在运输、装箱、拆箱时，均应加强对螺纹的保护。正确的保护法是涂油后，用油纸及线麻包装绑扎，以防螺纹锈蚀和损坏；并应单独存放，不宜与其他零、部件混装、混放，以免相互撞击损坏螺纹。

（2）基础施工埋设固定的地脚螺栓，应在埋设过程中或埋设固定后，采取必要的措施加以保护，如用油纸、塑料、盒子包裹或覆盖，以免螺栓受到腐蚀或损坏，见图13-11。

（3）钢柱等带底座板的钢构件吊装就位前应对地脚螺栓的螺纹段采取必要的保护措施，防止螺纹损伤。

（4）当螺纹被损坏的长度不超过其有效长度时，可用钢锯将损坏部位锯掉，用什锦钢锉修整螺纹，达到顺利带入螺母为止。

（5）当地脚螺栓的螺纹被损坏的长度超过规定的有效长度时，可用气割割掉大于原螺纹段的长度，然后用与原螺栓相同材质、规格的材料，一端加工成螺纹，在对接的端头截面制成30°～45°的坡口与下端进行对接焊接后，再用相应直径规格、长度的钢管套入接点处，进行焊接加固补强。经套管补强加固后，会使螺栓直径大于底座板孔径，可用气割扩大底座板孔的孔径予以解决。

图13-11　地脚螺栓的保护

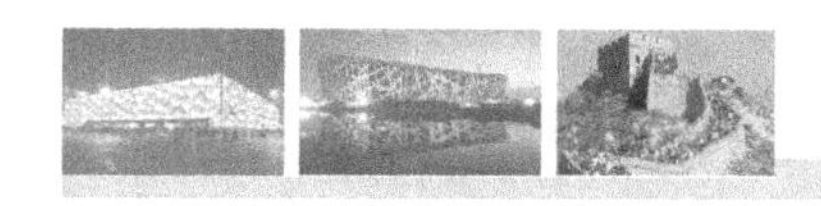

任务13.3 安装前期准备工作

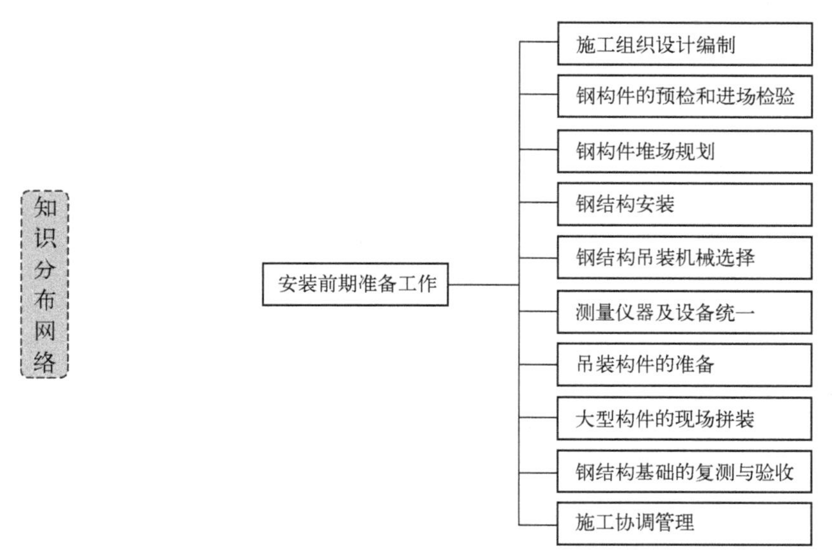

在钢结构安装前需要进行施工组织设计编制、文件图纸资料准备、构件配套进场验收、基础交接验收、构件堆放场地规划、吊装机械选择、施工人员组织等一系列的准备工作，工作量大，内容繁杂。安装前期准备工作的充分与否对结构安装进度控制、质量控制及投资控制等方面影响巨大，必须引起足够的重视。

13.3.1 施工组织设计编制

施工组织设计是用于指导施工的技术性文件，它在设计与施工之间起到桥梁作用。通过施工组织设计可将设计的思想融会贯通到施工中，使最终的建筑物真正体现出设计的原意。

施工组织设计主要包含以下内容。

1）编制依据

编制依据包括：设计图与相应的施工详图；设计与业主提供的指导性文件和技术文件；设计指定的施工及验收标准与技术规程；施工现场的环境、地形地貌，地下土质与管线情况；当地的气象资料；施工企业的施工能力等。

2）工程概况

工程概况主要内容包括工程名称、工程地址、工程参与单位、工程性质及有关结构参数等情况。

3）工程量一览

工程量一览主要内容包括：构件名称及编号，构件截面尺寸、长度、重量、数量，构件吊点位置及备注等。

4）施工平面布置图

施工平面布置图主要包括：柱网和跨度的布置、钢构件的现场堆放位置、吊装的主要施工流水、施工机械进出场路线、停机位置及开行路线、现场施工场地和道路位置、施工便道的处

理要求、现场临时设施布置位置和面积、水电用量及布置、现场排水等。

5）施工机械

施工机械分为主要施工机械和辅助施工机械，主要内容包括：机械种类、型号、数量，起重臂选用长度、角度，起重半径，起吊的有效高度及相对应的起重量，机械的用途等。

6）安装流水程序

安装流水程序要明确每台安装机械的工作内容和各台安装机械之间的相互配合。

7）施工的主要技术措施

施工的主要技术措施主要内容包括：构件吊装时的吊点位置，构件的重心计算，日照、焊接温差和施工过程中对构件垂直度影响的控制措施，控制构件的轴线位移和标高的措施，构件扩大地面组装的方法，专用吊装工具索具的设计等。

8）工程质量标准

工程质量标准主要内容包括：设计对工程质量标准的要求，有关国标和地方的施工验收标准。

9）安全施工注意事项

安全施工注意事项主要内容包括：垂直和水平通道，立体交叉施工的安全隔离，防火、防毒、防爆、防污染措施，易倾倒构件的临时稳定措施，工具和施工机械的安全使用，安全用电，防风、防台、防汛和冬夏期施工的特殊安全措施，高空通信和指挥手段等。

10）管理人员、劳动力、各种施工材料、机械及设备投入计划

11）工程进度及成本计划

工程进度及成本计划集中体现施工组织设计的经济指标，主要内容包括项目内容、劳动组织、劳动定额、用工数、机械台班数、工程进度计划等。

13.3.2 钢构件的预检和进场检验

钢构件在出厂前，制造厂应根据制作标准的有关规范、规定及设计图的要求进行产品检验，填写质量报告、实际偏差值。钢构件交付结构安装单位后，进入现场时，结构安装单位在制造厂质量报告的基础上，根据构件性质分类，再进行复检或抽检。

对于重要工程及工期要求紧张的工程，为了保证质量，确保工期，减少因构件质量问题返修造成工期延误，安装单位往往将构件的进场检验部分环节提前，即在钢结构制作车间，由安装单位质检人员驻厂检验，以避免出现较重的质量问题。因而，安装单位对构件的检验分为制作车间预检和安装现场检验两个阶段。

1. 钢构件预检

钢构件预检是一项复杂而细致的工作，预检时还需有一定的条件，构件预检宜放在制造厂进行，最好由结构安装单位、监理单位派人驻厂掌握制作加工过程中的质量情况，发现问题可及时进行处理，严禁不合格的构件出厂。

结构安装单位对钢构件预检的项目，主要是同施工安装质量和工效直接有关的数据，如几何外形尺寸、螺孔大小和间距、焊缝坡口、节点摩擦面、附件数量规格等。

构件的内在制作质量应以制造厂质量报告为准。预检数量，一般是关键构件全部检查，其他构件抽检 10% ～ 20%，并记录预检数据。检查是在前期工作如材料质量保证书、工艺措施、

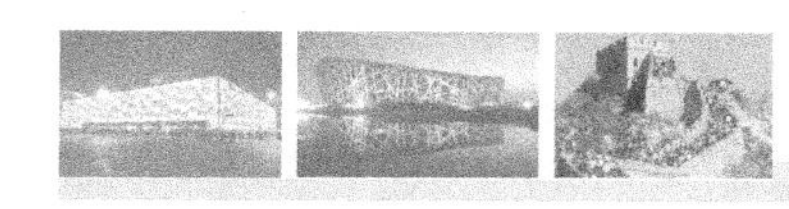

各道工序的自检记录等完备无误的情况下进行的。

2. 进场验收

钢构件、材料验收的主要目的是清点构件的数量并将可能存在缺陷的构件在地面进行处理，使得存在质量问题的构件不进入安装流程。

钢构件进场后，按货运单检查所到构件的数量及编号是否相符，发现问题应及时在回单上说明并反馈制作工厂，以便工厂更换补齐构件。按设计图纸、规范及制作厂质检报告单，对构件的质量进行验收检查，做好检查记录。主要检查构件外形尺寸、螺孔大小和间距等。检查用计量器具和标准应事先统一。经核对无误，并对构件质量检查合格后，方可确认签字，并做好检查记录。

图 13-12 构件现场检验

构件现场检验主要是焊缝质量、构件外观和尺寸检查，见图 13-12。质量控制重点在构件制作工厂，即预检环节。

13.3.3 钢构件堆场规划

1. 堆放原则

钢构件通常在专门的钢结构加工厂制作，然后运至现场直接吊装或经过组拼装后进行吊装。钢构件力求在结构安装现场就近堆放，并遵循“重近轻远”（即重构件摆放的位置离吊机近一些，反之可远一些）的原则。对规模较大的工程需另设立钢构件堆放场，以满足钢构件进场堆放、检验、组装和配套供应的要求。

2. 堆放要求

(1) 拉条、檩条、高强度螺栓等集中堆放在构件仓库。

(2) 构件堆放时应注意将构件编号或标识露在外面或者便于查看的方向。

(3) 各段钢结构施工时，同时穿插着其他工序的施工，在钢构件、材料进场时间和堆放场地布置时应兼顾各方。

(4) 所有构件堆放场地均按现场实际情况进行安排，按规范规定进行平整和支垫，不得直接置于地上，要垫高 200mm 以上，以便减小构件堆放变形。

3. 堆场管理

(1) 对运进和运出的构件应做好台账。

(2) 对堆场的构件应绘制实际的构件堆放平面布置图，分别编好相应区、块、堆、层，便于日常寻找。

(3) 根据吊装流水需要，至少提前两天做好构件配套供应计划和相关工作。

(4) 对运输过程中已发生变形、失落的构件和其他零星小件，应及时矫正和解决。对于编号不清的构件，应重新描清，构件的编号宜设置在构件的两端，以便于查找。

(5) 做好堆场的防汛、防台、防火、防爆、防腐工作，合理安排堆场的供水、排水、供电和夜间照明。

13.3.4 钢结构安装

1. 安装方案

单层钢结构厂房编制安装方案需要遵循以下原则。

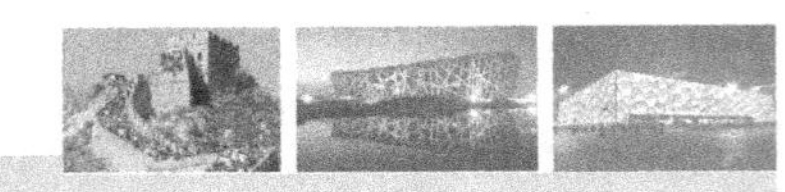

(1) 单跨结构，宜按照从跨端一侧向另一侧、中间向两端或两端向中间的顺序进行吊装；多跨结构，宜先吊主跨、后吊副跨；当有多台起重机共同作业时，也可多跨同时吊装。

(2) 单层工业厂房钢结构，宜按立柱、连系梁、柱间支撑、吊车梁、屋架、檩条、屋面支撑、屋面板的顺序进行安装。

(3) 单层钢结构在安装过程中，需及时安装临时柱间支撑或稳定缆绳，在形成空间结构稳定体系后方可扩展安装。

(4) 单层钢结构安装过程中形成的临时空间结构稳定体系，应能承受结构自重、风荷载、雪荷载、地震荷载、施工荷载及吊装过程中的冲击荷载的作用。

2. 安装方法

钢结构工程安装方法有分件安装法、节间安装法和综合安装法。

1) 分件安装法

分件安装法是指将构件按其结构特点、几何形状及其相互联系分类，同类构件按照顺序一次吊完后，再进行另一类构件的吊装。例如，起重机第一次开行中先吊装全部柱子，并进行校正和最后固定，然后依次吊装地梁、柱间支撑、墙梁、吊车梁、托架（托梁）、屋架、天窗架、屋面支撑和墙板等构件，直至整个建筑物吊装完成。分件安装法适用于一般中、小型厂房的吊装。

分件安装法的优点是起重机在每次开行中仅吊装一类构件，吊装内容单一，准备工作简单，校正方便，吊装效率高，有充分的时间进行校正；构件可分类在现场顺序预制、排放，场外构件可按先后顺序组织供应；构件预制吊装、运输、排放条件好，易于布置；可选用起重量较小的起重机械，可利用改变起重臂杆长度的方法，分别满足各类构件吊装起重量和起升高度的要求。缺点是起重机开行频繁，机械台班费用增加；起重机开行路线长，起重臂长度改变需一定的时间；不能按节间吊装，不能为后续工程及早提供工作面，阻碍了工序的穿插；相对的吊装工期较长。

2) 节间安装法

节间安装法是指起重机在厂房内一次开行中，分节间依次安装所有各类型构件，即先吊装一个节间柱子，并立即加以校正和最后固定，然后接着吊装钢梁、柱间支撑、墙梁、吊车梁、走道板、柱头系统、托架（托梁）、屋架、天窗架、屋面支撑系统、屋面板和墙板等构件。一个（或几个）节间的全部构件吊装完毕后，起重机行进至下一个（或几个）节间，再进行下一个（或几个）节间的全部构件吊装，直至吊装完成。节间安装法适用于采用回转式桅杆进行吊装，或特殊要求的结构（如门式框架）或因某种原因局部有特殊需要（如急需施工地下设施）时采用。

节间安装法的优点是起重机开行路线短，起重机停机点少，停机一次可以完成一个或几个节间全部构件的安装工作，可为后期工程及早提供工作面，可组织交叉平行流水作业，缩短工期；构件制作和吊装误差能及时发现并纠正；吊装完一节间，校正固定一节间，结构整体稳定性好，有利于保证工程质量。缺点是需用起重量大的起重机同时吊各类构件，不能充分发挥起重机效率，无法组织单一构件连续作业；各类构件需交叉配合，场地构件堆放拥挤，吊具、索具更换频繁，准备工作复杂；校正工作零碎，困难；柱子固定时间较长，难以组织连续作业，使吊装时间延长，降低吊装效率；操作面窄，易发生安全事故。

3) 综合安装法

综合安装法是将全部或一个区段柱头以下部分的构件用分件安装法吊装，即柱子吊装完毕并校正固定，再按顺序吊装钢梁、柱间支撑、吊车梁、走道板、墙梁、托架（托梁），接着按节间综合吊装屋架、天窗架、屋面支撑系统和屋面板等屋面结构构件。整个吊装过程可按三次流水进行，根据结构特性有时也可采用两次流水，即先吊装柱子，然后分节间吊装其他构件。吊装时通常采用 2 台起重机，一台起重量大的起重机用来吊装柱子、吊车梁、托架和屋面结构系统等，另一台用来吊装柱间支撑、走道板、钢梁、墙梁等构件并承担构件卸车和就位排放工作。

综合安装法结合了分件吊装法和节间吊装法的优点，能最大限度地发挥起重机的能力和效率，缩短工期，是广泛采用的一种安装方法。图 13-13 为某钢结构厂房采用综合安装法的安装流程。

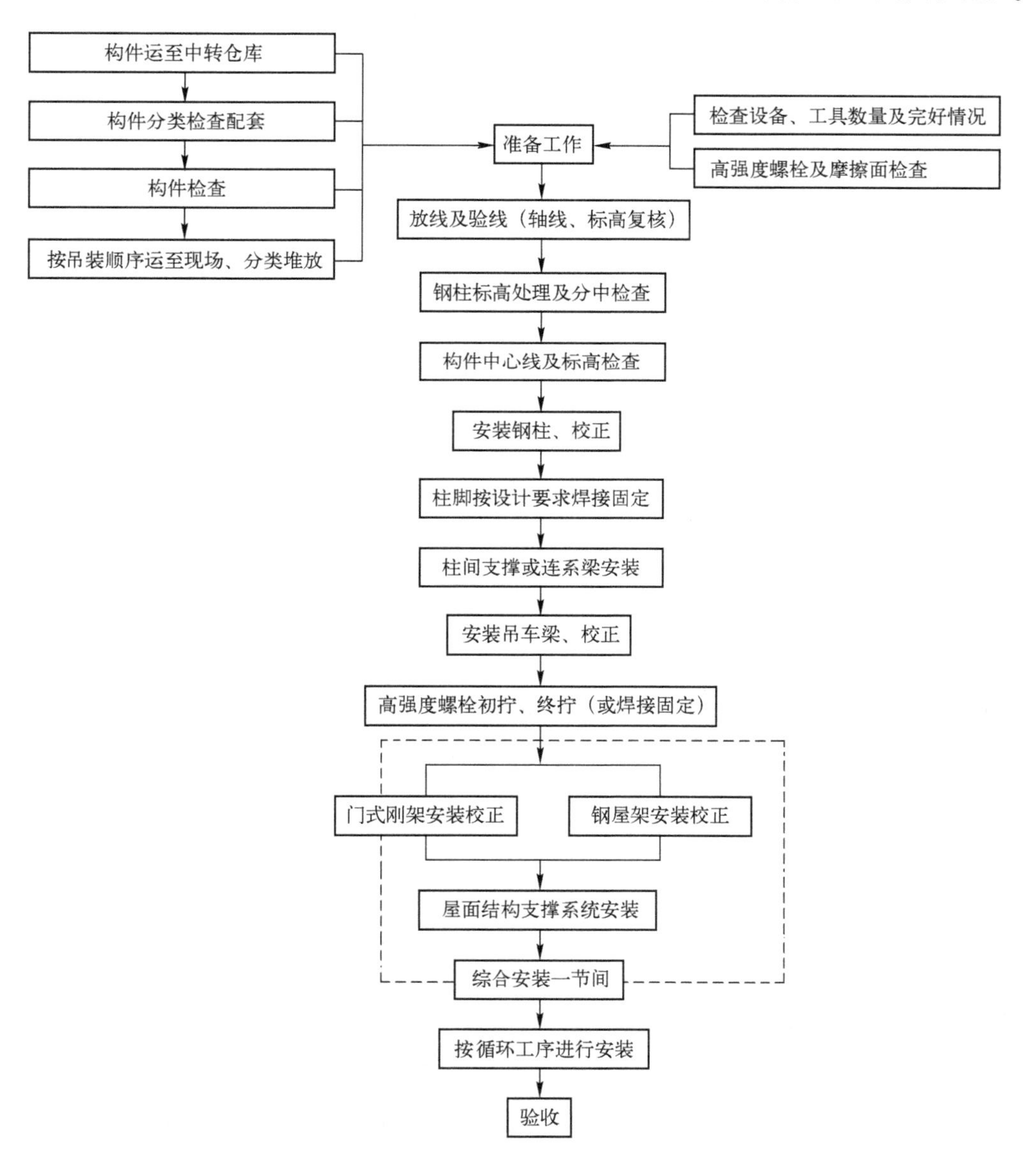

图 13-13　某钢结构厂房安装流程（采用综合安装法）

3. 吊装顺序

(1) 并列高、低跨屋盖吊装：必须先安装高跨，后安装低跨，有利于高、低跨钢柱的垂直度。

(2) 并列大跨度与小跨度安装：必须先安装大跨度，后安装小跨度。

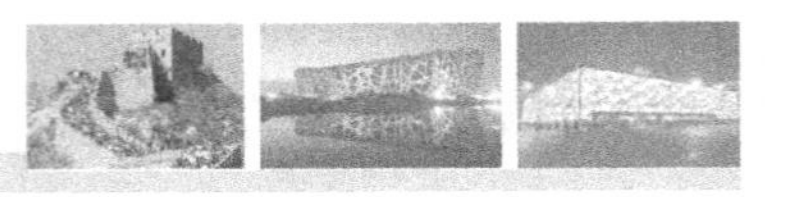

（3）并列间数多的与间数少的安装：应先吊装间数多的，后吊装间数少的。

（4）构件吊装在大部分施工情况下先吊装竖向构件，后吊装平面构件，即采用综合安装法进行吊装。

4. 吊机布置和开行路线

结构安装现场应结合工程结构特点、场地情况、吊机作业半径等因素，对吊装机械的布置位置和开行路线进行事先的规划，充分发挥吊机的效率，保证吊装的有序进行。图 13-14 为某工程吊机布置和开行路线图，箭头线表示开行路线。

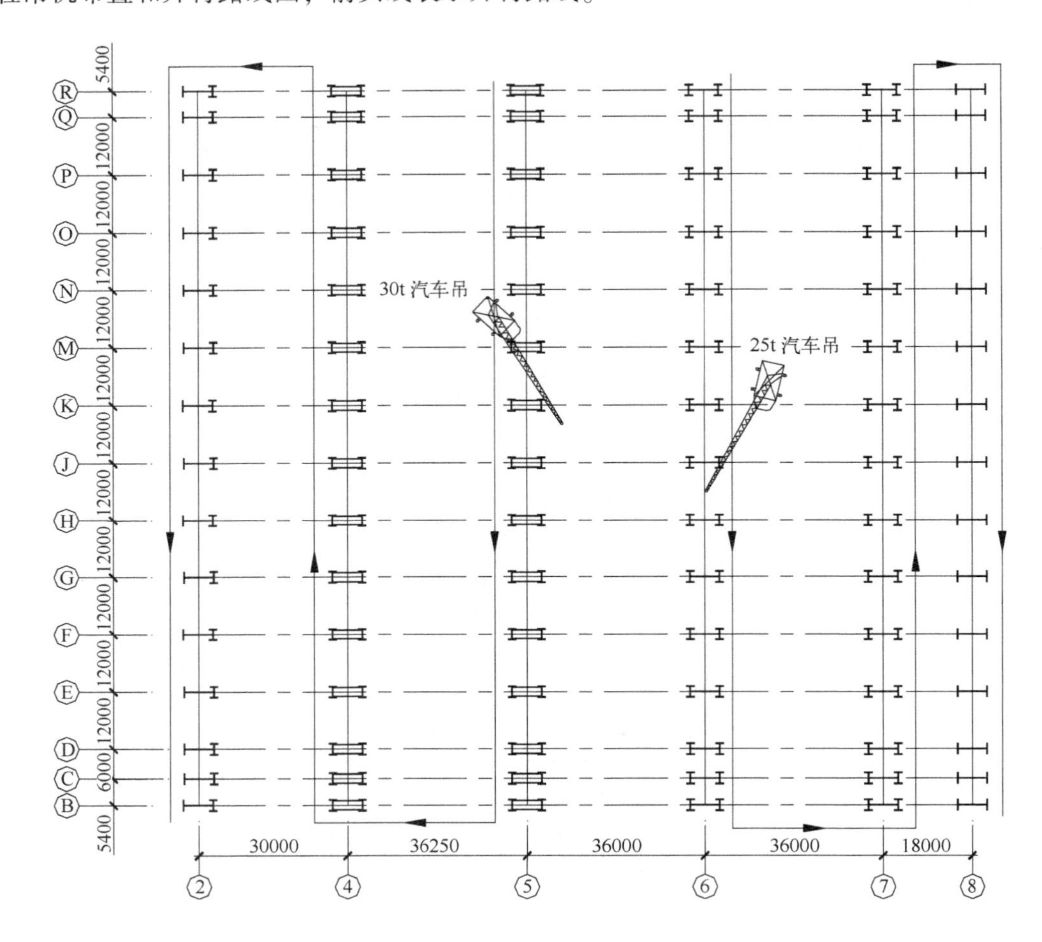

图 13-14　某工程吊机布置和开行路线示意

13.3.5　钢结构吊装机械选择

1. 选择原则

（1）选用时，应考虑起重机的工作能力、使用方便性、吊装效率、吊装工程量和工期等要求。

（2）能适应现场道路、吊装平面布置和设备、机具等条件，能充分发挥其技术性能。

（3）能保证吊装工程质量、安全施工和有一定的经济效益。

（4）避免使用大起重能力的起重机吊小构件、起重能力小的起重机超负荷吊装大的构件，或选用改装的未经过实际负荷试验的起重机进行吊装，或使用台班费高的设备。

2. 起重机类型的选择

（1）一般吊装多按履带式、轮胎式、汽车式、塔式的顺序选用。具体为：对高度不大的中、小型厂房，应先考虑使用起重量大、可全回转使用、移动方便的100～150kN履带式起重机和轮胎式起重机吊装；大型工业厂房主体结构的高度和跨度较大、构件较重，宜采用500～750kN履带式起重机和350～1 000kN汽车式起重机吊装；大跨度又很高的重型工业厂房的主体结构吊装，宜选用塔式起重机吊装。

（2）对厂房大型构件，可采用重型塔式起重机和塔桅起重机吊装。

（3）缺乏起重设备或吊装工作量不大、厂房不高的，可考虑采用独脚桅杆、人字桅杆、悬臂桅杆及回转式桅杆（桅杆式起重机）等吊装，其中回转式桅杆起重机最适于单层钢结构厂房进行综合吊装；对重型厂房也可采用塔桅式起重机进行吊装。

（4）若厂房位于狭窄地段，或厂房采取敞开式施工方案（厂房内设备基础先施工），宜采用双机抬吊吊装厂房屋面结构，或单机在设备基础上铺设枕木垫道吊装。

3. 吊装参数的确定

起重机的起重量G(kN)、起重高度H(m)和起重半径R(m)是吊装参数的主体。起重量G必须大于所吊最重构件加起重滑车组的重量；起重高度H必须满足所需安装的最高构件的吊装要求；起重半径R应满足在起重量与起重高度一定时，能保持一定距离吊装该构件的要求。当伸过已安装好的构件上空吊装构件时，应考虑起重臂与已安装好的构件为0.3m的距离，按此要求确定起重杆的长度、起重杆仰角、停机位置等。

4. 起重设备的布置原则

起重设备的布置合理与否，直接关系到现场施工进度。为保证现场施工的顺利进行，现场起重设备的布置需遵循以下原则：

（1）满足现场施工流水作业的要求；

（2）尽可能扩大吊装作业面。

13.3.6 测量仪器及设备统一

计量工具和标准应事先统一，质量标准也应统一。特别是对钢卷尺的标准要十分重视，有关单位（监理、土建、安装、制造厂）应各执统一标准的钢卷尺，制造厂按此尺制作钢构件，土建施工单位按此尺进行柱基定位施工，安装单位按此尺进行框架安装，业主、监理按此尺进行结构验收。标准钢卷尺由业主提供，并同标准基线进行足尺比较，确定各把钢卷尺的误差值。

13.3.7 吊装构件的准备

1. 构件准备

（1）清点构件的型号、数量，并按设计和规范要求对构件质量进行全面检查，若有超出设计或规范规定偏差的，应在吊装前纠正。

（2）在构件上根据就位、校正的需要弹好轴线。柱应弹出三面中心线、牛腿面与柱顶面中心线、±0.000线（或标高基准线）、吊点位置；基础杯口应弹出纵横轴线；吊车梁、屋架等构件应在端头与顶面及支承处弹出中心线和标高线；在屋架（屋面梁）上弹出天窗架、屋面板或檩条的安装就位控制线，两端及顶面弹出安装中心线。

2. 吊装接头准备

（1）准备和分类清理好各种金属支撑件及安装接头用连接板、螺栓和安装垫铁，并施焊必要的连接件，以减少高空作业。

（2）清除构件接头部位及埋设件上的污物、铁锈。

（3）柱脚或杯口侧壁未划毛的，要在柱脚表面及杯口内稍加凿毛处理。

3. 检查构件吊装的稳定性

（1）根据起吊吊点位置，验算柱、屋架等构件吊装时的抗裂度和稳定性，防止出现裂缝和构件失稳。

（2）对屋架、天窗架、屋面梁等侧向刚度差的构件，在横向用1～2道木脚手杆或竹竿进行加固。

（3）按吊装方法要求，将构件按吊装平面布置图就位。直立排放的构件，如屋架、天窗架等，应用支撑稳固。

13.3.8 大型构件的现场拼装

对于大跨度厂房、重型工业厂房等结构中的某些构件，如钢柱、屋架等，受运输或制作条件所限，需要分段制作，在安装前进行现场拼装，然后整体吊装。为保证构件的质量和施工工期，在满足运输和吊装的条件下，确定合适的拼装方案显得格外重要，需要从拼装场地的设置、现场拼装顺序、拼装质量保证措施等加以保证。下面结合某工程举例说明。

【实例13-1】 现有一钢柱，全长40.45m，工厂制作时分为四段，工厂预拼装合格后运往现场，在现场安装前，鉴于现场对接焊缝较多，为尽量减少高空焊接作业，将标高3.500～18.830m钢柱在地面拼装第一段吊装单元吊装，18.830～36.700m钢柱在地面拼装成第二段吊装单元吊装。地面拼接方案设计如下。

（1）拼装场地设置

为了保证构件组装的精度，防止构件在组装的过程中由于胎架的不均匀沉降而导致拼装的误差，组装场地要求平整压实。根据吊装的实际最佳位置和钢结构拼装的最大外形尺寸，尽量选择就近的吊装区域进行合理布置。图13-15所示为钢柱拼装现场平面布置图局部，黑色箭头代表吊车开行路线。

（2）构件拼装现场堆放

① 拼装段采用80t履带吊车卸车、就位、拼装；

② 钢柱拼装前，应在拼装段下垫枕木，垫点沿拼装长度均匀分布；垫枕木处基础要求夯实，所有垫点枕木上皮用水准仪抄平。

（3）拼装胎架的搭设要求

因该工程现场地坪还未施工完毕，可结合工程实际租用路基箱板作为拼装平台。拼装胎架设置时应先铺设钢路基箱板，相互连接形成刚性平台（注：地面必须先压平、压实），平台铺设后，放标高线、检验线及支点位置，形成田字形控制网，并提交验收。然后竖胎架直杆，根据支点处的标高设置胎架模板及斜撑，如图13-16所示。胎架高度约为500mm，胎架搭设后不得有明显的晃动状，并经验收合格后方可使用。为防止刚性平台沉

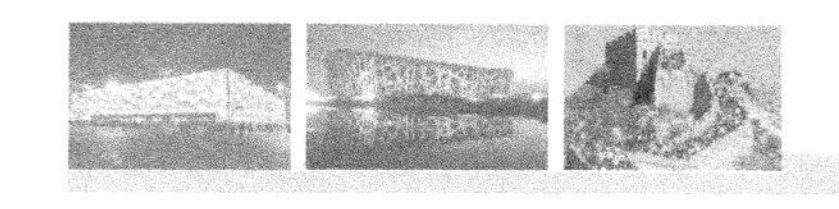

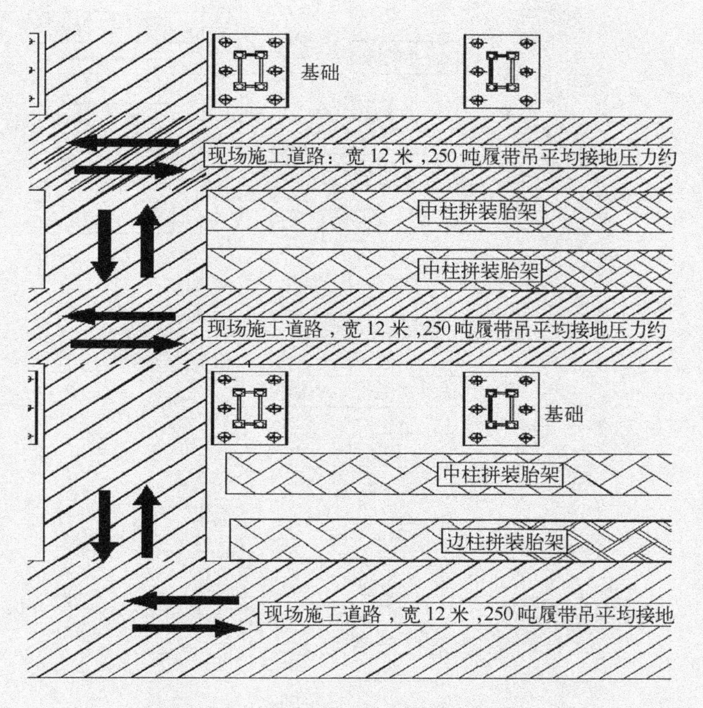

图 13-15 钢柱拼装现场平面布置图局部

降引起胎架变形，胎架旁应建立胎架沉降观察点。若有变化应及时调整，待沉降稳定后方可进行焊接。

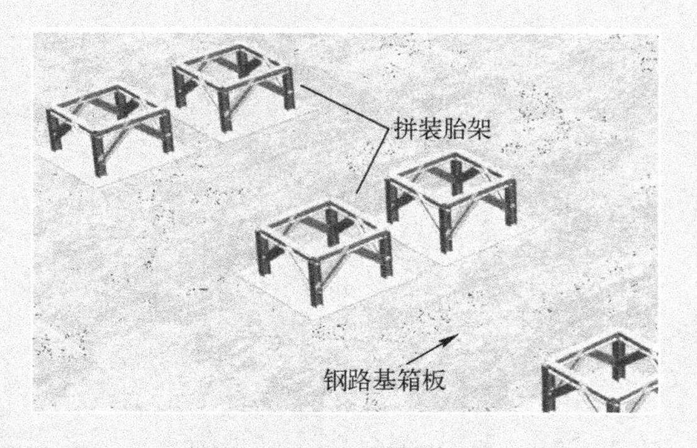

图 13-16 拼装胎架示意

(4) 拼装流程

构件拼装流程如图 13-17 所示。

(5) 钢柱拼装

根据钢柱的尺寸，先对拼装胎架进行测量放线，调整拼装胎架表面的标高，同时在拼装胎架表面划出钢柱安放的控制线。将各分段钢柱吊装摆放在胎架上，进行测量复核，然后对钢柱进行测量，测量时主要控制柱顶到钢柱支承面的距离，牛腿到支承面的距离，以及柱身扭曲等，经复测无误后，用千斤顶将柱身与拼装胎架顶紧固定，先进行定位焊，再全面进行焊接。

由于运输条件的限制，分段钢柱运到现场进行拼装，先将第一节钢柱放置在胎架上，然后将下一节钢柱予以组装，测量合格后进行下一节钢柱的焊接。

钢柱组装时应注意：以柱底面为基准面，确保下层牛腿面的几何尺寸；柱肢上要刨平顶紧的位置必须保证贴合紧密，符合规范要求；每节钢柱都要弹好中线，在断面处相互垂直；钢柱现场对接时先在钢柱对接处焊接临时连接耳板，钢柱焊接完毕后割除临时连接耳板，再进行打磨；钢柱拼装完成后，应将柱子根部用钢管或角钢临时加固（见图 13-18），防止旋转吊装过程中由于柱子根部受力使柱子根部产生变形。

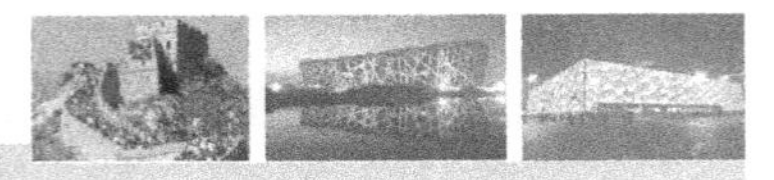

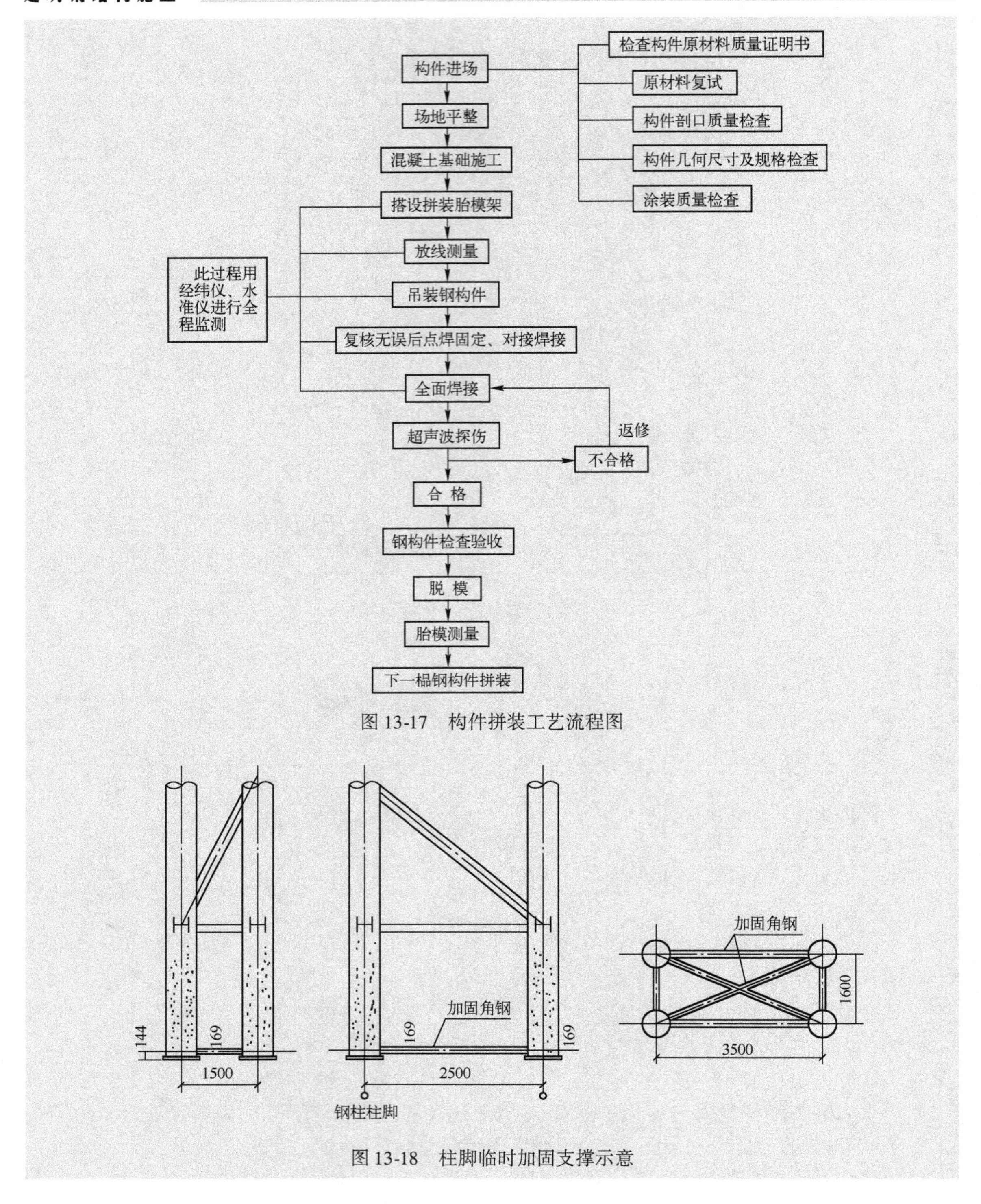

图 13-17　构件拼装工艺流程图

图 13-18　柱脚临时加固支撑示意

13.3.9　钢结构基础的复测与验收

1. 基础复测

钢结构的安装质量与柱基的定位轴线、基准标高直接相关。安装单位对柱基的预检重点是：定位轴线间距、柱基面标高和地脚螺栓预埋位置。

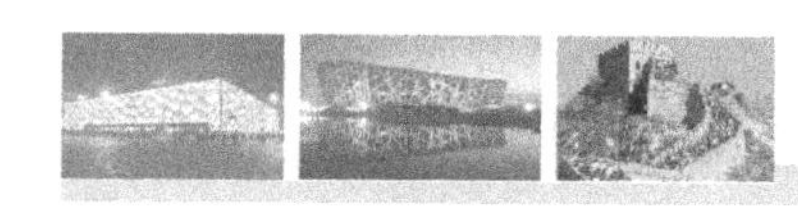

1）定位轴线检查

定位轴线从基础施工起就应引起重视，先要做好控制桩。待基础浇筑混凝土后再根据控制桩将定位轴线引渡到柱基钢筋混凝土底板面上，然后预检定位线是否同原定位线重合、封闭，每根定位线总尺寸误差值是否超过控制数，纵横定位轴线是否垂直、平行。定位轴线预检在弹过线的基础上进行，预检应由监理、土建、安装三方联合进行，对检查数据要统一认可签证。

2）柱间距检查

柱间距检查应在定位轴线认可的前提下进行，采用标准尺实测柱距。柱距偏差值应严格控制在 ±2mm 范围内，原因是定位轴线的交点是柱基中心点，是钢柱安装的基准点，钢柱竖向间距以此为准，框架钢梁连接螺孔的孔洞直径一般比高强度螺栓直径大1.5～2.0mm，若柱距过大或过小，将直接影响整个竖向框架梁的安装连接和钢柱的垂直，安装中还会有安装误差。

3）柱基地脚螺栓检查

检查螺栓长度，螺栓的螺纹长度应保证钢柱安装后螺母拧紧的需要；检查螺栓垂直度，若误差超过规定必须矫直，矫直方法可用冷校法或火焰热校法；检查螺纹是否有损坏，检查合格后在螺纹部分涂上油、盖好帽套加以保护；检查螺栓间距，实测间距的偏差值，绘制平面图标明偏差数值和偏差方向；检查地脚螺栓相对应的钢柱安装孔，根据螺栓的检查结果进行调查，若有问题，应事先扩孔，以保证钢柱的顺利安装。

2. 基础验收要求

安装钢结构的基础应符合下列规定：

（1）基础混凝土强度达到设计强度的75%以上；

（2）基础周围回填完毕；

（3）基础的行、列线标志和标高基准点齐全准确；

（4）基础顶面平整，预留孔应清洁，地脚螺栓应完好；

（5）二次浇灌处基础表面应凿毛。

13.3.10 施工协调管理

钢结构安装是一个复杂的过程，需要政府主管部门、设计单位、施工单位、监理单位等众多部门的共同参与，并且施工过程中与土建、水电、设备安装施工存在交叉作业，因而安装前及安装过程中需要进行多次的协调沟通，以保证安装质量和工期的顺利实现。

1. 与设计单位的工作协调

（1）在施工过程中积极与设计公司配合，解决施工中的疑难问题。

（2）积极参与施工图会审，充分考虑到施工过程中可能出现的各种结构问题，完善图纸设计。

（3）主持施工图审查，协助业主会同建筑师、供应商（制造商）提出建议，完善设计内容和设备物资选型。

（4）对施工中出现的情况，除按建筑师、监理的要求处理外，还应积极修正可能出现的问题，并会同发包方、建筑师、监理按照进度与整体效果要求进行隐蔽部位验收、中间质量验收、竣工验收。

（5）根据发包方的指令，组织设计单位、业主参加设备及材料的选型、选材和订货。

2. 与建设单位的协调

（1）按照与建设单位签订的施工合同，精心施工，确保工程中各项技术指标达到建设单位

的要求。

（2）会同建设单位的工程技术人员做好施工过程中的技术变更工作。

（3）主动接受建设单位施工过程中的监督，定期向建设单位汇报工程进度状况；对于施工中需要建设单位协调的工作，应立即向有关负责人汇报并请求解决。

3. 与土建、水、电施工单位的协调

（1）根据建设单位的总体安排，积极与土建单位配合并指导土建单位做好预埋件的埋设、校正、复核工作。

（2）根据施工图纸及合同要求，向有关单位通报施工计划，按规定对土建基础进行复测并做好记录。

（3）施工过程中，积极配合水、电等安装单位做好在钢构件上吊点位置标注的指导工作，监督各吊点焊接情况；配合做好各种安全防护工作，并且服从建设单位对各施工单位的统一协调进行指导与监督工作。

4. 与监理单位的配合

（1）监理单位在施工现场中对工程实行全过程监理，在施工过程中若发现材料及施工质量问题应及时通知现场监理工程师，处理办法经现场监理工程师签名同意后方可实施。

（2）隐蔽工程的验收应提前24小时通知现场监理工程师，办妥验收签证后方可进入下一道工序施工。

（3）安装设备具备调试条件时，在调试前48小时通知现场监理工程师，调试过程由专人做好调试记录，调试通过双方在调试记录上签字后方可进行竣工验收。

（4）在具备竣工验收条件时，应提前10天提交“竣工验收报告”通知建设单位、监理单位及有关单位对工程进行全面验收评定。

5. 协调方式

（1）按进度计划制定的控制节点，组织协调工作会议，检查本节点实施的情况，制订、修正、调整下一个节点的实施要求。

（2）由项目经理部负责施工协调会，以周为单位进行协调。

（3）本项目管理部门以周为单位编制工程简报，向业主和有关单位反映、通报工程进展及需要解决的问题，使有关各方了解工作进行情况，及时解决施工中出现的困难和问题。根据工程进展，不定期地召开各种协调会，协助业主与社会各业务部门的关系以确保工程进度。

任务13.4　主体结构安装

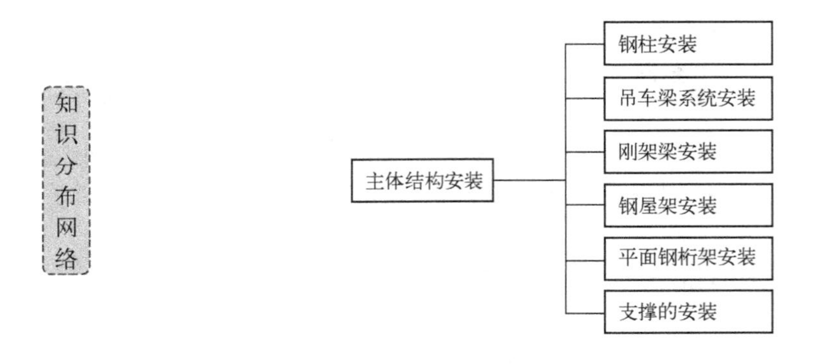

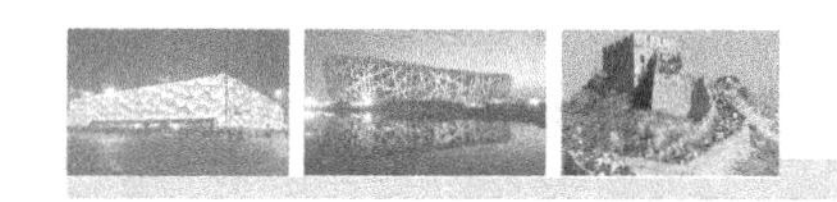

13.4.1 钢柱安装

单层钢结构钢柱安装工艺流程可参照图 13-19 进行。

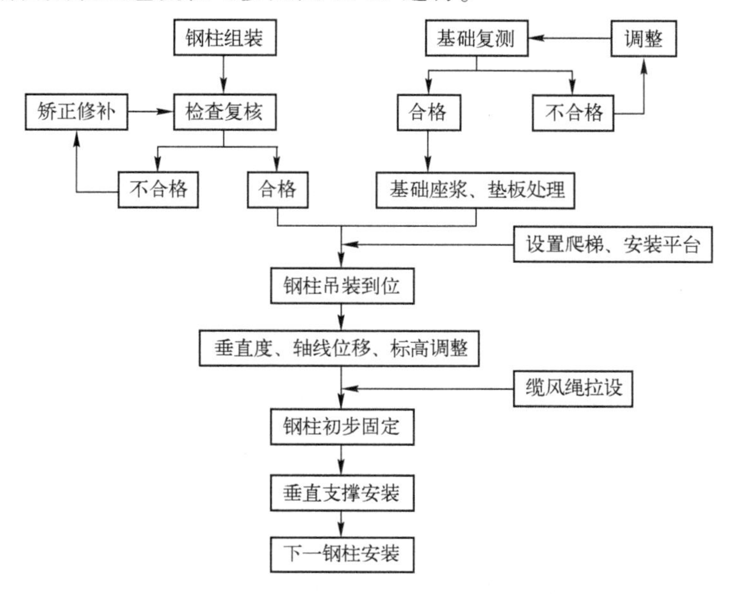

图 13-19 单层钢结构钢柱安装工艺流程

1. 钢柱吊装方法

常用的钢柱吊装法有旋转法、滑行法和递送法。对重型工业厂房大型钢柱又重又长，根据起重机配备和现场条件确定，可单机、双机、三机等。

1）旋转法（见图 13-20）

起重机边起钩、边旋转，使柱身绕柱脚旋转而逐渐吊起的方法称为旋转法。其要点是保持柱脚位置不动，并使柱的吊点、柱脚中心和杯口中心三点共圆。旋转法的特点是柱吊升中所受震动较小，但构件布置要求高，占地面积较大，对起重机的机动性要求高，要求能同时进行起升与回转两个动作，一般需采用自行式起重机。

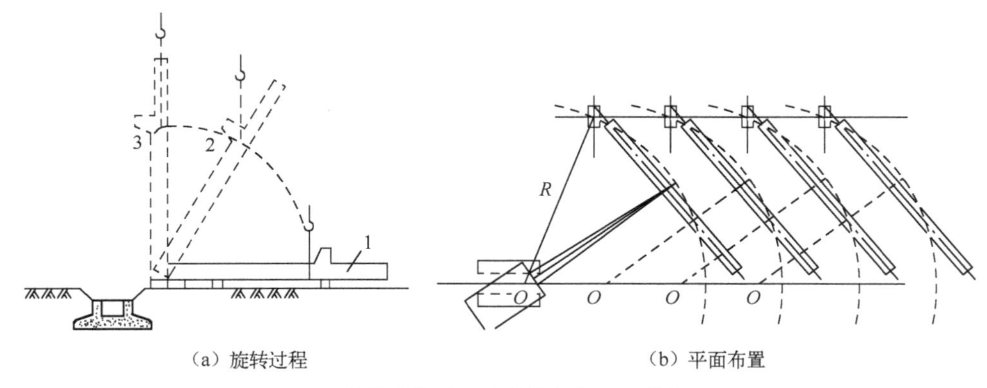

（a）旋转过程 （b）平面布置

1—柱子平卧时；2—起吊中途；3—直立

图 13-20 旋转法吊装钢柱

2）滑行法（见图 13-21）

起吊时起重机不旋转，只起升吊钩，使柱脚在吊钩上升过程中沿着地面逐渐向吊钩位置滑

行，直到柱身直立的方法称为滑行法。其要点是柱的吊点要布置在杯口旁，并与杯口中心两点共圆弧。滑行法的特点是起重机只需起升吊钩即可将柱吊直，然后稍微转动吊杆，即可将柱子吊装就位，构件布置方便、占地小，对起重机性能要求较低，但滑行过程中柱子受震动。故通常在起重机及场地受限时才采用此法，为减少钢柱脚与地面的摩阻力，需在柱脚下铺设滑行道。

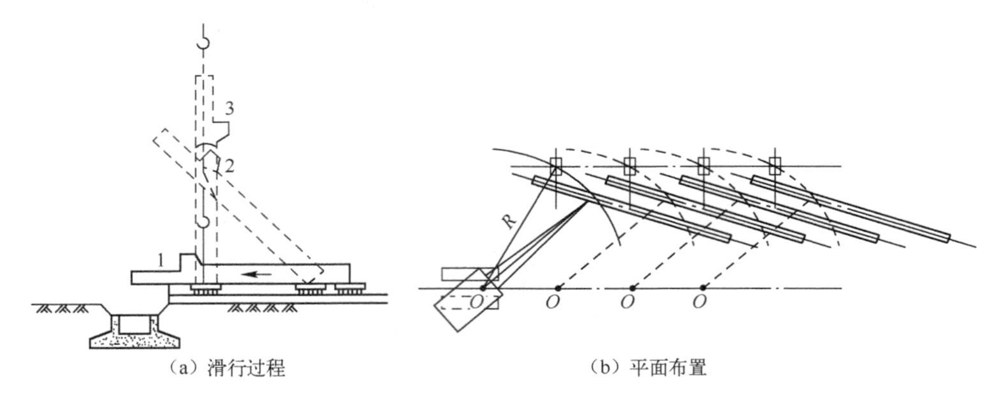

（a）滑行过程　　（b）平面布置

1—柱子平卧时；2—起吊中途；3—直立

图 13-21　滑行法吊装钢柱

3）递送法（见图 13-22）

双机或三机抬吊，为减少钢柱脚与地面的摩擦阻力，其中一台为副机，吊点选在钢柱下面，起吊柱时配合主机起钩，随着主机的起吊，副机要行走或回转，在递送过程中，副机承担了一部分荷重，将钢柱脚递送到柱基础上面，副机摘钩，卸去荷载，此刻主机满载，将柱就位，此方法为递送法。

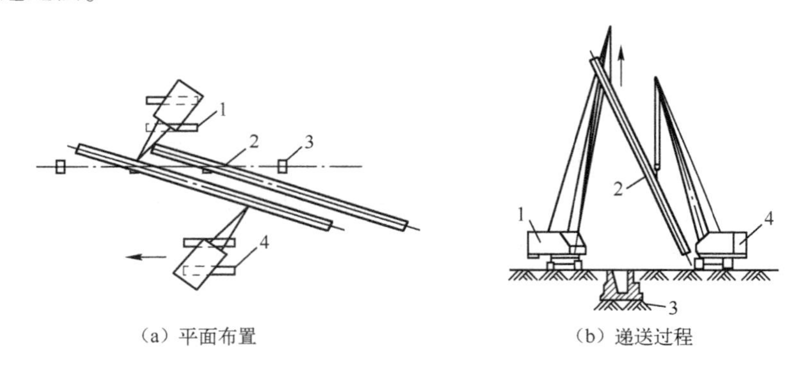

（a）平面布置　　（b）递送过程

1—主机；2—柱子；3—基础；4—副机

图 13-22　递送法吊装钢柱

2. 吊点设置

构件在吊装前，为降低钢丝绳绑扎难度、提高施工效率、保证施工安全，需要在构件上设置专门的吊装耳板或吊装孔。当设计文件无特殊要求时，在不影响主体结构的强度和建筑外观及使用功能的前提下，保留吊装耳板和吊装孔可避免在除去此类措施时对结构母材造成损伤。若需去除耳板，应采用气割或碳弧气刨方式在离母材 3 ～ 5mm 位置切割，严禁采用锤击方式去除。

吊点位置及吊点数，根据钢柱形状、断面、长度、起重机性能等具体情况确定。

钢柱吊装施工中为了防止钢柱根部在起吊过程中变形，钢柱吊装一般采用双机抬吊，主机

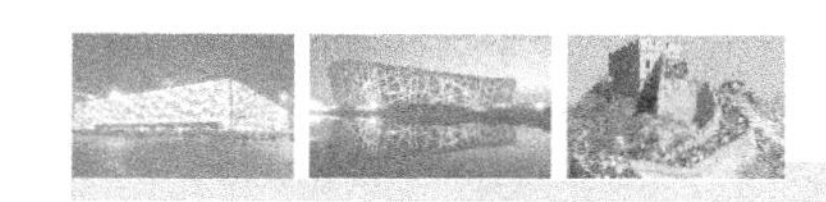

吊在钢柱上部，辅机吊在钢柱根部，待柱子根部离地一定距离（约 2m）后，辅机停止起钩，主机继续起钩和回转，直至把柱子吊直后，将辅机松钩。为了保证吊装时索具安全，吊装钢柱时应设置吊耳，吊耳应基本通过钢柱重心的铅垂线，示例见图 13-23。

对细长钢柱，为防止钢柱变形，可采用二点或三点。

如果不采用焊接吊耳，直接在钢柱本身用钢丝绳绑扎时要注意需根据钢柱的种类和高度确定绑扎点。具有牛腿的钢柱，绑扎点应靠近牛腿下部；无牛腿的钢柱按其高度比例，绑扎点设在钢柱全长 2/3 的上方位置处。为防止钢柱边缘的锐利棱角在吊装时损伤吊绳，应用适宜规格的钢管割开一条缝，套在棱角吊绳处，或用方形木条垫护，注意要绑扎牢固，并易于拆除。

3. 安装放线

钢柱安装前应设置标高观测点和中心线标志，同一工程的观测点和标志设置位置应一致，如图 13-24 所示。

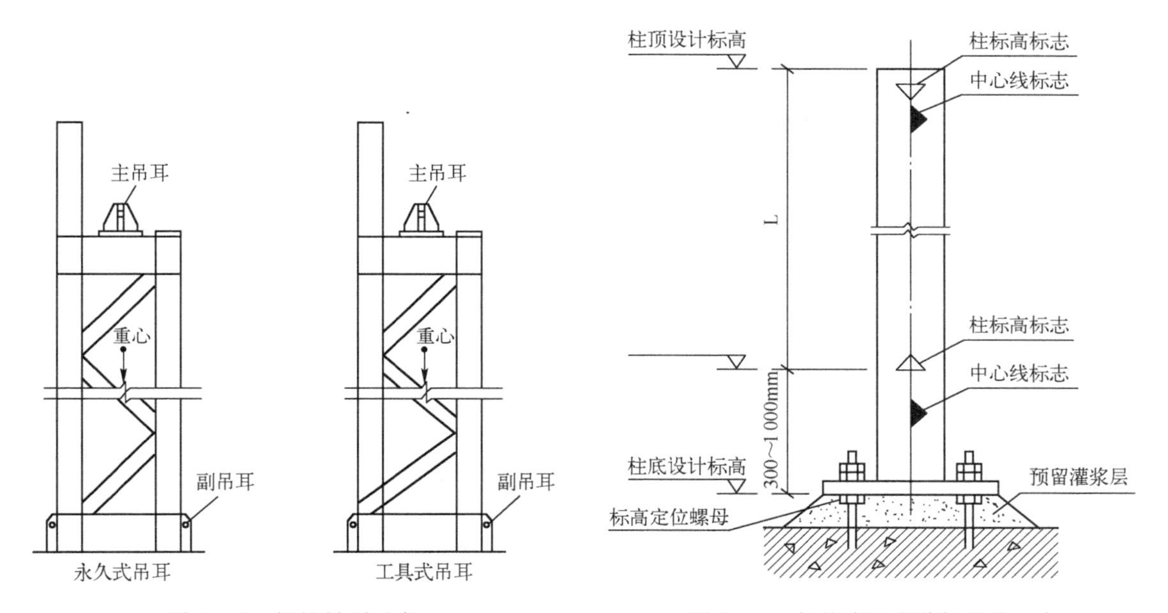

图 13-23　钢柱吊耳示意

图 13-24　钢柱表面安装标志线示意

标高观测点的设置应符合下列规定：

(1) 标高观测点的设置以牛腿（肩梁）支承面为基准，设在柱的便于观测处；

(2) 无牛腿（肩梁）柱，应以柱顶端与屋面梁连接的最上一个安装孔中心为基准。

中心线标志的设置应符合下列规定：

(1) 在柱底板上表面横向设 1 个中心标志，纵向两侧各设 1 个中心标志；

(2) 在柱身表面纵向和横向各设 1 个中心线，每条中心线在柱底部、中部（牛腿或肩梁部）和顶部各设 1 处中心标志；

(3) 双牛腿（肩梁）柱在行线方向 2 个柱身表面分别设中心标志。

4. 基准标高实测

首先，将柱子就位轴线弹测在柱基表面，然后对柱基标高进行找平。

在柱基中心表面和钢柱底面之间，考虑到施工因素，为了便于调整钢柱的安装标高，设计时应考虑有一定的间隙（40 ～ 60mm）作为钢柱安装时的标高调整，然后根据柱脚类型和施工条件，在钢柱安装、调整后，采用二次浇筑法将缝隙填实，如图 13-25 所示。由于基础未达到设计标高，在安装钢柱时，采用钢垫板或座浆垫板作支承找平。基准标高点一般设置在柱基底板的适当位置，四周加以保护，作为整个钢结构工程施工阶段标高的依据。以基准标高点为依据，对钢柱基础进行标高实测，将测得的标高偏差用平面图表示，作为调整的依据。图 13-26 为钢柱基础标高引测示意。

图 13-25　钢柱基础顶面与柱底板间的二次浇筑层

经过上述一系列前期准备工作，在钢柱吊装前，需要达到以下作业条件：

（1）彻底清除柱基础及周围的垃圾、积水，对混凝土基础面重新凿毛，清除尘屑等杂物，并在基础上划出钢柱安装的纵、横十字线；

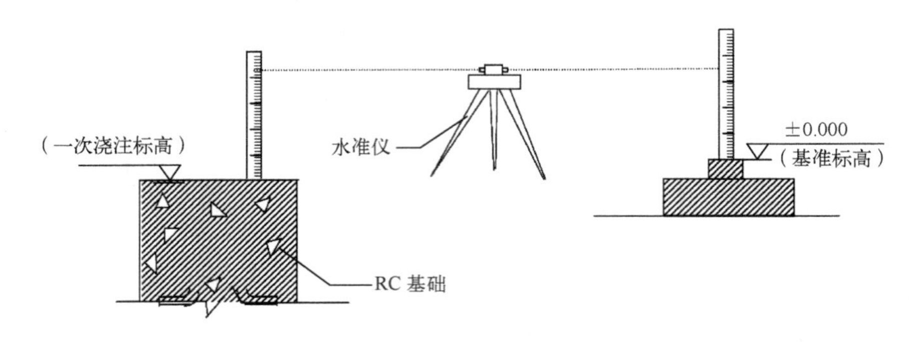

图 13-26　钢柱基础标高引测示意

（2）完成预埋地脚螺栓复核；

（3）清理螺栓螺纹的保护膜，对螺纹的情况进行检查；

（4）测量基础混凝土顶面的标高，并准备好不同厚度的垫块；

（5）将钢柱吊装用的临时爬梯、操作平台等设备附着在钢柱上；

（6）钢柱表面油污、灰尘和泥沙等杂物已经清除干净；

（7）固定钢柱的缆风绳一端事先系好在柱身指定位置。

5. 钢柱吊装

一般钢柱的刚性较好，吊装时为了便于校正，通常采用单机吊装，对于重型钢柱可采用双机抬吊。吊装方法可根据构件自身特点灵活使用。

钢柱吊装时，首先进行试吊，吊起离地 10 ～ 20cm 高度时，检查索具和吊车情况后，再进行正式吊装。调整柱底板位于安装基础时，吊车应缓慢下降，当柱脚距地脚螺栓或杯口约 30 ～ 40cm 时扶正，使柱脚的安装螺栓孔对准螺栓或柱脚对准杯口，缓慢落钩、就位，经过初校，待垂直偏差在 20mm 以内，拧紧螺栓或打紧木楔临时固定，即可脱钩。多节柱安装时，宜将其组装成整体吊装。

6. 钢柱校正

钢柱校正要做三项工作：柱基础标高调整、平面位置校正、柱身垂直度校正。

1）柱基础标高调整

安装单位对基础上表面标高尺寸，应结合各成品钢柱的实有长度或牛腿顶面的标高尺寸进行处理，使安装后各钢柱的标高尺寸达到一致。这样可避免只顾基础表面的标高，忽略钢柱本身的偏差，导致各钢柱安装后的总标高或相对标高不统一。因此，在确定基础标高时，应首先确定各

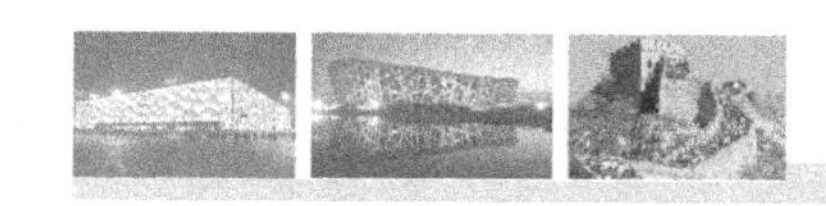

钢柱与所在各基础的位置，进行对应配套编号；然后根据各钢柱的实有长度尺寸（或牛腿支承点位置）确定对应的基础标高尺寸。当该尺寸与钢柱实际总长度或牛腿支承点的尺寸不符时，应采用降低或增高基础表面标高尺寸的方法来调整确定安装标高的准确尺寸。

具体做法如下：钢柱安装时，可在柱子底板下的地脚螺栓上加一个调整螺母，螺母上表面的标高调整到与柱底板标高齐平，放下柱子后，利用底板下的螺母控制柱子的标高，精度可达±1mm以内；柱子底板下预留的空隙，可用无收缩砂浆填实，如图13-27所示。采用这种方法时，对地脚螺栓的强度和刚度应进行验算，不满足时常采用垫铁或垫块来调整，垫铁由不同厚度的钢板制成，应用普遍。垫块用无收缩砂浆立模浇筑，强度需高于基础混凝土一个等级并不低于30N/mm^2。

2）平面位置校正

钢柱底部制作时，在柱底板侧面，用钢冲在互相垂直的四个面上各打一个点，用三个点与基础面十字线对准即可，争取达到点线重合。

对线方法：在起重机不脱钩的情况下将柱底定位线与基础定位轴线对准、缓慢落至标高位置。为防止预埋螺栓与柱底板螺孔有偏差，设计时应考虑偏差数值，适当将螺孔加大，以上压盖板焊接解决。

3）柱身垂直度校正

柱子的垂直校正，测量用两台经纬仪安置在纵横轴线上，先对准柱底垂直翼缘板或中线，再渐渐仰视到柱顶，若中线偏离视线，表示柱子不垂直，可指挥调节缆风绳或支撑，或用敲打等方法使柱子垂直，然后用斜垫铁找正。在实际工作中，常把成排的柱子都竖起来，然后进行校正。这时可把两台经纬仪分别安置在纵横轴线一侧，偏离中线一般不得大于3m（详见图13-28）。在吊装屋架或安装竖向构件时，还需对钢柱进行复核校正。

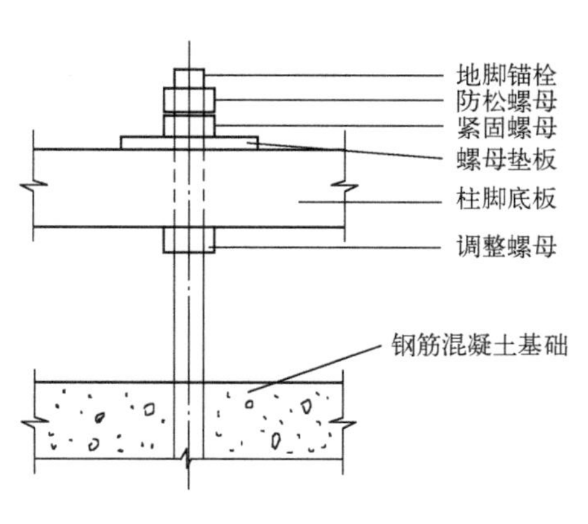

图13-27　柱基标高调整示意

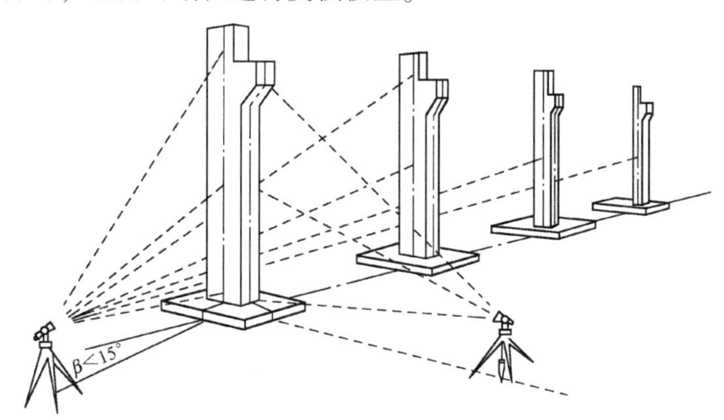

图13-28　钢柱垂直校正测量示意

钢柱在校正时，当两个面均有偏差时，应先校正偏差大的一面，后校正偏差小的一面，若两个面偏差数字相近，则应先校正小面，后校正大面。在两个方向垂直度校正好后，应再复查一次平面轴线和标高，若符合要求，需及时固定，以免在风力作用下向松的一面倾斜。

此外，钢柱安装校正时应考虑风力、温度、日照等因素对结构变形的影响。风力对柱面产生压力，柱面的宽度越宽，柱子高度越高，受风力影响越大，影响柱子的侧向弯曲也就越大。因此，在进行柱子的校正操作时，当柱子高度在8m以上、风力超过5级时不能进行；温度和日照对钢结构的变形影响也比较明显，如日照使阳面和阴面产生不同变形，使钢柱向阴面一侧弯曲，因而应根据气温（季节）控制柱垂直度偏差。

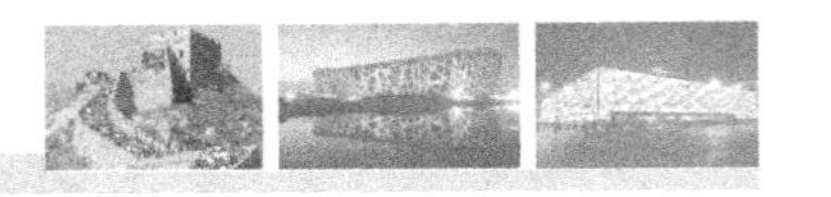

7. 垫铁垫放要求

为了使垫铁组平稳地传力给基础，应使垫铁面与基础面紧密贴合。因此，在垫放垫铁前，对不平的基础上表面，需用工具凿平。采用垫铁校正垂直度和调整柱子标高时，需注意垫不同厚度垫铁或偏心垫铁的重叠数量不能多于2块，一般要求厚板在下面、薄板在上面。每块垫板要求伸出柱底板外5 ～ 10mm，以备焊成一体，保证柱底板与基础板平稳牢固结合，见图13-29；此外，垫铁之间的距离要以柱底板的宽为基准，要做到合理恰当，使柱体受力均匀，避免柱底板局部压力过大产生变形。

8. 钢柱固定

钢柱的固定方法有两种，主要与基础形式有关。一种是基础上预埋地脚螺栓固定，底部设钢垫板找平，然后进行二次灌浆，见图13-30（a）；另一种是插入杯口灌浆固定方式，见图13-30（b）。

钢柱在校正过程中需临时固定时，要借助地脚螺栓、垫铁或垫块进行，不能进行灌浆操作。在钢柱校正工作完成后，需立即进行最终固定。

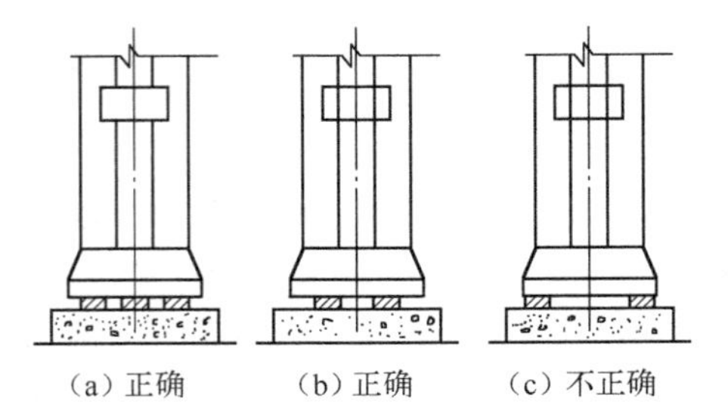

（a）正确　（b）正确　（c）不正确

图13-29　钢柱垫铁示意

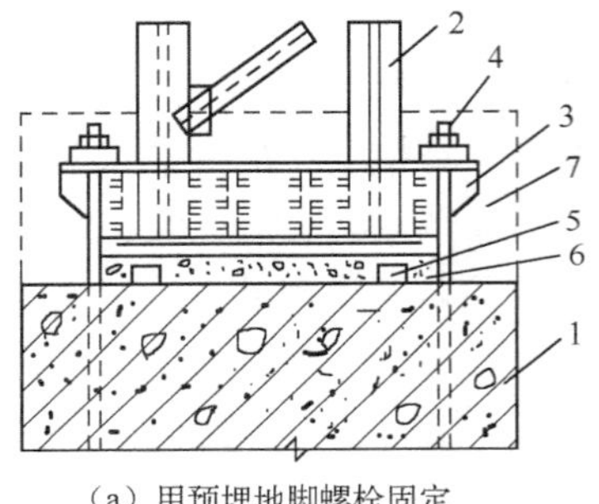

（a）用预埋地脚螺栓固定

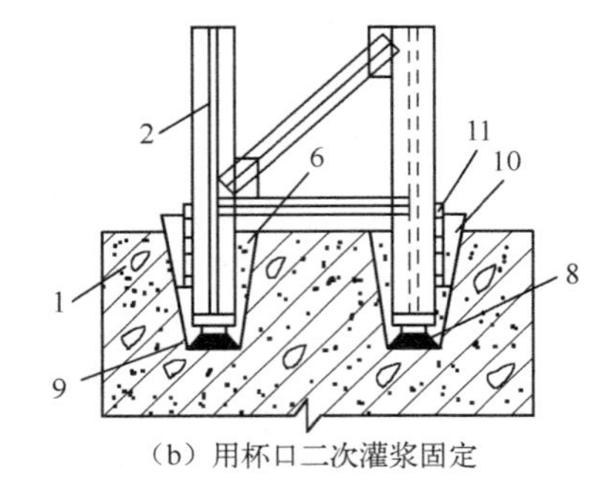

（b）用杯口二次灌浆固定

1—柱基础；2—钢柱；3—钢柱脚；4—地脚螺栓；5—钢垫板；6—二次灌浆细石混凝土；7—柱脚外包混凝土；8—砂浆局部粗找平；9—焊于柱脚上的小钢套墩；10—钢楔；11—35mm厚硬木垫板

图13-30　钢柱安装固定方法

对于预埋地脚螺栓固定的钢柱，需要在预留的二次浇筑层处支设模板，然后用强度等级高一级的无收缩水泥砂浆或细豆石混凝土进行二次浇筑，见图13-31。

对于杯口式基础可直接灌浆，通常采用二次灌浆法。二次灌浆法有赶浆法和压浆法两种。赶浆法是在杯口一侧灌强度等级高一级的无收缩砂浆或细豆石混凝土，用细振动棒振捣使砂浆从柱底另一侧挤出，待填满柱底周围约10cm高，接着在杯口四周均匀地灌细石混凝土至杯口，见图13-32（a）。压浆法是于模板或杯口空隙内插入压浆管与排气管，先灌20cm高混凝土，并插捣密实，然后开始压浆，待混凝土被挤压上拱，停止顶压；再灌20cm高混凝土顶压一次，即可拔出压浆管和排气管，继续灌筑混凝土至杯口，见图13-32（b）。压浆法适用于截面很大、垫板高度较薄的杯底灌浆。

需要注意的是：柱应随校正随即灌浆，若当日校正的柱子未灌浆，次日应复核后再灌浆；灌浆时应将杯口间隙内的木屑等建筑垃圾清除干净，并用水充分湿润，使之能良好结合；捣固混凝土时，应严防碰动楔子而造成柱子倾斜。

图 13-31 预埋地脚螺栓钢柱最终固定

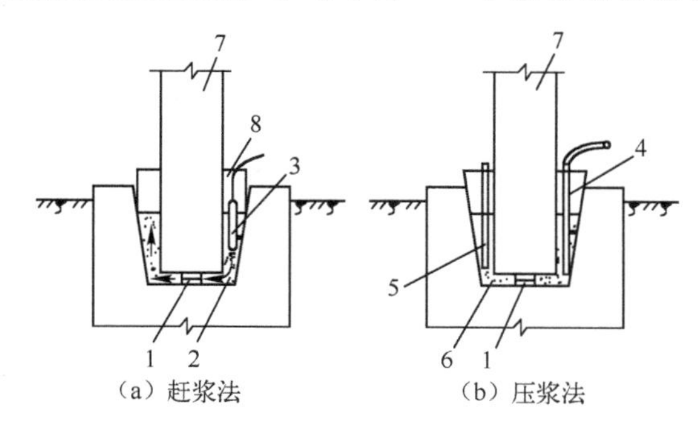

1—钢垫板；2—细石混凝土；3—插入式振动器；4—压浆管；5—排气管；6—水泥砂浆；7—柱；8—钢楔

图 13-32 杯口柱二次灌浆方法

13.4.2 吊车梁系统安装

1. 安装前的准备

吊车梁安装前需要进行下列准备工作。

1）吊车梁的复核

主要复核梁和制动桁架两端安装孔的位置、尺寸是否符合图纸要求；吊车梁实际高度、长度及拱度是否与图纸有偏差。

2）安装前的测量

复测柱子垂直度和牛腿标高，测放柱肩梁中心线，尽量平均分配误差。

2. 吊车梁安装

(1) 吊车梁系统的安装应在柱垂直度和标高调整完毕、柱间支撑安装后进行；钢吊车梁安装一般采用工具式吊耳或捆绑法进行吊装。

(2) 吊车梁安装应从有柱间支撑跨处开始，依次安装。为方便施工，在吊车梁安装前应将吊车梁端头的支座垫板和水平支撑连接板直接带在吊车梁上一同安装。

(3) 吊装时应注意吊装顺序，为了尽量减少施工对上层吊车梁造成的影响，先安装下层吊车梁，等钢结构受施工应力影响变形基本稳定后，再安装上层吊车梁，最后安装上柱支撑。

(4) 安装时应按柱肩梁处的中心线严格进行对中，当有偏差时可通过更换梁与梁之间的调整板来调节，切实做到统筹预测，公差均匀分配，以减少吊车梁的调整工作。

(5) 制动板安装应严格按图纸编号进行，不得随便串号使用，安装前应清理高强度螺栓摩擦面的杂物，安装后用临时螺栓进行固定。

(6) 吊车梁及其制动系统安装后，均应用普通螺栓进行临时固定，以确保安全。特别是大跨度吊车梁，在形成稳定体系前，应增加缆风绳进行临时固定。

3. 吊车梁的校正

吊车梁的校正包括标高调整、纵横轴线和垂直度的调整。注意钢吊车梁的校正必须在结构形成刚度单元以后才能进行。

1）标高调整

当一跨吊车梁全部吊装完毕后，用一台水准仪（精度在 ±3mm/km）架在梁上或专门搭设

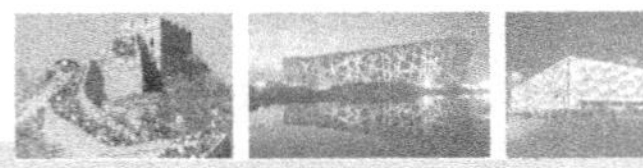

的平台上，进行每梁两端高程引测，将测量的数据加权平均，算出一个标准值，根据这一标准值计算出各点所需要加的垫板厚度，在吊车梁端部设置千斤顶顶空，在梁的两端垫好垫板。

2）纵横轴线调整

首先用经纬仪在柱子纵向一侧端部从柱基控制轴线引到牛腿顶部，定出轴线距离吊车梁中心线的距离，然后在吊车顶面中心线拉一通长钢丝，逐根吊车梁端部调整到位，可用千斤顶或手拉葫芦调整轴线位移。

3）垂直度调整

吊车梁垂直度的调整一般在进行吊车梁标高和轴线调整时同时进行，主要用标尺和线锤结合进行，从吊车梁上翼缘挂锤球下来，测量线绳至梁腹板上下两处的距离，如图 13-33 所示。若 $a=a'$，说明垂直；若 $a\neq a'$，则可用铁楔进行调整。

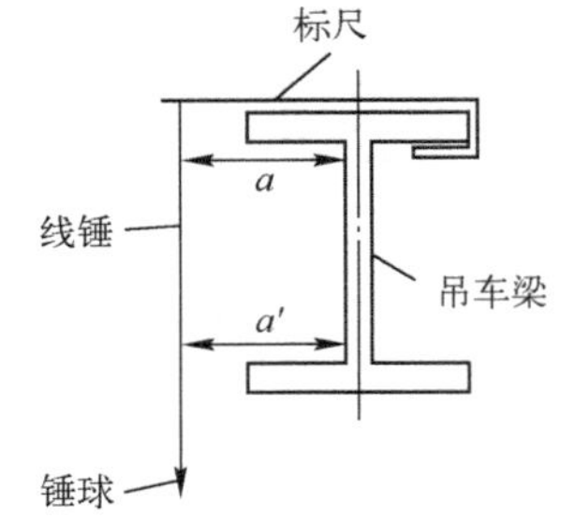

图 13-33　吊车梁垂直度校正

4. 吊车轨道安装

（1）吊车轨道在吊车梁安装阶段可按排版图进行安装。正式安装应在屋面系统安装并形成稳定的刚架体系、吊车梁调整完毕后进行。

（2）为保证天车的安装，在需要的情况下，轨道可临时固定一段，供吊车安装。

（3）轨道正式安装前应从控制点分别引测一个基准点到柱上，采用通线法，测放轨道安装基准线，每 3m 打上一个标志，以保证轨道的直线度。

（4）每列轨道基准线测放完毕后应复测轨距进行闭合，统筹调整误差。

（5）安装轨道压轨器。

13.4.3　刚架梁安装

1. 现场拼装

刚架梁的特点是跨度大（即构件长）、侧向刚度很小，为保证质量、确保安全和减少劳动强度，应根据现场和起重设备能力，最大限度地将单根梁在地面拼装成整体或单元。

2. 吊装与校正

可选用单机两点或三点、四点起吊，或用铁扁担以减小索具所产生的对斜梁的压力，或者双机抬吊，防止斜梁侧向失稳。

刚架梁翻身就位后需进行多次试吊并及时重新绑扎吊索，试吊时吊车起吊一定要缓慢上升，做到各吊点位置受力均匀并以钢梁不变形为最佳状态，达到要求后即进行吊升旋转到设计位置，再由人工在地面拉动预先扣在大梁上的控制绳，转动到位后，可用扳钳来定柱梁孔位，同时用高强度螺栓固定。并且第一榀刚架梁应增加四根临时固定缆风绳（每半榀两侧各拉两根），待第二榀刚架梁吊装好后，先不要松吊钩，须待装好全部檩条和水平支撑后，同时进行校正，使两榀刚架梁形成一个整体后再松去吊钩。从第三榀刚架开始，只要安装几根檩条临时固定刚架即可。刚架梁的校正，主要是校正刚架梁顶端中心线和柱脚轴线的关系，以及控制钢梁屋脊线，使各榀钢梁均在同一中心线上。

13.4.4　钢屋架安装

1. 吊点选择

钢屋架的绑扎点应选在屋架节点上，左右对称于钢屋架的重心，否则应采取防止屋架倾斜

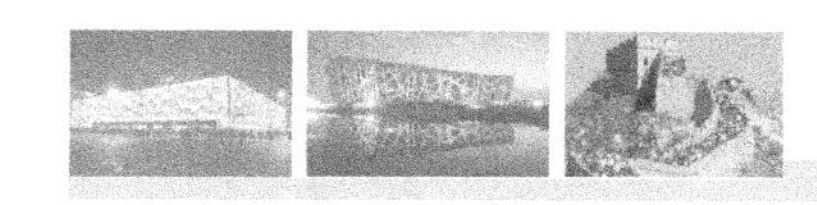

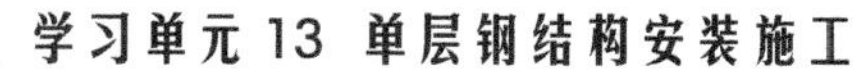

的措施。由于钢屋架的侧向刚度较差，吊装前应验算钢屋架平面外刚度，刚度不足时，可采取增加吊点的位置或采用加铁扁担的施工方法。

为减少高空作业，提高生产率，可在地面将天窗架预先拼装在屋架上，并将吊索两面绑扎，把天窗架夹在中间，以保证整体安装的稳定，如图13-34中虚线所示。

2. 吊升就位

当屋架起吊离地50cm时检查无误后再继续起吊，对准屋架基座中心线与定位轴线就位，并做初步校正，然后进行临时固定。

3. 临时固定

第一榀屋架吊升就位后，可在屋架两侧设缆风绳固定，然后再使起重机脱钩。如果端部有抗风柱，校正后可与抗风柱固定。第二榀屋架同样吊升就位后，可用工具式支撑与第一榀屋架临时固定，见图13-35。

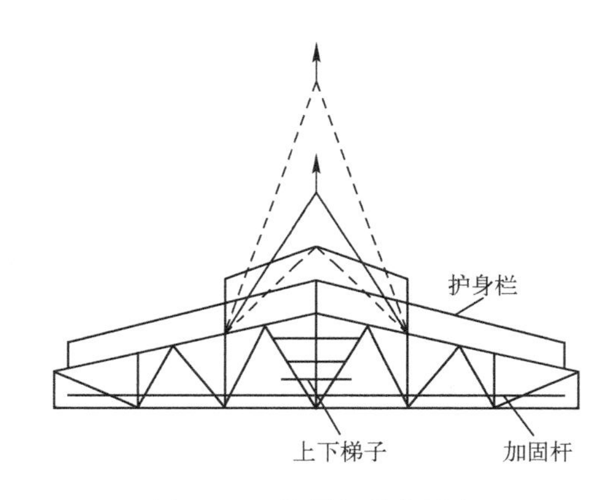

图13-34 钢屋架吊装示意

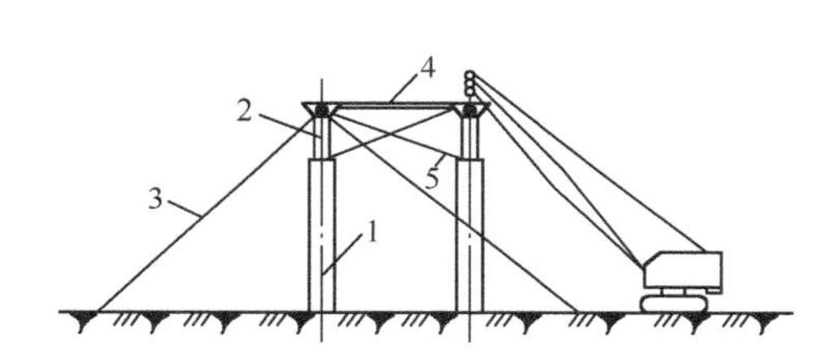

1—柱子；2—屋架；3—缆风绳；4—工具式支撑；5—屋架垂直支撑

图13-35 钢屋架的临时固定

4. 校正及最后固定

钢屋架校正主要是垂直度的校正。可以采用在屋架下弦一侧拉一根通长钢丝，同时在屋架上弦中心线挑出一个同样距离的标尺，然后用线锤校正，见图13-36。也可用一台经纬仪架设在柱顶一侧，与轴线平移距离 a 处，在对面柱子上同样有一距离为 a 的点，从屋架中线处用标尺挑出距离 a，当三点在一条线上时，则说明屋架垂直。若有误差，可通过调整工具式支撑或绳索，并在屋架端部支撑面垫入薄铁片进行调整。

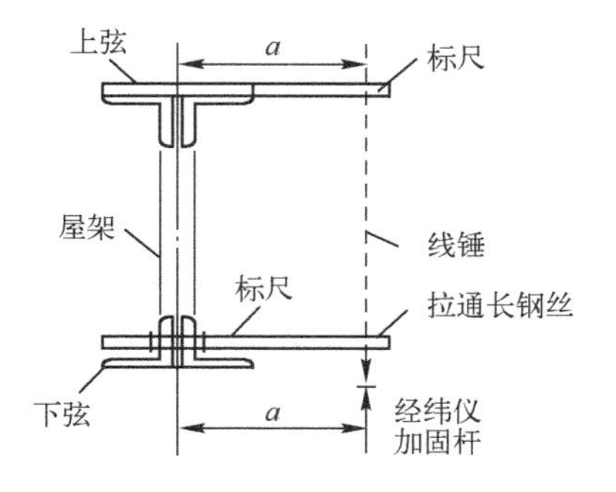

图13-36 钢屋架垂直度的校正

钢屋架校正完毕后，拧紧连接螺栓或用电焊焊牢作为最后固定。

13.4.5 平面钢桁架安装

平面钢桁架的安装方法有单榀吊装法、组合吊装法、整体吊装法、顶升法等。

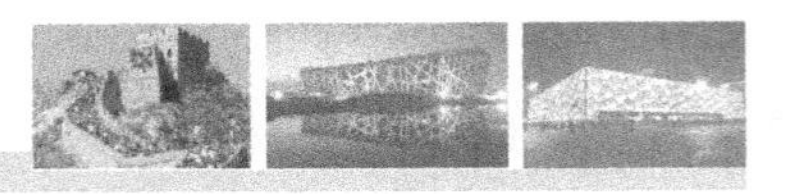

1. 现场拼装

一般来说钢桁架的侧向稳定性较差，在条件允许的情况下最好经扩大拼装后进行组合吊装，即在地面将两榀桁架及其上的天窗架、檩条、支撑等拼装成整体，一次进行吊装，这样不但提高工作效率，也有利于提高吊装稳定性。

2. 临时固定

桁架临时固定一般需用临时螺栓或冲钉，每个节点应穿入的数量必须经过计算确定，并应符合下列规定：

(1) 不得少于安装孔总数的1/3；

(2) 至少应穿2个临时螺栓；

(3) 冲钉穿入数量不宜多于临时螺栓的30%；

(4) 扩钻后的螺栓孔不得使用冲钉。

3. 校正

钢桁架的校正方式同钢屋架。

13.4.6 支撑的安装

交叉支撑宜按照从下到上的顺序组合吊装。支撑构件安装后对结构的刚度影响较大，故要求一般在相邻结构固定后，再进行支撑的校正和固定。

任务13.5 紧固件连接施工

13.5.1 施工工具

1. 电动扳手

电动扳手（见图13-37）是拆卸和安装大六角头高强度螺栓的机械化工具，可以自动控制扭矩和转角。适用于钢结构桥梁、厂房建筑、化工、发电设备安装大六角头高强度螺栓施工，以及对螺栓紧固件的扭矩或轴向力有严格要求的场合。

2. 手动扭矩扳手

各种高强度螺栓在施工中以手动紧固时，都要使用有标明扭矩值的扳手施拧，使达到高强度螺栓连接副规定的扭矩和剪力值。一般常用的手动扭矩扳手有指针式、音响式和扭剪型三种，见图13-38。

扭矩扳手配合扳手套筒，供紧固六角螺栓、螺母用，在扭紧时可以表示出扭矩数值。

3. 活动扳手

活动扳手是用于旋紧螺栓的一种工具，其规格用“长度×最大开口宽度”表示。

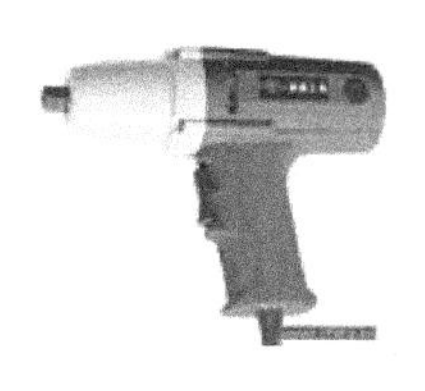
图 13-37 电动扳手

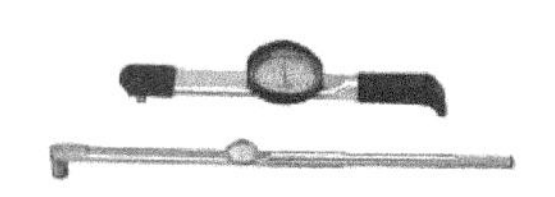
图 13-38 扭矩扳手

13.5.2 普通螺栓连接施工

1. 连接要求

普通螺栓在连接时应符合下列要求：

(1) 永久螺栓的螺栓头和螺母的下面应放置平垫圈，垫置在螺母下面的垫圈不应多于 2 个，垫置在螺栓头部下面的垫圈不应多于 1 个；

(2) 对工字钢、槽钢等有斜面的螺栓连接，宜采用斜垫圈；

(3) 对于承受动力荷载或重要部位的螺栓连接，设计有防松动要求时，应采取有防松动装置的螺母或弹簧垫圈，弹簧垫圈放置在螺母侧；

(4) 螺栓紧固后外露丝扣应不少于 2 扣，紧固质量检验可采用锤敲检验。

2. 长度选择

(1) 螺栓直径。螺栓直径的确定原则上应由设计人员按等强原则通过计算确定，但对某一个工程来讲，螺栓直径规格应尽可能少，有的还需要适当归类，以便于施工和管理；一般情况下，螺栓直径应与被连接件的厚度相匹配，表 13-1 为不同连接厚度所推荐选用的螺栓直径。

表 13-1 不同连接厚度所推荐选用的螺栓直径（mm）

连接件厚度	4～6	5～8	7～11	10～14	13～20
推荐螺栓直径	12	16	20	24	27

(2) 螺栓长度。连接螺栓的长度可按下述公式计算：

$$L = \delta + H + nh + C \tag{13-2}$$

式中 δ——连接板约束厚度（mm）；

H——螺母的高度（mm）；

h——垫圈的厚度（mm）；

n——垫圈的个数（个）；

C——螺杆的余长（5 ～ 10mm）。

3. 普通螺栓紧固

普通螺栓可采用普通扳手紧固，螺栓紧固应使被连接件接触面、螺栓头和螺母与构件表面密贴。普通螺栓紧固应从中间开始，对称向两边进行，大型接头宜采用复拧。

4. 施工注意事项

(1) 钢构件的紧固件连接接头，应经检查合格后，再进行紧固施工。

(2) 永久性普通螺栓连接中的螺栓一端不得垫 2 个及以上垫圈，并不得采用大螺母代替垫圈。

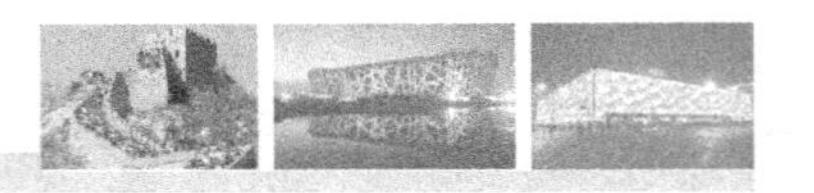

13.5.3 高强度螺栓连接施工

高强度螺栓连接施工在钢结构安装中是一个必不可少的环节，通过高强度螺栓使构件连接成为整体承受结构荷载，因而，高强度螺栓连接施工质量对结构的安全性影响重大。高强度螺栓连接施工工艺流程见图13-39。

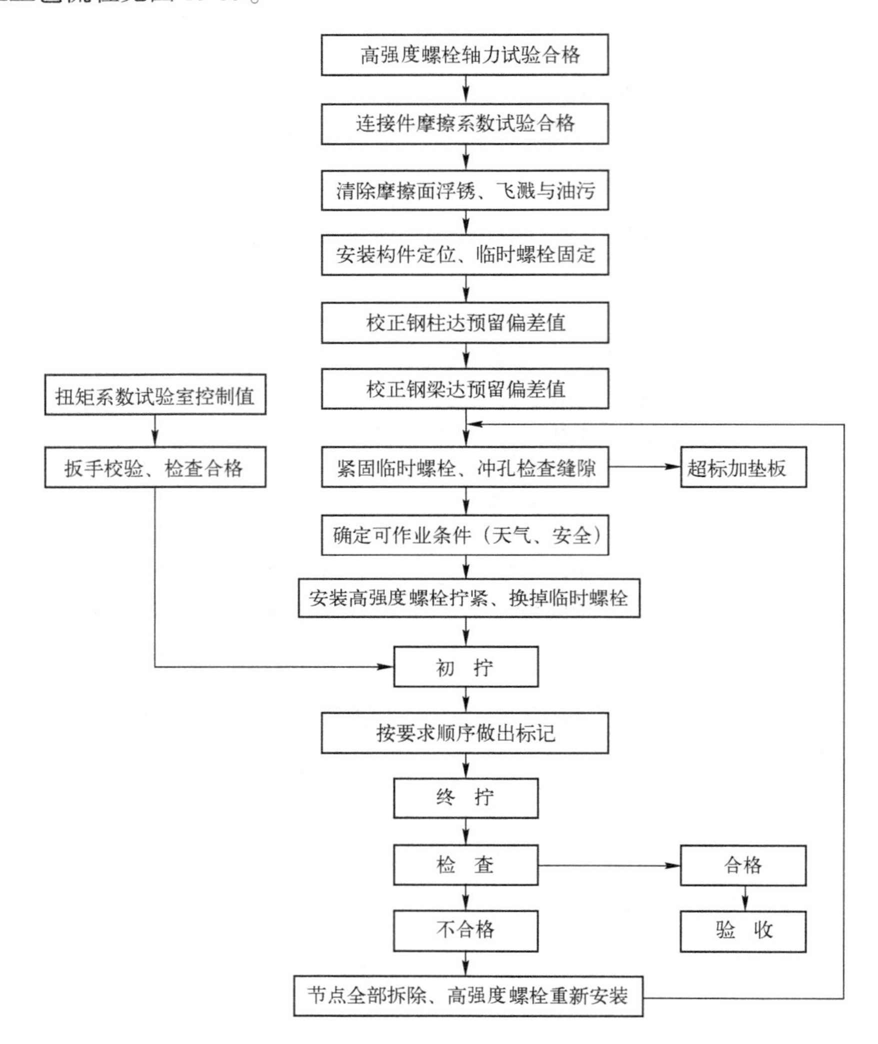

图13-39 高强度螺栓连接施工工艺流程

1. 高强度螺栓工具管理

高强度螺栓扳手属于计量器具，在使用前应按照规定进行校验；其扭矩相对误差不得大于±5%；校正用的扭矩扳手，其扭矩相对误差不得大于±3%；终拧完检测用扳手与校核扳手应为同一把扳手。

施工人员每天到现场库房领取扳手，并由领取专人负责，当天施工结束后退回库房，注明扳手的状态，其误差不得超过2%。

2. 高强度螺栓管理

高强度螺栓不同于普通螺栓，它是一种具备强大紧固能力的紧固件，其储运与保管的要求

比较高。根据其紧固原理，要求在出厂后至安装前的各个环节必须保持高强度螺栓连接副的出厂状态，也即保持同批大六角头高强度螺栓连接副的扭矩系数和标准偏差不变；保持扭剪型高强度螺栓连接副的轴力及标准偏差不变。

高强度螺栓连接副的储运与保管要求如下：

(1) 高强度螺栓连接副应由制造厂按批配套供应，每个包装箱内都必须配套装有螺栓、螺母及垫圈，包装箱应能满足储运的要求，并具备防水、密封的功能。包装箱内应带有产品合格证和质量保证书；包装箱外表面应注明批号、规格及数量。

(2) 在运输、保管及使用过程中应轻装轻卸，防止损伤螺纹，发现螺纹损伤严重或雨淋过的螺栓不应使用。

(3) 螺栓连接副应成箱在室内仓库保管，地面应符合防潮措施，并按批号、规格分类堆放，保管使用中不得混批。高强度螺栓连接副包装箱码放底层应架空，距地面高度大于30mm，码高一般不超过5～6层。

(4) 高强度螺栓连接副在安装使用时，工地应按当天计划使用的规格和数量领取，当天安装剩余的也应妥善保管，有条件的应运回仓库保管。

(5) 在安装过程中应注意保护螺栓，不得沾染泥沙等脏物和碰伤螺纹。使用过程中若发现异常情况，应立即停止施工，经检查确认无误后再行施工。

(6) 高强度螺栓连接副的保管时间不应超过6个月。当由于停工、缓建等原因，保管周期超过6个月时，若再次使用须按要求进行扭矩系数试验或紧固轴力试验，检验合格后方可使用。

3. 摩擦面的处理

对于高强度螺栓连接，无论摩擦型还是承压型连接，摩擦面的抗滑移系数是影响连接承载力的重要因素之一。

摩擦面的处理一般结合钢构件表面处理方法一并进行，所不同的是摩擦面处理完不用涂防锈底漆。

1) 喷砂（丸）处理

喷砂（丸）法效果较好，质量容易达到，目前大型金属结构厂基本上都采用。处理完表面粗糙度可达45～50μm。

2) 喷砂（丸）后生赤锈处理

经喷砂（丸）处理过的摩擦面，在露天生锈60～90天，安装前除掉浮锈，表面粗糙度可达到55μm，能够得到比较大的抗滑移系数值。

3) 手工打磨处理

对于小型工程或已有建筑物加固改造工程，常常采用手工方法进行摩擦面处理，砂轮打磨是最直接、最简便的方法。在用砂轮机打磨钢材表面时，砂轮打磨方向垂直于受力方向，打磨范围不小于4倍螺栓孔径。打磨时应注意钢材表面不能有明显的打磨凹坑。

4) 钢丝刷人工除锈

使用钢丝刷将钢材表面的氧化铁等污物清理干净，处理方法比较简便，但抗滑移系数较低，一般用于次要结构和构件。

经表面处理后的高强度螺栓连接摩擦面应符合以下规定：

(1) 连接摩擦面保持干燥、清洁，不应有飞边、毛刺、焊接飞溅物、焊疤、氧化铁皮、污

垢等；

(2) 经处理后的摩擦面应采取保护措施，不得在摩擦面上作标记；

(3) 若摩擦面采用生锈处理方法，安装前应以细钢丝刷垂直于构件受力方向刷除摩擦面上的浮锈。

4. 高强度螺栓施工准备

1) 材料准备

高强度螺栓连接副应按设计要求选用，施工单位不得擅自更改。

高强度螺栓的规格数量应根据设计的直径要求，按长度分别进行统计，根据施工实际需要的数量多少、施工点位的分布情况、构件加工质量和运输损坏情况、现场的储运条件、工程难度等因素，考虑2%～5%的损耗，进行采购。

高强度螺栓长度应以螺栓连接副终拧后外露2～3扣丝为标准计算，可按下式计算：

$$l = l' + \Delta l \tag{13-3}$$

式中 l'——连接板层总厚度；

Δl——附加长度，$\Delta l = m + ns + 3p$，当螺栓公称直径确定时，也可参考表13-2选用；

m——高强度螺母公称厚度；

n——垫圈个数，扭剪型高强度螺栓为1，高强度大六角头螺栓为2；

s——高强度垫圈公称厚度；

p——螺纹的螺距，可参考表13-3选用。

表13-2 高强度螺栓的附加长度 Δl (mm)

高强度螺栓种类	M12	M16	M20	M22	M24	M27	M30
大六角头高强度螺栓	23	30	35.5	39.5	43	46	50.5
扭剪型高强度螺栓	-	26	31.5	34.5	38	41	45.5

选用的高强度螺栓公称长度（即采购长度）应取修约后的长度，根据计算出的螺栓长度 l 按“2舍3入”或“7舍8入”的原则取5mm的倍数进行修约，并尽量减少螺栓规格数量。

表13-3 螺距取值表 (mm)

螺栓规格	M12	M16	M20	M22	M24	M27	M30
螺　距	—	1.75	2.5	2.5	3	3	3.5

2) 高强度螺栓施工前的复验

钢结构制作和安装单位应按《质量验收规范》的规定分别进行高强度螺栓连接摩擦面的抗滑移系数试验和复验，现场处理的构件摩擦面应单独进行摩擦面抗滑移系数试验，其结果应符合设计要求。当高强度连接节点按承压型连接或张拉型连接进行强度设计时，可不进行摩擦面抗滑移系数的试验和复验。

5. 连接节点接触面间隙处理

高强度螺栓连接面板间应紧密贴实，对因板厚公差、制造偏差或安装偏差等产生的接触面间隙按表13-4所示方法处理，处理前应事先准备好3mm、4mm、5mm、6mm厚摩擦面处理过的、材质与构件相同的垫板。

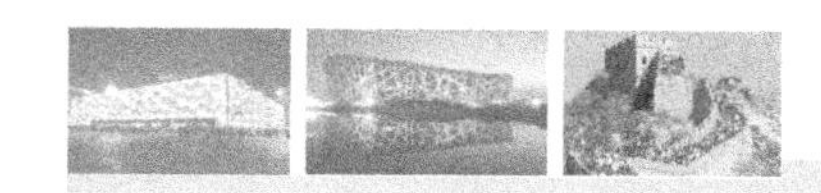

表 13-4 节点处理方法

序号	示意图	处理方法
1	t	$t<1.0$mm 时不予处理
2	t	$t=1.0\sim3.0$mm 时将原板一侧磨成 1:10 缓坡，使间隙小于 1.0mm
3	t	$t>3.0$mm 时加垫板，垫板厚度不小于 3mm，最多不超过 3 层，垫板材质和摩擦面处理方法应与材件相同

6. 临时螺栓的安装

高强度螺栓安装前，构件将采用临时安装螺栓和冲钉进行临时固定，待高强度螺栓完成部分安装时，拆除临时安装螺栓，以高强度螺栓代替。每个节点上应穿入的临时螺栓和冲钉数量由安装时可能承担的荷载计算确定，并应符合下列规定：

（1）不得少于安装总数的 1/3；

（2）不得少于两个临时螺栓；

（3）冲钉穿入数量不宜多于临时螺栓数量的 30%；

（4）不得用高强度螺栓兼作临时螺栓，以防损伤螺纹引起扭矩系数的变化。

7. 高强度螺栓安装

1）对孔及穿孔

钢构件吊装就位临时固定后，使节点板上、下螺栓孔对齐，螺栓能从孔内自由穿入，对余下的螺栓孔直接安装高强度螺栓，用手动扳手拧紧后，拆除临时螺栓和冲钉，再进行该处的高强度螺栓的安装。

2）扩孔

当个别螺栓孔不能自由穿入时，可用铰刀或锉刀进行扩孔处理，扩孔数量应征得设计同意，扩孔后的直径不得大于原直径的 1.2 倍，其四周可由穿入的螺栓拧紧，扩孔产生的毛刺等应清除干净，严禁气焊扩孔或强行插入高强度螺栓。

3）穿入方向

高强度螺栓穿入方向要一致，一般应以施工便利为宜，全部从内向外插入螺栓，在外侧进行紧固。若操作不便，可将螺栓从反方向插入。

8. 高强度螺栓紧固

高强度螺栓紧固时，应分为初拧、终拧；对于大型节点应分为初拧、复拧和终拧。

（1）初拧：由于钢结构的制作、安装等原因发生翘曲、板层间不密贴的现象，当连接点螺栓较多时，先紧固的螺栓就有一部分轴力消耗在克服钢板的变形上，后紧固的螺栓则由于其周围螺栓紧固以后，其轴力分摊而降低。所以，为了尽量缩小螺栓在紧固过程中由于钢板变形等的影响，规定高强度螺栓紧固时，至少分两次紧固。第一次紧固称为初拧。初拧扭矩为终拧扭矩的 50% 左右。

（2）复拧：对于大型节点高强度螺栓初拧完成后，在初拧的基础上，再重复紧固一次，故称为复拧。复拧扭矩值等于初拧扭矩值。

（3）终拧：对安装的高强度螺栓作最后的紧固，称为终拧。终拧的轴力值以达到标准轴力为准，并应符合设计要求。

紧固注意事项如下：

(1) 高强度螺栓连接副的初拧、复拧、终拧应在24小时内完成；

(2) 当高强度螺栓初拧完毕后，采用不同于构件验收的记号笔做好标记，终拧完毕后做红色标记，以避免漏拧和超拧等不安全隐患；

(3) 螺纹丝扣外露应为2～3扣，其中允许有10%的螺栓丝扣外露1扣或4扣；

(4) 已安装高强度螺栓严禁用火焰或电焊切割梅花头；

(5) 高强度螺栓超拧应更换并废弃换下来的螺栓，不得重复使用；

(6) 高空施工时严禁乱扔螺栓、螺母、垫圈及尾部梅花头，应严格回收，以免坠落伤人。

9. 紧固顺序

高强度螺栓连接副初拧、复拧和终拧，原则上应采取以接头刚度较大的部位向约束较小的方向、螺栓群中央向四周的顺序，是为了使高强度螺栓连接处板层能更好密贴。典型节点施拧顺序见表13-5。高强度螺栓和焊接并用的连接节点，当设计文件无特殊规定时，宜按先螺栓紧固后焊接的施工顺序。

表13-5　高强度螺栓拧紧顺序

节点形式	图示	说明
板式连接节点	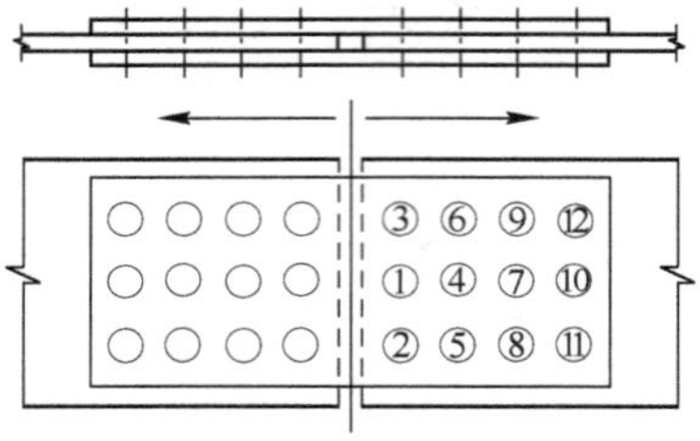 ③ ⑥ ⑨ ⑫ ① ④ ⑦ ⑩ ② ⑤ ⑧ ⑪	按照编号从中部螺栓向两端螺栓紧固
箱形构件连接节点	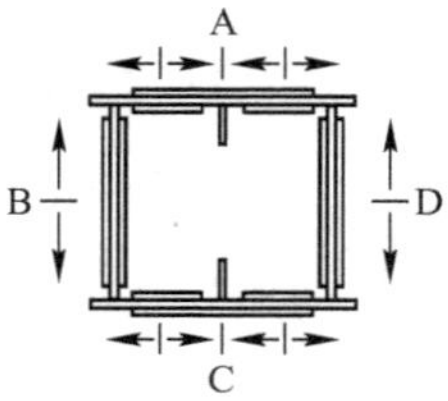 A B C D	A、B、C、D螺栓群的紧固，沿箭头方向进行
工字梁连接节点	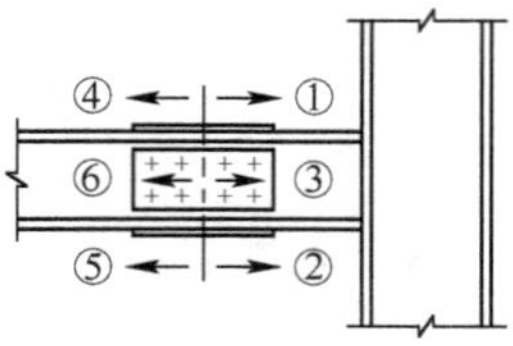 ④ ① ⑥ ③ ⑤ ②	按柱侧连接板、腹板连接板、上翼连接板、下翼连接板的顺序紧固
H形截面柱节点	—	按照先翼缘后腹板的顺序紧固

10. 紧固方法

1) 大六角头高强度螺栓紧固

大六角头高强度螺栓一般用两种方法拧紧，即扭矩法和转角法。

(1) 扭矩法紧固

对大六角头高强度螺栓连接副来说，当扭矩系数 k 确定之后，由于螺栓的轴力（预拉力）P 由设计给定，则螺栓应施加的扭矩值就可以计算确定，见公式（13-4）。使用扭矩扳手按施

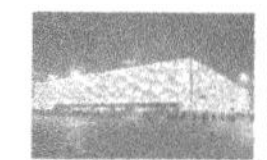
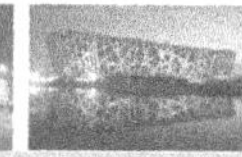

工扭矩值进行终拧，这就是扭矩法施工的原理。

$$T_c = kP_c d \tag{13-4}$$

式中 T_c——施工终拧扭矩（N·m）；

k——高强度螺栓连接副的扭矩系数平均值，取 0.110 ~ 0.150；

P_c——高强度螺栓施工预拉力（kN），可按表 13-6 选用；

d——高强度螺栓公称直径（mm）。

表 13-6 高强度螺栓施工预拉力（kN）

螺栓性能等级	螺栓公称直径（mm）						
	M12	M16	M20	M22	M24	M27	M30
8.8S	50	90	140	165	195	255	310
10.9S	60	110	170	210	250	320	390

施拧时，应在螺母上施加扭矩。一般常用螺栓（M20、M22、M24）的初拧扭矩为 200 ~ 300N·m。在实际操作中，可以让一个操作工使用普通扳手用自己的手力拧紧。

（2）转角法紧固

因扭矩系数的离散性，特别是螺栓制造质量或施工管理不善，扭矩系数超过标准值，在这种情况下采用扭矩法施工就会出现较大的误差，欠拧或超拧问题突出。为解决这一问题，引入转角法施工，即利用螺母旋转角度以控制螺杆弹性伸长量来控制螺栓轴向力的方法，见图 13-40。

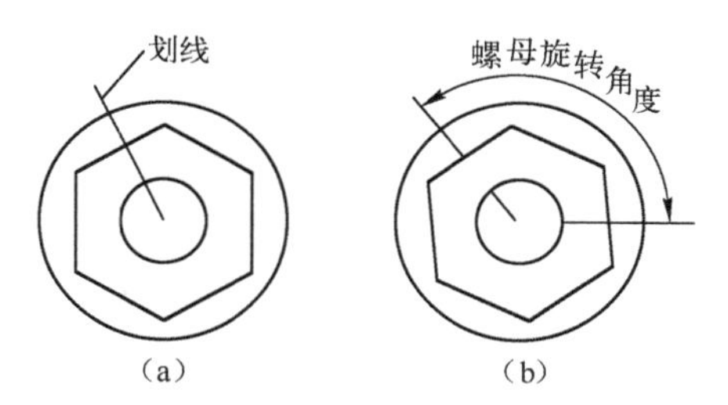

图 13-40 转角法施工示意

转角法施工初拧的要求比扭矩法施工要严，因为起初受连接板间隙的影响，螺母的转角大都消耗于板缝，转角与螺栓轴力关系极不稳定。初拧的目的是消除板缝影响，给终拧创造一个大体一致的基础。

转角法施工对初拧扭矩的大小没有标准，各个工程根据具体情况确定。一般来讲，对于常用螺栓（M20、M22、M24），初拧扭矩定在 200 ~ 300N·m 比较合适，原则上应该使连接板密贴为准。终拧是在初拧的基础上，再将螺母拧转一定的角度，使螺栓轴向力达到施工预拉力。采用转角法施工时，初拧（复拧）后连接副的终拧角度应满足表 13-7 的要求。

表 13-7 初拧（复拧）后连接副的终拧角度

螺栓长度 L	螺母转角	连接状态
$L \leqslant 4d$	1/3 圈（120°）	连接形式为一层芯板加两层盖板
$4d < L \leqslant 8d$ 或 200mm 及以下	1/2 圈（180°）	
$8d < L \leqslant 12d$ 或 200mm 以上	2/3 圈（240°）	

注：（1）d 为螺栓公称直径；
（2）螺母的转角为螺母与螺栓杆之间的相对转角；
（3）当螺栓长度 L 超过 12 倍螺栓公称直径 d 时，螺母的终拧角度应由试验确定。

转角法施工次序如下。

初拧：采用定扭扳手，从螺栓群中心顺序向外拧紧螺栓。

初拧检查：一般采用敲击法，即用小锤逐个检查，目的是防止螺栓漏拧。

划线：初拧后对螺栓逐个进行划线。

终拧：用专用扳手使螺母再旋转一个额定角度，螺栓群紧固顺序同初拧。

终拧检查：对终拧后的螺栓逐个检查螺母旋转角度是否符合要求，可用量角器检查螺栓与螺母上划线的相对转角。

作标记：对终拧完的螺栓用不同颜色笔作出明显的标记，以防漏拧和重拧，并供质检人员检查。

2）扭剪型高强度螺栓紧固

扭剪型高强度螺栓是一种自标量型（扭矩系数）的螺栓，其紧固方法采用扭矩法原理，施工扭矩是由螺栓尾部梅花头的切口直径来确定的。

扭剪型高强度螺栓的紧固采用专用电动扳手，扳手的扳头由内、外两个套筒组成，内套筒套在梅花头上，外套筒套在螺母上。在紧固过程中，梅花头承受紧固螺母所产生的反扭矩，此扭矩与外套筒施加在螺母上的扭矩大小相等、方向相反，螺栓尾部梅花头切口处承受该纯扭矩作用。当加于螺母的扭矩值增加到梅花头切口扭断力矩时，切口断裂，紧固过程完毕，见图13-41。

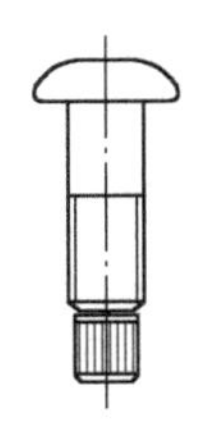
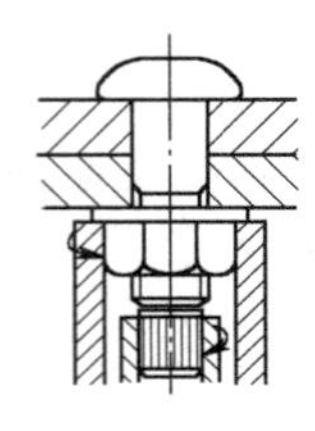
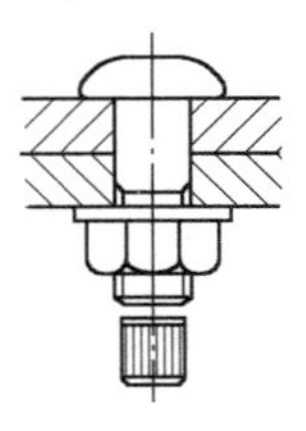

图13-41　扭剪型高强度螺栓紧固示意

扭剪型高强度螺栓连接副的初拧扭矩取公式（13-4）中 T_c 计算值的50%，其中 k 取0.13，也可按表13-8选用。复拧扭矩等于初拧扭矩。终拧应以拧掉螺栓尾部梅花头为准，对于个别不能用专用扳手进行终拧的螺栓，可按大六角头高强度螺栓施拧的方法进行终拧，扭矩系数 k 取0.13。初拧或复拧后应对螺母涂颜色标记。

表13-8　扭剪型高强度螺栓初拧（复拧）扭矩值（N·m）

螺栓规格	M16	M20	M22	M24	M27	M30
扭矩值	115	220	300	390	560	760

11. 紧固质量检验

1）高强度大六角头螺栓连接扭矩法施工紧固

高强度大六角头螺栓连接扭矩法施工紧固应进行下列质量检查：

（1）用约0.3kg小锤敲击螺母对高强度螺栓进行普查。

（2）终拧扭矩按节点数10%抽查，且不应少于10个节点；对每个被抽查节点按螺栓数10%抽查，且不应少于2个螺栓。

（3）检查时先在螺杆端面和螺母上画一条直线，然后将螺母拧松约60°；再用扭矩扳手重新拧紧，使两线重合，测得此时扭矩应在(0.9～1.1)T_{ch}范围内，T_{ch}按公式（13-5）计算。

$$T_{ch} = kPd \tag{13-5}$$

式中　T_{ch}——检查扭矩（N·m）；

k——高强度螺栓连接副的扭矩系数平均值，取0.110～0.150；

P——高强度螺栓设计预拉力（kN）；

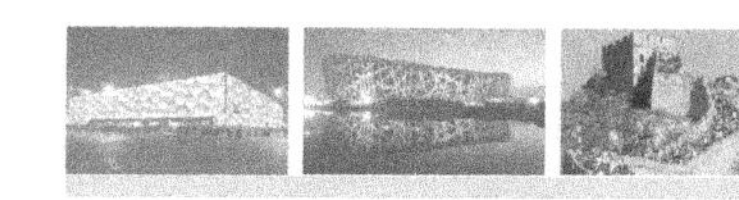

d——高强度螺栓公称直径（mm）。

（4）若发现有不符合规定的，应再扩大1倍检查；若仍有不合格者，则整个节点的高强度螺栓应重新施拧。

（5）扭矩检查宜在螺栓终拧1h以后、24h之前完成，检查用的扭矩扳手，其相对误差不得大于±3%。

2）高强度大六角头螺栓连接转角法施工紧固

高强度大六角头螺栓连接转角法施工紧固应进行下列质量检查：

（1）终拧转角按节点数抽查10%，且不应少于10个节点；对每个被抽查节点按螺栓数抽查10%，且不应少于2个螺栓。

（2）在螺杆端面和螺母相对位置划线，然后全部卸松螺母，再按规定的初拧扭矩和终拧角度重新拧紧螺栓，测量终止线与原终止线划线间的角度，应符合表13-7的要求，误差在±10°者为合格。

（3）若发现有不符合规定的，应再扩大1倍检查；若仍有不合格者，则整个节点的高强度螺栓应重新施拧。

（4）转角检查宜在螺栓终拧1h以后、24h之前完成。

3）扭剪型高强度螺栓终拧检查

扭剪型高强度螺栓终拧检查，以目测尾部梅花头拧断为合格。对于不能用专用扳手拧紧的扭剪型高强度螺栓，应按大六角头高强度螺栓的检验标准规定进行质量检查。

13.5.4 其他紧固件连接施工

对于钢结构中薄钢板件（如彩钢板、天沟等）的连接，通常采用拉铆钉、自攻钉、射钉等紧固件，在施工时，其规格尺寸应与被连接钢板相匹配，其间距、边距等应满足设计文件的要求。钢拉铆钉和自攻螺钉的钉头部分应靠在较薄的板件一侧。自攻螺钉、钢拉铆钉、射钉等与连接钢板应紧固密贴，外观排列整齐。

被连板件上安装自攻螺钉用的钻孔孔径直接影响连接的强度和柔度，孔径的大小应由螺钉的生产厂家规定。

射钉施工时，穿透深度（指射钉尖端到基材表面的深度）应不小于10mm。

任务13.6 围护结构安装施工

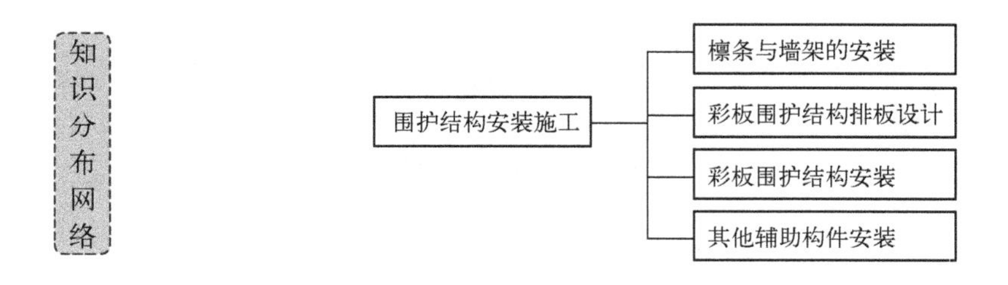

13.6.1 檩条与墙架的安装

1. 吊装方法

檩条与墙架等构件，其单位截面较小，重量较轻，为发挥起重机效率，多采用一钩多吊或

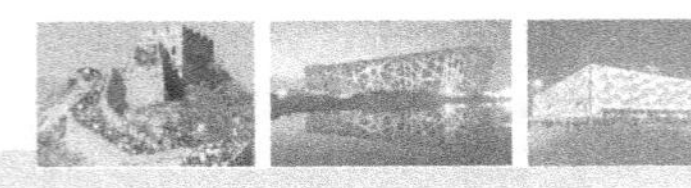

成片吊装方法吊装，见图13-42。对于不能进行平行拼装的拉杆和墙架、横梁等，可根据其架设位置，用长度不等的绳索进行一钩多吊，为防止变形，可用木杆加固。

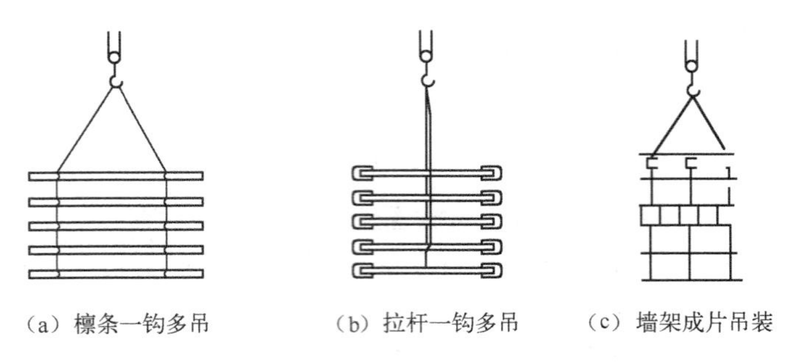

（a）檩条一钩多吊　（b）拉杆一钩多吊　（c）墙架成片吊装

图13-42　钢檩条、拉杆、墙架吊装

2. 吊装

轻钢结构中檩条和墙梁通常采用冷弯薄壁型钢构件，此类构件轻巧细长，在安装中容易产生侧向弯曲变形，应注意采用临时木撑和拉条、撑杆等连接件使之平整顺直。

当屋面檩条截面高度≥200mm时，宜考虑采用临时木撑（见图13-43），以防安装时倾覆。檩条当中的拉条可采用圆钢、角钢，圆钢拉条在安装时应配合屋脊、檐口处的斜拉条、撑杆或临时木撑，通过端部螺母调节使之适度张紧。墙架在竖向平面内刚度很弱，宜考虑采用临时木撑在安装中保持墙架的平直，尤其是兼做窗台的墙梁一旦下挠，极易产生积水渗透的现象。

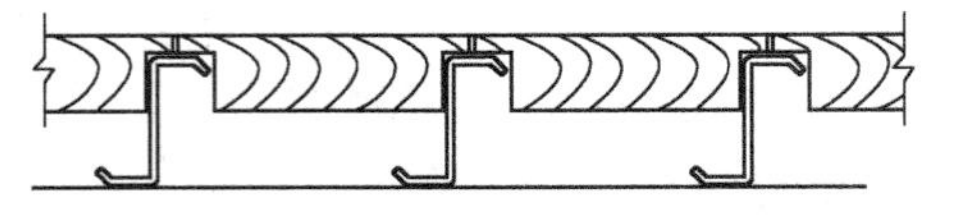

图13-43　屋面上的临时木撑

3. 校正

檩条、拉杆、墙架的校正，主要是尺寸和自身平直度校正。间距检查可用样杆顺着檩条或墙架杆件之间来回移动检验，若有误差，可放松或扭紧檩条墙架杆件之间的螺栓进行校正。平直度用拉线和长靠尺或钢尺检查，校正后，用电焊或螺栓最后固定。

13.6.2　彩板围护结构排板设计

彩板围护结构的排板设计有两种作法，一种是由设计院完成，另一种是由制作安装单位完成。由于建筑施工专业化分工逐渐深入，目前该项工作多数由制作安装厂家完成。

1. 彩钢屋面板的排板设计

1）屋面板长度和纵向的排板设计

屋面板长度设计前应首先确定每坡屋面的首末檩条与定位轴线间的尺寸关系，进而确定屋面板的起点、终点与首末檩条的尺寸关系，首末檩条间距加上这个尺寸即为板的总长度。应根据选用彩板屋面板的供应情况、运输条件、现场制作还是工厂制作等因素，确定每一坡屋面板由一块或几块组成。

2）屋面板横向的排板设计

屋面板的板材有效覆盖宽度为屋面板排板的基本模数，宽度与基本板宽的尺寸要协调。屋面总宽度应为建筑物的首末柱轴线间的距离加屋面在首末柱处伸出的构造尺寸。确定好屋面板的排板方式后，应在图纸上标出排板起始线，供板材安装时使用。

当屋面采用采光板时，排板处理应将采光瓦尽量布置在两柱轴线中间，当排板有困难时也

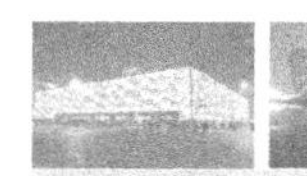
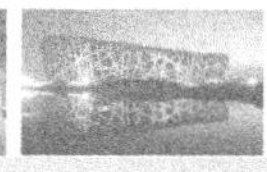
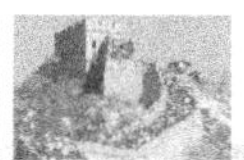

可有规律地布置在偏离中间的位置。此时正确确定排板起始线有着重要作用，采光屋面板的宽度尺寸应与彩板屋面板的宽度尺寸相协调。这对于采光屋面板嵌在彩板屋面中间的布置方法尤为重要。

2. 彩钢墙面板的排板设计

彩色钢板墙面板排板设计比屋面板排板设计复杂，这是墙面上孔洞多，规格不一、高度不一和墙面建筑艺术效果的限制所造成的。

1）彩板墙面板的长度及排板设计

竖向布置墙板时，彩板墙面的长度有从檐口处的封闭标高到地上的起始高度，从檐口处的封闭标高到洞口上表面的高度，洞口下表面到洞口上表面的高度和洞口下表面到地的起始高度等三种。因此确定板长以前必须确定檐口处、窗口处、门口处和其他洞口处的标高和构造做法，从而计算出墙面板的长度。一般情况下，由于美观效果，彩板墙面板在竖向布置时不宜做搭接布置。当墙面高度较大时才考虑用搭接的方法，这时的墙板长度应加上搭接长度。山墙的檐口为斜面时，板材长度应计算到每块板的斜面最高点。

横向布置墙板多用于彩板夹芯板，这种方法是以板的宽度为模数做竖向布置的。设计时，大于板宽的孔洞，宜尽量将孔洞的上、下边沿与板的横向接缝相协调，以免造成构造复杂。横向布置墙板多在柱的中轴线上划分开，首、末柱间的板长应为柱距尺寸加首、末柱轴线外伸的构造尺寸，中间柱处的墙板长度应为柱距尺寸，另有柱轴线至洞口边部的板长尺寸等。斜面山墙处的板长，应视斜率而变化。

2）彩板墙面板的立面设计

当竖向布置墙板时，宜采用带形窗，这种划分可以减少洞口处的构造，有利于防雨水。当采用独立窗时，对压型板墙面其独立窗的两侧边构造较复杂，施工不好易出现漏雨现象，应在板材排列时选好排板起始线，以便板的排列与洞口尺寸相协调。平面夹芯板对洞口无特殊要求。

在横向布置墙板时要解决好板的竖向排列与各洞口高度的协调问题。带形或独立式窗的布置均不存在问题，对平面夹芯板墙面，其排板灵活性较大。

13.6.3 彩板围护结构安装

彩板围护结构的安装工序应设在工程总施工工序中合理的位置。对于纯板材构成的建筑或由板材厂家独立完成的工程项目，由承包方自主安排施工工序。对于多工种、多分包项目的工程，彩板围护结构的施工工序宜安排在一个独立的施工段内连续完成。屋面工程的施工中，若相邻处有高出屋面的工程施工，应在相邻工程湿作业完成后开工，以保护屋面工程不被损坏，或不被用做脚手架的支撑面。彩板围护结构应在其支承构件的全部工序完成后进入开工。墙面工程应设在其下的砖石工程和装修工程完成的情况下开工。

1. 安装前的准备

1）材料准备

对小型工程，材料需一次性准备完毕。对大型工程，材料准备需按施工组织计划分步进行，并向供应商提出分步供应清单，清单中需注明每批板材的规格、型号、数量、连接件、配件的规格数量等，并应规定好到货时间和指定堆放位置。材料到货后应立即清点数量、规格，并核对送货清单与实际数量是否相符合。当发现质量问题时，需及时处理，采用更换、代用或其他方法，并应将问题及时反映到供货厂家。

2）场地准备

由于屋面、墙面板多为长尺板材，故应准备施工现场的长车通道及车辆回转条件；充分考虑板材的堆放场地，减少二次搬运，以利于吊装；现场加工板材时应将加工设备放置在平整的场地上，板材多为长尺板，一般大于12m，生产出的板材应尽量避免板材的转向运输。此外还要留出必要的现场板材二次加工的场地，这是保证板材安装精度和减少板材在现场损坏的重要因素。

3）机具准备

彩板围护结构因其体轻，一般不需大型机具。机具准备应按施工组织计划的要求准备齐全，确定水平运输和垂直提升的方式，重点应以垂直运输为主。

板材施工安装多为手提式电动机具。每班组应配置齐全，并应有备用。

2. 板材吊装

彩色钢板压型板和夹芯板的吊装方法很多，如汽车吊吊升、塔吊吊升、卷扬机吊升和人工提升等方法。塔吊、汽车吊的提升方法，多使用吊装钢梁多点提升，见图13-44。这种吊装法一次可提升多块板，但往往在大面积工程中，提升的板材不易送到安装点，增大了屋面的长距离人工搬运，屋面上行走困难，易破坏已安装好的彩板，不能发挥大型提升吊车其大吨位提升能力的特长，使用效率低，机械费用高。但是提升方便，被提升的板材不易损坏。

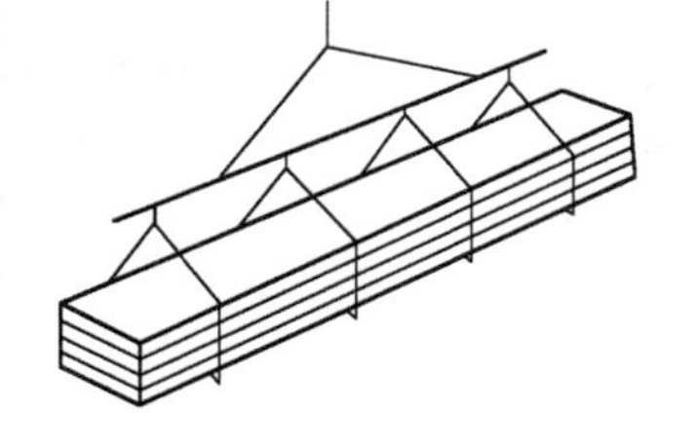

图13-44　板材吊装示意

使用卷杨机提升的方法，由于不用大型机械，设备可灵活移动到需要安装的地点，故方便且价低。这种方法每次提升数量少，但是屋面运距短，是一种经常采用的方法。这种方法最方便和低价，但必须谨慎从事，否则易损伤板材，同时使用的人力较多，劳动强度较大。

提升特长板用以上几种方法都较困难，人们创造了钢丝滑升法，见图13-45。方法是在建筑的山墙处设若干道钢丝，钢丝上设套管，板置于钢管上，屋面上工人用绳沿钢丝拉动钢管，则特长板被提升到屋顶，而后由人工搬运到安装地点。

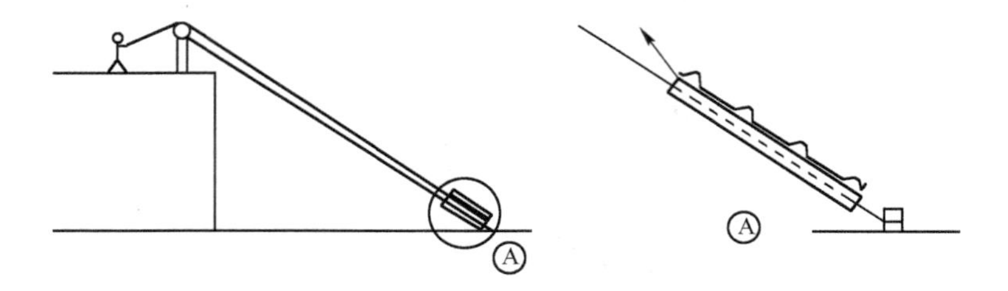

图13-45　钢丝滑升法

3. 屋面板安装

彩色钢板的铺设顺序，原则上是由上而下，由常年风尾方向起铺。

1）固定支座安装

支座的安装质量直接影响到屋面板的安装质量，所以在安装过程中应重点控制。安装支座主要有以下几个施工步骤。

（1）放线：用全站仪、经纬仪将轴线引测到檩条上，作为支座安装的纵向控制线。第一列

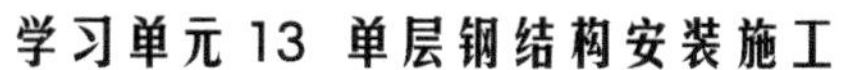

支座位置要多次复核，以后的滑动支座位置参照第一列的位置进行确定。

(2) 安装支座：安装支座时，将支座对准其安装位置，然后用手电钻通过自攻螺钉将滑动支座与檩条固定，见图13-46。

(3) 复查支座位置：用目测的方法检查每一列支座是否在一条直线上，发现有较大偏差的支座，在屋面板安装前一定要纠正，直至满足板材安装的要求。

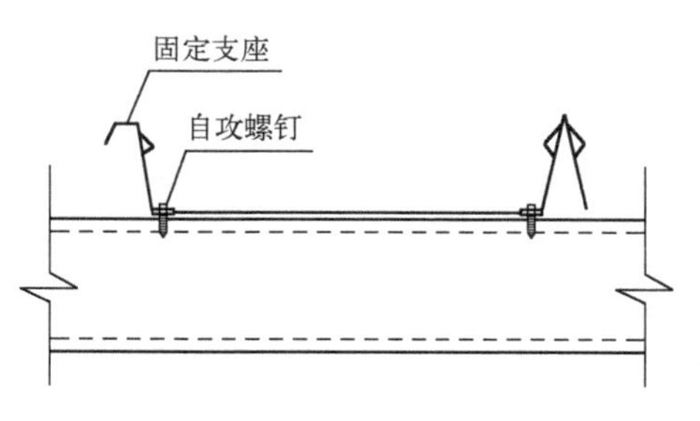

图13-46 固定支座安装

2) 玻璃棉铺设

首先用不锈钢丝或镀锌丝交叉拉出菱形或矩形形状，用2.5cm自攻钉固定于檩条；然后安装固定铝箔，最后铺放玻璃棉卷毡，并穿透固定支座。注意玻璃棉贴面朝向室内一侧，垂直于檩条。玻璃棉在一面屋檐处多留约20cm，用专用的夹具或双面胶带将其固定在最外侧檩条上，铺设至另一面屋檐处，同样多留20cm的卷毡，并固定，以便安装屋面彩钢板时拆去屋檐处的专用夹具，用预留的20cm贴面为玻璃棉收边。铺设时要保证对齐和张紧。两卷棉之间通过在贴面飞边上用订书机装订的方法连接在一起，搭接长度不低于50mm，并用胶带密封，以防水汽渗透。根据工程需要，为避免冷桥的产生，在与檩条接触处，可以考虑在檩条上垫些硬质保温材料。

3) 屋面板安装

一般先靠山墙边安装第一块板，当第一块屋面板固定就位时，在屋面檐口拉一根连续的准线，这根线和第一块屋面板将成为引导基准，便于后续屋面板的快速安装和校正，之后对每一屋面区域在安装期间要定期检测，方法是测量已固定好的屋面板宽度。在屋脊线处（或板顶部）和檐口（或板底部）各测量一次，以保证不出现移动和扇形，保证屋面板的平行和垂直度具体步骤如下。

(1) 放线

在固定支座安装质量得到严格控制的条件下，只需放设面板端部定位线，一般以面板出天沟的距离为控制线，板伸入天沟的长度以略大于设计为宜，以便于剪裁。

(2) 就位

用人工将板抬到安放位置，就位时先对板端控制线，然后将搭接边用力压入前一块板的搭接边。检查搭接边是否能够紧密接合，若不能应找出问题，及早处理。

(3) 卡位

面板位置调整好后，只需将屋面板连接的肋部位进行按压，听到清脆的“咔嚓”声，说明屋面板肋卡位已经就位，见图13-47。

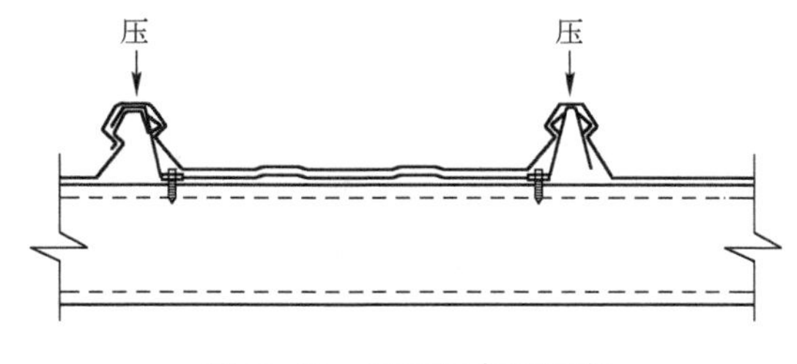

图13-47 屋面板卡位固定

(4) 板边修剪

板边修剪工作宜在面板大面积安装完后进行，先根据设计的板伸入天沟尺寸确定两个端点，然后弹出墨线，修剪时以此线为准。

(5) 折边

折边使用专用工具上弯器和下弯器。折边的原则为水流入天沟处折边向下，否则折边向上。

4）泛水、包角，伸缩缝盖板的安装

安装方向一般从建筑物后部向前部安装，从而使建筑物正面开始的泛水或天沟段总是上下一段，这样从正面往下看侧墙时，就不会有裸露的毛糙接缝。山墙泛水要从屋檐安装到屋脊，这样可使后一块泛水的下部搭接到上一块泛水的上部。泛水搭接缝填密封胶。

5）抹密封胶

密封胶是重要的防水材料，在使用之前应检查密封胶的有效期。打胶前要清理接口处泛水上的灰尘和其他污物及水分，并在要打胶的区域两侧适当位置贴上胶带。胶打完后将胶带撕去。

6）清理及废料运弃

铺设钢板区域内，切铁工作及固定螺钉时，所产生金属屑应于每日收工前清理干净；每日收工前需将屋面、地面、天沟上的残屑杂物（如 PVC 布、钢带等）清理干净；完工前所有余废料均需清理运弃；完工后应检查彩色钢板表面，其受污染部分应清洗干净。

屋面板安装注意事项如下：

（1）彩色钢板切割时，其外露面应朝下，以避免切割时产生的锉屑贴附于涂膜面，引起化学反应；

（2）施工人员在屋面行走时，沿排水方向应踏于板谷，沿檩条方向应踏于檩条上，且须穿软质平底鞋；

（3）每日收工时，应将留置屋架、地面的彩色钢板材料用尼龙绳或麻绳捆绑牢固；

（4）施工中工人不可聚堆，以免集中荷载过大，造成板面损坏；

（5）早上屋面易有露水，坡屋面上彩板面滑，应特别注意防护措施。

4. 墙面板安装

安装外墙板前先安装墙面系统的上口泛水、窗门侧泛水及与砖墙交接处收边，墙板安装好后再安装下口泛水包边及阴、阳包角板等。

墙面板通常采用普通压型板或夹芯板，铺板可从建筑物的任意一端开始，由上往下、以墙角作为起点由一端逐往另一端的顺序安装。通常，将板按照习惯视向铺设可以避免侧向搭接线过于明显。同时，在台风地区，考虑到季节大风的影响，施工时应该沿逆风的方向开始铺设。

墙面板的下端应直接支承在地面或矮砖墙上，不宜由墙梁承受其重量而产生下挠，造成窗台积雨渗漏，若有条形通窗分断墙面板，应利用上部的斜拉条和拉条调节墙梁并支承墙板重量。墙面板与墙梁连接的自攻钉宜钉在波谷处，使其连接刚度好。

墙面板为玻璃棉保温时，玻璃棉贴面朝向室内一侧，从屋檐放卷至墙脚，用双面胶带将玻璃棉固定在墙顶檩条和最下端的檩条上，多留 20cm 进行收边，安装墙面彩钢板。

13.6.4 其他辅助构件安装

1. 采光板安装

采光板的安装步骤同面板一样。在采光板上安装紧固件时，应注意避免引起材料开裂。采光板安装前，要将正、反两面全部擦拭干净，这样可以节省人工并达到较好效果。

采光板应尽量选用机制板，以减少安装中的搭接不合口现象。采光板一般采用屋面板安装中留出洞口，而后安装的方法。

固定采光板紧固件下应增设面积较大的彩板钢垫，以避免在长时间的风荷载作用下将采光板的连接孔洞扩大，以至于失去连接和密封作用。

保温屋面需设双层采光板时，应对双层采光板的四个侧面密封，否则保温效果减弱，可能出现结露和滴水现象。

2. 门窗安装

（1）在彩板围护结构中，门窗的外廓尺寸与洞口尺寸为紧密配合，一般应控制门窗尺寸比洞口尺寸小5mm左右。过大的差值会导致安装中的困难。

（2）门窗安装在墙梁上时，应先安装门窗四周的包边件，并使泛水边压在门窗的外边沿处。

（3）门窗就位并做临时固定后应对门窗的垂直和水平度进行测量，无误后做固定。

（4）安装完的门窗应对门窗周边做密封。

3. 收边及泛水件安装

对于轻钢建筑，收边系统的安装质量直接关系到其立面的建筑效果。天沟（女儿墙）收边、转角收边、山墙收边等必须保持线条平直，不得有参差不齐，有凹槽和表面污染等，这些都将严重影响外观质量。

在彩板泛水件安装前应在泛水件的安装处放出准线，如屋脊线、檐口线、窗上下口线等；安装前检查泛水件的端头尺寸，挑选搭接口处的合适搭接头；安装泛水件的搭接口时应在被搭接处涂上密封胶或设置双面胶条，搭接后立即紧固；安装泛水件至拐角处时，应按交接处的泛水件断面形状加工拐折处的接头，以保证拐点处有良好的防水效果和外观效果。

4. 屋脊盖板安装

屋脊盖板的搭接长度一般在100mm左右，施工时在搭接处使用密封胶密封，并以双排防水拉铆钉固定。先将前块屋脊盖板的正面和后块屋脊盖板的背面搭接宽度范围内擦拭干净，不留污渍和水分，再使用中性屋面管道专用硅胶满涂，之后将两块板搭接上，搭接时应注意槽口的位置，最后使用拉铆钉固定，拉铆钉的间距宜控制在50mm以内。拉铆钉拉好后，为防止可能发生漏水，宜将拉铆钉的周边用硅胶满涂。

屋脊盖板一般使用自攻钉固定在屋面板的波峰上，每个波峰上安装一颗。安装前应注意安放堵头和胶泥。

任务13.7 钢结构现场涂装施工

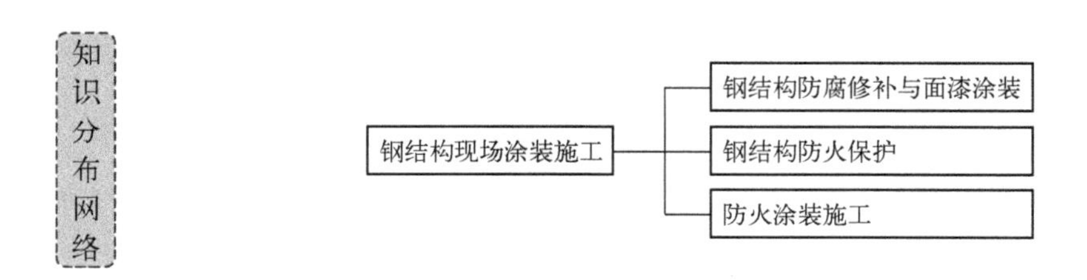

13.7.1 钢结构防腐修补与面漆涂装

钢结构构件除现场焊接、高强度螺栓连接部位不在制作厂涂装外，其余部位均在制作厂内完成底漆、中间漆涂装，所有构件面漆待钢构件安装后进行涂装。操作人员经批准后方可进行涂装作业。

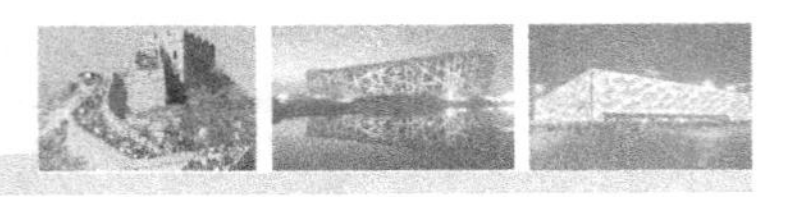

1. 油漆补涂部位

钢结构构件因运输过程和现场安装原因，会造成构件涂层破损，所以，在钢构件安装前和安装后需对构件破损涂层进行现场防腐修补。修补之后才能进行面漆涂装，修补部位见表13-9。

表13-9 油漆补涂部位

序号	破损部位	补涂内容
1	现场焊接焊缝（包在混凝土中的构件除外）	底漆、中间漆
2	现场运输及安装过程中破损的部位	底漆、中间漆
3	高强度螺栓连接节点	底漆、中间漆

2. 防腐涂装施工

1）涂装材料要求

现场补涂的油漆与制作厂使用的油漆相同，由制作厂统一提供，随钢构件分批进场。

2）表面处理

采用电动、风动工具等将构件表面的毛刺、氧化皮、铁锈、焊渣、焊疤、灰尘、油污及附着物彻底清除干净。

3）涂装环境要求

涂装前，除了底材或前一道涂层的表面要清洁、干燥外，还要注意底材温度要高于露点温度3℃以上。此外，应在相对湿度低于85%的情况下进行施工。

经处理的钢结构基层，应及时涂刷底漆，间隔时间不应超过5h。

一道漆涂装完毕后，在进行下一道漆涂装之前，一定要确认是否已达到规定的涂装间隔时间，否则不能进行涂装。应用细砂纸将前一道漆打毛，并清除尘土、杂质以后再进行涂装。

4）涂装要求

在每一遍通涂之前，必须对焊缝、边角和不宜喷涂的小部件进行预涂。

油漆补刷时，应注意外观整齐，接头线高低一致；螺栓节点补刷时，注意螺栓头油漆应均匀，特别是螺栓头下部要涂到，不要漏刷。

3. 涂层检测

漆膜检测工具可采用湿膜测厚仪、干膜测厚仪等。油漆喷涂后马上用湿膜测厚仪垂直按入湿膜直至接触到底材，然后取出测厚仪读取数值。湿膜厚度及完工的干膜厚度应达到规范要求，不允许存在漏涂、针孔、开裂、剥离、流挂现象。涂层外观要求均匀，无起泡、流挂、龟裂、干喷和掺杂物现象。

13.7.2 钢结构防火保护

钢材虽不是燃烧体，却易导热，怕火烧，随着温度的升高，钢材的机械力学性能，诸如屈服点、抗压强度、弹性模量及承载力等都迅速下降。在火焰作用下无保护措施的裸露钢结构约15～25min即可失去承载能力，钢结构不可避免地扭曲变形，最终导致结构垮塌毁坏。因此，做好钢结构的防火工作具有重要的经济和社会意义。

1. 防火措施

目前国内外常用的防火措施主要有防火涂料和构造防火两种类型。

1）防火涂料

对室内裸露钢结构、轻型屋盖钢结构及有装饰要求的钢结构，当规定其耐火极限在 1.5h 以下时，应选用薄涂型钢结构防火材料。室内隐蔽钢结构、高层钢结构及多层厂房钢结构，当其规定耐火极限在 1.5h 以上时，应选用厚涂型钢结构防火涂料。

钢结构的防火喷涂保护方式见图 13-48。

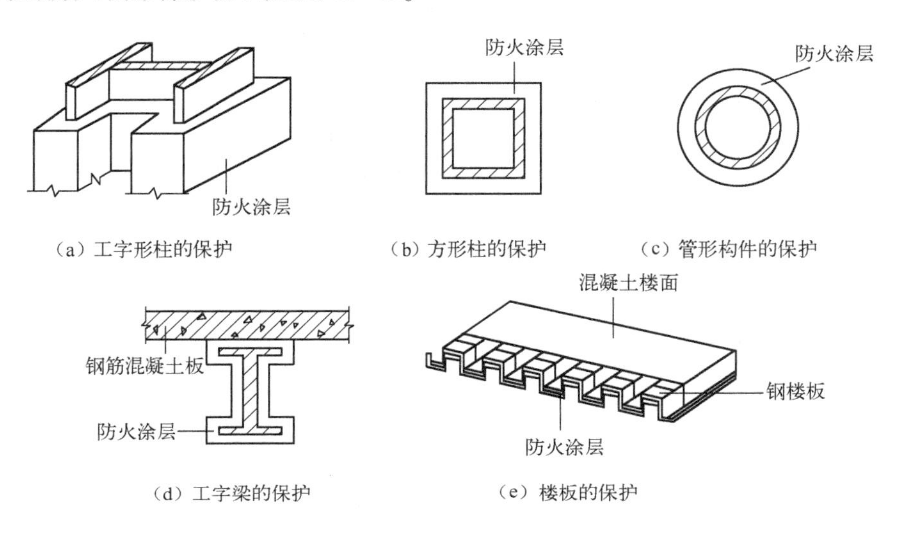

（a）工字形柱的保护　（b）方形柱的保护　（c）管形构件的保护

（d）工字梁的保护　（e）楼板的保护

图 13-48　钢结构的防火喷涂保护方式

2）构造防火

钢结构构件的防火构造可分为外包混凝土材料，外包钢丝网水泥砂浆、外包防火板材，外喷防火涂料等几种构造形式。

2. 防火涂料的选用

根据《建筑设计防火规范》（GB50016—2006）中规定，耐火等级为一、二级的建筑物，其柱（多层柱、单层柱）、梁、楼板和屋顶承重构件均应采用不燃体。钢结构虽是公认的不燃体，但未加防火保护的钢柱、钢梁、楼板和屋顶承重构件的耐火极限仅为 0.25h，要求采用喷涂保护等防火措施，以满足规范规定的 1 ～ 3h 的耐火要求。耐火等级及钢结构耐火极限见表 13-10。

表 13-10　耐火等级及钢结构耐火极限

构件名称耐火极限（h） 耐火等级	高层建筑			一般工业及民用建筑				
	柱	梁	楼板、屋顶承重构件	支撑多层的柱	支撑单层的柱	梁	楼板	屋顶承重物体
一级	3.00	2.00	1.50	3.00	2.50	2.00	1.50	1.50
二级	2.50	1.50	1.0	2.50	2.00	1.50	1.00	0.50

选用涂料时，应注意下列几点：

（1）不要把饰面型防火涂料用于钢结构，饰面型防火涂料是保护木结构等可燃基材的阻燃涂料，薄薄的涂膜达不到提高钢结构耐火极限的目的。

（2）不应把薄涂型钢结构膨胀防火涂料用于保护 2h 以上的钢结构。薄涂型膨胀防火涂料之所以耐火极限不太长，是由其自身的原材料和防火原理决定的：这类涂料含较多有机成分，

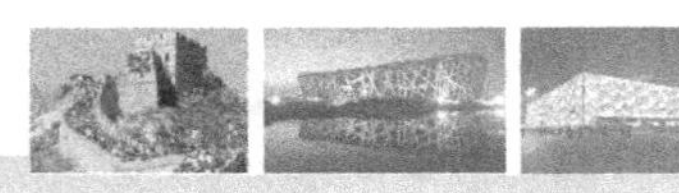

涂层在高温下发生物理、化学变化形成炭质泡膜后起到隔热作用。膨胀泡膜强度有限，易开裂、脱落，炭质在1000℃高温下会逐渐灰化掉。要求耐火极限达2h以上的钢结构，必须选用厚涂型钢结构防火隔热涂料。

(3) 不得将室内钢结构防火涂料，未加改进和采取有效的防水措施，直接用于喷涂保护室外的钢结构。露天钢结构环境条件比室内苛刻得多，完全暴露于阳光与大气之中，日晒雨淋，风吹雪盖。露天钢结构必须选用耐水、耐冻融循环、耐老化，并能经受酸、碱、盐等化学腐蚀的室外钢结构防火涂料进行喷涂保护。

(4) 在一般情况下，室内钢结构防火保护不要选择室外钢结构防火涂料。为了确保室外钢结构防火涂料优异的性能，其原材料要求严格，并需应用一些特殊材料，因而其价格要比室内用钢结构防火涂料贵得多。但对于半露天或某些潮湿环境的钢结构，则宜选用室外钢结构防火涂料保护。

(5) 厚涂型防火涂料基本上由无机质材料构成，涂层稳定，老化速度慢，只要涂层不脱落，防火性能就有保障。从耐久性和防火性考虑，宜选用厚涂型防火涂料。

3. 防火涂层厚度确定

防火涂层厚度需按照有关规范对钢结构耐火极限的要求，并根据标准耐火试验数据设计规定相应的涂层厚度。防火涂层设计时，对保护层厚度的确定应以安全第一，耐火极限留有余地，涂层适当厚一些。如某种薄涂型钢结构防火涂料，标准耐火试验时，涂层厚度5.5mm，刚好达到1.5h的耐火极限，采用该涂料喷涂保护耐火等级为一级的建筑，钢屋架宜规定喷涂厚度不低于6mm。

13.7.3 防火涂装施工

防火涂装施工工艺流程见图13-49。

1. 涂装施工前的基层处理

用铲刀、钢丝刷等清除构件表面的浮浆、泥沙、灰尘和其他粘附物，钢构件表面不得有水渍、油污，否则必须用干净的毛巾擦拭干净；钢构件表面的返锈必须予以清除干净，清除方法依锈蚀程度而定，再按防锈漆的刷涂工艺进行防锈漆刷涂；对相邻钢构件接缝处或钢构件表面上的孔隙，必须先修补、填平。

2. 防火涂料施工方法

防火涂料施工通常采用刷涂法和喷涂法。

薄涂型防火涂料的底涂层（或主涂层）宜采用重力式喷枪喷涂，局部修补和小面积施工时宜用手工抹涂，面层装饰涂料宜涂刷、喷涂或滚涂。厚涂型防火涂料宜采用压送式喷涂机喷涂，喷涂遍数、涂层厚度应根据施工要求确定，且须在前一遍干燥后喷涂。

1) 刷涂法

刷涂法宜选用宽度为75～150mm猪鬃毛刷，刷毛均匀不易脱落。为防止涂刷中掉毛，可先用其蘸上涂料，使涂料浸入毛刷根部，将毛根固定，毛刷用毕应及时用水或溶剂清洗。

刷涂时，先将毛刷用水或稀释剂浸湿甩干，然后再蘸料刷涂，刷毛蘸入涂料不要太深。蘸料后在匀料板上或胶桶边刮去多余的涂料，然后在钢基材表面依顺序刷开，布料刷子与被涂刷基面的角度约为50°～70°，涂刷时动作要迅速，每个涂刷片段不要过宽，以保证相互衔接时边缘尚未干燥，不会显出接头的痕迹。

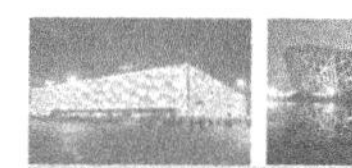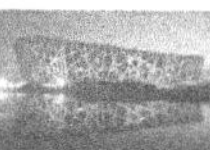

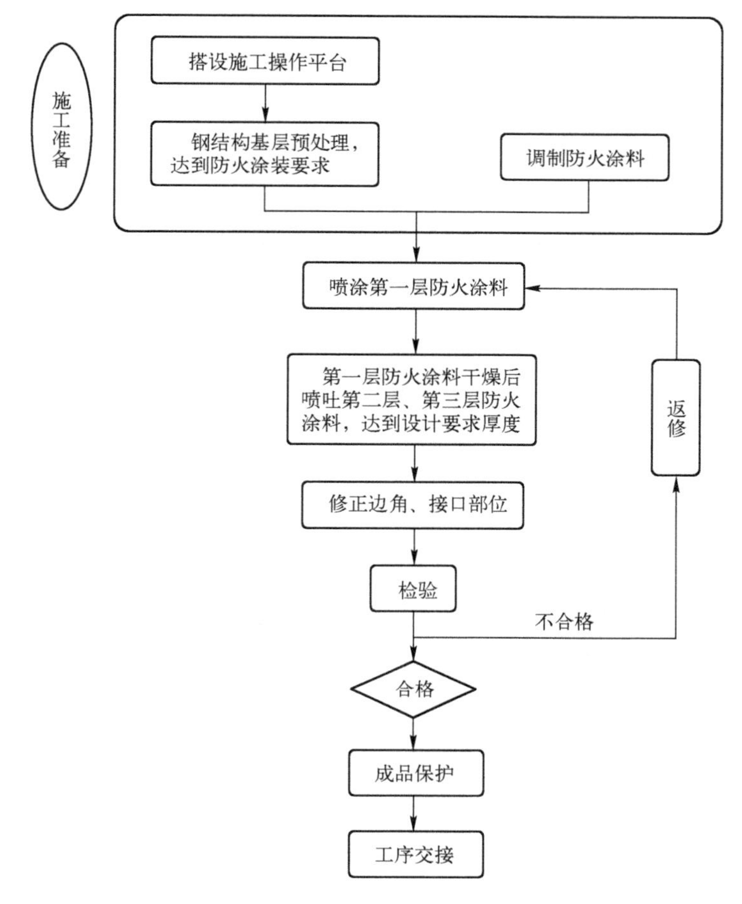

图 13-49 防火涂装施工工艺流程

2）喷涂法

喷枪宜选用重力式涂料喷枪，喷嘴口径宜为 2 ～ 5mm（最好采用口径可调的喷枪），空气气压宜控制在 0.4 ～ 0.6MPa。

喷嘴与喷涂面宜距离适中，一般应相距 25 ～ 30cm，喷嘴与基面基本保持垂直，喷枪移动方向与基材表面平行。

喷涂构件阳角时，可先由端部自上而下或自左而右垂直于基面喷涂，然后再水平喷涂；喷涂阴角时，不要对着构件角落直喷，应当先分别从角的两边，由上而下垂直喷一下，然后再水平方向喷涂，垂直喷涂时，喷嘴离角的顶部要远一些，以便产生的喷雾刚好在角的顶部交融，不会产生流坠；喷涂梁底时，为了防止涂料飘落在身上，应尽量向后站立，喷枪的倾角不宜过大，以免影响出料。喷嘴在使用过程中若有堵塞，需用小竹签疏通，以免出料不均匀，影响喷涂效果，喷枪用毕即用水或稀释剂清洗。

3. 厚涂型防火涂料施工

厚涂型防火涂料涂装施工应符合下列规定：

（1）涂料应分层施工，第一层喷涂宜为基本覆盖钢材表面，随后每层喷涂厚度宜为 5 ～ 10mm，一般取 7mm；

（2）上层涂层干燥或固化后，方可进行下道涂层施工；

（3）喷涂应平行移动、速度一致；

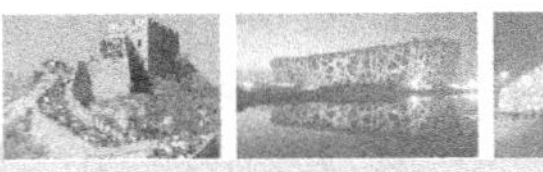

(4) 涂装施工时，可采用测厚针控制涂层厚度；

(5) 手工抹涂时，每遍涂抹厚度应控制在规定的要求以内，每遍涂抹间隔时间宜为 24h；

(6) 喷涂后，可对凹凸不平部位采用抹灰刀剔除和补涂处理。

4. 薄涂型防火涂料底层涂装施工

薄涂型防火涂料底层涂装施工应符合下列规定：

(1) 涂料应分层施工，第一层喷涂宜为覆盖钢材表面 70% 以上，随后每层喷涂厚度宜不超过 2.5mm；

(2) 喷涂应平行移动、速度一致；

(3) 涂装施工时，可采用测厚针控制涂层厚度。

薄涂型防火涂料面层涂装施工应符合下列规定：

(1) 面层应在底层涂装基本干燥后开始涂装；

(2) 面层涂料宜涂刷 1 ～ 2 遍，当涂刷二遍时，第一遍宜从左至右涂刷，第二遍宜反向涂刷；

(3) 面层涂装应颜色均匀、一致，接槎平整。

5. 防火涂装施工注意事项

(1) 防火涂料施工必须分遍成活，每一遍施工必须在上一道施工的防火涂料干燥后进行。

(2) 当风速大于 5m/s，相对湿度大于 90%，雨天或钢构件表面有结露时，若无其他特殊处理措施，不宜进行防火涂料的施工。

(3) 防火涂料施工时，对可能污染到的施工现场的成品用彩条布或塑料薄膜进行遮挡保护。

6. 防火涂装的检查和验收

1) 施工过程中的检查

施工过程中操作人员随时对涂层的厚度进行检测，以判断涂层厚度是否达到设计要求，同时工程技术负责人应抽查涂层厚度，未达到防火设计要求的厚度，则应停止施工。

施工结束后，施工负责人应组织施工人员自检施工质量，应检查涂层的厚度、粘接强度、平整度、颜色外观等是否符合防火设计规定，对不合格的部位及时整修。

2) 防火涂料外观检查

检查用于工程上的钢结构防火涂料的品种和颜色是否符合设计要求，必要时，将样品或开工前做的样板与实际涂装的情况对比；用目视法检查涂层外观颜色是否均匀，有无漏涂，有无明显裂缝和乳突情况；用 0.5 ～ 1kg 榔头轻击涂层，检查是否粘接牢固，有无空鼓或成块状脱落，用手触摸涂层，观察是否有明显脱粉，用 1m 直尺检测是否平整均匀。

3) 涂层厚度检测

测试时，将测厚探针插入防火涂层直至钢材表面，记录标尺读数，见图 13-50。

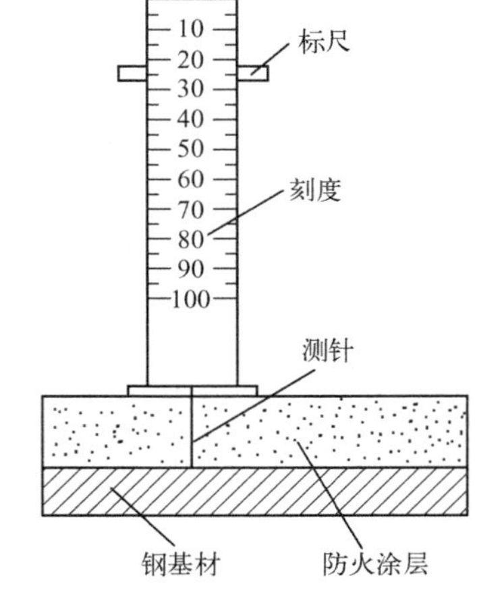

图 13-50　防火涂层检测示意

测点的选择：对不同的钢结构，选点的方法不同。楼板和防火墙的防火涂层，可选用两相邻纵横轴线相交中的面积为一单元，在其对角线上，按每米长度选一点进行测试；全框架结构的梁和柱，以及桁架结构上弦和下弦防火涂层的测定，在构件长度内每隔 3m 取一截面，按图 13-51 所示位置测试。选择的位置中，分别测出 6 个或 8 个点，分别计算出它们的平均值，精确到 0.5mm。

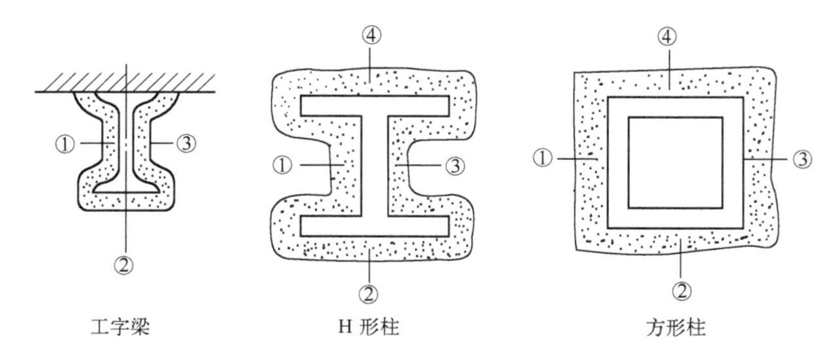

图 13-51　测点示意图

7. 涂层的维护和保修

(1) 防火涂料工程施工结束后，还可能有其他工程在施工中，若影响或损坏了防火涂料涂层，应在整个工程竣工前，进行维护和修理。

(2) 在使用期间，应做好涂层的维护工作。如遇到剧烈振动、机械碰撞或狂风、暴雨袭击等，防火涂层有可能损坏，应及时检查处理。

(3) 防火涂层很难保证永久有效。因此，为确保安全，应加强检查，特别是要结合在建筑或企业检修、大修、改造过程中，对防火涂层酌情做些处理，如有的已疏松或脱落，需铲掉重新喷涂，有的经雨水冲刷，涂层减薄或损失，要再喷加厚。

知识梳理与总结

本单元简要讲述了钢结构吊装机械、地脚螺栓施工、安装准备、主体结构安装、紧固件、围护结构、涂装施工等，学习时需注意以下四点：

(1) 钢结构吊装设备应按具体工程合理选取，并经过检验合格；

(2) 钢结构地脚螺栓制作与埋设应准确并做好保护；

(3) 钢结构安装前应做好各项准备工作；

(4) 钢结构主体结构、紧固件、围护结构、涂装施工等均应按照各自的工序特点制订合理的施工方案，并进行有序施工。

思考题 13

(1) 钢结构安装用的起重机一般分哪几种？

(2) 地脚螺栓埋设主要工作有哪些？

(3) 钢结构安装方案主要有哪三种？请详述其中一种。

(4) 钢柱安装校正要做哪三项工作？

(5) 高强度螺栓紧固中的转角法施工次序是什么？

(6) 钢结构构件的防火构造可分为哪几种？

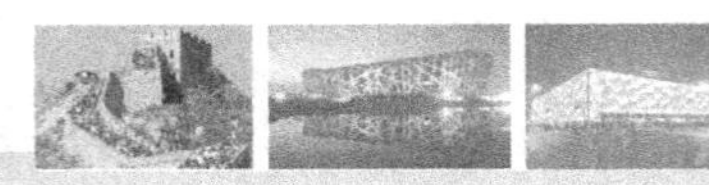

实训 13

到钢结构工地现场学习单层钢结构安装工作。

(1) 目的：通过到钢结构工地现场学习，在工程师的讲解下，对单层钢结构安装工作过程有详细了解和认识。

(2) 能力标准及要求：掌握单层钢结构安装工作要点。

(3) 实训条件：单层钢结构安装工地现场。

(4) 步骤如下：

① 课堂讲解单层钢结构安装工作，观看工地安装和注意事项视频；

② 结合课堂内容及问题，组织单层钢结构安装工地现场学习，详细了解单层钢结构各部位、构件安装的准备、流程、注意事项及可能出现的问题等；

③ 完成单层钢结构安装现场的学习报告，内容主要是钢结构构件的安装工作要点。

学习单元14

多、高层钢结构安装施工

教学导航

教	知识重点	1. 多、高层钢结构安装施工准备； 2. 多、高层钢结构安装测量； 3. 主体钢结构安装； 4. 多、高层钢结构现场焊接
	知识难点	主体钢结构安装
	推荐教学方式	1. 利用多媒体，借助实际多、高层钢结构现场安装图片演示讲解； 2. 利用多、高层钢结构安装现场教学
	建议学时	12学时
学	推荐学习方法	以参观实际多、高层钢结构施工安装现场进行学习
	必须掌握的理论知识	多、高层钢结构安装工序
	必须掌握的技能	合理组织多、高层钢结构现场施工安装

多层与高层钢结构大致分为框架结构、筒体结构、成束筒结构、桁架结构、悬挂结构等结构形式，主要用于办公、旅馆、贸易等，一般都建于大城市的繁华地区。独特的结构形式和地理位置等因素使钢结构安装施工具有以下特点：

(1) 钢结构安装施工现场用地面积小，工程量大，构件多，现场没有较多的场地用于堆放构件；

(2) 工期紧，安装要求精度高；

(3) 与土建施工交叉作业多，影响因素较多；

(4) 要求起重机械性能高。

任务 14.1 多、高层钢结构安装施工准备

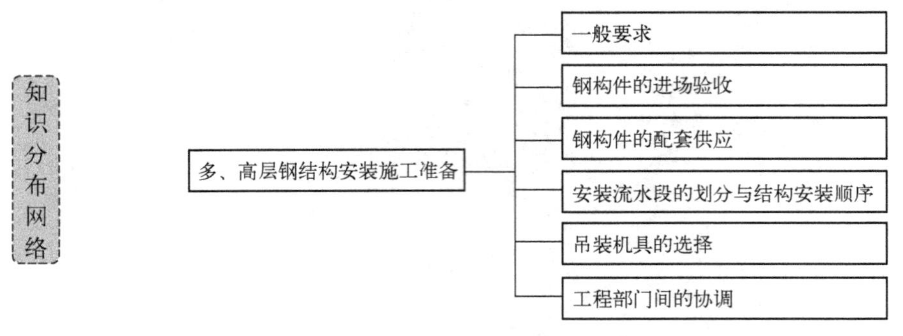

多、高层钢结构安装是一项工程量大、控制严格的复杂过程，施工前的准备工作对安装工程的质量起着非常重要的影响。施工准备包括技术准备、资源准备、管理协调准备等内容。

14.1.1 一般要求

1. 技术准备

技术准备主要包括设计交底和图纸会审、钢结构安装施工组织设计、钢结构及构件验收标准及技术要求、计量管理和测量管理、特殊工艺管理等，具体内容如下。

(1) 参加图纸会审，与业主、设计、监理单位充分沟通，审查图纸与其他专业工程设计文件有无矛盾，与其他专业工程配合施工的程序是否合理等。

(2) 编制施工组织设计和分项作业指导书。施工组织设计包括工程概况、工程量清单、现场平面布置、主要施工机械和吊装方法、施工技术措施、专项施工方案、工程质量标准、安全及环境保护、主要资源表等。

(3) 依承接工程的具体情况，确定钢构件进场检验内容及适用标准，以及钢结构安装检验批划分、检验内容、检验标准、检测方法、检验工具，在遵循国家标准的基础上，参照部标或其他权威认可的标准，确定后在工程中使用。

(4) 各专项工种施工工艺确定，编制具体的吊装方案、测量监控方案、焊接及无损检测方案、高强度螺栓施工方案、塔吊装拆方案、临时用电用水方案、质量安全环保方案。

(5) 组织必要的工艺试验，如焊接工艺试验、压型钢板施工及栓钉焊接检测工艺试验。尤其要做好新工艺、新材料的工艺试验，作为指导生产的依据。

(6) 根据结构深化图纸，验算钢结构框架安装时构件的受力情况，科学地预测其可能的变形情况，并采取相应合理的技术措施来保证钢结构安装的顺利进行。

(7) 钢结构施工中的计量管理包括按标准进行的计量检测，按施工组织设计要求精度配置的器具，检测中按标准进行的方法。测量管理包括控制网的建立和复核，检测方法、检测工具、检测精度符合国家标准要求。

(8) 与工程所在地的相关部门进行协调，如治安、交通、绿化、环保、文保、电力等。并到当地的气象部门了解以往年份的气象资料，做好防台风、防雨、防冻、防寒、防高温等措施。

2. 材料准备

材料准备工作主要有以下几个内容。

(1) 在多、高层钢结构现场施工中，安装用的材料，如焊接材料、高强度螺栓、压型钢板、栓钉等应符合现行国家产品标准和设计要求。

(2) 根据施工图，测算主要耗材（如焊条、焊丝等）的数量，合理采购和确定进场时间。

(3) 各施工工序所需的临时支撑、钢结构拼装平台、脚手架支撑、安全防护、环境保护器材数量确认后，安排进场搭设、制作。

(4) 根据现场施工安排，编制钢构件进场计划，安排制作、运输计划。对于特殊构件（如放射性、腐蚀性等）的运输，要做好相应的措施，并到当地的公安、消防部门登记。对超重、超长、超宽的构件，还应确定好吊耳的设置，并标出重心位置。

3. 机具准备

1) 起重机械

在多层与高层钢结构安装施工中，由于建筑较高、大，吊装机械多以塔式起重机、履带式起重机、汽车式起重机为主。

2) 其他施工机具

在多层与高层钢结构施工中，除了塔式起重机、履带式起重机、汽车式起重机外，还会用到以下一些机具，如千斤顶、卷扬机、滑车及滑车组、电焊机、栓钉焊机、电动扳手、全站仪、经纬仪等。

14.1.2 钢构件的进场验收

1. 钢构件的预检

钢构件的预检在单层钢结构安装内容中已经详细讲述，针对多、高层钢结构安装施工而言，钢构件的预检更加重要，在此需要重点强调以下几点。

(1) 预检钢构件的计量工具和标准应事先统一，质量标准也应统一。特别是钢卷尺的标准要十分重视，有关单位（业主、土建、安装、制造厂）应各执统一标准的钢卷尺，制造厂按此尺制作钢构件，土建施工单位按此尺进行柱基定位施工，安装单位按此尺进行框架安装，业主按此尺进行结构验收。

(2) 结构安装单位对钢构件预检的项目，主要是同施工安装质量和工效直接有关的数据，如几何外形尺寸、螺孔大小和间距、预埋件位置、焊缝坡口、节点摩擦面、附件数量规格等；构件的内在制作质量应以制造厂质量报告为准。至于预检数量，一般是关键构件全部检查，其他构件抽检10%～20%。应记录预检数据，现场施工安装应根据预检数据采用相应措施，以保证安装顺利进行。

(3) 构件预检最好由结构安装单位和制造厂联合派人参加。同时也应组织构件处理小组，

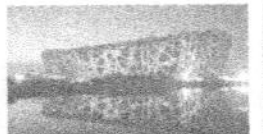
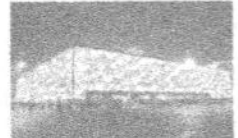

将预检出的偏差及时给予修复，严禁将不合格的构件送到工地。

2. 钢构件进场验收

构件进场检查包括数量、质量、运输保护三个方面内容。钢构件进场后，按货运单检查所到构件的数量及编号是否相符，发现问题及时在回单上说明，反馈给制作厂，以便及时处理。

按标准要求对构件的质量进行验收检查，主要检查构件外形尺寸、螺孔大小和间距等，并做好检查记录。也可在构件出厂前直接进厂检查，即在预检环节进行。

对于制作超过规范误差或运输中变形、受到损伤的构件应在地面修复完毕或送回制作厂进行返修。现场构件验收主要是焊缝质量、构件外观和尺寸检查，质量控制重点在构件制作厂。构件进场的验收及修补内容如表 14-1 所示。

表 14-1　构件进场验收及修补内容

序　号	类　　型	验 收 内 容	验收工具、方法	修 补 方 法
1	焊缝	构件表面外观	目测	焊接修补
2		现场焊接剖口方向	参照设计图纸	现场修正
3		焊缝探伤抽查	无损探伤	碳弧气刨后重焊
4		焊脚尺寸	量测	补焊
5		焊缝错边、气孔、夹渣	目测	焊接修补
6		多余外露的焊接衬垫板	目测	切除
7		节点焊缝封闭	目测	补焊
8	构件外形及尺寸	钢柱变截面尺寸	量测	制作工厂控制
9		构件长度	钢卷尺丈量	制作工厂控制
10		构件表面平直度	靠尺检查	制作工厂控制
11		加工面垂直度	靠尺检查	制作工厂控制
12		H 形截面尺寸	对角线长度检查	制作工厂控制
13		钢柱柱身扭转	量测	制作工厂控制
14		H 型钢腹板弯曲	靠尺检查	制作工厂控制
15		H 型钢翼缘变形	靠尺检查	制作工厂控制
16		构件运输过程变形	参照设计图纸	变形修正
17		预留孔大小、数量	参照设计图纸	补开孔
18		螺栓孔数量、间距	参照设计图纸	绞孔修正
19		连接摩擦面	目测	小型机械补除锈
20		柱上牛腿和连接耳板	参照设计图纸	补漏或变形修正
21		表面防腐油漆	目测、测厚仪检查	补刷油漆

14.1.3　钢构件的配套供应

1. 中转堆场的准备

建造高层建筑的地方，一般都是城市的闹市区域，因此现场不可能有充足的构件堆场。这就要求钢结构安装单位必须按照安装流水顺序随吊随运。但是构件制造厂是分类加工的，构件供货是分批进行的，同结构安装流水顺序完全不一致。因此中间必须设置钢构件中转堆场，起到调节作用。中转堆场的主要作用是：

(1) 储存制造厂的钢构件（工地现场没有条件储存大量构件）；

(2) 根据安装施工流水顺序进行构件配套，组织供应；

(3) 对钢构件进行检查和修复，保证以合格的构件送到现场。

中转堆场的选址，应尽量靠近工程现场，同市区公路相通，符合运输车辆的运输要求，要有电源、水源和排水管道，场地平整。

确定堆场的规模，应根据钢构件储存量、堆放措施、起重机行走路线、汽车道路、辅助材料堆场、构件配套用地、生活用地等情况加以确定。但是确定上述数据有一定困难，一般可按下述经验公式来确定堆场的规模：

$$A = k \times a \times W_{max} \tag{14-1}$$

式中 A——堆场总面积（m^2）；

W_{max}——构件的月最大储存量（t），根据构件进场时间和数量按月计划储存量，取最大值；

k——综合系数，$k = 1.0 \sim 1.30$，按辅助用地情况取值；

a——经验用地指标（m^2/t），一般 $a = 7 \sim 8m^2/t$，叠堆构件时 $a = 7m^2/t$，不叠堆构件时 $a = 8m^2/t$。

2. 构件配套

构件配套按安装流水顺序进行，以一个结构安装流水段（一般高层钢结构工程以一节钢柱框架为一个安装流水段）为单元，将所有钢构件分别由堆场整理出来，集中到配套场地，在数量和规格齐全之后进行构件预检和处理修复，然后根据安装顺序，分批将合格的构件由运输车辆供应到工场现场。配套中应特别注意附件（如连接板等）的配套，否则小小的零件将会影响到整个安装进度，一般对零星附件采用螺栓或钢丝直接临时捆扎固定在安装节点上的方法。

3. 现场堆放

按照安装流水顺序由中转堆场配套运入现场的钢构件，利用现场的装卸机械尽量将其就位到安装机械的回转半径内。现场用地紧张，但在结构安装阶段现场必要的用地还是必须安排的。一般情况下，结构安装用地面积宜为结构工程占地面积的1.0～1.5倍，否则要顺利进行安装是有困难的。

钢构件现场堆放的要求如下：

(1) 构件按钢柱、钢梁及其他构件分类进行堆放，其中柱、梁单层堆放；

(2) 构件应按照便于安装的顺序进行堆放，即先安装的构件堆放在上层或者便于吊装的地方；

(3) 构件堆放时一定要注意把构件的编号或者标识露在外面或者便于查看的方向；

(4) 所有构件堆放场地均按现场实际情况进行安排，按规范规定进行平整和支垫，不得直接置于地上，要垫高200mm以上，以便减少构件堆放变形；

(5) 由于现场场地有限，现场堆放量不超过后两天吊装的构件数量。

4. 构件标识

由于多、高层钢结构工程构件繁多，类型和规格各异，为了保证加工厂及现场二者之间的统一，必须准确地给每个构件进行编号，并按照一定的规则和顺序进行堆放和安装，才能保证钢结构构件安装有条不紊地进行。图14-1为某工程构件标识铭牌。

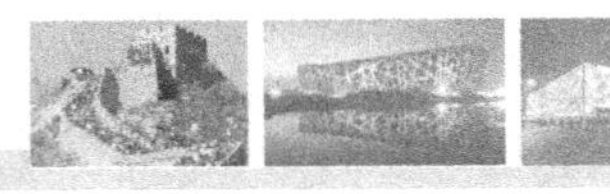

构件编号	GGZ2—01
重量	6.989 吨
规格	十 800×400×18×25
出厂日期	2010.05
质量等级	合格

020020657866427

北京 *** 路 *** 号综合办公楼项目钢结构工程 *

图 14-1　构件标识铭牌

14.1.4　安装流水段的划分与结构安装顺序

1. 安装流水段划分

合理确定多、高层钢结构安装流水段的划分和结构安装顺序，对于保证安装进度、安装质量有着重要的影响。如果多层及高层钢结构安装不划分流水段、不按构件安装顺序，采取由一端向另一端由下而上整体进行安装，则易造成构件连接误差积累、焊接变形难以控制和尺寸精度无法保证；同时，构件供应和管理也较困难、混乱、复杂；再者，结构安装过程中的整体性和对称性很差，从而导致影响整个钢结构的安装质量。

多、高层钢结构安装，应按照建筑物平面形状、结构形式、安装机械数量、位置和吊装能力等划分流水段。此外，划分时还应与混凝土结构施工相适应。流水段分为平面流水段和立面流水段。平面流水段划分应考虑钢结构安装过程中的整体稳定性和对称性。图 14-2 为北京长富宫钢结构工程安装平面流水段划分及柱、主梁安装顺序示例，其平面上是划分为两个流水段，并符合从中央向四周扩展的安装原则。图 14-3 为上海某高层钢结构办公楼安装平面流水段的划分示例，它根据两台内爬式塔式起重机对称地划分为两个流水段。

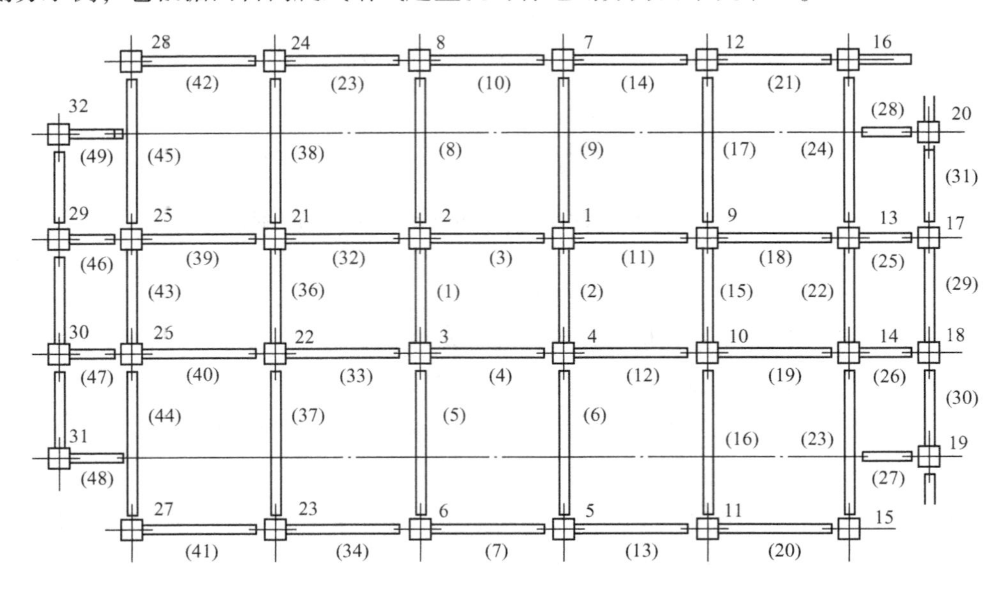

1、2、3…—钢柱安装顺序；(1)、(2)、(3) …—钢梁安装顺序

图 14-2　北京长富宫钢结构工程安装平面流水段划分及柱、主梁安装顺序

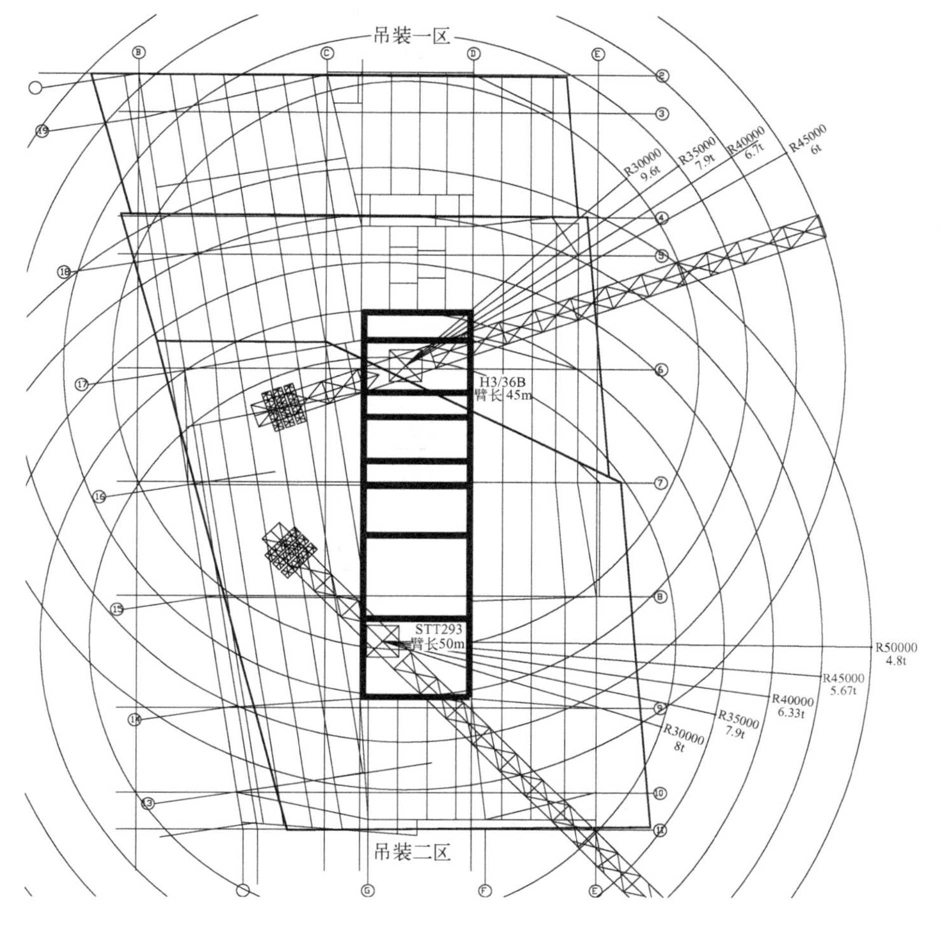

图 14-3　上海某高层钢结构办公楼安装平面流水段划分

立面流水段的划分，常以一节钢柱高度内所有构件作为一个流水段。钢柱的分节长度取决于加工条件、运输工具和钢柱重量。长度一般为 12m 左右，重量不大于 15t，一节柱的高度多为 2 ～ 3 个楼层，分节位置在楼层标高以上 1 ～ 1.3m 处。

2. 结构安装顺序

多、高层钢结构框架的安装原则，平面应从中间向四周扩展，竖向应由下向上逐渐安装。安装顺序通常是：平面内从中间的一个节间开始，以一个节间的柱网（框架）为一个安装单元，先吊装柱，后吊装梁，然后向四周扩展；垂直方向由下向上组成稳定结构后，分层安装次要构件，一节间一节间安装钢框架，一层楼一层楼安装完成（见图 14-2）。这样有利于消除安装误差积累和焊接变形，使误差减小到最小限度，同时构件供应和管理较简易。图 14-3 所示上海某高层钢结构办公楼安装一个立面流水段的安装顺序见图 14-4，安装示意见图 14-5。

3. 构件接头的现场焊接

完成安装流水区段内主要构件的安装、校正、固定（包括预留焊接收缩量）工作后，方可进行构件接头的现场焊接。现场焊接应根据绘制好的构件焊接顺序图，按规定顺序进行。电焊工应严格按照分配的焊接顺序施焊，不得自行变更。

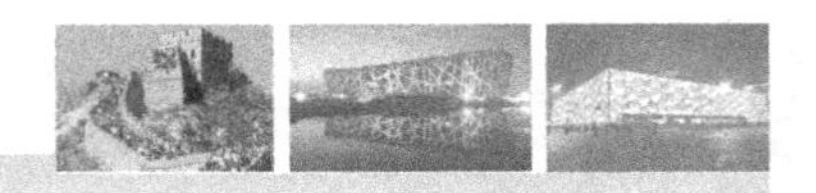

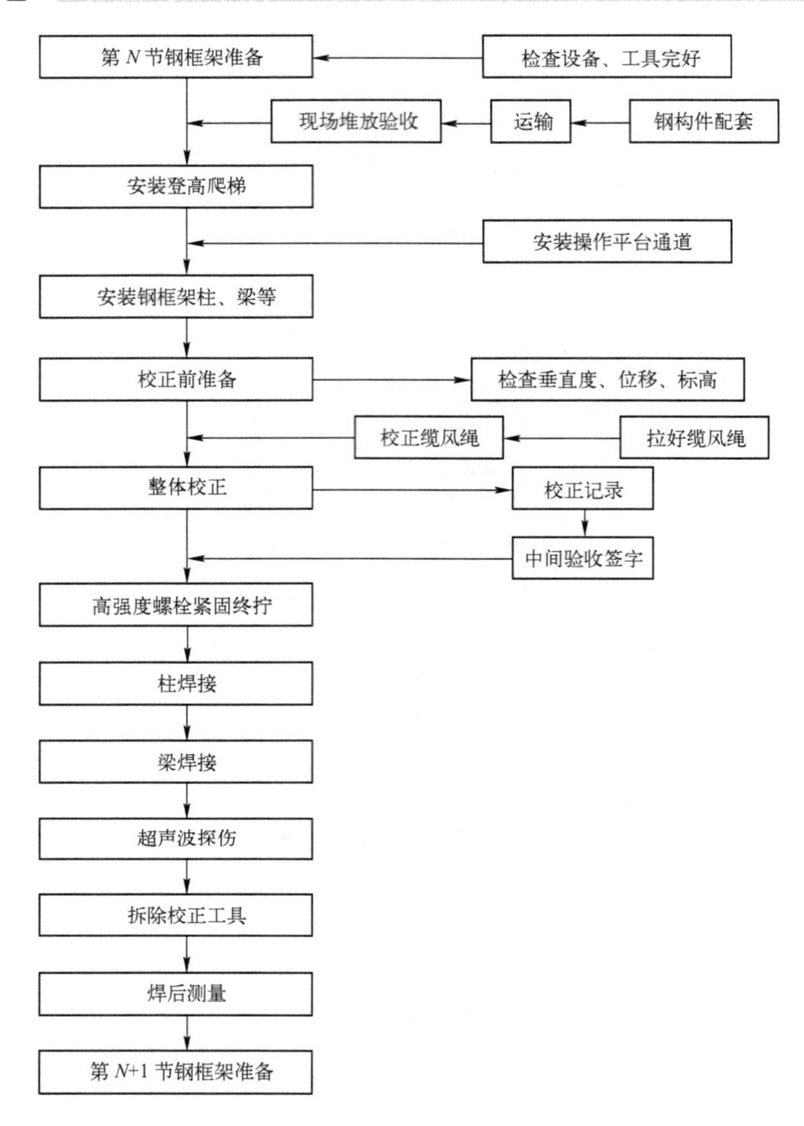

图 14-4　一个立面流水段的安装顺序

构件接头的焊接顺序，平面上应从中部对称地向四周扩展，竖向可采取有利于工序协调、方便施工、保证焊接质量的顺序。

4. 构件安装要点

（1）柱的安装应先调整标高，再调整位移，最后调整垂直偏差，并应重复上述步骤，直到柱的标高、位移、垂直偏差符合要求；调整柱垂直度的缆风绳或支撑夹板，应在柱起吊前在地面绑扎好。

（2）构件的零件及附件应随构件一同起吊。

（3）柱上的爬梯及大梁上的轻便走道，应预先固定在构件上一同起吊。

（4）柱、主梁、支撑等大构件安装时，应随即进行校正。

（5）当天安装的钢构件应形成空间稳定体系。

（6）进行钢结构安装时，楼面上堆放的安装荷载应予以限制，不得超过钢梁和压型钢板的承载能力。

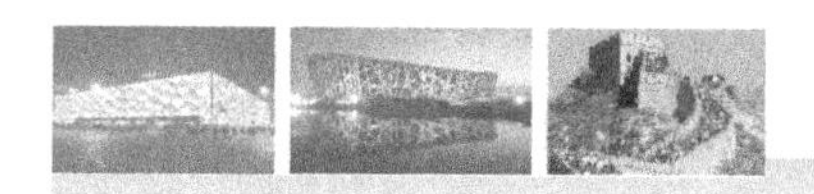

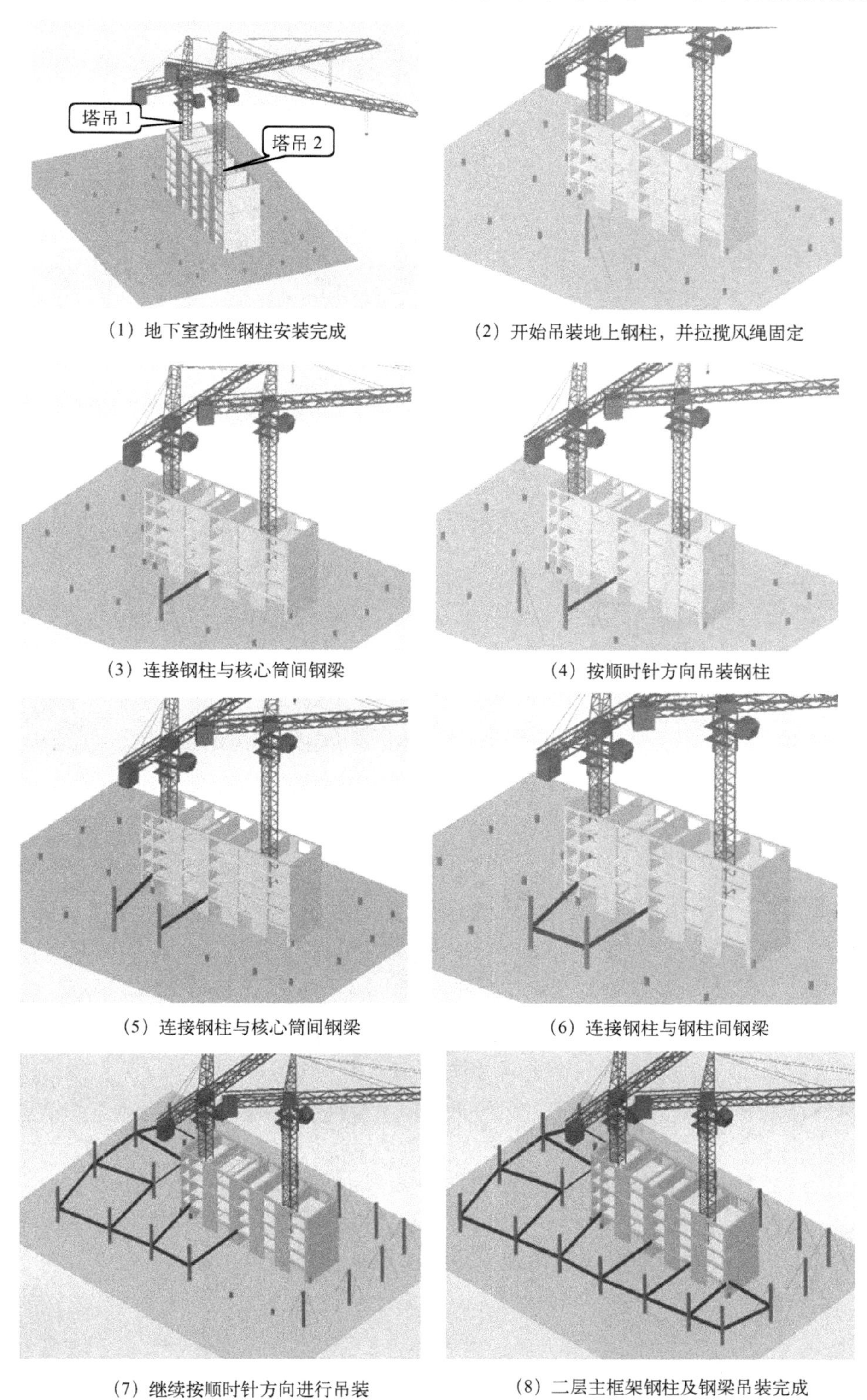

（1）地下室劲性钢柱安装完成

（2）开始吊装地上钢柱，并拉揽风绳固定

（3）连接钢柱与核心筒间钢梁

（4）按顺时针方向吊装钢柱

（5）连接钢柱与核心筒间钢梁

（6）连接钢柱与钢柱间钢梁

（7）继续按顺时针方向进行吊装

（8）二层主框架钢柱及钢梁吊装完成

图 14-5　上海某高层钢结构办公楼安装示意

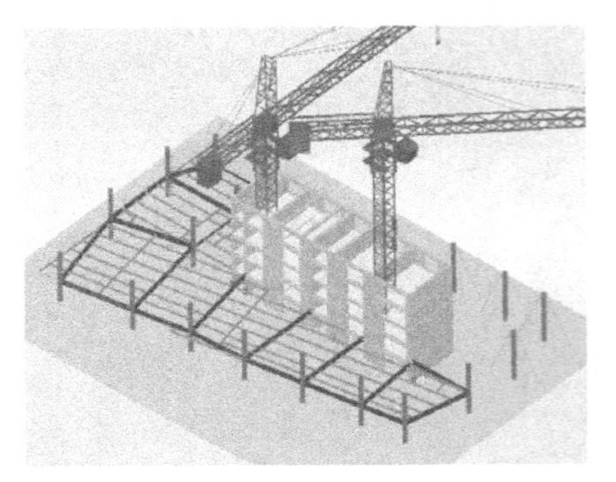

(9) 开始吊装其余次梁

(10) 吊装完成第五楼层钢梁，二层组合楼板开始浇筑

(11) 结构安装至第十二楼层面

(12) 结构安装至第二十一楼层面

(13) 由南面塔吊拆除北面塔吊

(14) 结构安装至屋顶层

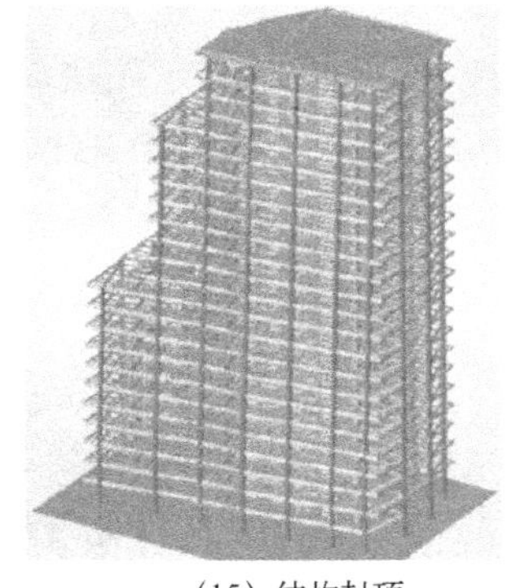

(15) 结构封顶

图 14-5 上海某高层钢结构办公楼安装示意（续）

(7) 一节柱的各层梁安装完毕后，宜立即安装本节柱范围内的各层楼梯，并铺设各层楼面的压型钢板。

(8) 钢构件安装和楼盖钢筋砼楼板的施工，应相继进行，两项作业相距不宜超过 5 层。当超过 5 层时，应由责任工程师会同设计部门和专业质量检查部门共同协商处理。

(9) 一个流水段一节柱的全部钢构件安装完毕并验收合格后，方可进行下一流水段的安装工作。

14.1.5 吊装机具的选择

1. 起重安装机械的选择

根据高层钢结构的特点，国内外主要是利用塔式起重机进行安装。塔式起重机吊得高，工作半径大，能做360°回转。在低空部分，如果钢构件较重，也可选择采用履带式或汽车式起重机完成。

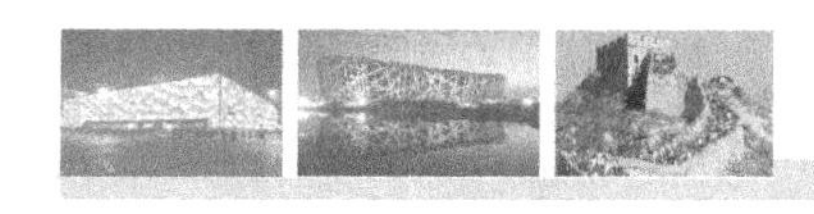

2. 竖直运输机械的选择

在高层钢结构工程施工中，竖直运输机械是必不可少的机械。钢结构安装中，为了充分发挥塔式起重机的作用，总是使塔式起重机以构件安装为主，同时起吊一些较重的辅助设施，如走道板、设备平台等。除此之外，还有大量的施工材料、工具，如焊条、垫铁、引弧板、高强度螺栓、安全校正工具等。这些物体的运输必须采用竖直运输机械。此外还有生产操作工人的上岗，也必须由提升设备运送。这些一般是采用人货两用电梯进行竖直运输，它既能载人，又能运输货物，电梯的型号有多种，可根据实际工程需要选择。

3. 现场构件装卸机械的选择

装卸机械主要用于构件现场的卸车、堆放和搬运，以及现场零星的起重工作。但现场面积小，应尽量减少机械行走路线所占用的面积，装卸机械宜选工作半径大、吨位稍大的机械。

14.1.6 工程相关部门间的协调

工程相关部门间的协调工作主要有以下内容。

(1) 钢结构安装在建筑施工中是一项特殊工艺，协调工作量大，协调准备首先需要建立正常的工作程序，并在施工中落实。

(2) 同总包协调施工平面规划、测量控制网、混凝土基础及预埋件验收等内容，构件堆场及文明施工要求等。

(3) 同钢结构加工厂协调钢构件进场安排、加工顺序、配合预拼装、构件加工质量检查等内容。

(4) 超长、超高、超重钢构件运输路线、时间，同运输单位及交管部门协调，确保运输安全。

(5) 钢结构安装单位协调施工中不同专业人员的配合作业，协调劲性混凝土、钢管混凝土、组合结构混凝土施工间的交叉作业，达到资源的最佳配置。

任务14.2 多、高层钢结构安装测量

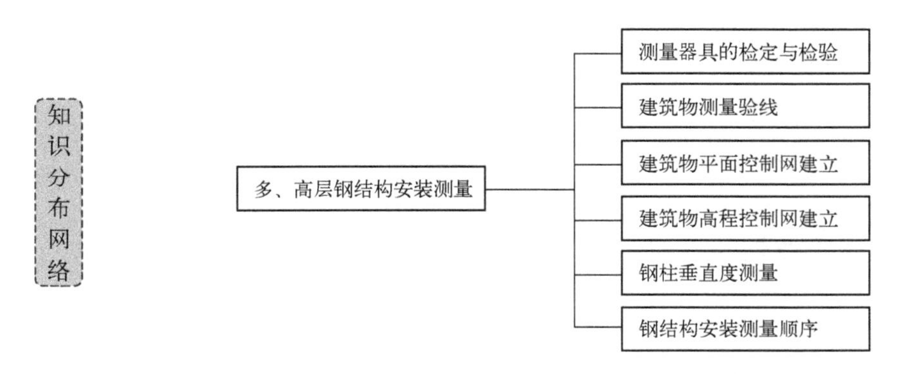

在多、高层钢结构安装施工中，建筑落地面积大，平面及立面组合复杂多变，且层次错落大，特别是结构上部柱、梁节点较多且设计要求严格，测量放线作为工程开工的头道工序且始终贯穿于整个工程的各个施工阶段，其正确与否尤为重要。测量工作是重中之重，是质量保证及工程进度保证的关键工序。

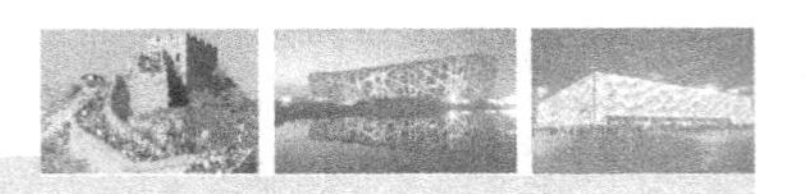

14.2.1 测量器具的检定与检验

为达到符合精度要求的测量成果，全站仪、经纬仪、水准仪、铅直仪、钢卷尺等必须经计量部门检定。除按规定周期进行检定外，在周期内的全站仪、经纬仪、铅直仪等主要有关仪器，还应每 2 ～ 3 个月定期检校。

14.2.2 建筑物测量验线

钢结构安装前，土建部门已做完基础，为确保钢结构安装质量，进场后首先要求土建部门提供建筑物轴线、标高及轴线基准点、标高水准点，依此复测轴线及标高。

1. 轴线复测

复测时根据建筑物平面形状不同而采取不同的方法，宜选用全站仪进行。

(1) 矩形建筑物的验线宜选用直角坐标法；

(2) 任意形状建筑物的验线宜选用极坐标法；

(3) 任意形状建筑物点位距离较长，量距困难或不便量距时，宜选用角度（方向）交会法；

(4) 平面控制点距离不超过所用钢卷尺全长，且场地量距条件较好时，宜选用距离交会法；

(5) 使用光电测距仪验线时，宜选用极坐标法，光电测距仪的精度应不低于 ±（5mm + 5ppm$D$），D 为被测距离。

2. 验线部位

定位依据桩位及定位条件。

(1) 建筑物平面控制图、主轴线及其控制桩；

(2) 建筑物标高控制网及 ±0.000 标高线；

(3) 控制网及定位轴线中的最弱部位。

建筑物平面控制网主要技术指标见表 14-2。

表 14-2 建筑物平面控制网主要技术指标

等级	适用	测角中误差（"）	边长相对中误差
1	钢结构超高层连续程度高的建筑	±9	1/24 000
2	框架、高层连续程度一般的建筑	±12	1/15 000
3	一般建筑	±24	1/8 000

14.2.3 建筑物平面控制网建立

平面控制网，可根据场区地形条件和建筑物的设计形式及特点，布设十字轴线或矩形控制网，平面布置异形的建筑可根据建筑物形状布设多边形控制网。

1. 建立平面基准控制点

根据施工现场条件，建筑物测量基准点有两种测设方法，即外控法和内控法。

外控法是将测量基准点设在建筑物外部，它适用于场地开阔的工地。根据建筑物平面形状，在轴线延长线上设立控制点，控制点一般距建筑物(0.8 ～ 1.5)H（建筑物高度）外。每点引出两条交会的线，组成控制网，并设立半永久性控制桩。建筑物垂直度的传递都从该控制桩引向高空。

内控法是将测量控制基准点设在建筑物内部，它适用于现场狭窄、无法在场外建立基准点的工地。控制点的多少根据建筑物平面形状决定，当从地面或底层把基准线引至高空楼面时，遇到楼板要留孔洞，最后修补该洞。

上述测设方法可混合使用，但不论采用何种方法施测，还应做到以下几点。

（1）建立统一的测量仪器、钢尺。为减少不必要的测量误差，从钢结构加工，到土建基础放线、构件安装，应该使用统一型号、经过统一校核的钢尺。

（2）建立复测制度。各基准控制点、轴线、标高等都要进行两次以上的复测，以误差最小为准。要求控制网的测距相对误差小于 $L/25000$，测角中误差小于 2"。

（3）基准点处预埋 100mm × 100mm × 10mm 钢板，用钢针刻划十字线定点，线宽 0.2mm，并在交点上打样冲眼，钢板以外的混凝土面上放出十字延长线。

（4）各控制桩要有防止碰损保护措施，如用混凝土加固后再用砖砌或钢管围护。平面控制网在施工期内定期进行检查复核，若发现控制点碰动应对控制点坐标重新进行校核。

2. 平面轴线控制点的竖向传递

1）地下部分

一般高层、超高层钢结构工程中，均在地下部分 2 ～ 6 层左右，地下室部分宜采用外控法。建立十字形或井字形控制点，组成一个平面控制格网，并测设出纵、横轴线。

2）地上部分

地上部分控制点的竖向传递采用内控法，投递仪器采用激光铅直仪。在地下部分钢结构工程施工完成后，利用全站仪，将地下部分的外控点引测到 ±0.000m 层楼面，在 ±0.000m 层楼面形成井字形内控点，见图 14-6。在设置内控点时，为保证控制点间相互通视和向上传递，应避开柱、梁位置。

图 14-6 首层控制点

地上部分控制点的向上传递过程是：在控制点架设激光铅直仪，精密对中整平；在控制点的正上方，在传递控制点的楼层预留孔洞（一般为边长 200 ～ 300mm 的正方形，周围用木方围护固定，见图 14-7）上放置一块有机玻璃做成的激光接收靶，通过移动激光接收靶将控制点传递到施工作业楼层上；然后在传递好的控制点上架设仪器，从 0°、90°、180°、270°四个方向向光靶投点，用 0.2mm 定出这四个点，若四点重合则传递无误差，若四点不重合，则找出四点对角线的交点作为传递上来的控制点，见图 14-8。测设完毕，各层楼面的预留孔洞用盖板盖上以保证安全。

图 14-7 传递控制点楼层预留孔洞

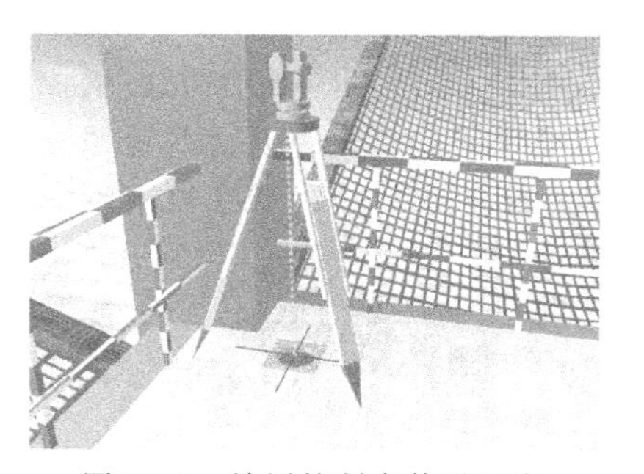

图 14-8 楼层控制点传递示意

轴线、标高竖向传递投测的测量允许误差应符合表 14-3 的规定。

表 14-3 轴线、标高竖向传递投测的测量允许误差

项目		轴线测量允许误差（mm）	标高测量允许误差（mm）
每层		3	±3
总高（H）	$H \leqslant 30$m	5	±5
	30m < $H \leqslant 60$m	10	±10
	60m < $H \leqslant 90$m	15	±15
	90m < $H \leqslant 120$m	20	±20
	120m < $H \leqslant 150$m	25	±25
	150m < H	30	±30

3. 柱顶轴线（坐标）测量

利用传递上来的控制点，通过全站仪或经纬仪进行平面控制网放线，把轴线（坐标）放到柱顶上。

14.2.4 建筑物高程控制网建立

1. 布设要求

高程控制网应布设成闭合环线、附合路线或结点网形。高程测量的精度，不宜低于四等水准的精度要求。

2. 标高水准点建立

建筑物标高基准点可设置在平面控制网的标桩或外围的固定地物上，也可单独埋设，水准点的个数不应少于 2 个。

标高水准埋设后定期进行高程检测，并对基准点采取必要的安全保护措施（砖砌或用钢管围护）。

3. 楼层标高的传递

地上上部楼层标高的传递，宜采用悬挂钢尺（一般为 50m 标准钢尺）测量方法进行，并应对钢尺读数进行温度、尺长和拉力修正。楼层的标高传递采用沿结构外墙、边柱或电梯间向上竖直进行，传递时一般宜从 2 处分别传递，对于面积较大和高层结构宜从 3 处分别向上传递，传递的标高误差小于 3mm 时，可取其平均值作为施工层的标高基准，若不满足则应重新传递。标高的测量允许误差应符合表 14-3 的规定。

具体过程为：先用水准仪根据统一的 ±0.000 水平线在各向上传递处准确测出相同的起始标高线，如在建筑物首层外围钢柱处确定 +1.000m 标高控制点，并做好标记，以此作为起始标高。然后用钢尺沿竖直方向向上量至施工层，并画出正米数的水平线。各层的标高线均由各处的起始标高线向上直接量取，高差超过一整钢尺时，在该层精确测定第二条起始标高线作为再向上传递的依据，最后将水准仪安置到施工层校测由下面传递上来的各水平线，误差控制在 ±3mm 以内。在各层抄平时以两条后视水平线进行校核。

14.2.5 钢柱垂直度测量

钢柱垂直度的测量有以下几种方法。

1）铅垂法

铅垂法是一种较为原始的方法，用锤球吊校柱子，观测直观，但不适于过长的柱子。为避免铅垂线因风吹而摆，可将线放在塑料管中，并将锤球放在黏度较大的油液中。

2）经纬仪法

用两台经纬仪分别架设在引出轴线上，对柱子进行测量校正。该方法精度较高，设备易解决，是施工单位常用的方法。

3）建立标准柱法

根据建筑物的平面形状，建立标准柱，其他柱子的垂直度都以此柱为准，用钢尺或钢线、工具式卡尺等工具来测量其他柱子的垂直度。

14.2.6 钢结构安装测量顺序

钢结构安装测量工作必须按照一定的顺序贯穿于整个钢结构安装施工过程中，才能达到质量的预控目标。

建立钢结构安装测量的“三校制度”。钢结构安装测量经过基准线的设立，平面控制网的投测、闭合，柱顶轴线偏差值的测量及柱顶标高的控制等一系列的测量准备，到钢柱吊装就位，就由钢结构吊装过渡到钢结构校正。

1）初校

初校的目的是要保证钢柱接头的相对对接尺寸，在综合考虑钢柱扭曲、垂偏、标高等安装尺寸的基础上，保证钢柱的就位尺寸。

2）重校

重校的目的是对柱的垂直度偏差、梁的水平度偏差进行全面调整，以达到标准要求。

3）高强度螺栓终拧后的复校

复校的目的是掌握高强度螺栓终拧时钢柱发生的垂直度变化。这种变化一般用下一道焊接工序的焊接顺序来调整。

4）焊后测量

对焊接后的钢框架柱及梁进行全面的测量，编制单元柱（节柱）实测资料，确定下一节钢结构构件吊装的预控数据。

通过以上钢结构安装测量程序的运行、测量要求的贯彻、测量顺序的执行，使钢结构安装的质量自始至终都处于受控状态，以达到不断提高钢结构安装质量的目的。

钢结构安装测量的注意事项如下：

(1) 高层建筑钢结构安装前，首先应确定按设计标高或相对标高安装。

(2) 在安装柱和柱之间的主梁时，应根据焊缝收缩量预留焊缝变形值，预留的变形值应作书面记录。

(3) 结构安装时，应注意日照、焊接等温度变化引起的热影响对构件的伸缩和弯曲引起的变化，应采取相应措施。

(4) 用缆风绳或支撑校正柱时，应在缆风绳或支撑松开状态下使柱保持垂直，才算校正完毕。

(5) 当上柱和下柱发生扭转错位时，应采用在连接上柱和下柱的临时耳板处加垫板的方法

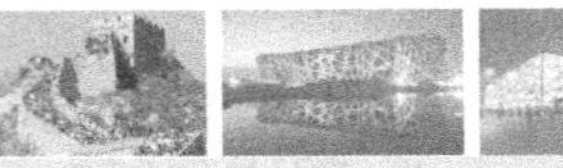

进行调正。

(6) 在安装柱与柱之间的主梁构件时，应对柱的垂直度进行监测。除监测一根梁两端柱子的垂直度变化外，还应监测相邻各柱因梁连接而产生的垂直度变化。

(7) 每一节柱子高度范围内的全部构件，在完成安装、焊接、栓接并验收合格后，方能从地面引放上一节柱的定位轴线。

任务 14.3 主体钢结构安装

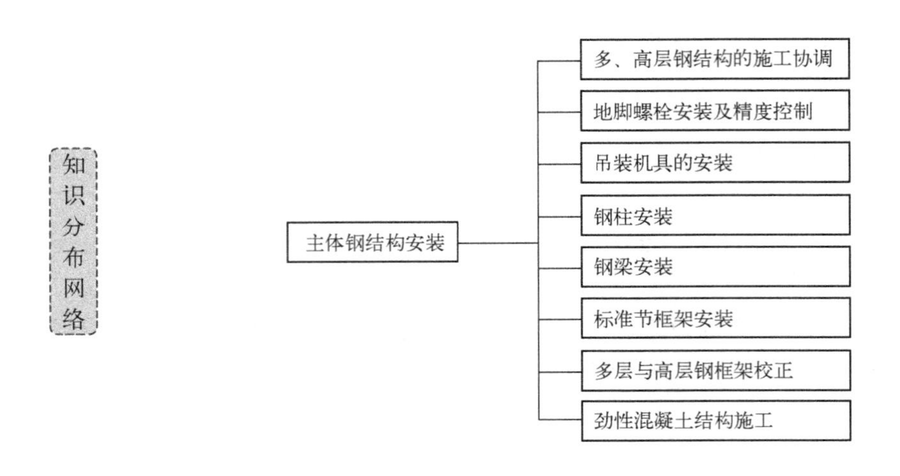

14.3.1 多、高层钢结构的施工协调

高层建筑是在向空间要面积，它的占地面积一般不会很大，而要获得较多的建筑面积，就只能增加楼层。然而随着楼层的增加，施工过程中各专业、各工种之间相互影响、相互制约的现象也随之增加。层数越多，矛盾就越突出。由于施工过程中，任何一个专业、一个工种的工作都是不可缺少的，我们不可能采取以牺牲某些专业或工种为代价来确保施工安全、质量与进度。因此，就产生了施工协调这种在高层建筑施工中必不可少的管理方法。所谓“施工协调”，实质上是对各专业、各工种的轻重缓急进行分析、划分，然后确定它们在施工各阶段或各时段的主次和先后顺序，最终达到确保施工总进度的目标。在高层钢结构建筑施工中这项工作尤为重要。

1. 施工中需要协调的主要内容

1）垂直运输机械的使用

高层建筑施工时主要的垂直运输机械有塔式起重机与人货两用电梯。高层建筑占地面积小，施工单位不可能各自配备自己专用的设备，在现场各施工单位只能共同使用统一布置的塔式起重机与人货两用电梯。高峰期间，现场施工企业多达几十家，作业人员多达几千人，几十层高的建筑，每层都有不同专业的人员在工作，现场仅有的几台垂直运输设备可以说成了工程的咽喉，这个环节协调不好，工程将陷入瘫痪。

2）施工平面协调

高层建筑的施工现场几乎全是非常狭窄的，工地中几乎没有堆场，而大量材料的进出给施工平面布局带来一定的困难，要求施工平面图根据施工的不同阶段进行变化，而且每天要对仅有的堆场进行协调，要组织一定的力量进行协调与监督管理，以确保施工工地场容文明，施工有序。

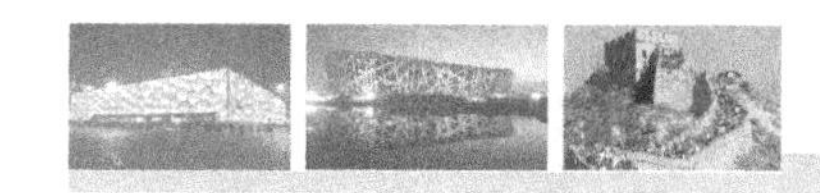
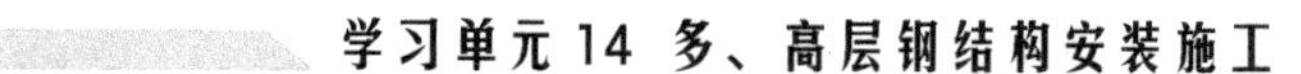

地面上如此，每个楼层也同样要协调，施工材料、设备的堆放场地要协调，工作人员的生活设施（如休息、厕所、吸烟区等）也要协调管理。

3）钢结构加工与钢结构安装

钢结构加工在工厂进行，工厂有其自身的生产规律，它不可能与现场安装的规律一致，如果钢结构加工的单位不止一家，则矛盾会更突出。要想使工厂的制作不影响现场的安装，只有通过协调。

4）钢结构与混凝土施工的配合

高层钢结构建筑，一般框架是钢结构，而楼板是现浇混凝土。框架吊装后要经过高强度螺栓施工、电焊、铺压型钢板等许多道工序，才能交付土建，而土建又需经过几道工序才能浇筑混凝土。《钢结构工程施工规范》（GB 50755—2012）规定：钢构件安装和楼板混凝土的施工，应相继进行，两项作业相距不宜超过5层。要做到这一规定是非常困难的，这里需要严密的作业计划安排，而要保证计划的正常实施，必须进行施工协调。

当高层钢结构为核心混凝土筒体结构、外围钢框架结构时，钢结构与混凝土施工的配合还包括外框钢结构安装与核心筒混凝土施工的配合。

外框钢结构安装与核心筒混凝土立面上的施工配合表现在两者间的施工高差，核心筒施工一直领先外框钢结构安装，核心筒施工位置与外框钢结构施工高差保持在3～5个楼层。

核心筒劲性柱随土建进度先进行安装，安装时采用临时钢梁进行稳定连接，使劲性柱形成稳定框架。

外框钢结构施工与外框柱混凝土的施工配合主要表现为两者间的穿插施工，外框钢结构单段安装、校正、焊接完成后，转入楼层钢结构和其他结构的吊装，将工作面移交给外框柱混凝土施工。两者始终保持交替进行施工直至施工到屋顶。

5）安全生产协调

高层建筑施工，立体交叉作业是一大特点，往往在同一个立面里有几十个工作点，每层都有人在施工，而且又来自不同的单位或不同的专业，这里不光是上、下、左、右的安全设施搭拆需要协调，还有用电、消防等安全工作也必须有专人负责。比如某个单位要在某楼层、某区域进行焊接施工，必须先提出用电计划与动火申请，交总包协调，确认后，方能进行作业。

2. 具体协调方法

需要协调的事情，在施工时远远不止上述几点，因此施工协调的工作量是非常大的，具体操作时可参考下述方法：

（1）组织一个专门的部室（一般称工程部）负责协调工作；

（2）建立“周－月－季”例会制度，定期召开每周工程例会和每月、每季度的工程进度例会；

（3）钢结构施工高峰期，与钢结构施工密切相关的有关承包商还应进行每日碰头会制度，以协调当天或次日的垂直运输、场地占用等矛盾；

（4）钢结构制作与安装的承包商，至少每周协调一次。

14.3.2 地脚螺栓安装及精度控制

地脚螺栓安装要求详见单层钢结构安装部分，在多、高层钢结构安装中，对安装精度提出了更高的要求，因而地脚螺栓施工与混凝土施工的协调更加重要。

1. 地脚螺栓施工流程

地脚螺栓施工流程见图14-9。

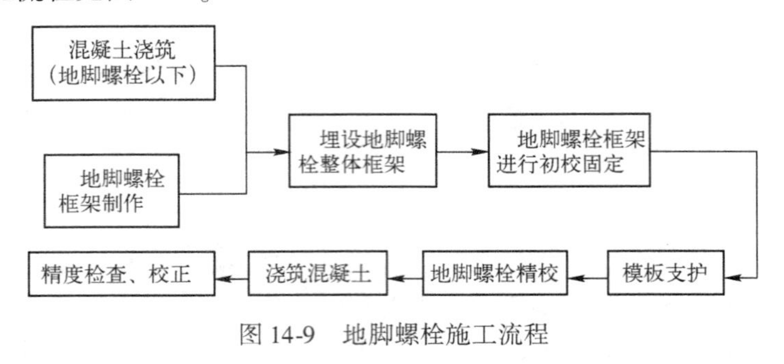

图14-9　地脚螺栓施工流程

2. 地脚螺栓施工要点

1）测量放线

首先根据原始轴线控制点及标高控制点对现场进行轴线和标高控制点的加密，然后根据控制线测放出的轴线再测放出每一个埋件的中心十字交叉线和至少两个标高控制点。

2）设计、制作地脚螺栓固定架

地脚螺栓支架（见图14-10）一般采用角钢作为主要材料，支架全部在工厂进行加工制作。

3）埋设地脚螺栓固定支架

利用定位线及水准仪使固定支架准确就位后，将其与柱子周围的钢筋连接，形成上、下两道井字架，支托地脚螺栓，见图14-11。锚栓安装后对锚栓螺纹做好保护措施，最后一次浇筑混凝土时，应对地脚螺栓进行检查，发现偏差及时校正。

图14-10　地脚螺栓支架

图14-11　地脚螺栓固定支架埋设示意

14.3.3　吊装机具的安装

对于汽车式起重机直接进场即可进行吊装作业；对于履带式起重机需要组装好后才能进行钢构件的吊装；塔式起重机（塔吊）的安装和爬升较为复杂，而且要设置固定基础或行走式轨道基础。当工程需要设置几台吊装机具时，要注意机具之间不能相互影响。

1. 塔吊基础设置

严格按照塔吊说明书，结合工程实际情况，设置塔吊基础。

2. 塔吊安装、爬升与拆除

一般采用汽车式起重机来安装塔吊。塔吊的安装顺序为：标准节→套架→驾驶节→塔帽→

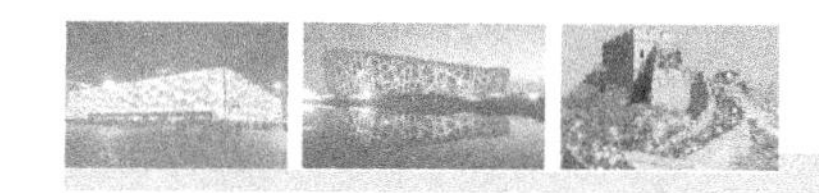

副臂→卷扬机→主臂→配重。塔吊的拆除通常也采用汽车式起重机进行。塔吊的拆除顺序为：配重→主臂→卷扬机→副臂→塔帽→驾驶节→套架→标准节。

内爬式塔吊布置在建筑物中间，在施工场地较小的闹市中心使用尤为适宜。其有效面积大，能充分发挥起重能力，整体机械制造用钢量少，造价低。现以较复杂的内爬式塔式起重机为例简要介绍其安装和拆除，其他类型原理相同。

1）塔吊支架设置

内爬式塔吊靠塔吊支架直接支撑在建筑物上，因而需对结构进行验算，必要时应临时加固。图 14-12 为上海某高层钢结构塔吊支架示意图，爬升支架主梁截面选用 H400 × 200 × 16 × 25，次梁选用 H300 × 150 × 16 × 25，材料均选用 Q235B 热轧 H 型钢。

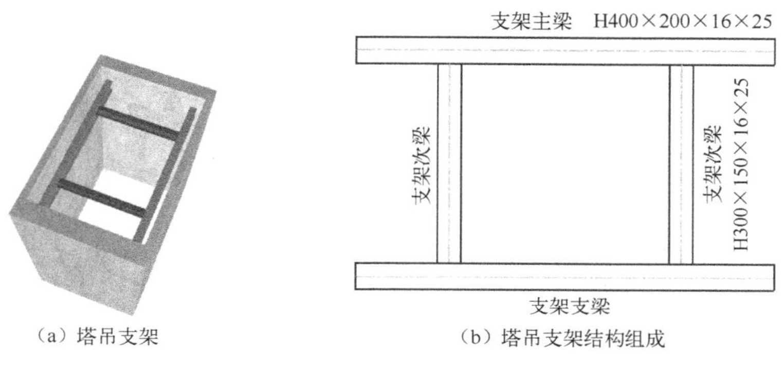

（a）塔吊支架　（b）塔吊支架结构组成

图 14-12　塔吊支架设置

2）塔吊爬升

塔吊第一次爬升时间及层数主要根据核心混凝土施工进度、其他起重机械能力确定，一般在施工 3 ～ 5 层时，进行第一次爬升，以后核心筒每施工 2 ～ 3 层，塔吊依次爬升。

塔吊爬升主要通过布置在塔吊标准节内的千斤顶和固定在上、下套架之间的爬升梯的相对运动来实现，塔吊爬升系统如图 14-13 所示。

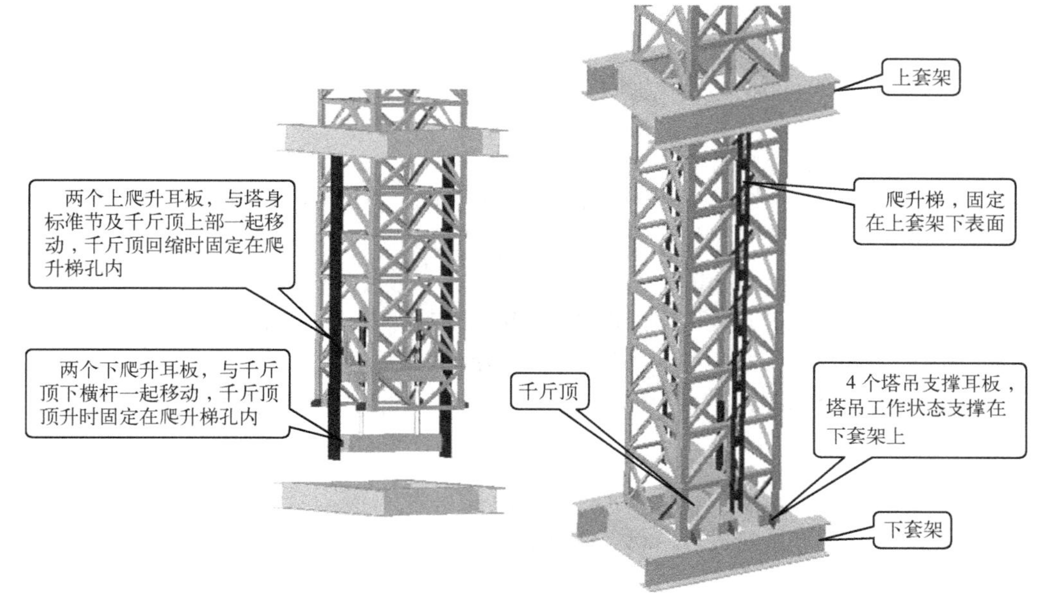

图 14-13　塔吊爬升系统示意

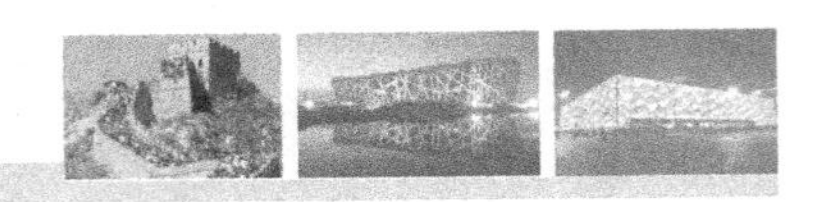

3）塔吊爬升步骤

（1）安装第三套固定框架，千斤顶开始顶升，见图 14-14（a）；

（2）塔吊标准节固定在爬升梯孔内，千斤顶回缩，见图 14-14（b）；

（3）千斤顶下肢腿固定在爬升梯孔内，上肢腿离开爬升梯孔，重复步骤（1）、（2），塔吊标准节向上移动，见图 14-14（c）；

（4）塔吊爬升到位，千斤顶缩回，爬升梯向上转移，完成一次爬升动作，见图 14-14（d）。

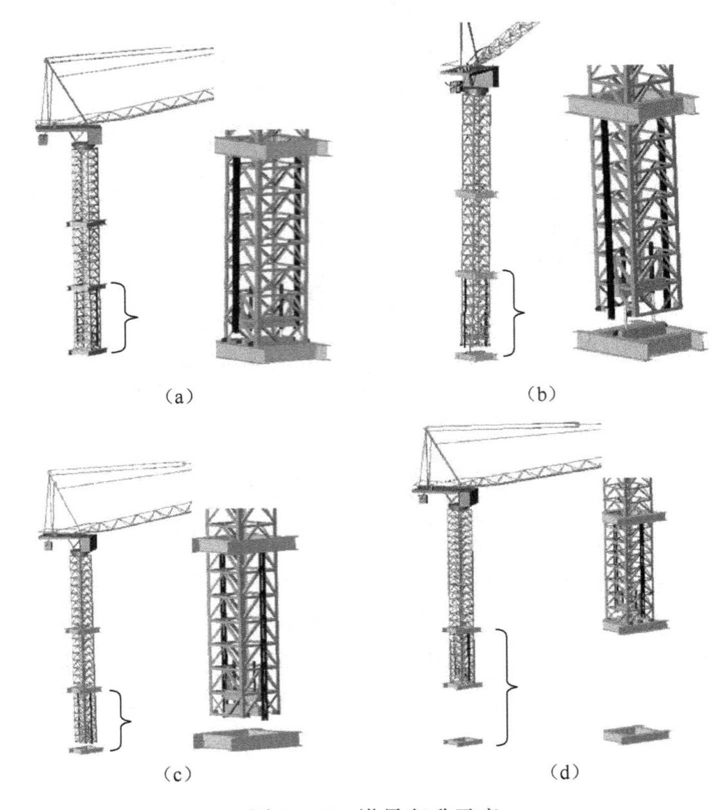

图 14-14　塔吊爬升示意

4）塔吊拆除

内爬式起重机拆除时，拆机下楼需要设置辅助起重设备，拆除步骤见图 14-15。拆除方案为：安装一台桅杆吊实现塔吊部件的垂直运输，桅杆吊满足在 180°范围内旋转；在顶板安装一台卷扬机，利用滑轮组和楼面上铺设的钢管解决零部件在楼面的水平运输问题；在塔吊平衡臂配重块两侧制作安装一台门型架，用以拆卸平衡配重和平衡臂，在塔机标准节两侧制作安装一台门型架，用以拆卸塔帽、驾驶室、上下回转、标准节和内爬钢梁、内爬框架等；地面利用一台 25t 汽车吊配合，将塔机零部件转运至运输车，并转运裙楼上的桅杆吊。

3．塔吊附墙设置

高层钢结构高度一般超过 100m，因此塔吊需要设置附墙，以保证塔吊的刚度和稳定性。塔吊附墙的设置按照塔吊的说明书进行，附墙杆对钢结构的水平荷载在设计交底和施工组织设计中明确。

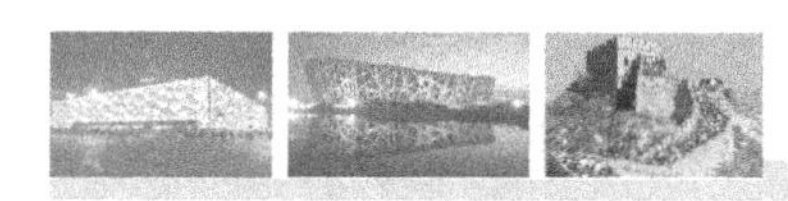

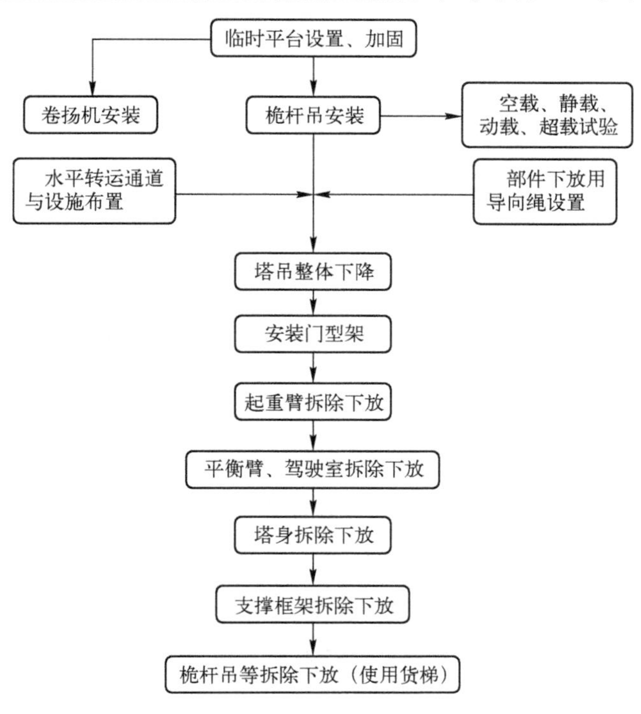

图 14-15　内爬式塔吊拆除步骤

14.3.4　钢柱安装

钢柱多采用实腹式，实腹钢柱截面多为工字形、箱形、十字形、圆形。钢柱多采用焊接对接接长，也有采用高强度螺栓连接接长的，劲性柱与混凝土采用栓钉连接。

1. 吊点设置

吊点位置及吊点数根据钢柱形状、断面、长度、起重机性能等具体情况确定。吊点一般采用焊接吊耳、吊索绑扎、专用吊具等。钢柱一般采用一点正吊，吊点设置在柱顶处，吊钩通过钢柱重心线，钢柱易于起吊、对线、校正。当受起重机臂杆长度、场地等条件限制时，吊点可放在柱长 1/3 处斜吊。由于钢柱倾斜，起吊、对线、校正较难控制。

2. 起吊方法

多、高层钢结构工程中，钢柱一般采用单机起吊，对于特殊或超重的构件，也可采用双机抬吊，见图 14-16。双机抬吊时应注意尽量选用同类型起重机。对起吊点进行荷载分配，有条件时进行模拟吊装，各起重机的荷载不宜超过其相应起重能力的 80%；在操作过程中，要互相配合、动作协调。使用信号指挥时，分指挥必须听从总指挥。

3. 钢柱吊装

起吊时钢柱必须垂直，尽量做到回转扶直。起吊回转过程中应避免同其他已安装的构件相碰撞，吊索应预留一定的有效高度。在吊装第一节钢柱时，应在预埋地脚锚栓上加设保护套，以免钢柱就位时碰坏地脚锚栓的丝扣。第一节钢柱是安装在柱基础上的，钢柱安装前应将登高爬梯和挂篮等挂设在钢柱预定位置并绑扎牢固，起吊就位后临时固定地脚锚栓、校正垂直度。钢柱接长时，钢柱两侧装有临时固定用的连接板，上节钢柱对准下节钢柱柱顶中心线后，即用螺栓固定连接板临时固定。钢柱安装到位，对准轴线、临时固定牢固后才能松开吊索。

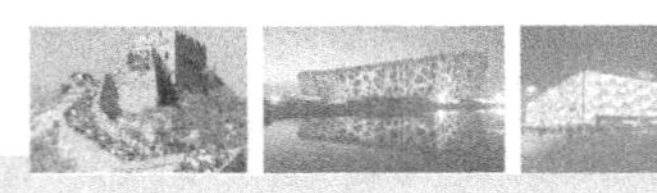

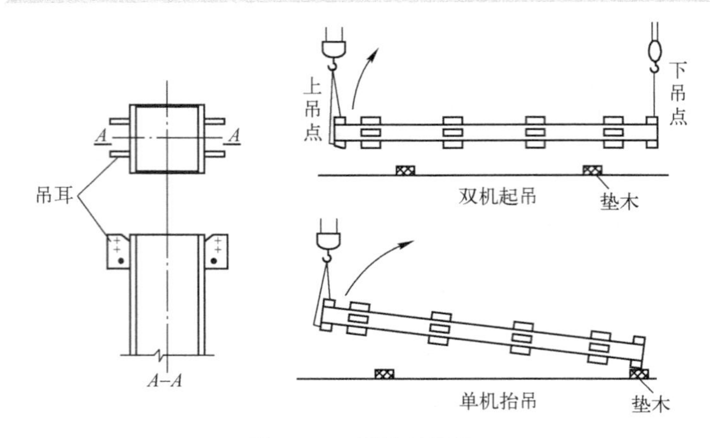

图 14-16　钢柱的吊装

现以上海某高层钢结构劲性钢柱吊装为例说明吊装流程，见图 14-17。

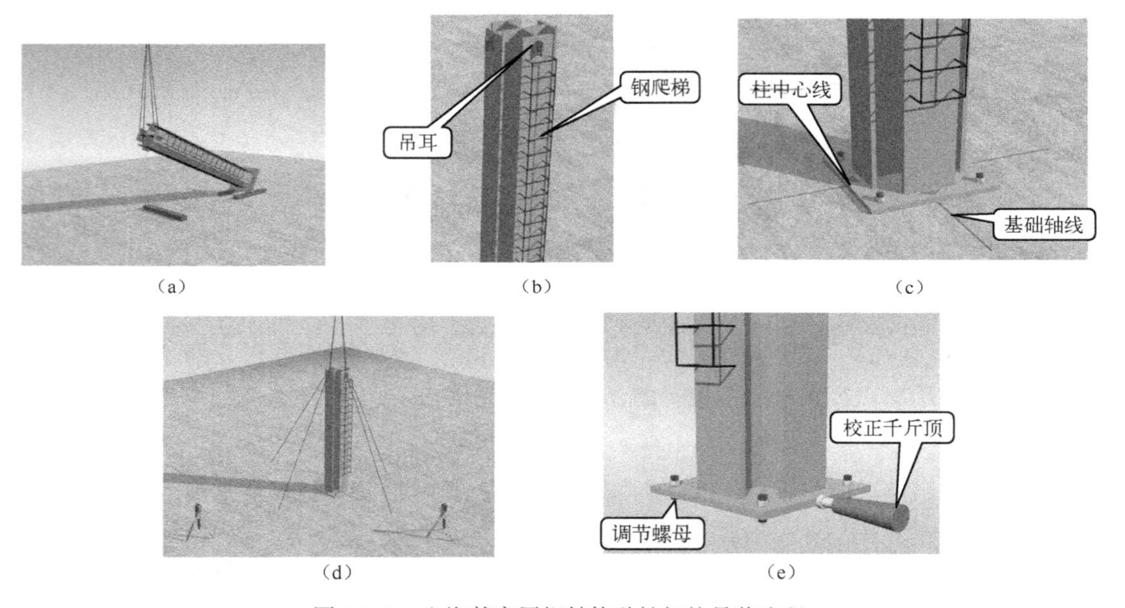

(a)　(b)　(c)　(d)　(e)

图 14-17　上海某高层钢结构劲性钢柱吊装流程

(1) 设置吊点及起吊方式，见图 14-17 (a)。吊点设置在预先焊好的连接耳板处，用单机回转法起吊。起吊前，钢柱应垫上枕木以避免起吊时柱底与地面的接触；起吊时，不得使柱端在地面上有拖拉现象。

(2) 安装钢爬梯，见图 14-17 (b)。吊装前将爬梯安装在钢柱的一侧，同时在柱与楼层梁的连接位置上 1.2m 处焊接固定装配式安装操作平台的临时槽钢。钢爬梯和临时槽钢应安全牢靠，便于作业人员上下和安装钢梁时操作。

(3) 柱脚定位，见图 14-17 (c)。钢柱吊到就位上方 200mm 时，应停机稳定，对准螺栓孔和十字线后，缓慢下落，使钢柱四边中心线与基础十字轴线对准。

(4) 钢柱临时固定，见图 14-17 (d)。采用无缆风绳校正法在柱的偏斜一侧打入钢楔或用顶升千斤顶，使用两台经纬仪在柱的两个方向同时进行观测控制。在保证单节柱垂直度不超标的前提下，注意预留焊缝收缩对垂直度的影响，将柱顶轴线偏移控制到规定范围内。最后拧紧临时连接耳板的大六角头高强度螺栓至额定扭矩并将钢楔与耳板固定。

(5) 柱脚就位与垂直度校正，见图14-17 (e)。柱底就位应尽可能在钢柱安装时一步到位，最后的校正可用千斤顶和调节螺母法校正（精度可达±1mm）。

4. 钢柱对接

进行钢柱对接操作时，需要借助临时连接耳板临时固定上、下柱接头位置，调整到符合安装偏差要求后，进行全熔透焊接，然后将临时连接耳板割除。操作要点如下（见图14-18）。

(1) 吊装就位后钢柱校正，见图14-18 (a)。吊装就位后，用大六角头高强度螺栓通过连接板固定上、下耳板，但连接板不夹紧，通过起落钩与撬棒调节柱间间隙，通过上、下柱标高控制线之间的距离与设计标高值进行对比，并考虑焊缝收缩及压缩变形量，将标高偏差调整至5mm以内。符合要求后打入钢楔，点焊限制钢柱下落。

(2) 柱身扭转调整，见图14-18 (b)。柱身的扭转调整通过上、下耳板在不同侧夹入垫板（垫板的厚度一般为0.5～1.0mm），在上连接板拧紧大六角头螺栓来调整。每次调整扭转在3mm以内，若偏差过大可分成2～3次调整。当偏差较大时可通过在柱身侧面临时安装千斤顶对钢柱接头的扭转偏差进行校正。

(3) 割除临时连接板。钢柱校正完毕后，即可进行焊接，在钢柱对接焊接完毕且无损检验质量合格后，再割除临时连接板。

5. 高空对接操作平台的设计

由于劲性柱需要高空对接，同时劲性柱的安装需要先于混凝土柱的浇筑，因此需要搭设高空焊接操作平台来保证施工的安全。高空平台采用小截面方钢管或角钢搭设，并焊接连到钢骨柱上，见图14-19。操作平台上铺设木跳板和挡板，护栏四周用密目网防护。

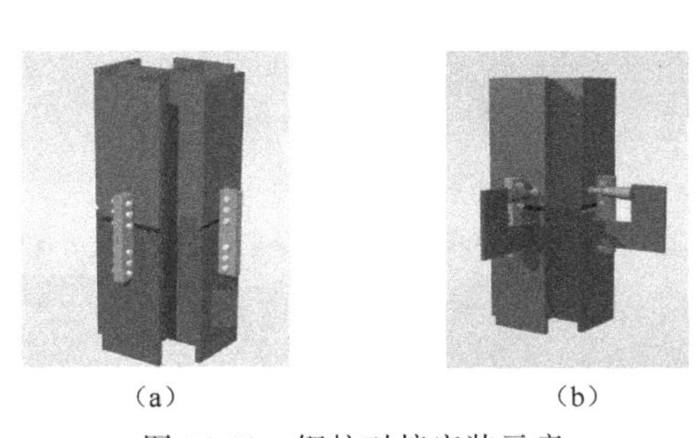

(a) (b)

图14-18 钢柱对接安装示意

图14-19 钢柱对接操作平台

14.3.5 钢梁安装

框架梁和柱连接通常为上下翼缘板焊接，腹板栓接，或者全焊接、全栓接的连接方式。

钢梁在吊装前，应于柱子牛腿处检查柱子和柱子间距，并应在梁上装好扶手杆和扶手绳，以便待主梁吊装就位后，将扶手绳与钢柱系牢，以保证施工人员的安全。

1. 吊点设置

钢梁吊装宜采用专用吊具，两点绑扎吊装。在吊点处设置耳板，待钢梁吊装就位完成之后割除。为防止吊耳起吊时变形，采用专用吊具装卡，此吊具用普通螺栓与耳板连接。对于同一层重量不大的钢梁，在满足塔吊最大起重量的同时，可以采用一钩多吊，以提高吊装效率，见图14-20。

图 14-20　钢梁吊装

2. 起吊方式

为了减少高空作业，保证质量，并加快吊装进度，可以将梁、柱在地面组装成排架后进行整体吊装。当一节钢框架吊装完毕，即需对已吊装的柱、梁进行误差检查和校正，校正方法参见单层钢结构工程柱、梁的校正。

3. 安装顺序

一节钢柱一般有 2 ～ 4 层梁，原则上竖向构件由上向下逐件安装。由于梁上部和周边都处于自由状态，易于安装和控制质量，一般在钢结构安装实际操作中，同一列柱的钢梁从中间跨开始对称地向两端扩展安装；同一跨钢梁，先安装上层梁再安装下层梁，最后安装中层梁。

柱与柱节点和梁与柱节点的焊接原则上应对称施工，相互协调。对于焊接连接，一般可以先焊一节柱的顶层梁，再从下往上焊接各层梁与柱的节点。柱与柱的节点可以先焊，也可以后焊。对于栓焊连接，一般先栓后焊，螺栓从中心轴开始对称拧紧。

次梁根据实际施工情况一层一层安装完成。

4. 注意事项

（1）梁校正完毕，用高强度螺栓临时固定，再进行柱校正。对梁、柱校正完毕后即紧固连接高强度螺栓，焊接柱节点和梁节点，并对焊缝进行超声波检验。

（2）在安装柱与柱之间的主梁时，会将柱与柱之间的开档撑开或缩小。因此必须跟踪校正柱间距离，并预留偏差值，特别是节点焊接收缩量。

（3）当钢梁与混凝土结构中的预埋件连接时，由于受到混凝土浇筑时对预埋件的影响，使预埋件的位置偏差加大，故在加工预埋件和钢梁连接的连接板时，连接螺栓的开孔为椭圆形，见图 14-21。钢梁连接完毕后，将连接板与钢梁进行焊接。

图 14-21　连接钢梁的预埋件

14.3.6　标准节框架安装

高层钢结构中，由于楼层使用要求不同和框架结构受力因素，其钢结构的布置和规格也相应而异。例如，底层用于公共设施则楼层较高，受力关键部位则设置水平加强结构；管道布局集中区增设技术楼层，为便于宴会、集体活动及娱乐等需设置大空间宴会厅和旋转厅等。这些楼层钢构件的布置都是不同的，这是钢结构安装施工的特点之一。但是多数楼层的使用要求是一样的，钢结构布置也基本一致，称为钢结构框架的“标准节框架”。

标准节框架的安装方法有以下两种。

1. 节间综合安装法

此法是在标准节框架中，选择位于核心部分或对称中心处，由框架柱、梁、支撑组成刚度较大的框架结构作为安装的基本单元，该基本单元称为标准框架体。为确保钢结构整体安装质量精度，在每层都要选择一个标准框架体，依次向外发展安装。

标准框架体安装时，安装完钢柱后立即安装框架梁、次梁和支撑等，由下而上完成整个标准框架体，并进行校正和固定。然后以此为依靠，按规定方向进行安装，逐步扩大框架，每立2根钢柱就安1个节间，直至施工层完成。国外多采用节间综合安装法，随吊随运，现场不设堆场，每天提出供货清单，每天安装完毕。这种安装方法对现场管理要求严格，供货交通必须保证畅通，在保证构件运输的条件下能获得最佳效果。

2. 按构件分类大流水安装法

此法是在标准节框架中先安装钢柱，再安装框架梁，然后安装其他构件，按层进行，从下而上，最终形成框架。国内目前多采用此法，主要原因是：影响钢构件供应的因素多，不能按照综合安装供应钢构件；在构件不能按计划供应的情况下尚可继续进行安装，有机动的余地；管理和生产工人容易适应。

两种不同的安装方法各有利弊，但是，只要构件供应能够确保，构件质量又合格，其生产工效的差异不大，可根据实际情况进行选择。

14.3.7 多层与高层钢框架校正

1. 校正流程

一节标准框架的校正流程如图14-22所示。

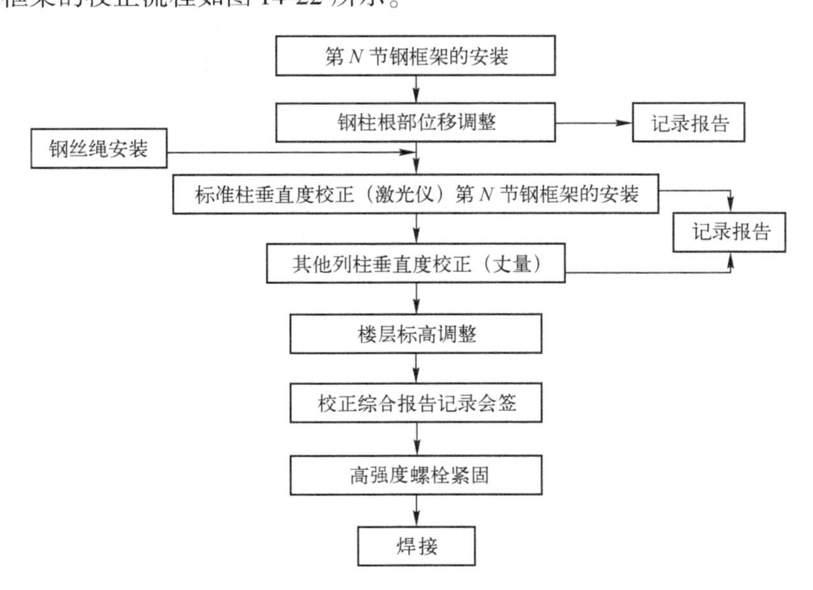

图14-22 一节标准框架的校正流程

2. 确定标准柱

标准柱是能控制框架平面轮廓的少数柱子，用它来控制框架结构安装的质量。一般选择平面转角柱为标准柱。如正方形框架取4根转角柱；长方形框架当长边与短边之比大于2时取6根柱；多边形框架取转角柱为标准柱。

3. 钢柱校正

钢柱校正主要有三方面工作：标高调整，轴线调整，柱身垂直度校正。

1）标高调整

（1）第一节钢柱标高调整（柱基标高调整）：第一节钢柱标高调整主要采用螺母调整和垫铁调整两种方法。螺母调整是根据钢柱的实际长度，在钢柱柱底板下的地脚锚栓上加一个调整螺母，螺母表面的标高调整到与柱底板底标高齐平。

对于高层钢结构地下室部分劲性钢柱，钢柱周围布满钢筋，调整标高和轴线时，同土建交叉协调好才能进行。

（2）柱顶标高调整和其他节钢柱标高控制：柱顶标高调整和其他节钢柱标高控制可以用两种方法，一种是按相对标高安装，另一种是按设计标高安装。安装前要确定采用哪一种方法，严禁混用，否则会导致标高失控，出现严重的质量事故。工程中通常是按相对标高安装。

当采用设计标高控制时，每节柱的调整都可以从地面上第一节柱的柱底标高基准点进行柱标高的控制，但要注意预留焊缝收缩量及荷载对柱的压缩量。

钢柱安装完后，在柱顶安置水准仪，测量柱顶标高，以设计标高为准。若标高高于设计值在5mm以内，不需要调整，因为柱与柱节点间有一定的间隙；若高于设计值5mm以上，则需用气割将钢柱顶部割去一部分，然后用角向磨光机将钢柱顶部磨平到设计标高。若标高低于设计值，则需增加上、下钢柱的焊缝宽度，但一次调整不得超过5mm，以免过大的调整造成其他构件节点连接的复杂化和安装难度。

无论采用何种标高控制方法，都应重视安装过程中楼层水平标高的控制，并及时调整水平标高误差，避免误差积累。当楼层水平标高误差达到5mm时，应对下节钢柱柱网的各柱顶标高进行调整，之后方可进行上节钢柱的安装。一般多在现场进行调整，方法是：实测柱网各柱顶的实际水平标高差，进行分类（以1mm为单位），加工填衬钢板，进行标高调整。填衬钢板面积应等于柱子截面除去四周钢柱对接焊坡口宽度后的面积；填衬钢柱表面处理应符合要求，与下柱柱顶贴合紧密，用定位焊固定。

2）轴线调整

（1）第一节柱底轴线调整：钢柱制作时，应在柱底板的四个侧面用钢冲标出钢柱的中心线。在起重机不松钩的情况下，将柱底板上的中心线与柱基础的控制轴线对齐，缓慢降落至设计标高位置。

（2）第二节柱轴线调整：为使上、下柱不出现错口，尽量做到上、下柱中心线重合。若有偏差，在柱与柱连接耳板的不同侧面加入垫板（垫板厚度为0.5～1.0mm），拧紧大六角螺栓。钢柱中心线偏差调整每次在3mm以内，若偏差过大，分2～3次调整。

需要注意的是，上一节钢柱的定位轴线应从地面的柱控制定位轴线直接引至高空，不允许使用下一节钢柱的定位轴线。否则，若下一节柱的柱顶位置有安装偏差，会使定位轴线引出基准不断变化，造成较大的累计误差，使安装的柱轴线失控，影响钢结构的质量和尺寸精度。

3）柱身垂直度校正

（1）第一节柱身垂直度校正：柱身调整一般采用缆风绳校正方法，用两台呈90°的经纬仪找垂直。在校正过程中，不断微调柱底板下的调节螺母，直至校正完毕，将柱底板上面的两个螺母拧上，缆风绳松开不受力，柱身呈自由状态，再用经纬仪复核，若有微小偏差，可重复上述过程，直至无误，最后将防松螺母拧紧。

地脚锚栓上的螺母一般用双螺母，可在螺母拧紧后，将螺杆的螺纹破坏或螺母与螺杆焊实。

(2) 第二节钢柱垂直度校正：钢柱垂直度校正的重点是对钢柱有关尺寸进行预检。下层钢柱的柱垂直度偏差就是上节钢柱的底部轴线、位移量、焊接变形、日照影响、垂直度校正及弹性变形等的综合。可采取预留垂直度偏差值消除部分误差。

4. 钢梁校正

钢梁校正内容详见单层钢结构安装部分，框架梁面标高校正是用水准仪、标尺进行实测，测定框架梁两端标高误差情况。超过规定时应进行校正，方法是扩大端部安装连接孔。

多、高层钢结构的柱、梁（桁架）、支撑等主要构件安装就位后应及时校正、固定，并应在当天形成稳定的空间结构体系。切忌安装一大片后再进行校正，这是校正不过来的，将影响结构整体的正确位置，是不允许的。若不能实现，应采取临时加固措施。否则，有可能在安装阶段，在外力（风力、温差、施工荷载）作用下，使柱、梁变形、失稳，不仅会增加后期校正难度，而且会影响钢结构安装阶段的结构稳定性和安全性，严重时会使结构倒塌。

14.3.8 劲性混凝土结构施工

劲性混凝土结构分为埋入式和非埋入式两种。埋入式构件包括劲性混凝土梁、柱及剪力墙、钢管混凝土柱、内藏钢板剪力墙等；非埋入式构件包括钢－混凝土组合梁、压型钢板组合楼板。

劲性混凝土结构的钢构件分为实腹式和格构式，以实腹式为主。钢构件连接多采用高强度螺栓连接。

劲性混凝土钢结构安装工艺流程如下：

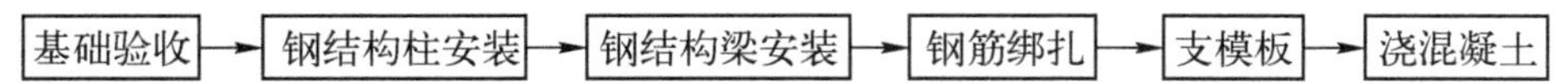

(1) 劲性混凝土结构钢柱截面形式多为“十”、“L”、“T”、“H”、“○”、“□”形等几种形式，和混凝土接触面的栓钉多在钢构件出厂时施工完毕。构件运到施工现场，验收合格后，安装、校正、固定，方法和框架结构相同。

(2) 劲性混凝土中钢结构梁的安装方法和框架梁安装方法一致。无梁劲性混凝土钢柱和混凝土梁的连接较复杂，特别是箍筋和主筋穿柱和梁时位置较复杂，工艺交叉多，处理要细致，钢筋要贯通。混凝土梁的浇筑最好和柱混凝土浇筑错开，避免混凝土产生裂缝。

(3) 钢结构构件安装完成后，进行钢筋绑扎、混凝土浇筑。

(4) 支模和浇筑混凝土。混凝土在浇筑过程中，需要检查劲性混凝土柱、梁的空间位置，符合要求后，进行上层柱、梁浇筑。

任务14.4 压型钢板施工

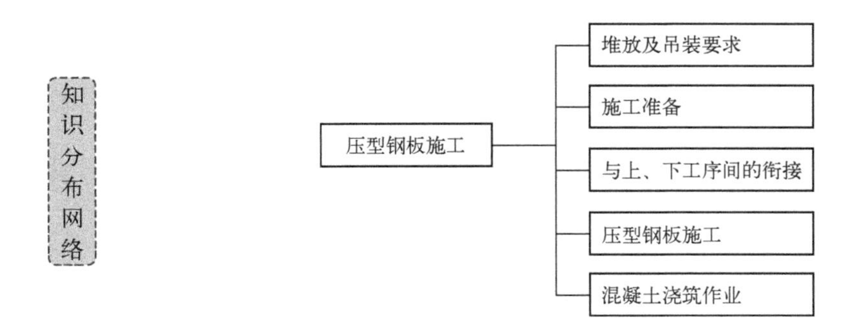

压型钢板（又称楼承板）由镀锌薄钢板经辊压成型，其截面呈梯形、倒梯形或类似形状的波形，在建筑中用于楼板永久性支撑模板，也可被选用为其他用途的钢板。

14.4.1 压型钢板堆放及吊装要求

（1）压型钢板运至现场，需妥善保护，不得有任何损坏和污染，特别是不得沾染油污；堆放时应成捆离地斜放以免积水。

（2）起吊时每捆应由两条钢丝绳分别捆于两端1/4钢板长度处；起吊前应先行试吊，以检查重心是否稳定，钢索是否会滑动，待安全无虑时方可起吊。

（3）压型钢板在装、卸时采用皮带吊索，严禁直接用钢丝绳绑扎起吊，避免钢板变形。

（4）吊装时采用由下往上楼层吊装顺序，避免因先行吊放上层材料后阻碍下一层楼的吊装作业。

14.4.2 压型钢板施工准备

1. 技术准备

1）压型钢板的板型确认

楼承板施工之前，应根据施工图的要求，选定符合设计规定的材料（主要是考虑用于楼承板制作的镀锌钢板的材质、板厚、力学性能、防火能力、镀锌量、压型钢板的价格等经济技术要求），板型报设计审批确认。

2）压型钢板排板图

根据已确认板型的有关技术参数绘制压型钢板排板图。在图纸上预先排布压型钢板，从而确定板材的加工长度、数量，给出材料编号和采购清单，实际施工时据此安装压型钢板。压型钢板排板图应包含以下内容：

- 标准层压型钢板排板图；
- 非标准层压型钢板排板图；
- 标准节点作法详图；
- 个别节点的作法详图；
- 压型钢板编号、材料清单等。

2. 材料准备

（1）压型钢板施工使用的材料主要有焊接材料，如E43XX焊条、用于局部切割的干式云石机锯片、手提式砂轮机砂轮片等，所有这些材料均应符合有关技术、质量和安全的专门规定。

（2）由于压型钢板厚度较小，为避免施工焊接固定时焊接击穿，焊接时可采用ϕ2.5mm、ϕ3.2mm等小直径的焊条。

3. 施工机具

压型钢板施工的专用机具有压型钢板电焊机，其他施工机具有手提式或其他小型焊机、空气等离子弧切割机、云石机、手提式砂轮机、金工剪刀等。

4. 作业条件

（1）压型钢板施工之前应及时办理有关楼层的钢结构安装、焊接、节点处高强度螺栓、

油漆等工程的施工隐蔽验收。

(2) 压型钢板的有关材质复验和试验鉴定已经完成。

(3) 根据施工组织设计要求的安全措施落实到位，高空行走马道绑扎稳妥、牢靠之后才可以开始压型钢板的施工。

(4) 安装压型钢板的相邻梁间距大于压型钢板允许承载的最大跨度的两梁间距时，应根据施工组织设计的要求搭设支顶架。

14.4.3 压型钢板施工与上、下工序间的衔接

压型钢板与其他相关联的工序应按下列顺序流程衔接施工：

钢结构隐蔽验收 → 搭设支顶架 → 压型钢板安装焊接 → 堵头板和封边板安装 → 压型钢板锁口 → 栓钉焊 → 清扫、施工批交验 → 设备管道、电气线路施工、钢筋绑扎 → 混凝土浇筑

(1) 一节柱的一层梁安装完后，应立即安装本层的楼梯及压型钢板；在楼面安装压型钢板前，梁上表面应放出压型钢板的位置线，按设计规定的行距、列距顺序排放。相邻两列压型钢板的槽口必须对齐，使组合楼板钢筋混凝土下层主筋能顺利通过。

(2) 在钢结构安装时，施工荷载和冰雪荷载严禁超过梁和楼板的承载能力。应严格控制楼面上的施工活荷载，堆放材料应均匀，防止集中。

(3) 钢构件安装和楼层钢筋混凝土楼板的施工，两项作业相差不宜超过5层；当无法实现时，应通过设计单位认可。

14.4.4 压型钢板施工

1. 压型钢板施工质量技术要点

(1) 钢梁顶面要保持清洁，严防潮湿及涂刷油漆未干。

(2) 下料、切孔采用等离子弧切割机操作，严禁用氧气乙炔切割；大孔洞四周应补强。

(3) 是否需搭设临时的支顶架由施工组织设计确定；若搭设应待混凝土达到一定强度后方可拆除。

(4) 压型钢板按图纸放线安装、调直、压实并点焊牢靠。

(5) 压型钢板铺设完毕、调直固定后应及时用锁口机具进行锁口，防止由于堆放施工材料或人员交通，造成压型板咬口分离。

(6) 安装完毕，应在钢筋安装前及时清扫施工垃圾，剪切下来的边角料应收集到地面集中堆放。

(7) 加强成品保护，铺设人员交通马道、减少在压型钢板上的人员走动，严禁在压型钢板上堆放重物。

2. 压型钢板安装作业工艺

压型钢板安装施工工艺流程见图14-23。

3. 压型钢板安装作业要点

(1) 楼层板安装时，于楼层板两端部弹设基准线，跨钢梁翼缘边不应小于50mm（见图14-24）。

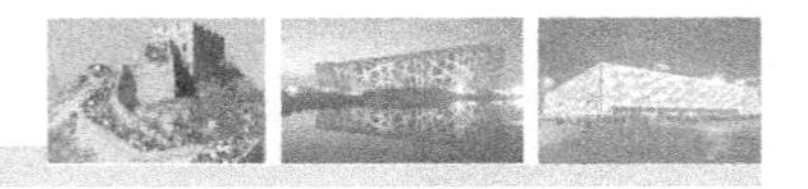

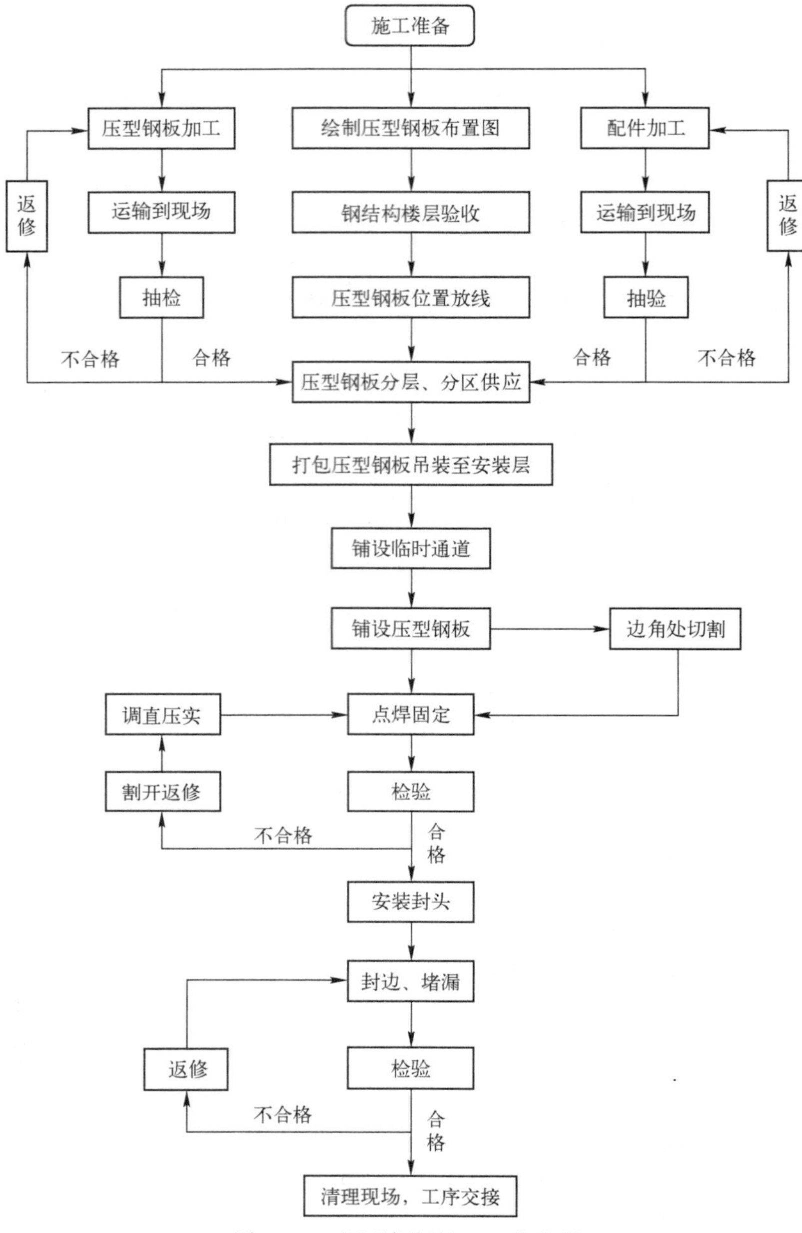

图 14-23　压型钢板施工工艺流程

（2）压型钢板铺设前，需确认钢结构已完成校正、焊接、检验后方可施工。一节柱的压型钢板先安装最上层，再安装下层，安装好的上层钢板可有效阻挡高空坠物，保证人员在下层施工时安全。

（3）拆开包装的压型金属板应当天固定完毕，剩余的压型金属板应固定在钢梁上或转移到地面堆场，防止压型金属板发生高空坠落事故。

图 14-24　压型钢板梁上搭接长度示意

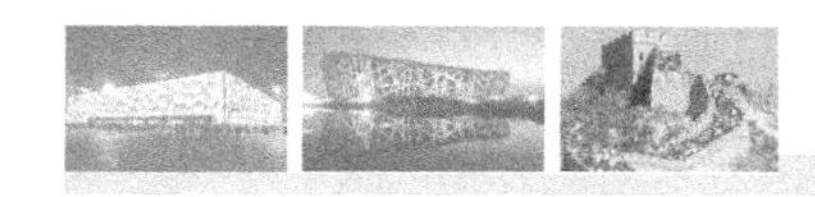

14.4.5 混凝土浇筑作业

楼承板上的混凝土浇筑作业注意事项见表 14-4。

表 14-4 混凝土浇筑作业注意事项

序号	注意事项
1	浇混凝土前，须把楼承板上的杂物、灰尘、油脂等其他妨碍混凝土附着的物质清除干净
2	楼承板面上人及小车走动较频繁区域，应铺设垫板，以免楼承板损坏或变形，从而降低楼承板的承载能力
3	若遇封口板阻碍，用乙炔把封口板切除一小块即可，注意不要损坏楼承板
4	所用混凝土内不得含氯盐添加剂，混凝土拌和浇捣工具及施工缝设置应符合混凝土结构工程施工及验收规范
5	浇混凝土时，应避免混凝土堆积过高，以及倾倒混凝土所造成的对楼承板的冲击，尽量在钢梁处倾倒并立即向四周摊开
6	混凝土浇筑完成后，除非楼承板底部被充分支撑，否则在达到混凝土 75% 设计抗压强度前，不得在楼面上附加任何其他荷载

任务 14.5 多、高层钢结构现场焊接

多、高层钢结构现场焊接作业流程如图 14-25 所示。

14.5.1 焊前准备

施焊前，焊工应检查焊接部位的组装和表面清理的质量，若不符合要求，应修磨补焊合格后方能施焊。

施工前应由焊接技术责任人员根据焊接工艺评定结果编制焊接工艺文件，并向有关操作人员进行技术交底，施工中应严格遵守工艺文件的规定。焊接工艺文件内容见表 14-5。

表 14-5 焊接工艺文件内容

序号	工艺文件内容	序号	工艺文件内容
1	焊接方法或焊接方法的组合	6	焊接电流、焊接电压、焊接速度、焊接层次
2	母材的牌号、厚度及其他相关尺寸	7	清根要求及焊接顺序等焊接工艺参数规定
3	焊接材料型号、规格	8	预热温度及层间温度范围
4	焊接接头形式、坡口形状及尺寸允许偏差	9	后热、焊后清除应力的处理工艺
5	夹具、定位焊、衬垫的要求	10	检验方法及合格标准

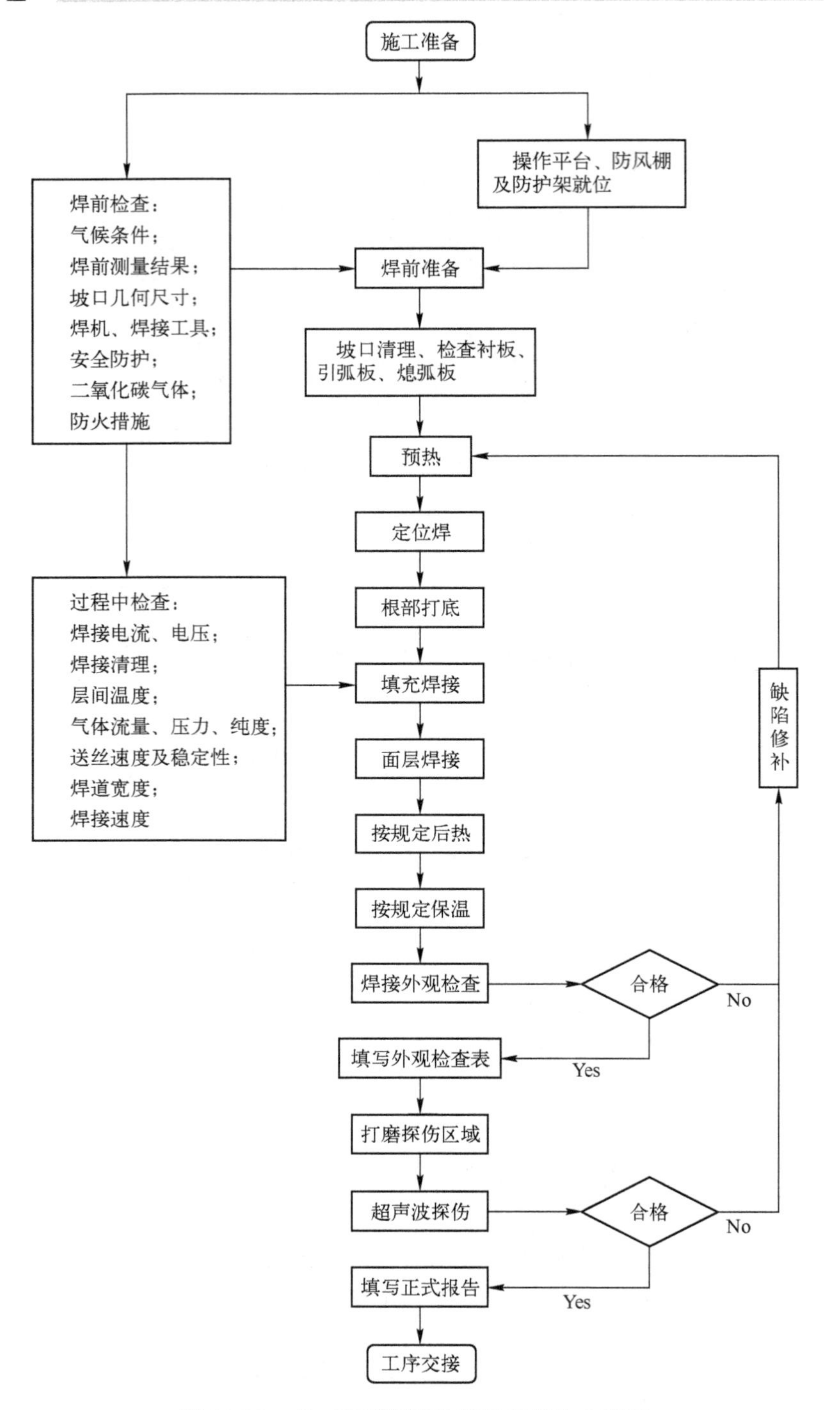

图 14-25　多、高层钢结构现场焊接作业流程

14.5.2　焊接顺序

多、高层钢结构现场焊接作业时，合理选择焊接顺序可以有效降低焊接变形和残余应力，提高焊接质量。确定焊接顺序时，需要注意以下几点。

（1）以控制应力、应变为准则，详细制定焊接顺序，严禁将合拢焊口布置在杆件应力集

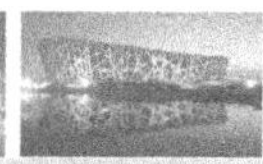

中的地方。

（2）就整个框架而言，柱、梁等刚性接头的焊接施工，应先从整个结构的中间构件施焊，形成框架后向左、右扩展焊接。

（3）对于柱与柱的对接施焊，应由两名焊工同时从两侧不同方向焊接，即柱与柱焊接采用两人对称焊接，两人先焊接其中一边焊缝高度的 40%，再进行另一边焊缝 40% 的焊接，之后再焊接剩余 60% 的焊缝，最后结束整个对接焊缝的焊接。

（4）对柱与梁连接的焊接而言，先焊接梁的腹板与柱连接处，再焊接梁的翼板与柱的连接。焊接梁的腹板时，两人同时焊接，直至焊接完成；焊接梁的翼板时，若空间允许，两人对称焊接，保证焊接同步。否则按如下顺序进行焊接：先进行上翼板焊缝 30% 的焊接，再进行下翼板焊缝 30% 的焊接，之后结束上翼板的焊接，最后结束下翼板的焊接。

14.5.3 现场焊接质量控制

多、高层钢结构安装施工中，现场焊接作业量大，焊接质量的保证除了按照相关规范要求进行质量控制外，还需要重视以下几方面因素的影响。

1. 人员保证

从事焊接施工的人员必须具有资格证书，并在有效期内从事证书允许范围内的焊接作业。造成重大人员伤亡和财产损失的上海及沈阳高层建筑火灾原因之一就是焊工无证上岗，违规操作所引起的。

2. 现场焊接防风措施

防风也是保证焊接质量的重要措施之一，常采用以下几种方式：

（1）采用抗风式焊机；

（2）在焊口周围用三防雨布围成栅栏防风（如图 14-26 所示）；

（3）局部防风装置用永久磁铁固定在焊缝两侧，两端可设置端板，以不影响焊接操作为原则，确定其间距，根据焊工的实际需要随时调整位置。

图 14-26 焊接用防雨防风布

3. 低温焊接措施

北方地区冬季会出现寒冷天气，低温焊接质量是影响工程质量的重要因素，需注意以下事项。

（1）为保证焊缝不产生冷脆，负温度下焊接用的焊丝，在满足设计强度的要求下，优先选用屈服强度较低、冲击韧性好的低氢型焊丝。

（2）低温气候焊接施工前，应先检查焊接防护棚，上部允许稍透风但不渗漏雨水，兼具防一般小物体的打击功能，中部宽松但能抵抗强风的侵扰，不致使大股冷空气透入，平台底面防护采用阻燃材料遮蔽严实，防止劲风从底部侵入。

（3）环境温度低于零度时，焊接完成后，在自检外观质量符合要求后，立即实施后热处理。使用两把烤枪对焊缝区域进行烘烤，使后热温度达到 250℃，并持续保持该温度 120min，这一过程可通过红外测温仪来测量控制。完成后热处理后，在焊缝外面加盖至少4 ～ 8cm 厚的保温棉，使焊缝缓慢冷却，达到常温后，方可除去保温措施。

14.5.4 现场焊接质量检验

焊接完成后，首先清理表面的熔渣及两侧飞溅物，随后进行焊缝检验，检验方法按照《验收规范》进行。

1. 外观检查

(1) 所有焊缝需由焊接工长进行100%目视外观检查，并记录成表。

(2) 焊缝表面严禁有裂纹、夹渣、焊瘤、焊穿、弧坑、气孔等缺陷。

(3) 对焊道尺寸、焊脚尺寸、焊喉进行检查，应符合国家相关规范的规定。

2. 无损检测

超声波探伤是检查焊接质量的一种方法，有专门的规范和判别标准。应按指定的探伤设备进行检测，检测前应将焊缝两侧150mm范围内的母材表面打磨清理，保证探头移动平滑自由，超声波不受干扰，根据实测值的记录判定合格与否。

超声波探伤在高层钢结构工程中，主要检查重要部位焊缝，如钢柱节点焊缝、框架梁的受拉翼缘等。一般部位的焊缝和受拉压、受剪部分的焊缝则进行抽检，这些都是由设计单位事先提出具体要求。在完成焊接24小时之后，对焊缝进行探伤检验，图14-27所示为对焊缝进行超声波无损检测。

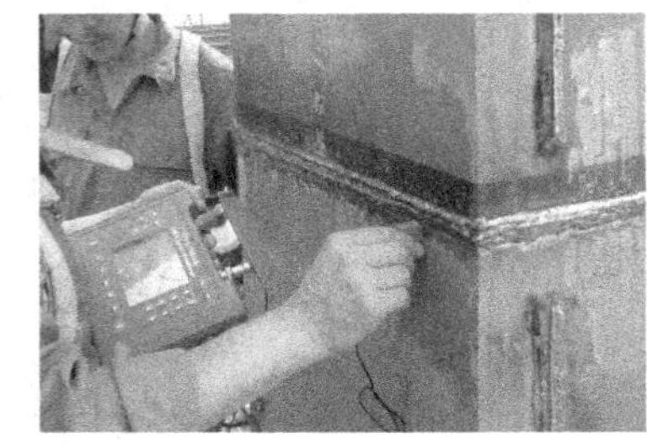

图14-27 对焊缝进行超声波无损检测

任务14.6 多、高层钢结构现场涂装

1. 防腐涂装

多、高层建筑钢结构在一个流水段一节柱的所有构件安装完毕，并对结构验收合格后，结构的现场焊缝、高强度螺栓及其连接节点，以及在运输安装过程中构件涂层被磨损的部位，应补刷涂层。涂层应采用与构件制作时相同的涂料和相同的涂刷工艺。

涂层外观应均匀、平整、丰满，不得有咬底、剥落、裂纹、针孔、漏涂和明显的皱皮流坠，且应保证涂层厚度。当涂层厚度不够时，应增加涂刷的遍数；经检查确认不合格的涂层，应铲除干净，重新涂刷；当涂层固化干燥后方可进行下一道工序。

具体涂装工艺详见单层钢结构安装部分有关内容。

2. 防火涂装

1) 保护层厚度的确定

(1) 梁和柱的防火保护层厚度，宜直接采用实际构件的耐火试验数据。当构件的截面形

状和尺寸与试验标准构件不同时，应按现行国家标准《钢结构防火涂料应用技术规程》（CECS24：90）附录三的方法，推算实际构件的防火保护层厚度，并进行验算，取其较大值确定实际构件的防火保护层厚度。

（2）楼板的防火保护层厚度，应符合下列规定：

① 钢筋混凝土楼板的最小截面尺寸及保护层厚度，可按现行国家标准《高层民用建筑设计防火规范》GB50045—1995（2005年版）附录A确定；

② 压型钢板作承重结构时，应进行防火保护，其保护厚度应符合《高层民用建筑钢结构技术规程》（JGJ99—1998）表12.2.3的规定。

2）防火措施

（1）柱的防火保护措施。

柱的防火保护措施通常采用喷涂涂料或防火板材包覆。

当采用喷涂防火涂料保护时，应采用厚涂型钢结构防火涂料，其涂层厚度应达到设计值，且节点部位宜进行加厚处理。当采用粘结强度小于0.05MPa的钢结构防火涂层时，应设置与钢构件相连的钢丝网。

采用防火板材包覆保护时，当采用石膏板、蛭石板、硅酸钙板、珍珠岩板等硬质防火板包覆时，板材可用粘结剂或钢件固定，构件的粘贴面应用防锈去污处理，非粘贴面均应涂刷防锈漆。当需要用岩棉、矿棉等软质板材包覆时，应采用薄金属板或其他不燃性板材包裹起来。

（2）钢梁、桁架的防火保护措施。

梁的防火保护措施与柱相同，当遇到下列情况之一时，涂层内应设置与钢构件相连的钢丝网：

- 承受冲击、振动荷载的钢梁；
- 涂层厚度等于或大于40mm的钢梁和桁架；
- 涂料粘结强度小于或等于0.05MPa的钢构件；
- 腹板高度超过1.5m的钢梁。

（3）楼板的防火保护措施。

当压型钢板作为承重楼板结构时，应采用喷涂钢结构防火涂料或粘贴防火板材的保护措施。

（4）屋盖的防火保护措施。

钢结构屋盖采用厚涂型钢结构防火涂料保护；当钢结构屋盖采用自动喷水灭火装置保护时，可不作喷涂钢结构防火涂料保护。

3）涂装工艺

具体的涂装工艺详见单层钢结构安装部分有关内容。

知识梳理与总结

本单元简要讲述了多、高层钢结构安装施工准备、安装测量、主体钢结构安装、压型钢板施工、焊接及涂装等内容，学习时需注意以下三点：

（1）多、高层钢结构在安装前应做好充分准备与安装测量；

（2）多、高层钢结构主体钢结构的安装应根据梁柱构件特点做好施工组织与协调；

（3）多、高层钢结构的压型钢板施工、现场焊接与涂装应符合相应的工艺要求。

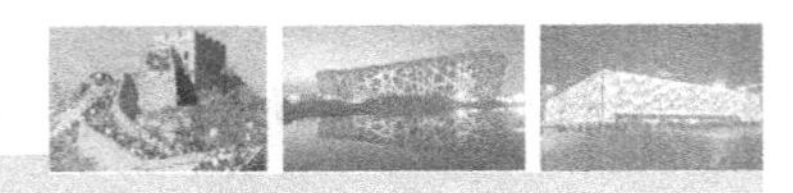

思考题 14

(1) 多、高层钢结构安装施工准备工作主要有哪几点?

(2) 施工安全生产管理机构中安全监督员的责任是什么?

(3) 多、高层钢结构测量中楼层标高传递的具体过程是什么?

(4) 钢柱垂直度的测量有几种方法?

(5) 钢结构安装测量顺序是什么?

(6) 多、高层钢结构施工协调的主要内容有哪些?

(7) 多层与高层钢框架校正主要包括什么?

(8) 多层与高层钢框架现场焊接操作工艺是什么?

(9) 多层与高层钢框架现场焊接如何进行质量检验?

实训 14

到多、高层钢结构工地现场学习钢结构施工安装。

(1) 目的：通过到多、高层钢结构工地现场学习，在工程师的讲解下，对多、高层钢结构工地现场安装工作过程有个详细了解和认识。

(2) 能力标准及要求：掌握多、高层钢结构工地现场安装工作要点。

(3) 实训条件：多、高层钢结构安装工地现场。

(4) 步骤如下：

① 课堂讲解多、高层钢结构工地安装工作要点；

② 结合课堂内容及问题，组织多、高层钢结构工地安装现场学习，详细了解多、高层钢结构工地安装工作关键内容及可能出现的问题；

③ 完成多、高层钢结构工地安装现场的学习报告，内容主要是多、高层钢结构工地安装工作要点。

学习单元15

网架结构安装施工

教学导航

教	知识重点	1. 网架结构拼装； 2. 网架结构安装
	知识难点	网架结构安装
	推荐教学方式	1. 利用多媒体，借助实际案例、网架拼装及安装视频、图片演示讲解； 2. 钢网架拼装及安装现场教学
	建议学时	6 学时
学	推荐学习方法	以参观实际钢网架工程拼装与安装工作进行学习
	必须掌握的理论知识	钢网架结构的拼装及安装方法
	必须掌握的技能	合理组织钢网架结构的拼装、安装及验收

任务 15.1　网架结构形式与选型

知识分布网络

- 网架结构形式与选型
  - 网架结构基本单元
  - 网架结构形式
  - 网架结构选型

1. 网架结构基本单元

网架结构由许多规则的几何体组合而成，这些几何体就是网架结构的基本单元。常用的基本单元有三角锥、四角锥、三棱体、正方棱柱体等，见图 15.1。

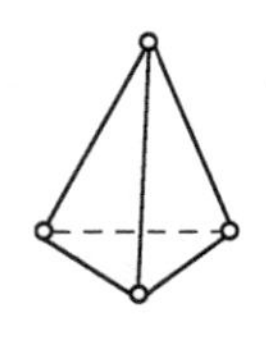
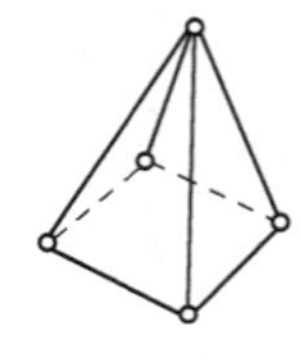
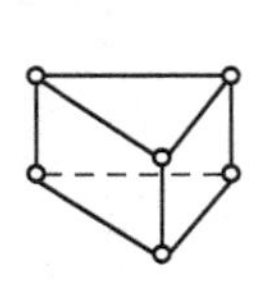
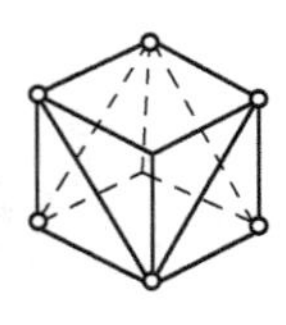

图 15-1　网架结构的基本单元

2. 网架结构按结构组成分类

网架结构按结构组成分类，有以下三种形式。

1）双层网架

双层网架由上弦杆、下弦杆两个表层及表层之间的腹杆组成。一般网架多采用双层网架。

2）三层网架

三层网架由上弦杆、下弦杆、中弦杆三个弦杆层，以及三层弦杆之间的腹杆组成。研究表明，当跨度大于 50m 时，可酌情考虑采用三层网架；当跨度大于 80m 时，可优先考虑采用三层网架，达到降低用钢量的目的。

3）组合网架

用钢筋混凝土板取代网架结构的上弦杆，从而形成由钢筋混凝土板、钢腹杆和钢下弦杆组成的组合结构，这就是组合网架。组合网架的刚度大，适宜于建造活荷载较大的大跨度楼层结构。

3. 网架结构按支承情况分类

网架结构按支承情况分类，有以下四种形式。

1）周边支承网架

当网架结构的所有边界节点都搁置在柱或梁上，即为周边支承网架，见图 15-2（a）。此时网架受力均匀，传力直接，因而这是目前采用较多的一种形式。

2）点支承网架

点支承网架有四点支承网架［见图 15-2（b）］、多点支承网架［见图 15-2（c）］。点支承网架，宜在周边设置适当悬挑［见图 15-2（b）］，以减小网架跨中构件的内力和挠度。

3）周边支承与点支承相结合的网架

在点支承网架中，当周边设有维护结构和抗风柱时，可采用周边支承与点支承混合的形式

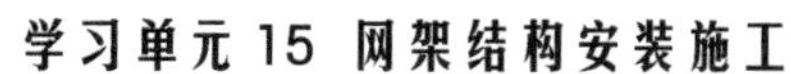

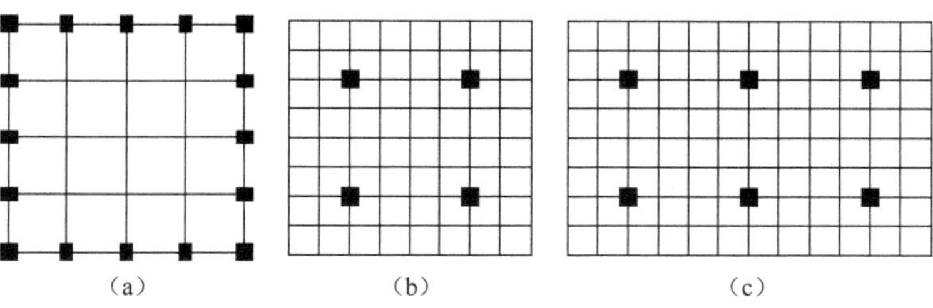

图 15-2　网架的支承种类

(见图 15-3)。这种支承方式适用于工业厂房和展览厅等公共建筑。

4) 三边支承或两边支承网架

在矩形平面的建筑中，由于考虑扩建的可能性或由于建筑功能的要求，需要在一边或两对边上开口，因而使网架仅在三边或两对边上支承，另一边或两对边处理成自由边（见图 15-4)，此即为三边支承或两边支承网架。

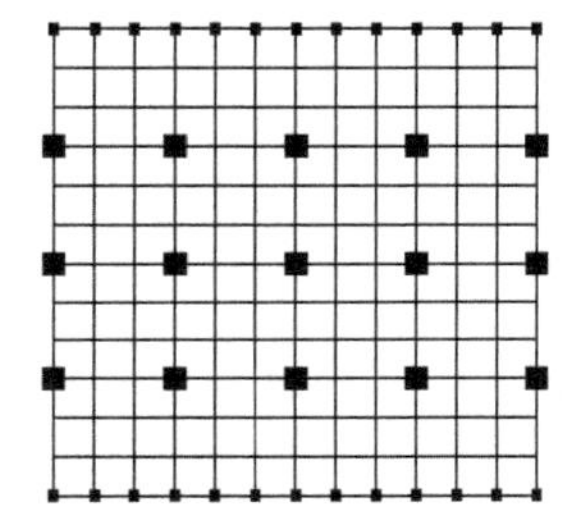
图 15-3　周边支承与点支承相结合的网架

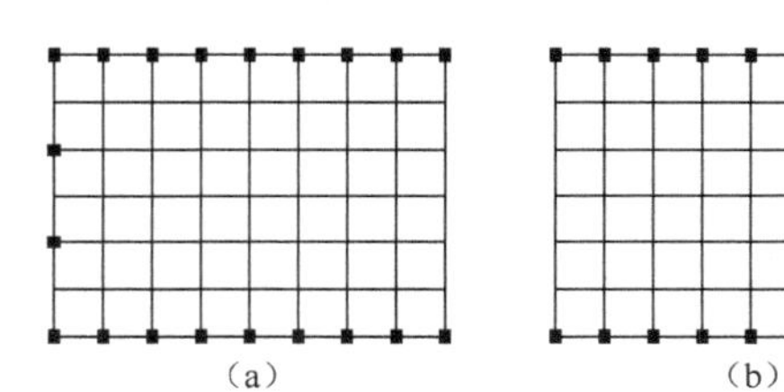

图 15-4　三边支承或两边支承网架

4. 网架结构按网格形式分类

网架结构按网格形式分类，有以下多种形式。

1) 交叉平面桁架体系

这类网架由一些相互交叉的平面桁架所组成，一般应使斜腹杆受拉、竖杆受压，斜腹杆与弦杆间的夹角宜在 40°～ 60°之间。

(1) 两向正交正放网架

该网架由两组平面桁架互成 90°交叉组成，弦杆与边界平行或垂直（见图 15-5)。这类网架上、下弦的网格尺寸相同，同一方向的各平面桁架长度一致，制作、安装较为简便。由于上、下弦为方形网格，属几何可变体系，因此应适当设置上弦或下弦水平支撑，以保证结构的几何不变性，有效地传递水平荷载。

两向正交正放网架适用于建筑平面为正方形或接近正方形且跨度较小的情况。

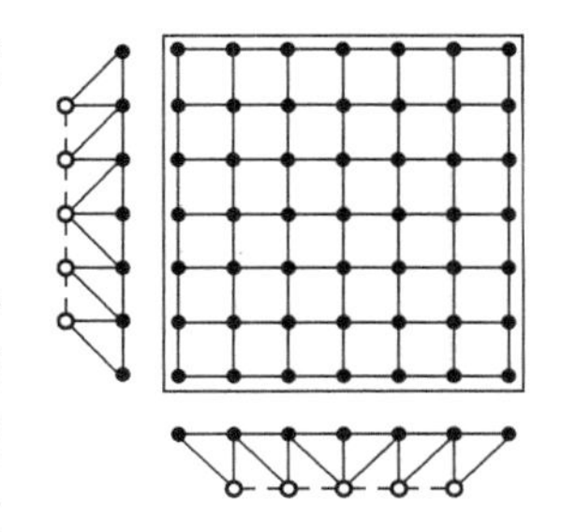
图 15-5　两向正交正放网架

(2) 两向正交斜放网架

该网架由两组平面桁架相交而成，弦杆与边界成 45° 角 [见图 15-6 (a)]。各榀桁架长度不同，靠角部的短桁架刚度较大，对与其垂直的长桁架有弹性支承作用，可使长桁架中部的正弯矩减小，因而比正交正放网架经济。不过，由于长桁架两端有负弯矩，四角部支座将产生较大拉力，宜采用如图 15-6 (b) 所示的布置方式，角部拉力由两个支座负担。

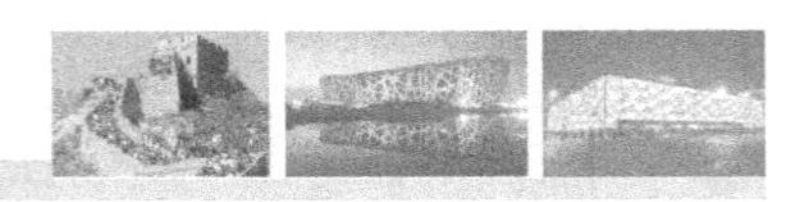

这类网架适用于建筑平面为正方形或长方形情况。周边支承情况时，比正交正放网架空间刚度大，用钢省；跨度大时优越性更显著。

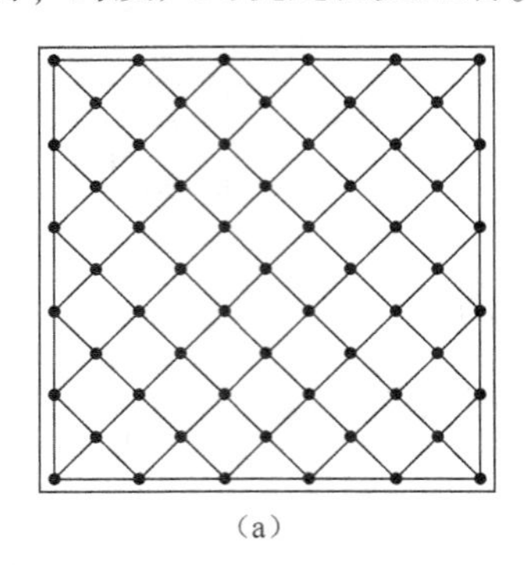

(a)

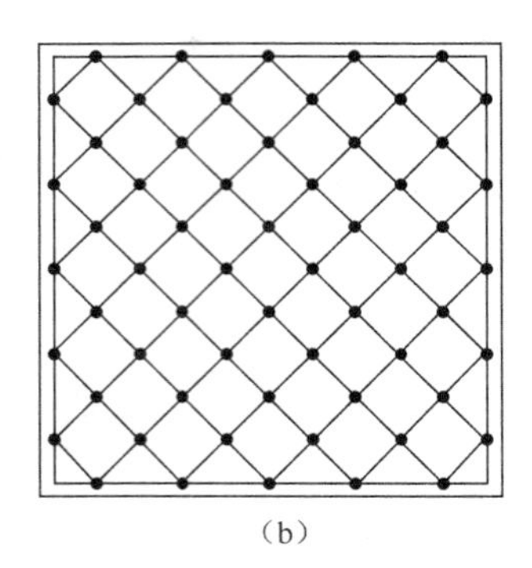

(b)

图 15-6　两向正交斜放网架

2）四角锥体系

这类网架上、下弦均呈正方形（或接近正方形的矩形）网格，相互错开半格，使下弦网格的角点对准上弦网格的形心，再在上、下弦节点间用腹杆连接起来，即形成四角锥体系网架。

（1）正放四角锥网架

正放四角锥网架（见图 15-7）由倒四角锥体组成，锥底的四边为网架的上弦杆，锥棱为腹杆，各锥顶相连即为下弦杆。它的弦杆均与边界成正交，故称为正放四角锥网架。

这类网架杆件受力较均匀，空间刚度比其他类型的四角锥网架及两向网架好。同时，屋面板规格单一，便于起拱，屋面排水也较易处理；但杆件数量较多，用钢量略高些。适用于建筑平面接近正方形的周边支承情况，也适用于屋面荷载较大、大柱距点支承及设有悬挂吊车的工业厂房的情况。

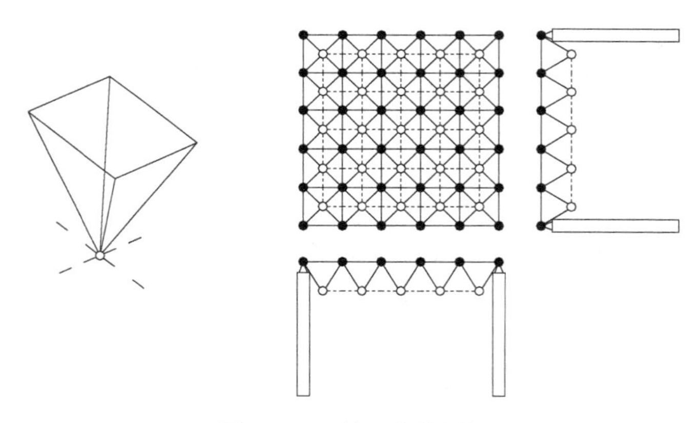

图 15-7　正放四角锥网架

（2）斜放四角锥网架

这种网架的上弦杆与边界成 45°角，下弦正放，腹杆与下弦在同一垂直平面内（见图 15-8）。斜放四角锥网架的上弦杆约为下弦杆长度的 0.707 倍，在周边支承的情况下，一般为上弦受压、下弦受拉，受力合理；节点处汇交的杆件较少（上弦节点 6 根，下弦节点 8 根），用钢量较省。但因上弦网格正交斜放，故屋面板种类较多，屋面排水坡的形成也较困难。这类网架适用于中、小跨度周边支承，或周边支承与点支承相结合的方形和矩形平面情况。

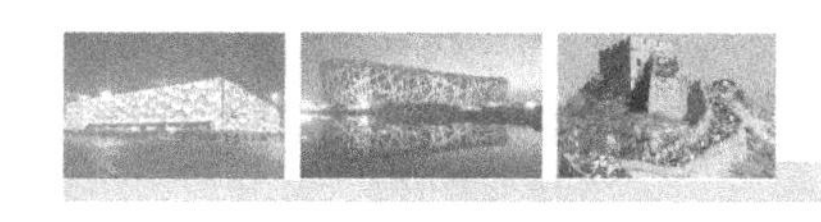

3）三角锥体系

这类网架的基本单元是一个倒置的三角锥体［见图 15-9（a）］。锥底正三角形的三边为网架的上弦杆，其棱为网架的腹杆。随着三角锥单元体布置的不同，上、下弦网格可为正三角形或六边形，从而构成不同的三角锥网架。

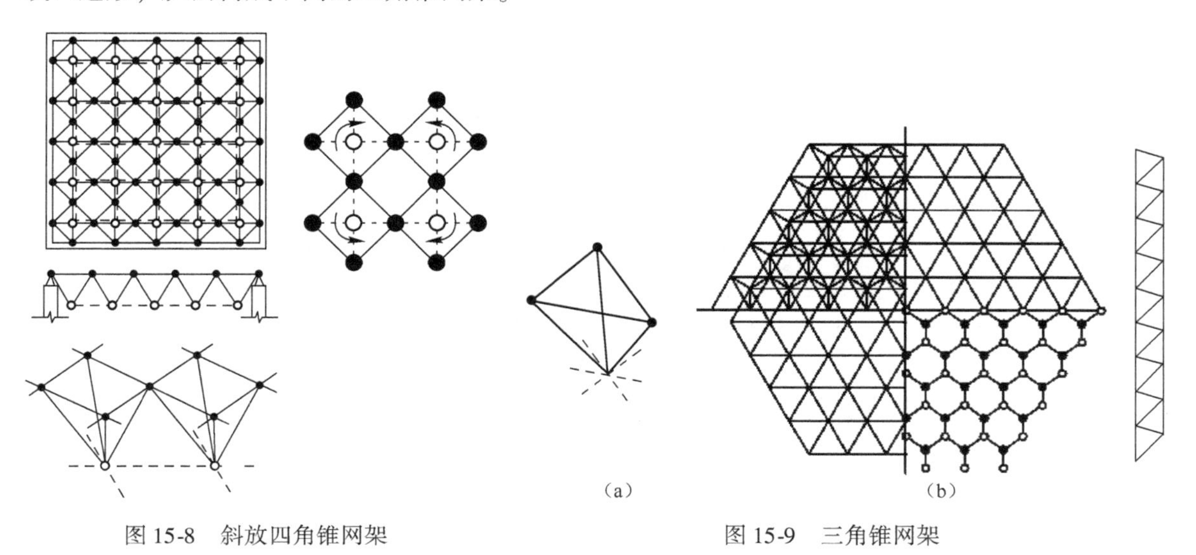

图 15-8　斜放四角锥网架

图 15-9　三角锥网架

5. 网架结构的选型

选择网架结构的形式时，应考虑以下影响因素：建筑的平面形状和尺寸，网架的支承方式、荷载大小、屋面构造、建筑构造与要求、制作安装方法及材料供应情况等。

从用钢量多少来看，当平面接近正方形时，斜放四角锥网架最经济，其次是正放四角锥网架和两向正交交叉梁系网架（正放或斜放）。当平面为矩形时，则以两向正交斜放网架和斜放四角锥网架较为经济。具体内容可查阅《网架结构设计与施工规程》。

从屋面构造来看，正放类网架的屋面板规格常只有一种，而斜放类网架屋面板规格却有两三种。斜放四角锥网架上弦网格较小，屋面板规格也较小，而正放四角锥网架上弦网格相对较大，屋面板规格也大。

从网架制作和施工来说，交叉平面桁架体系比角锥体系简便，两向比三向简便。而对于安装来说，特别是采用分条或分块吊装的方法施工时，选用正放类网架比斜放类网架有利。

总之，应该综合上述各方面的情况和要求，统一考虑，权衡利弊，合理地确定网架形式。

任务 15.2　网架结构拼装

1. 拼装单元划分

网架结构在安装之前，首先必须进行现场拼装，拼装成若干个单元，然后再以拼装单元为

单位进行安装。拼装单元可以划分为小拼单元和中拼单元。

- 小拼单元：钢网架结构安装工程中，除散件之外的最小安装单元，一般分为平面桁架和锥体两种类型。
- 中拼单元：钢网架结构安装工程中，由散件和小拼单元组成的安装单元，一般分为条状和块状两种类型。

2. 网架的拼装

网架的拼装应根据施工安装方法不同，采用分条拼装、分块拼装或整体拼装。拼装应在平整的刚性平台上进行。

1）拼装单元划分

对于焊接空心球节点的网架，为尽量减少现场焊接工作量，多数采用先在工厂或预制拼装场内进行小拼。划分小拼单元时，应尽量使小拼单元本身为一个几何不变体，一般可根据网架结构的类型及施工方案等条件划分为平面桁架型和锥体型两种。凡平面桁架系网架均适于划分成平面桁架型小拼单元，见图 15-10；锥体系网架适于划分成锥体型小拼单元，见图 15-11。小拼应在专门的拼装模架上进行，以保证小拼单元形状尺寸的准确性。

2）总拼次序

现场拼装应正确选择拼装次序，以减少焊接变形和焊接应力。根据国内多数工程经验，拼装焊接顺序应从中间向两边或四周发展，最好是由中间向两边发展［见图 15-12（a）、(b)］。

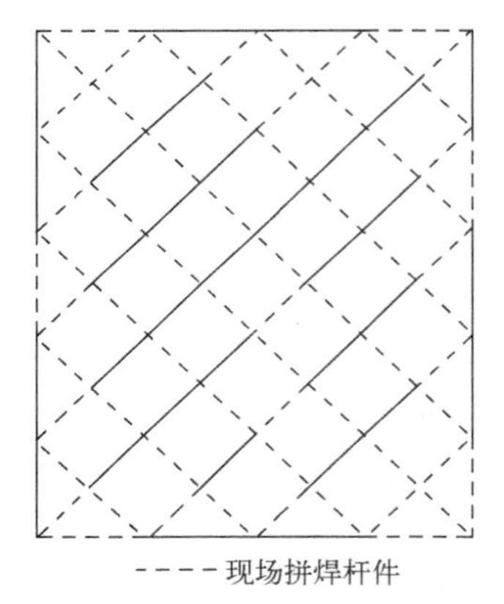

图 15-10 两向正交斜放网架小拼单元划分

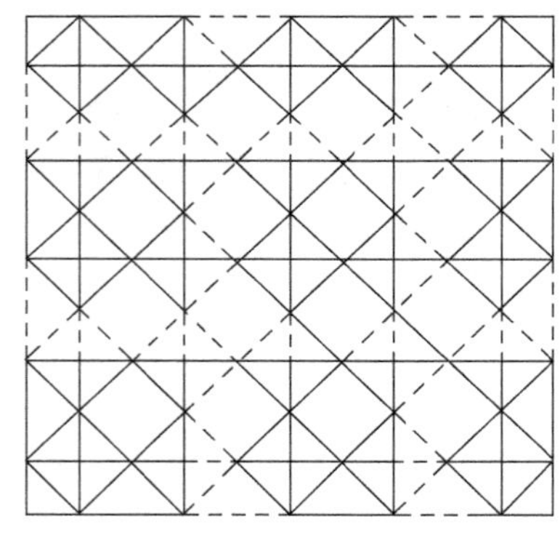

图 15-11 斜放四角锥网架小拼单元划分

因为网架在向前拼接时，两端及前边均可自由收缩；而且，在焊完一条节间后，可检查一次尺寸和几何形状，以便由焊工在下一条定位焊时给予调整。网架拼装中应避免形成封闭圈，因此在封闭圈中施焊［见图 15-20（c）］焊接应力将很大。

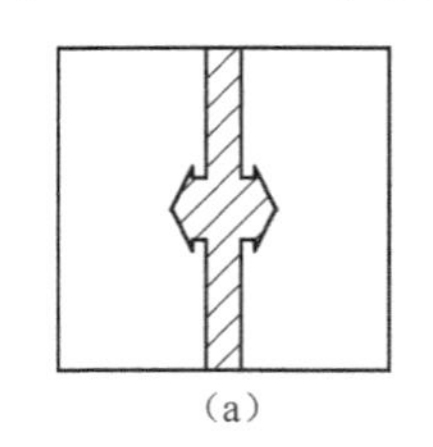
(a)

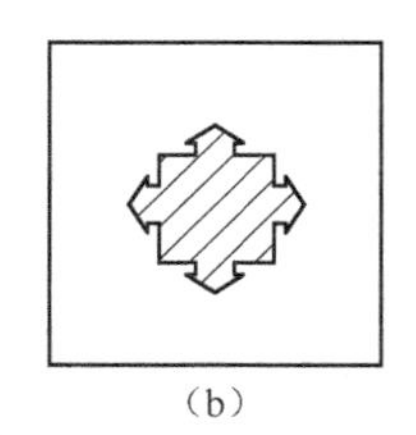
(b)

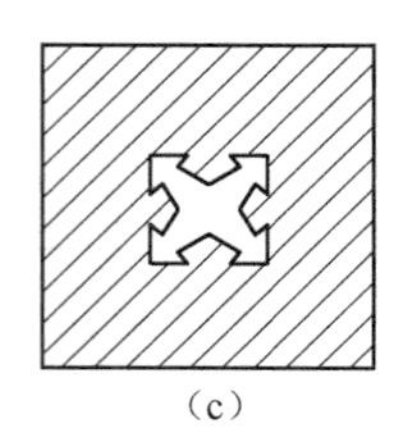
(c)

图 15-12 网架总拼顺序

网架拼装时，一般先焊下弦，使下弦因收缩而向上拱起，然后焊腹杆及上弦杆。如果先焊

上弦，由于上弦的收缩而使网架下挠，再焊下弦时由于重力的作用下弦收缩就难以再上拱而消除上弦的下挠。

螺栓球节点的网架拼装时，一般也是下弦先拼，将下弦的标高和轴线校正后，全部拧紧螺栓，起定位作用。开始连接腹杆时，螺栓不宜拧紧，但必须使其与下弦节点连接的螺栓吃上劲，以避免周围螺栓都拧紧后，这个螺栓因可能偏歪而无法拧紧。连接上弦时，开始不能拧紧，待安装几行后再拧紧前面的螺栓，如此循环进行。在整个网架拼装完成后，必须进行一次全面检查，看螺栓是否拧紧。

3. 网架拼装工艺

拼装工艺流程见图 15-13。

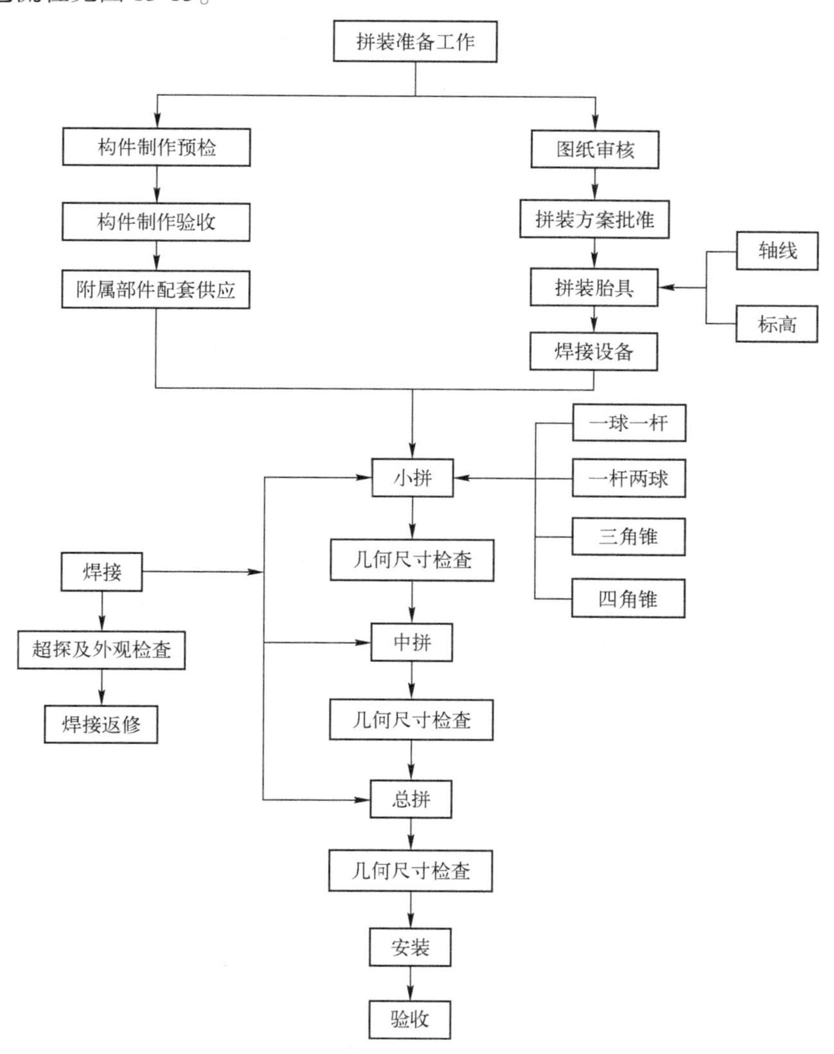

图 15-13　拼装工艺流程

1）拼装前准备

（1）拼装前编制施工组织设计或拼装方案，保证网架焊接拼装质量，必须认真执行。

（2）对焊接节点的（空心球节点、钢板节点）网架结构应选择合理的焊接工艺及顺序，以减少焊接应力与变形。

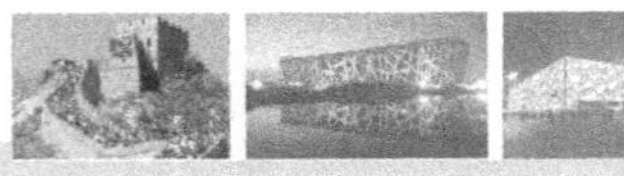

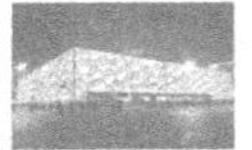

(3) 在整个拼装过程中，检测人员要随时对胎具位置和尺寸进行复核，若有变动，经调整后方可重新拼装。

(4) 焊接球节点网架结构在拼装前应考虑焊接收缩，其收缩量可通过试验确定。试验时可参考下列数值：钢管球节点加衬管时，每条焊缝的收缩量为1.5～3.5mm；钢管球节点不加衬管时，每条焊缝的收缩量为为2～3mm；焊接钢板节点，每个节点的收缩量为2～3mm；

(5) 对小拼、中拼、总拼在拼装前必须进行试拼，检查无误后再正式拼装。

2) 网架的合理分割

合理分割是指将网架根据实际情况合理地分割成各种单主体。

(1) 直接由单根杆件、单个节点、一球一杆、两球一杆，总拼成网架。

(2) 由小拼单元一球四杆（四角锥体）、一球三杆（三角锥体）总拼成网架。

(3) 由小拼单元→中拼单元→总拼成网架。

分割时尽可能多地争取在工厂或预制场地焊接，尽量减少高空作业量；节点尽量不单独在高空就位，而是和杆件连接在一起拼装，在高空仅安装杆件。

3) 小拼单元划分

划分小拼单元时，应考虑网架结构的类型及施工方案等条件，小拼单元一般可分为平面桁架型和锥体型两种。

斜放四角锥网架小拼单元的划分，将其划分成平面桁架型小拼单元，则该桁架缺少上弦，需要加设临时上弦；若采取锥体型小拼单元，则在工厂中的电焊工作量占75%左右，故斜放四角锥网架以划分成锥体型小拼单元较有利。两向正交斜放网架小拼单元划分方案，考虑到总拼时的标高控制方便，每行小拼单元的两端均在同一标高上。

4) 防腐处理

网架的防腐处理包括制作阶段对构件及节点的防腐处理和拼装后最终的防腐处理。

焊接球与钢管连接时，钢管及球均不与大气相通。对于新轧制的钢管的内壁可不除锈，直接刷防锈漆即可；对于旧钢管内、外均应认真除锈，并刷防锈漆。

螺栓球与钢管的连接应属于大气相通的状态，特别是拉杆，杆件在受拉力后即变形，必然产生缝隙，南方地区较潮湿，水气有可能进入高强度螺栓或钢管中，对高强度螺栓不利。可将网架承受大部分荷载后，对各个接头用油腻子将所有空余螺孔及接缝处填嵌密实，并补刷防锈漆，以保证不留渗漏水气的缝隙。螺栓球节点网架安装时，必须做到确实拧紧螺栓。

任务15.3 网架结构安装

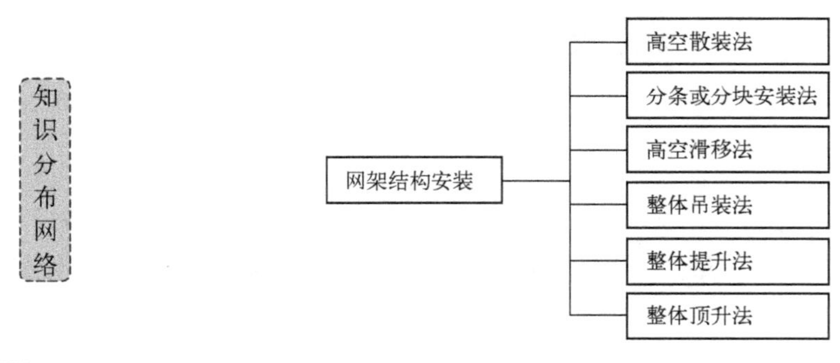

网架结构的安装是指将拼装好的网架用各种施工方法搁置在设计位置上。主要的安装方法有高空散装法、分条或分块安装法、高空滑移法、整体吊装法、整体提升法和整体顶升法，见表 15-1。

表 15-1 网架安装方法及适用范围

安装方法	内容	适用范围
高空散装法	单杆件拼装	螺栓连接节点的各类型网架
	小拼单元拼装	
分条或分块安装法	条状单元组装	两向正交、正放四角锥、正放抽空四角锥等网架
	块状单元组装	
高空滑移法	单条滑移法	正放四角锥、正放抽空四角锥、两向正交正放等网架
	逐条积累滑移法	
整体吊装法	单机、多机吊装	各种类型网架
	单根、多根拔杆吊装	
整体提升法	利用拔杆提升	周边支承及多点支承网架
	利用结构提升	
整体顶升法	利用网架支承柱作为顶升时的支承结构	支点较少的多点支承网架
	在原支点处或其附近设置临时顶升支架	
备注	未注明连接节点构造的网架，指各类连接节点网架均适用	

网架的安装方法，应根据网架受力和构造特点，在满足质量、安全、进度和经济效果的要求下，结合施工技术条件综合确定。

15.3.1 高空散装法

高空散装法是小拼单元或散件（单根杆件及单个节点）直接在设计位置进行总拼的方法。这种施工方法不需大型起重设备，在高空一次拼装完毕，但现场及高空作业量大，且需搭设大规模的拼装支架，耗用大量材料，适用于螺栓连接节点的各类网架。我国应用较多。

高空散装法有全支架（即满堂脚手架）法和悬挑法两种。悬挑法是在长度方向端部搭设一段脚手架，安装一段网架后，以此段为基础，采用用具、绞车将在地面已装好局部条或成块网架吊起，与已装好的网架对接。

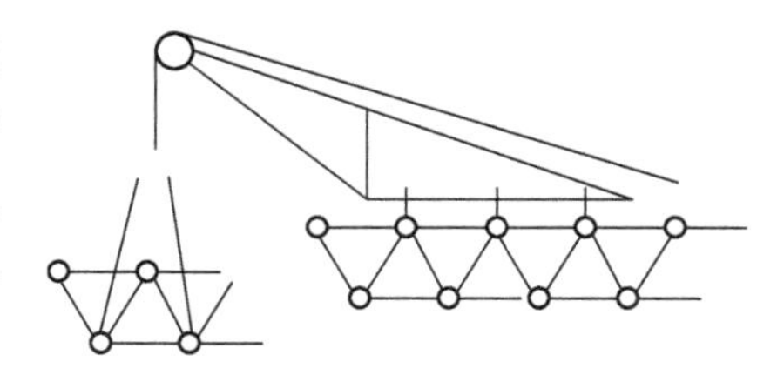
图 15-14 高空散装法——悬挑法示意

全支架法多用于散件拼装，而悬挑法则多用于小拼单元在高空总拼，可以少搭支架，见图 15-14。

网架结构高空散装法工艺流程如图 15-15 所示。

1. 高空拼装顺序

安装顺序应根据网架形式、支承类型、结构受力特征、杆件小拼单元，临时稳定的边界条件、施工机械设备的性能和施工场地情况等诸多因素综合确定。选定的高空拼装顺序应能保证拼装的精度、减少积累误差。拼装可从脊线开始，或从中间向两边发展，以减少积累误差和便于控制标高。拼装过程中应随时检查基准轴线位置、标高及垂直偏差，并应及时纠正。

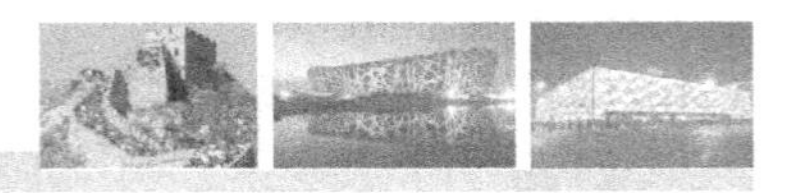

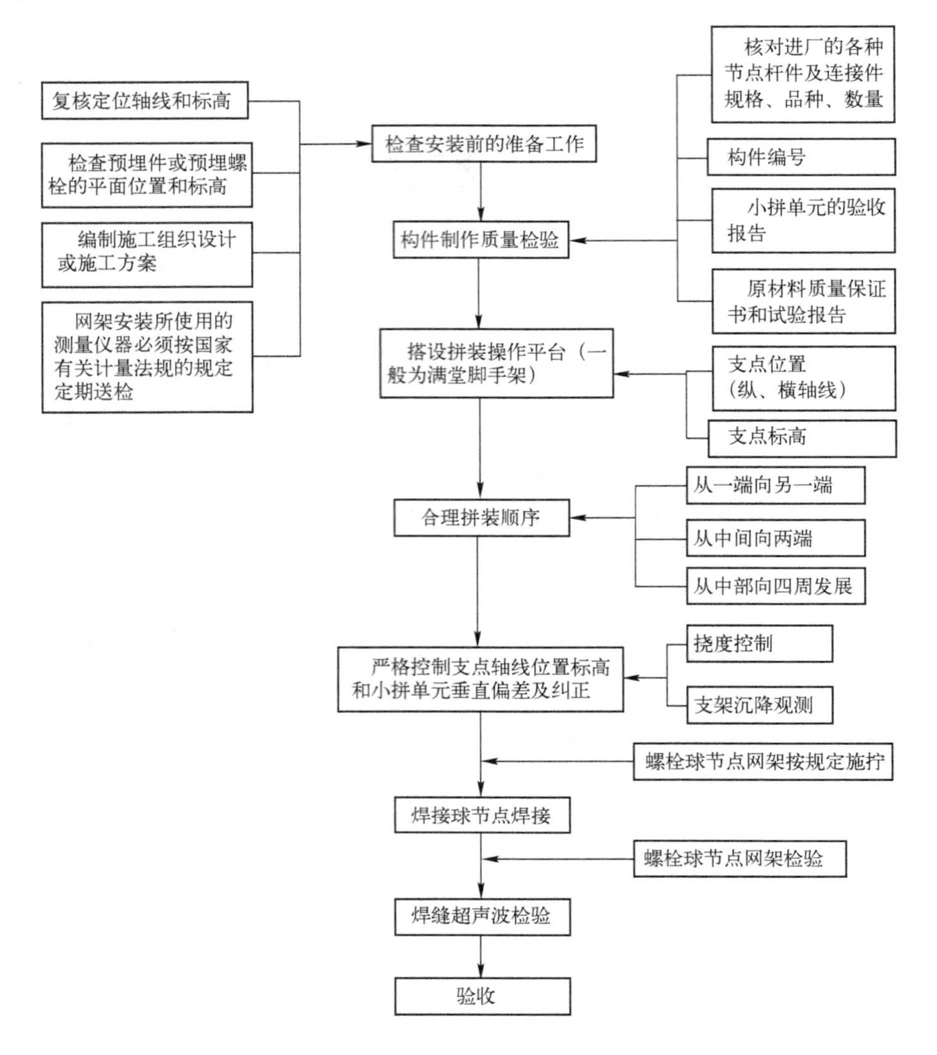

图 15-15　高空散装法工艺流程

1）平面呈矩形的周边支承两向正交斜放网架

总的拼装顺序由建筑物的一端向另一端呈三角形推进，考虑网片安装中，为防止累计的误差，应由屋脊网线分别向两边安装。

2）平面呈矩形的三边支承两向正交斜放网架

总的拼装顺序应由建筑物的一端向另一端呈平行四边形推进，在横向应由三边框架内侧逐渐向大门方向（外侧）逐条安装。

2. 拼装支架的设置与拆除

网架高空散装法的拼装支架设计，对于重要的或大型的工程，还应进行试压，以检验其使用的可靠性。拼装支架必须符合以下要求。

（1）具有足够的强度和刚度，拼装支架应通过验算除满足强度要求外，还应满足单肢及整体稳定要求。

（2）由于拼装支架容易产生水平位移和沉降，在网架拼装过程中应经常观察支架变形情况并及时调整，应避免由于拼装支架的变形而影响网架的拼装精度。

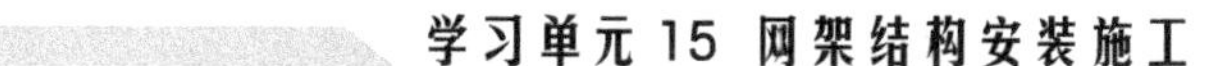

(3) 拼装支承点（临时支座）拆除必须遵循“变形协调，卸载均衡”的原则，否则可能产生临时支座超载失稳，或者网架结构局部甚至整体受损。

(4) 临时支座拆除顺序和方法：由中间向四周，中心对称进行，防止个别支承点集中受力。宜根据各支承点的结构自重挠度值，采用分区、分阶段按比例下降或用每步不大于10mm等步下降法拆除临时支承点。

(5) 拆除临时支承点注意事项：检查千斤顶行程满足支承点下降高度，关键支承点要增设备用千斤顶；降落过程中，统一指挥责任到人，遇有问题由总指挥处理解决。

3. 网架总拼

1）螺栓球节点网架总拼

螺栓球节点的安装精度，取决于工厂制作的精度，如果尺寸有误，现场无法解决，只能运回加工厂处理。

高空拼装时，一般从一端开始，以一个网格为一排，逐排步进。

拼装顺序为：下弦节点→下弦杆→腹杆及上弦节点→上弦杆→校正→全部拧紧螺栓。

校正前的各个工序螺栓均不拧紧，经试拼确有把握时，也可以一次拧紧。

2）空心球节点网架总拼

为保证网架在总拼过程中具有较小的焊接应力和便于调整尺寸，合理的总拼顺序应该是从中间向两边或从中间向四周发展。

焊接网架结构严禁形成封闭圆，固定在封闭圆中焊接会产生很大的收缩应力。

为确保安装精度，在操作平台上选一个适当位置先试拼一组，检查无误后，开始正式拼装。

网架焊接时一般先焊下弦，使下弦收缩而略向上拱，然后焊接腹杆及上弦，如果先焊上弦，则易造成不易消除的人为挠度。

为防止网架在拼装过程中（因网架自重和支架刚度较差）出现挠度，可预先设施工起拱，一般在10～15mm。

15.3.2 分条或分块安装法

分条或分块安装法是指将网架分成条状或块状单元、分别由起重设备吊装至高空设计位置就位搁置，然后再形成整体的安装方法。所谓条状是指沿网架长跨方向分割成几段，每段的宽度可以是一个网格至三个网格，其长度为网架短跨的跨度，图15-16为某网架分条示意。所谓

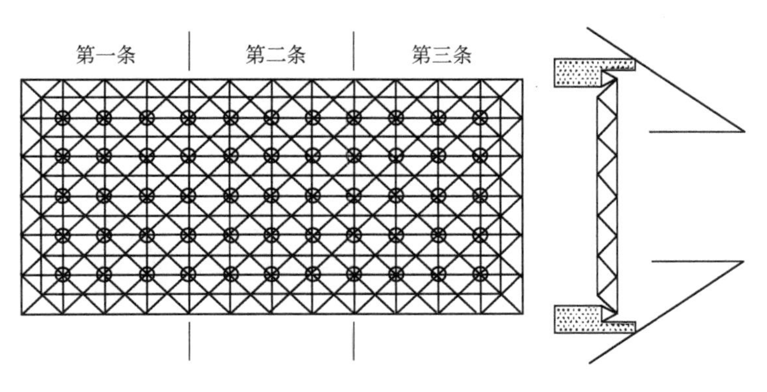

图15-16 网架分条示意

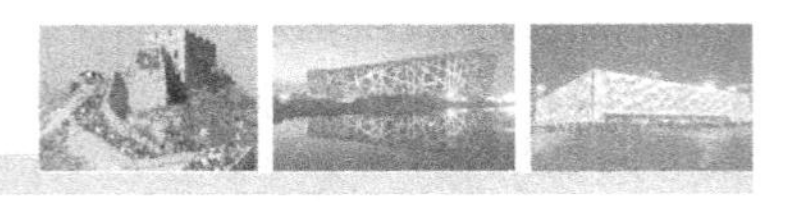

块状是指沿网架纵、横方向分割后的单元形状为矩形或正方形。每个单元的重量以现场现有起重设备的起重能力为准。

分条或分块安装法的特点：首先，大部分的焊接和拼接工作在地面进行，有利于提高工程质量，并可节省大部分拼装支架；其次，由于分割单元时已考虑现场现有起重设备能力，故可充分利用工地现有设备，减少起重设备的租赁费和大型设备进出场费，有利于降低成本。

分条或分块安装法适用于中小型网架的安装，需注意分割后的单元要具有足够刚度并保证自身的几何不变性，否则应采取临时加固措施。当采用分条安装法时，正放类网架一般来说在自重作用下自身能形成稳定体系，可不考虑加固措施，比较经济；斜放类网架分成条状单元后需要大量的临时加固杆件，不够经济；当采用分块安装法时，斜放类网架只需在单元周边加设临时杆件，加固杆件较少，如图 15-17 所示。

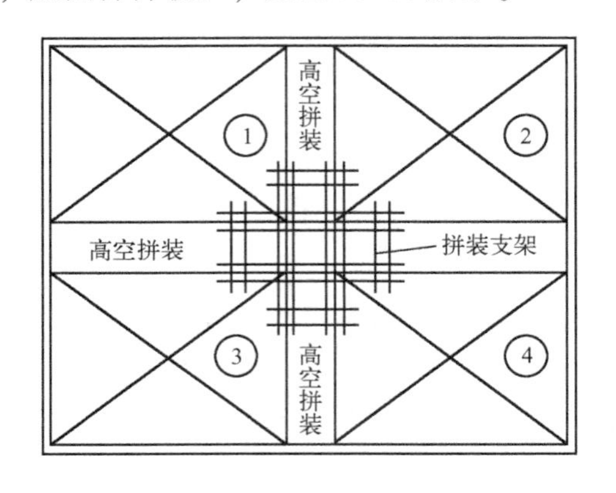

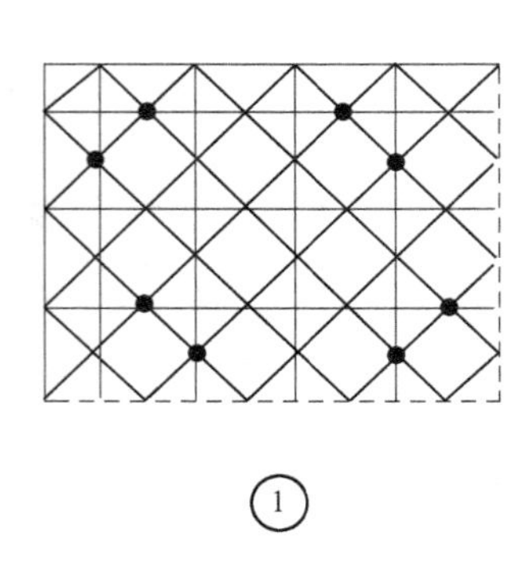

----：临时加固杆件；●：吊点；①～④：块状单元

图 15-17　斜放网架块状单元划分

分条或分块安装法工艺流程如图 15-18 所示。

1. 拼装支架的设置与拆除

参见高空散装法此项内容。分条或分块安装法经常与其他安装法相配合使用，如高空散装法、高空滑移法等方法中都可采用此法施工。

2. 网架挠度调整

条状单元合拢前应先将其顶高，使中央挠度与网架形成整体后该处挠度相同。由于分条或分块安装法多在中小跨度中应用，可用钢管做顶撑，在钢管下端设千斤顶，调整标高时将千斤顶顶高即可，比较方便。图 15-19 所示为某工程分四个条状单元，在各单元中部设一个支顶点，共设六个点，每个点用一个钢管和一个千斤顶。如果在设计时考虑到分条安装的特点而加高了网架高度，则分条安装时就不需要调整挠度。

3. 安装质量注意事项

(1) 分条或分块安装顺序应由中间向两端安装，或从中间向四周发展，可便于调整累积误差，若施工场地限制也可采用一端向另一端安装。

(2) 高空总拼应采用合理的施焊顺序施焊，尽量减小焊接变形和焊接应力。总拼时的施焊顺序也应从中间向两端或从中间向四周发展。

(3) 网架用高强度螺栓连接时，按有关规定拧紧螺栓，并按钢结构防腐蚀要求处理。当网架采用螺栓球节点连接时，在拧紧螺栓后，应将多余的螺孔封口，并用油腻子将所有接缝处填嵌严密，补刷防腐漆两道或按设计要求进行涂装。

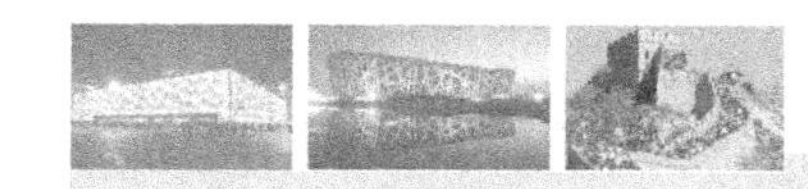

(4) 在条与条或块与块合拢处，可采用安装螺栓等装配措施；设立独立的支承点或拼装支架。

(5) 合拢时可用千斤顶将网架单元顶到设计标高，然后连接。

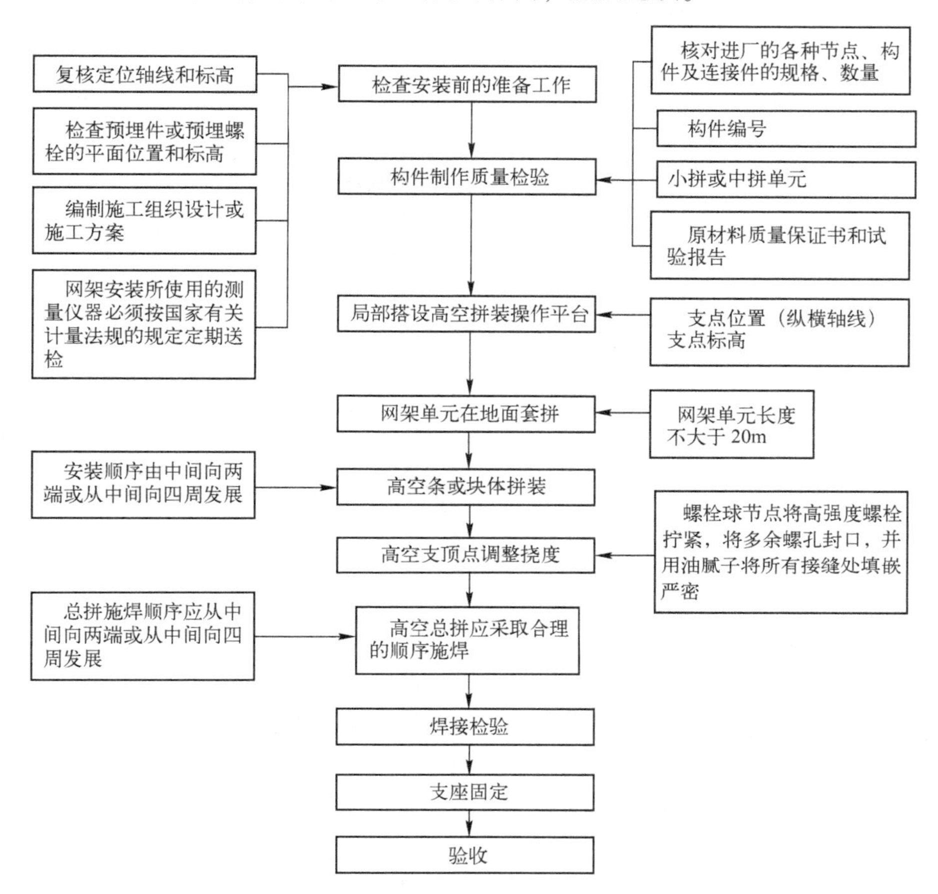

图 15-18　分条或分块安装法工艺流程

15.3.3 高空滑移法

高空滑移法是指分条的网架单元在事先设置的滑轨上单条滑移到设计位置拼接成整体的安装方法。此条状单元可以在地面拼成后用起重机吊至支架上，若设备能力不足或其他原因，也可用小拼单元甚至散件在高空拼装平台上拼成条状单元。高空拼装平台一般设置在建筑物的一端，宽度约两个节间，若建筑物端部有平台利用可作为拼装平台，滑移时网架的条状单元由一端滑向另一端。

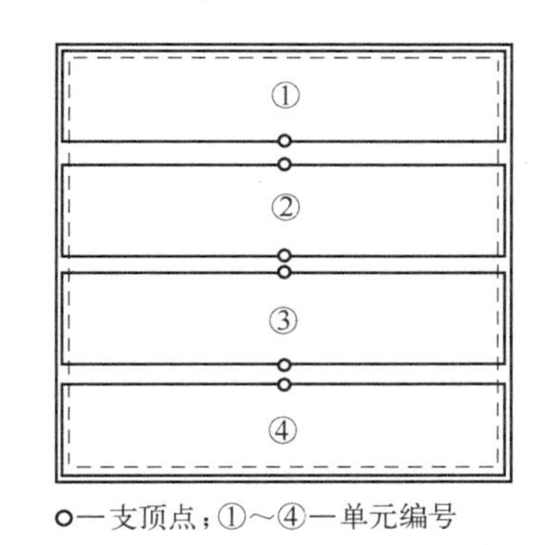

图 15-19　条状单元安装后支顶点位置

高空滑移法可用于建筑平面为矩形、梯形或多边形等平面，支承情况可为周边简支或点支承与周边支承相结合等情况。当建筑平面为矩形时滑轨可设在两边圈梁上，实行两点牵引；当跨度较大时，可在中间增设滑轨，实行三点或四点牵引，使网架不必因分条后加大网架挠度。高空滑移法还适用于现

场狭窄、山区等地区施工；也适用于跨越施工，如车间屋盖的更换，轧钢、机械等厂房内设备基础、设备与屋面结构平行施工。

高空滑移法工艺流程如图15-20所示。

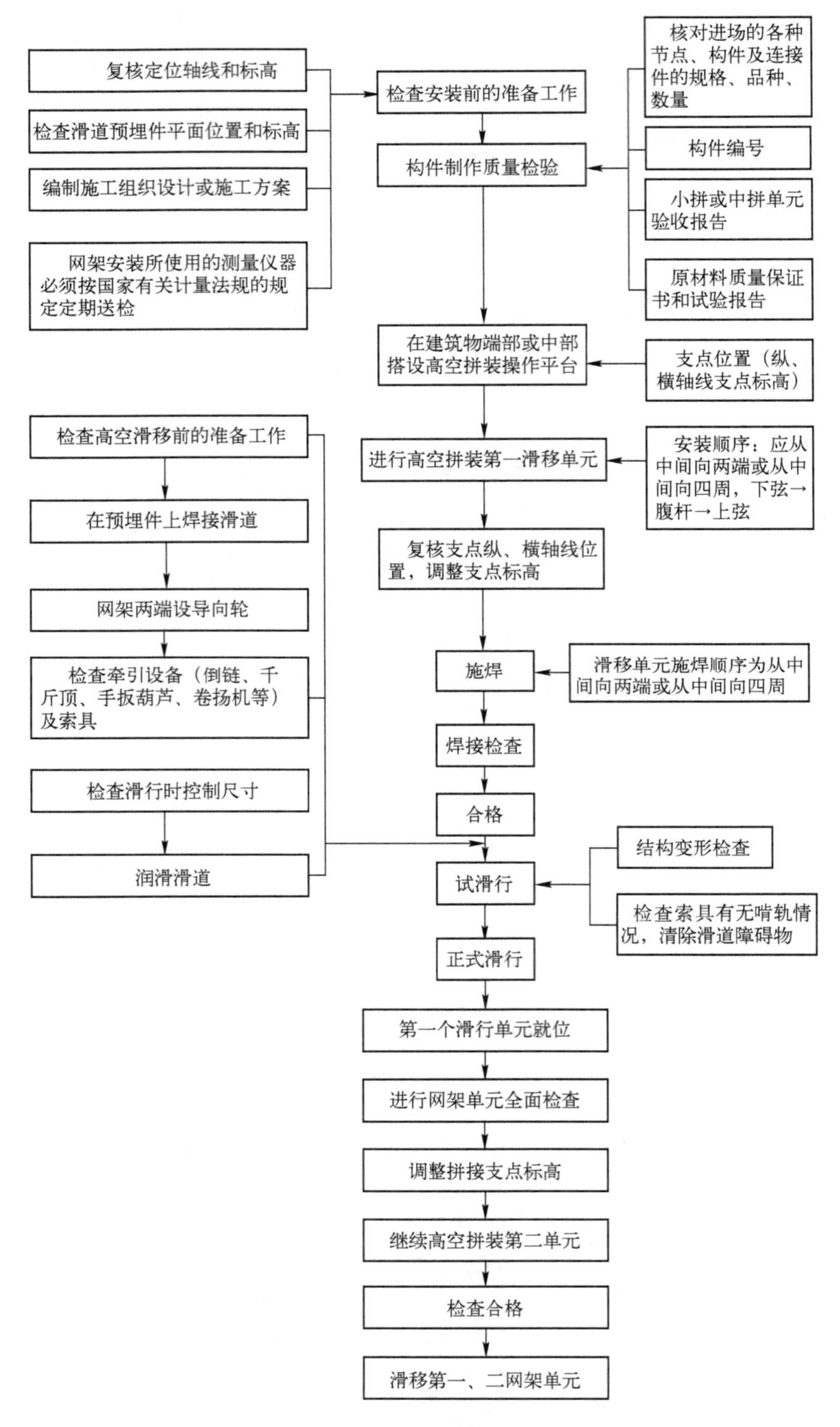

图15-20　高空滑移法工艺流程

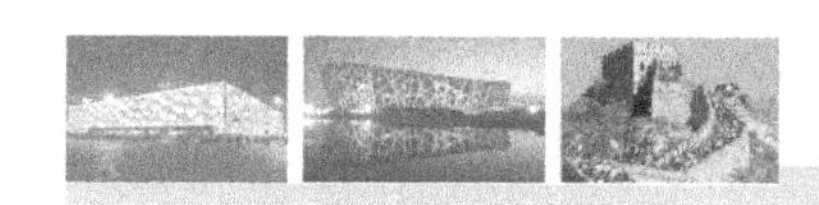

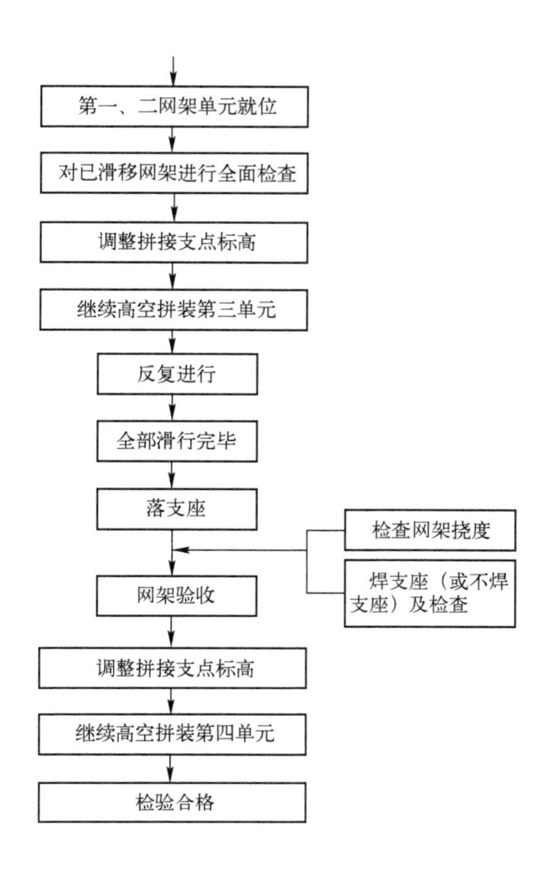

图 15-20　高空滑移法工艺流程（续）

1. 高空滑移法分类

（1）高空滑移法按滑移方式分类，可分为单条滑移法和逐条积累滑移法两种。

① 单条滑移法［见图 15-21（a）］：将条状单元一条一条地分别从一端滑移到另一端就位安装，各条之间分别在高空进行连接，即逐条滑移，逐条连成整体。此法摩擦阻力小，若加上滚轮，小跨度时用人力撬棍即可撬动前进。

② 逐条积累滑移法［见图 15-21（b）］：先将条状单元滑移一段距离（能拼装上第二单元的宽度即可），连接好第二条单元后，两条一起再滑移一段距离（宽度同上），再连接第三条，三条又一起滑移一段距离，如此循环操作直至接上最后一条单元为止。此法牵引力逐渐加大，即使为滑动摩擦方式，也只需小型卷扬机即可。

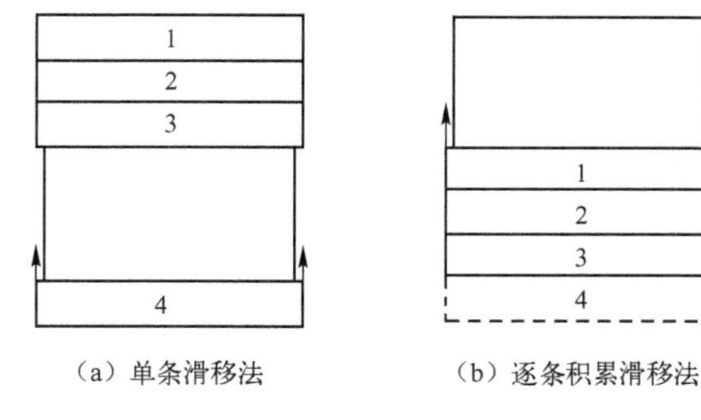

图 15-21　高空滑移法分类

（2）按摩擦方式可分为滚动式及滑动式两类。滚动式滑移即网架装上滚轮，网架滚动滑移时是通过滚轮与滑轨的滚动摩擦方式进行的；滑动式滑移即网架支座直接搁置在滑轨上，网架滑移时是通过支座底板与滑轨的滑动摩擦方式进行的。

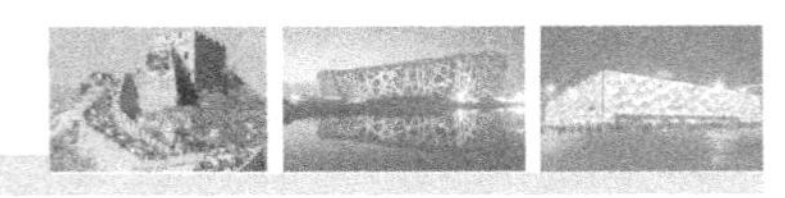

(3) 按滑移时力作用方向可分为牵引法和顶推法两类。牵引法即将钢丝绳钩扎于网架前方，用卷扬机或手扳葫芦拉动钢丝绳，牵引网架前进，作用点受拉力；顶推法即用千斤顶顶推网架后方，使网架前进，作用点受压力。

2. 施工注意事故

(1) 根据网架结构形式、现场周围环境、起重设备能力、网格尺寸等确定采取何种滑移工艺。

(2) 滑移单元自身必须是几何不变体系，同时有足够的刚度，否则应进行加固。

(3) 滑移准备工作完毕全面检查无误后，开始试滑 50cm，再次检查无误后，正式滑行。

(4) 支座降落：当网架滑移完毕，经检查各部尺寸标高、支座位置符合设计要求后，开始用等比例提升方法，可用千斤顶或起落器抬起网架支承点，抽出滑轨，再用等比例下降方法，使网架平稳过渡到支座上，待网架下挠稳定、装配应力释放完后，即可进行支座固定。

3. 牵引速度

为了保证网架滑移时的平稳性，牵引速度不宜太快，根据经验以牵引速度控制在 1m/min 左右较好。因此，若采用卷扬机牵引，应通过滑轮组降速。为使网架滑移时受力均匀和滑移平稳，当逐条积累较长时，宜增设钩扎点。

4. 同步控制

网架滑移时同步控制的精度是滑移技术的主要指标之一。网架规程规定网架滑移时两端不同步值不大于 50mm，只是作为一般情况而言。各工程在滑移时应根据情况，经验算后再自行确定具体值，两点牵引时应小于上述规定值，三点牵引时经验算后值应更小。

控制同步最简单的方法是在网架两侧的梁面上标出尺寸，牵引时同时报滑移距离，但这种方法精度较差。特别是三点以上牵引时不适用。自整角机同步指示装置是一种较可靠的测量装置。这种装置可以集中于指挥台随时观察牵引点移动情况，读数精度为 1mm。

15.3.4 整体吊装法

整体吊装法是指网架在地面总拼后，采用单根或多根拔杆、一台或多台起重机进行吊装就位的施工方法。

整体吊装法具有如下特点：网架地面总拼时可以就地与柱错位或在场外进行。当就地与柱错位总拼时，网架起升后在空中需要平移或转动 1.0 ～ 2.0m 再下降就位，由于柱是穿在网架的网格中的，因此凡与柱相连接的梁均应断开，即在网架吊装完成后再施工框架梁。而且建筑物在地面以上的有些结构必须待网架安装完成后才能进行施工，不能平行施工。

当场地条件许可时，可在场外地面总拼网架，然后用起重机抬吊至建筑物上就位，这时虽解决了室内结构拖延工期的问题，但起重机必须负重行驶较长距离。

就地与柱错位总拼的方案适用于拔杆吊装，场外总拼方案适用于履带式、塔式起重机吊装。

整体吊装法适用于各种重型的网架结构，吊装时可在高空平移或旋转就位。

整体吊装法工艺流程见图 15-22。

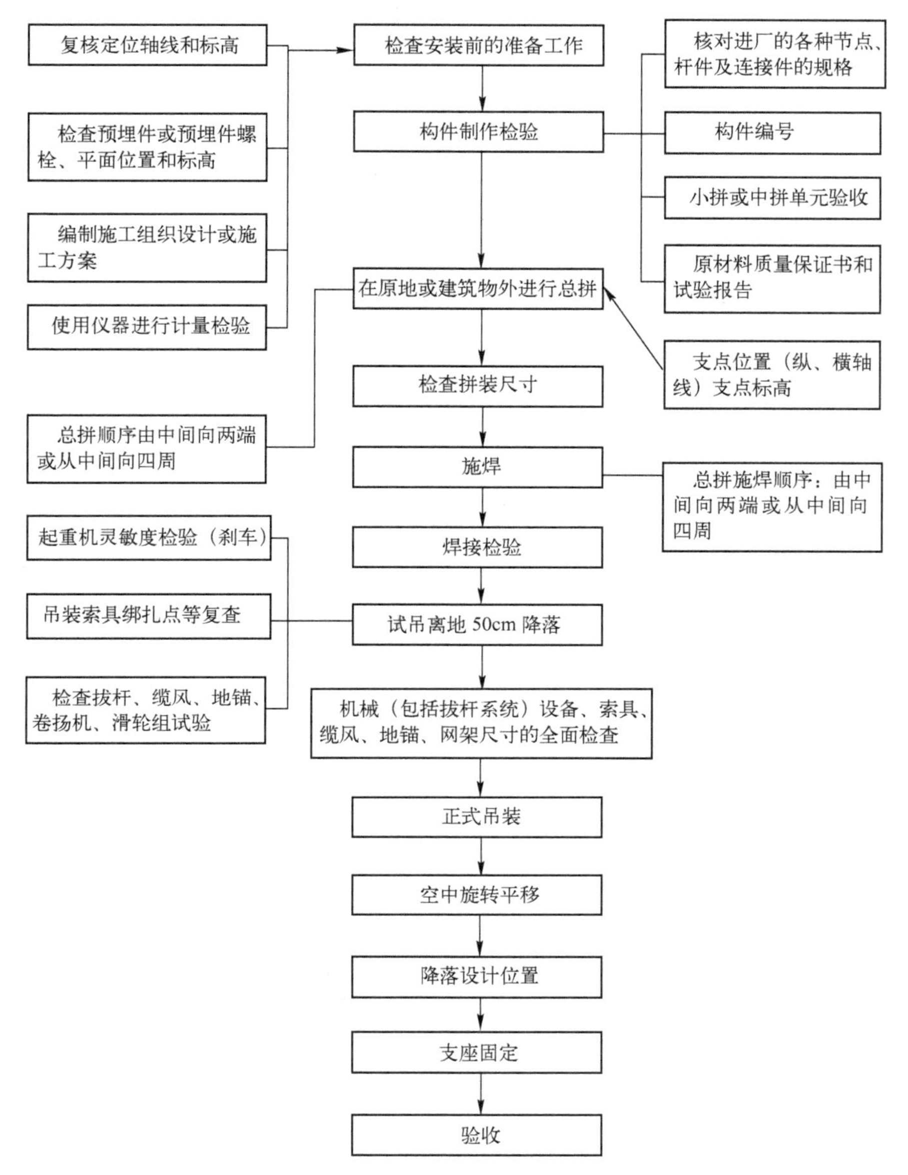

图 15-22　整体吊装法工艺流程

15.3.5　整体提升法

整体提升法是指网架在设计位置就地总拼后，利用安装在结构柱上的提升设备提升网架或在提升网架的同时进行柱子滑模的安装方法。这种安装方法利用小型设备（如升板机、液压滑模千斤顶等）安装大型网架，同时可将屋面板、防水层、天棚、采暖通风及电气设备等全部在地面或最有利的高度施工，从而降低施工成本。但整体提升法只能在设计坐标垂直上升，不能将网架移动或转动，适用于大跨度网架的重型屋盖系统周边支承或点支承网架的安装。

网架整体提升法具有以下特点：网架在起重设备的下面称为提升，使用的提升设备一般较小，利用小机群安装大网架；提升阶段网架支承情况不变，除用专用支架外，其他提升方法均利用结构柱，提升阶段网架的支承情况与使用阶段相同，无须考虑提升阶段的加固措施；由于提升设备能力较大，尽可能多安装屋面结构后再提升，以减少高空作业，降低成本。

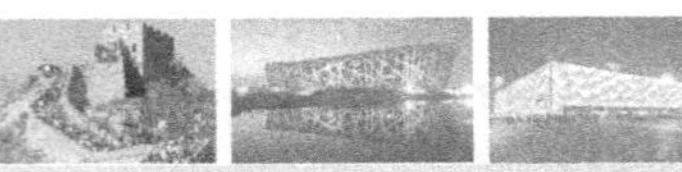

整体提升法（以液压穿心式千斤顶放在柱顶上的整体提升法为例）工艺流程如图 15-23 所示。

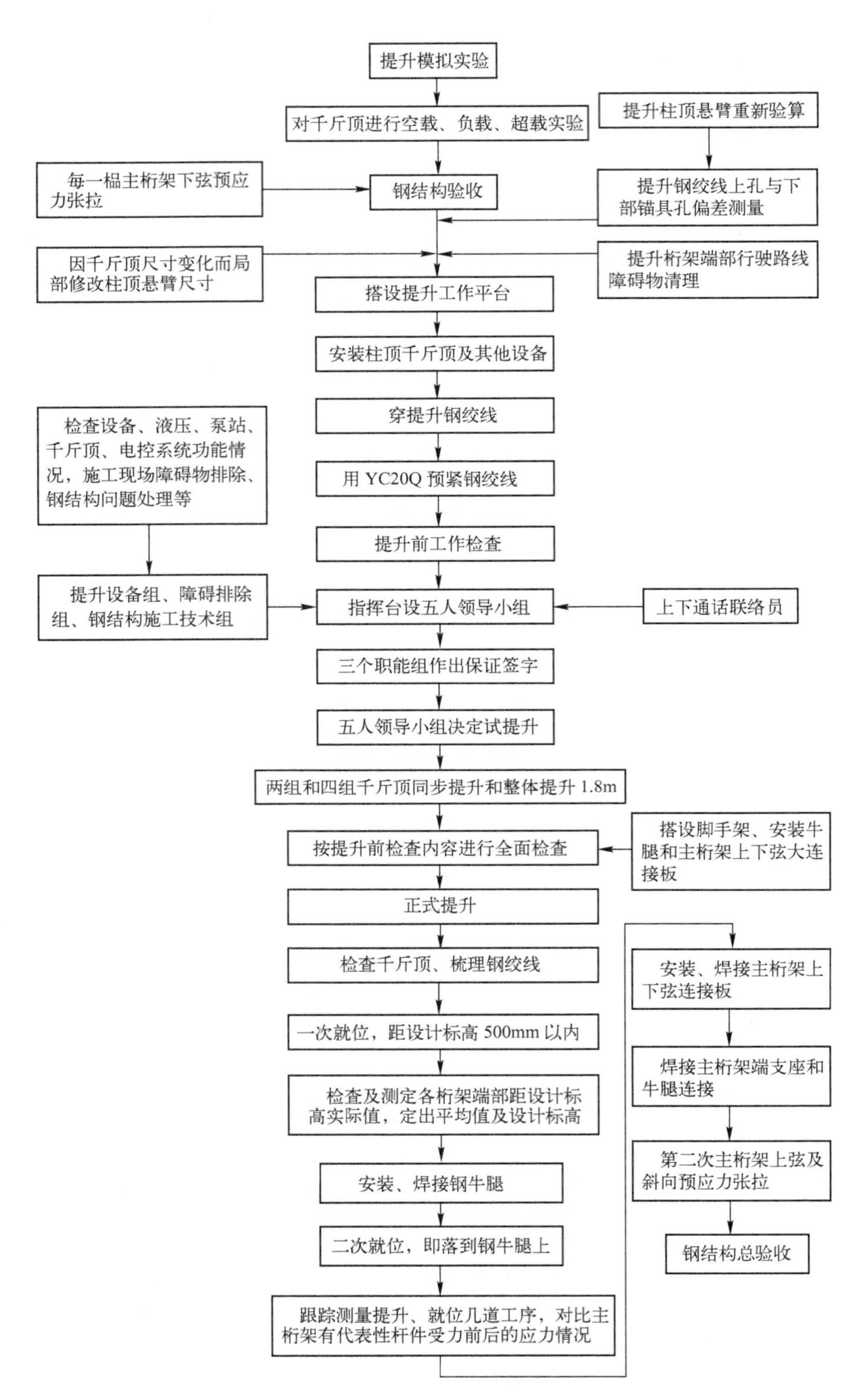

图 15-23　某网架整体提升法工艺流程

15.3.6 整体顶升法

整体顶升法是指网架在设计位置就地拼装成整体后，利用网架支承柱作为顶升支架，也可在原有支点处或其附近设置临时顶升支架，用千斤顶将网架整体顶升到设计标高的安装方法。顶升法与前述的提升法具有相同的特点，只是顶升法的顶升设备安置在网架的下面。图 15-24 所示为网架顶升示意图。整体顶升法适用于大跨度网架的重型屋盖系统支点较少的点支承网架的安装。

整体顶升法工艺流程如图 15-25 所示。

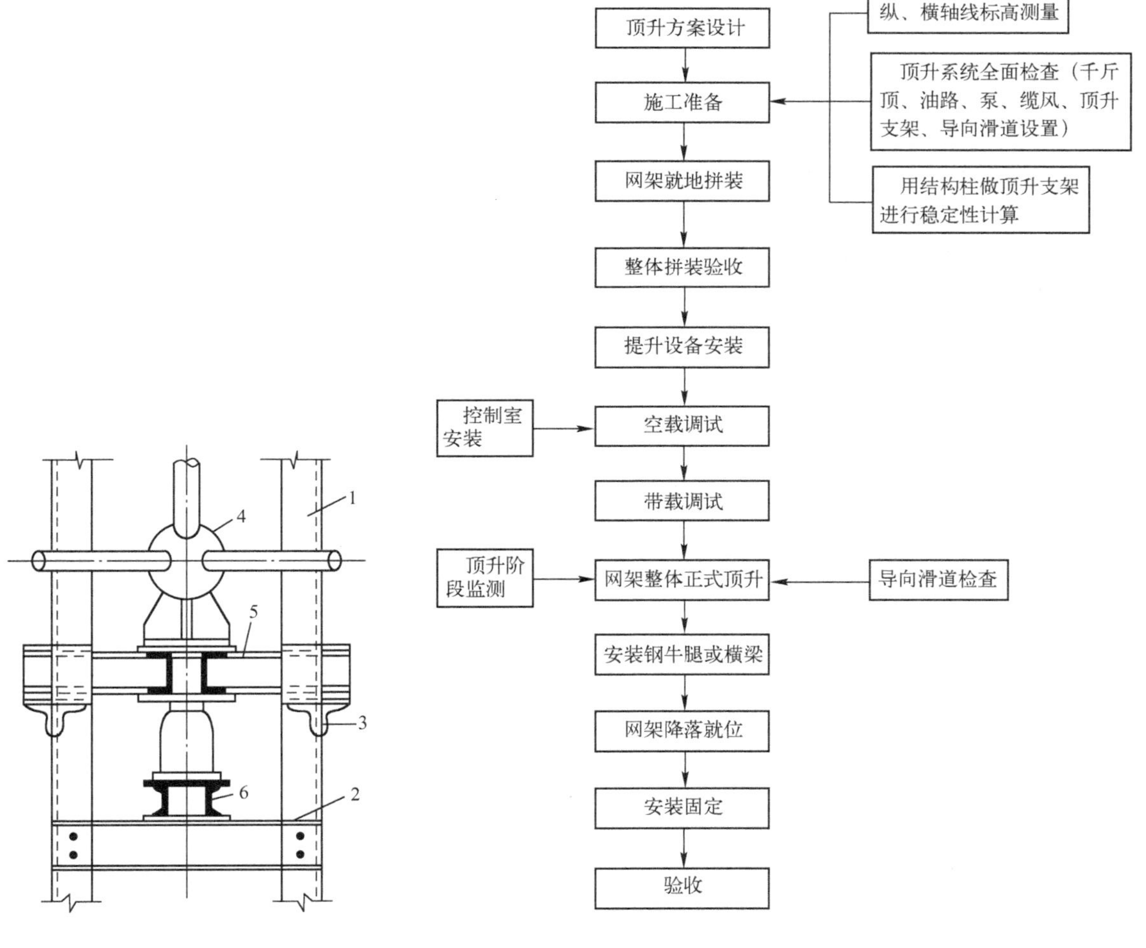

1—柱；2—下坠板；3—上坠板；4—球支座；5—十字梁；6—横梁

图 15-24 网架顶升示意图

图 15-25 整体顶升法工艺流程

知识梳理与总结

本单元简要讲述了钢网架结构安装施工，学习时需注意以下三点：

(1) 钢网架结构形式应根据工程特点合理选型；

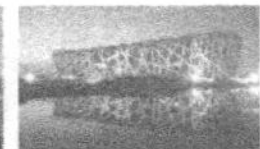

(2) 钢网架结构拼装应符合网架结构形式特点；

(3) 钢网架结构安装应针对不同结构形式采取合理的安装方案。

思考题 15

(1) 举出钢网架常用结构形式（至少三例），并说明其组成特点。

(2) 简述钢网架结构拼装工艺。

(3) 针对常见结构形式钢网架，举出相应的安装方法（至少三例）及安装注意事项。

实训 15

到钢结构公司及工地现场学习钢网架拼装及安装工作。

(1) 目的：通过到钢结构公司及工地现场学习，在工程师的讲解下，对钢网架拼装及安装工作过程有一个详细的了解和认识。

(2) 能力标准及要求：掌握钢网架拼装及安装工作要点。

(3) 实训条件：钢结构制作公司及工地现场。

(4) 步骤如下：

① 课堂讲解钢网架拼装及安装工作，观看钢网架拼装及安装和注意事项视频、图片；

② 结合课堂内容及问题，组织钢网架拼装及安装现场学习，详细了解钢网架拼装及现场安装的准备、工艺流程、注意事项及可能出现的问题等；

③ 完成钢网架拼装及安装的学习报告，内容主要是钢网架拼装及安装工作要点。

学习单元16

建筑钢结构安全施工

教学导航

教	知识重点	1. 钢结构施工安全管理措施； 2. 特殊要求的安全作业管理
	知识难点	特殊要求的安全作业管理
	推荐教学方式	1. 利用多媒体，借助实际案例、钢结构施工安全视频、图片演示讲解； 2. 钢结构施工现场安全教学
	建议学时	4 学时
学	推荐学习方法	以参观钢结构施工现场安全制度及标志、钢结构安全事故案例学习
	必须掌握的理论知识	钢结构施工现场安全管理制度
	必须掌握的技能	落实好钢结构施工现场安全管理工作

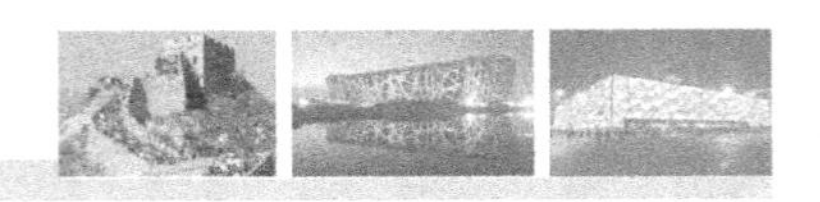

任务 16.1　钢结构施工安全管理措施

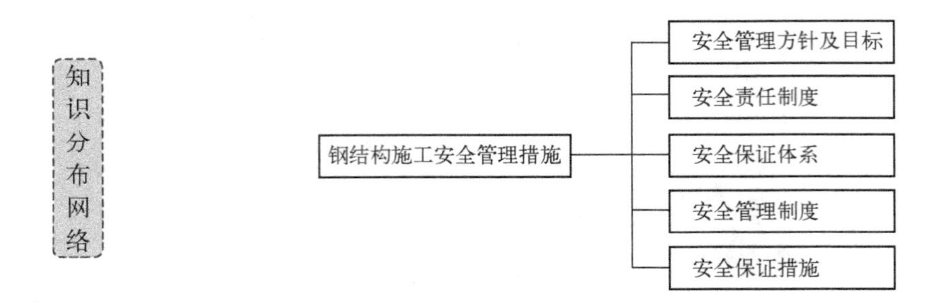

1. 安全管理方针及目标

1）安全管理方针

钢结构施工安全管理必须坚决落实“安全第一，预防为主”及“管生产必须管安全”的原则和“安全为了生产，生产必须安全”的规定，积极开展“安全性评价”和“施工现场安全达标”活动，全面实行“预控管理”，建立健全安全生产责任制，从思想上重视，行动上支持，控制和减少伤亡事故的发生。

2）安全管理目标

施工单位在编制施工组织设计时，必须确定施工安全管理目标。严格遵守国家有关安全生产的法律法规，认真执行工程承包合同中的有关安全要求。杜绝重大伤亡事故，减少轻伤事故发生率；杜绝任何火灾事故的发生，安全隐患应能够得到有效整改。

2. 安全责任制度

在施工中，始终贯彻“安全第一、预防为主”的安全生产工作方针，认真执行建筑施工企业安全生产管理的各项规定，把安全生产工作纳入施工组织设计和施工管理计划，使安全生产工作与生产任务紧密结合，保证施工人员在生产过程中的安全与健康，严防各类事故发生，以安全促生产。同时服从业主方对安全的统一管理，配合业主方做好各项现场施工安全工作。

1）安全生产责任制度

参加施工的全体人员，从工程开工到竣工，都必须严格执行国家有关安全法规及公司和建设、业主单位的安全生产规章制度，必须认真执行企业的有关安全规定和要求，建立并执行各级安全生产责任制并严格考核。

2）安全生产管理机构

成立以项目经理为组长，项目副经理、技术负责人、安全监督员为副组长，专业工长和班组长为组员的项目安全生产领导小组，在项目中形成纵横网络管理机制。各自的职责如下。

- 项目经理：全面负责施工现场的安全措施、安全生产等，保证施工现场的安全。
- 项目副经理：直接对安全生产负责，督促、安排各项安全工作，并随时检查。
- 技术负责人：制定项目安全技术措施和分项安全方案，督促安全措施落实，解决施工过程中的不安全技术问题。
- 安全监督员：督促施工全过程的安全生产，纠正违章，配合有关部门排除施工不安全因

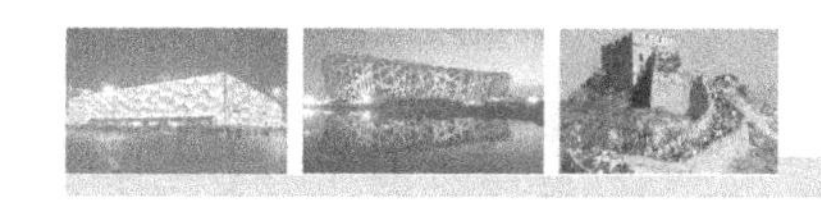

素，安排项目内安全活动及安全教育的开展。

➢ 施工工长：负责上级安排的安全工作的实施，进行施工前的安全交底工作，监督并参与班组的安全学习。

3. 安全保证体系

在本工程的施工进程中，成立以项目经理为主管、安全员为具体负责、班组长具体落实的安全保证体系，并通过安全保证体系进行相应的责任分解，层层落实安全生产，保证安全目标的实现。图 16-1 所示为某工程钢结构施工安保体系。

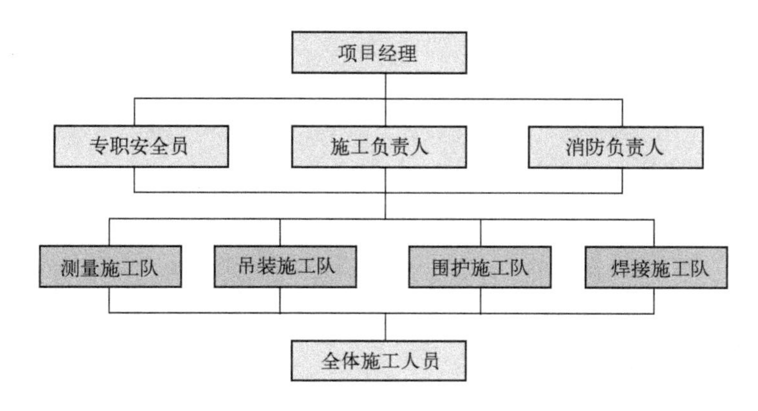

图 16-1　某工程钢结构施工安保体系

4. 安全管理制度

施工现场应建立如下安全管理制度：施工组织设计与专项安全方案编审制度、安全生产责任制考核制度、管理人员安全目标职责制度、安全教育制度、安全技术交底制度、班前安全活动制度、安全生产检查制度、安全例会制度、奖罚制度、事故报告制度、危险作业审批制度、用电管理制度、防火制度及措施、特殊工种作业管理制度，以及现场应急预案等。

依据以上各项制度及岗位职责进行责任分解，项目部各成员及班组成员均必须严格遵守执行，确保本工程安全生产管理目标的实现。

5. 安全保证措施

1）加工厂安全保证措施

（1）中小型施工机械应按照加工制作厂施工平面的设置位置合理安排，以满足流水作业要求。

（2）设备开启必须设置专人操作。

（3）钻床及车床等的传动部位应安装防护罩，设置保险挡、分料器。

（4）手动磨光机应使用单向开关，必须装设不小于180°的防护罩和牢固的工件拖架；严禁使用不圆、有裂纹和剩余部分不足 25cm 的砂轮。

（5）起重和绑扎用的钢丝绳应有足够的安全系数，要加强日常的检查，凡表面磨损、腐蚀、断丝超过标准的、打死弯、断股、油芯、外露的均不得使用。

（6）吊钩应有防止脱钩的装置。

（7）天车司机要严格按操作规程、按施工技术规范、按安全交底操作，加强日常的保养工作，认真执行“清洁、润滑、紧固、防腐”的保养制度。

2）现场安装安全保证措施

（1）施工现场全体人员按国家规定正确使用劳动防护用品，进入施工现场必须戴安全帽，2m以上高空作业必须佩带安全带，见图16-2；高空操作人员应符合超高层施工体质要求，开工前检查身体。

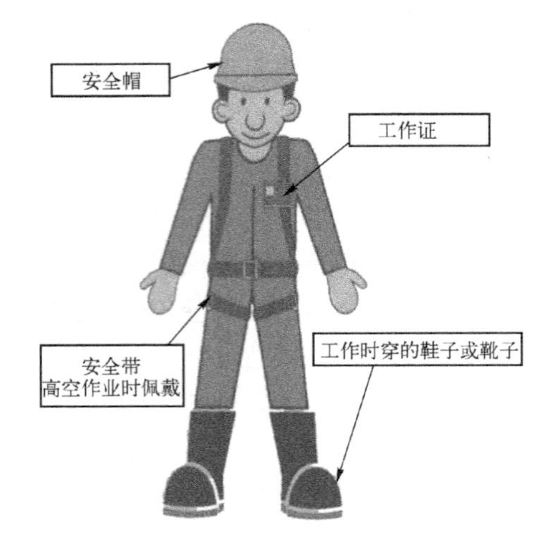

图16-2　人员安全防护示意

（2）施工现场各类孔洞、临边必须有防护设施，见图16-3。

（3）机械设备、脚手架等设施，使用前需经有关单位按规定验收，并做好验收及交付使用的书面手续。租赁的大型机械设备现场组装后，经验收、负荷试验及有关单位颁发准用证方可使用，严禁在未经验收或验收不合格的情况下投入使用。

（4）对于施工现场的脚手架，设施、设备的各种安全设施、安全标志和警告牌等不得擅自拆除、变动，必须经指定负责人及安全管理员的同意，并采取必要可靠的安全措施后方能拆除。

（5）施工机械的操作者持证上岗，起重机械安装须通过质检部门验收，严格遵守“十不吊”规定，吊机作业半径内不准站人，见图16-4。

图16-3　孔洞、临边防护设施

图16-4　吊装安全示意

（6）特种作业人员持证上岗。

（7）大型构件安装就位后，要注意采取必要的保护措施与临时固定措施。

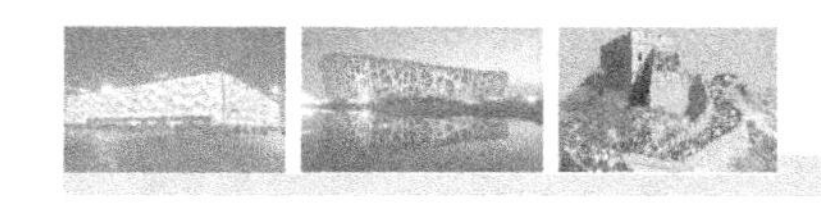

任务16.2 特殊要求的安全作业管理

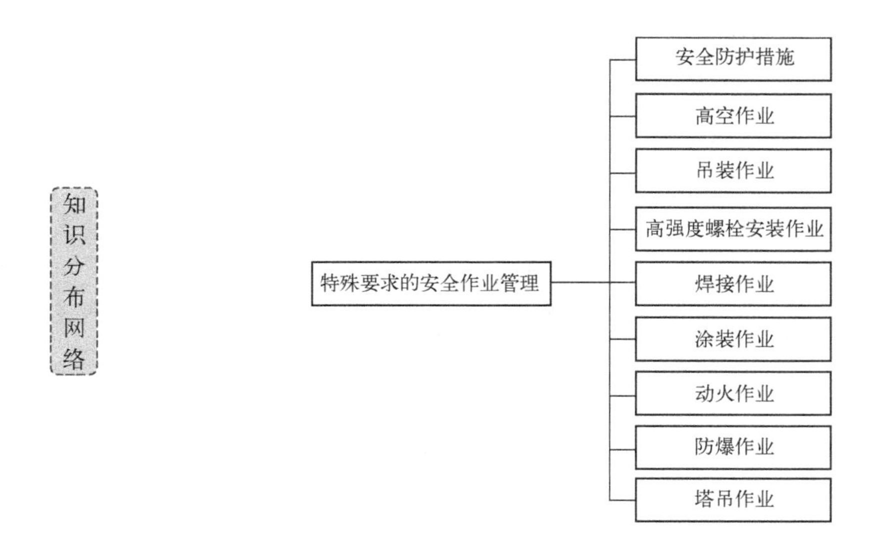

16.2.1 安全防护设施

高层钢结构工程施工是在较狭小的场地上将大量钢构件安装上去的。安装工人的操作不仅在同一水平面上进行，更多的是在不同水平面上立体交叉作业，除钢结构安装外，还有土建和设备安装工人插入施工，构成多层次的立体交叉作业，这是高层钢结构施工阶段的又一特点，因此对安装施工现场的安全防护设施提出了更高的要求。目前我国高层钢结构安装施工阶段所采用的安全设施是比较简易的，这主要是由于安装周期短，安装工人在不同部位的操作时间短而决定的。

1. 登高设施

登高设施用来解决安装工人在生产活动中的上下问题，通过对工人的活动规律分析，登高活动常采用以下三种设施。

1）人货两用电梯

安装工人从地面到达操作楼层，通常采用人货电梯来解决安装工人的上下。所以人货两用电梯是不可缺少的设施，其数量和规模应根据工程规模和平面形状而定。一般设置在钢结构框架外侧，由于电梯附着在框架上，电梯不能一次独立安装到需要的高度，因而电梯的设置是随钢结构安装的进展而相应逐步提高的。

2）永久性扶梯

工人的安装活动，并不是在一个楼层上进行操作，而是在好几个楼层上作业，此时的上下主要靠结构的永久性扶梯。在钢结构安装的同时要将永久性钢扶梯同时安装，并加以临时固定，供施工应用。

3）临时性钢扶梯

钢构件安装施工中登高最突出的是钢柱安装，钢柱安装到位后安装工人必须到柱顶去拆除吊索，一般解决方法有两种。

（1）设计钢结构时充分考虑安装施工的需要，事先设计钢制垂直踏步于柱侧，在钢柱制作时一并加工，安装完成后再进行割除，其唯一的缺点是增加钢材用量。

（2）安装单位制造工具式钢扶梯，分段制作，安装前在地面将钢扶梯临时固定在钢柱侧面，采用捆扎固定方法，使用完毕再进行拆除，可重复利用，以节约钢材。一般工程上大都采用工具式钢扶梯，为了登高过程中确保工人安全，尽量配备可使用安全带的钢丝绳保险装置，见图16-5。

2. 楼层安全通道和扶手绳

在钢结构安装过程中楼层钢梁是安装工人通向安装连接操作部位的水平行走构件，钢梁上翼缘板的宽度不大，一般情况下安装工人在没有安全措施的情况下行走是极不安全的，必须利用适当的安全设施。通常是在楼层的适当部位设置安全通道与在钢梁上安装扶手绳两者结合使用。

1）安全通道

采用装配式通道板铺设，板品种尽量减少，在钢结构安装施工时搁置在钢梁上并临时固定，安装使用完毕再用起重机转移安装到新的楼层，重复使用。通道板可以采用木结构、竹结构、轻钢组合板等材料。

靠近出入口处，搭设安全防护棚，防护水平通道出入安全，见图16-6。

图16-5　临时性钢扶梯设置

图16-6　水平通道安全防护

2）扶手绳

扶手绳是安全通道的辅助设施。安装工人在有些情况下通过安全通道不能到达作业点，必须在钢梁上行走，为保证行走钢梁的安全，应在楼层钢梁上设置扶手绳。扶手绳设施由扶手杆和尼龙绳组成，扶手杆由钢管制造，上端设绳圈，下端为特制夹具，嵌入翼缘，拧紧螺栓，并固定在钢梁上，见图16-7。

3）工具式操作台

钢框架的立柱大都采用焊接紧固方式，由于钢柱焊接量大，操作时间长，必须设置操作平台供焊工使用。同时因钢柱部位不同，操作台形式有角柱操作台、边柱操作台和内柱操作台等，见图14-19。设计操作台的荷载应考虑操作人员、工具、材料等各种重量因素，平面尺寸应按焊工的操作要求，侧向应考虑防风功能。

4）设备平台

钢结构安装阶段须使用电焊机、碳弧气刨机、空压机、柱状栓钉焊机、焊条烘箱、工具箱、氧气瓶和乙炔瓶等大量设备和工具，由于高层钢结构安装高度大，这些设备和工具在安装施工中不可能一次定位就能满足需要。根据目前高层钢结构安装施工的实际情况，上述设备和工具定位一次只能满足安装高度 20 ～ 30m，因此通常使用设备平台解决上述设备和工具的上楼问题。设备平台的安放楼层和翻搭次数要根据钢结构框架安装方案进行选择。

5）轻型工具式挂篮脚手

挂篮脚手用于钢结构施工的起重连接、临时固定构件、校正测量、高强度螺栓的紧固和各种钢梁支撑焊接等工作，用途广泛。挂篮脚手用铝合金轻钢制造，由踏步和踏板组成，踏板采用折叠式，不用时折起来，自重 10kg 左右。使用时可直接悬挂在钢梁上，使用灵活，移动方便，安装工人在高空可直接携带行走。

6）安全网

安全网是建筑工地常用的安全防护设施，用以防止安装工人和物体从高空坠落。高层钢结构安装施工中使用的安全网必须符合安全规程，具有质量保证书，见图 16-8。

图 16-7 扶手绳设置

图 16-8 安全网设置

7）隔离层

在钢结构安装施工阶段，工地现场处在立体交叉作业中，单靠安全网防护，低层操作工人很不安全，有些物体如高强度螺栓、焊条头、螺栓、螺帽等，都可能通过安全网的网眼漏下，因此还须设置隔离层。目前这种隔离层是利用设计上为现浇钢筋混凝土楼板作为底模的金属压型板，有的高层钢结构工程采用层层设置，有的工程是几个楼层中设置一道。通常在安装施工中，将金属压型板的铺设工作插入施工起安全隔离的作用。

16.2.2 高空作业

1. 高空作业的一般要求

（1）高处作业的安全技术措施及其所需料具，必须列入工程的施工组织设计。

（2）单位工程施工负责人应对工程的高处作业安全技术负责，并建立相应的责任制。施工前，应逐级进行安全技术教育及交底，落实所有安全技术措施和人身防护用品，未经落实时不得进行施工。

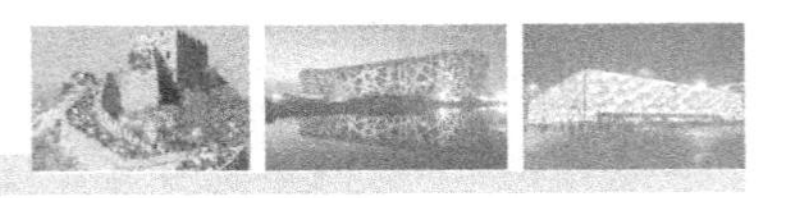

（3）高处作业中的设施、设备，必须在施工前进行检查，确认其完好，方能投入使用。

（4）攀登和悬空作业人员，必须经过专业技术培训及专业考试合格，持证上岗，并必须定期进行体格检查。

（5）施工中对高处作业的安全技术设施，发现有缺陷和隐患时，必须及时解决；危及人身安全时，必须停止作业。

（6）施工作业场所有坠落可能的物件，应一律先进行撤除或加以固定。高处作业中所用的物料，均应堆放平稳，不妨碍通行和装卸。随手用工具应放在工具袋内。作业中走道内的余料应及时清理干净，不得任意乱掷或向下丢弃，传递物件禁止抛掷。

（7）雨天和雪天进行高处作业时，必须采取可靠的防滑、防寒和防冻措施；冰、霜、雪均应及时清除。对进行高处作业的高耸建筑物，应事先设置避雷设施，当有6级以上强风、浓雾等恶劣气候，不得进行露天攀登与悬空高处作业；暴风雪及台风暴雨后，应对高处作业安全设施逐一加以检查，发现问题，立即修理完善。

（8）钢结构吊装前，应进行安全防护设施的逐项检查和验收，验收合格后，方可进行高处作业。

2. 临边作业

（1）基坑周边、尚未安装栏杆或栏板的阳台、料台与挑平台周边、雨棚与挑檐边，无外脚手的屋面与楼层周边及水箱与水塔周边，桁架、柱顶工作平台、拼装平台等处，都必须设置防护栏杆。

（2）多层、高层及超高层楼梯口和梯段边，必须安装临时护栏；顶层楼梯口应随工程结构进度安装正式防护栏杆。

（3）井架、施工电梯、脚手架、建筑物通道的两侧边，必须设防护栏杆，地面通道上部应装设安全防护棚。

（4）各种垂直运输接料平台，除两侧设防护栏杆外，平台口还应设置安全的活动防护栏杆，接料平台两侧的栏杆必须自上悬挂安全立网。

3. 洞口作业

进行洞口作业，以及在因工程和工序需要而产生的使人或物体有坠落危险或危及人身安全的其他洞口进行高处作业时，必须设置防护设施。

（1）板与墙的洞口必须设置牢固的盖板、防护栏杆、安全网或其他防坠落的防护设施。

（2）电梯井口必须设防护栏杆或固定栅门，电梯井内应每隔两层并最多隔10m设一层安全网。

（3）施工现场通道附近的多类洞口与坑槽等处还应设红灯示警。

（4）桁架间安装支撑前应加设安全网。

4. 攀登作业

现场登高应借助建筑结构或脚手架上的登高设施，也可采用载人的垂直运输设备，进行攀登作业时，也可使用梯子或采用其他攀登设施。

（1）柱、梁和行车梁等构件吊装所需的直爬梯及其他登高用的拉攀件，应作图或说明，攀登的用具在结构构造上必须牢固可靠。

（2）梯脚底部应垫实，不得垫高使用，梯子上端应有固定措施。

（3）钢柱安装登高时，应使用钢挂梯或设置在钢柱上的爬梯；钢柱的接柱应使用梯子或操作台；

（4）登高安装钢梁时，应视钢梁高度，在两端设置挂梯或搭设钢管脚手架。梁面上需行走时，其一侧的临时护栏横杆可采用钢索，当改为扶手绳时，绳的自由下垂度不应大于 $l/20$（l 为梁的跨度），并应控制在100mm以内。

（5）在钢屋架上、下弦登高操作时，对于三角形屋架应在屋脊处设置攀登时上下的梯架。钢屋架吊装前，应在上弦设置防护栏杆，在下弦支设安全网，吊装完毕后，即将安全网铺设固定。

5. 悬空作业

悬空作业处应有牢固的立足处，并必须视具体情况配置防护栏网、栏杆或其他安全设施。

（1）悬空作业所用的索具、脚手架、吊篮、吊笼、平台等设备，均需经过技术鉴定或验证方可使用。

（2）悬空作业人员，必须戴好安全带。

6. 交叉作业

（1）结构安装过程各工种进行上下立体交叉作业时，不得在同一垂直方向上操作，下层作业的位置，必须处于依上层高度确定的可能坠落范围半径之外；不符合以上条件时，应设置安全防护层。

（2）楼层边口、通道口、脚手架边缘等处，严禁堆放任何拆下的构件。

（3）结构施工自二层起，凡人员进出的通道（包括井架、施工用电梯的进出通道）均应搭设安全防护棚。高层超出24m的层次上的交叉作业，应设双层防护。

7. 防止高空坠落和物体落下伤人

（1）为防止高处坠落，操作人员在进行高处作业时，必须正确使用安全带。安全带一般应高挂低用，即将安全带绳端挂在高的地方，而人在较低处操作。

（2）在高处安装构件时，要经常使用撬杠校正构件的位置，必须防止因撬杠滑脱而引起的高空坠落。

（3）在雨季、冬季里，构件上常因潮湿或积有冰雪而容易使操作人员滑倒，应采取清扫积雪措施后再安装，高空作业人员必须穿防滑鞋方可操作。

（4）高空操作人员在脚手板上通行时，应该思想集中，防止踏上探头板而从高空坠落。

（5）地面操作人员必须戴安全帽。

（6）高空操作人员使用的工具及安装用的零部件，不可随便向下丢扔。

（7）在高空用气割或电焊切割时，应采取措施防止割下的金属或火花落下伤人。

（8）地面操作人员，尽量避免在高空作业的正下方停留或通过，也不得在起重机的吊杆和正在吊装的构件下停留或通过。

（9）构件安装后，必须检查连接质量，无误后才能摘钩或拆除临时固定工具，防止构件掉下伤人。

（10）设置吊装禁区，禁止与吊装作业无关的人员入内。

16.2.3 吊装作业

吊装作业安全注意事项如下。

（1）吊装构件，当柱子较重、较长时用旋转法起吊。

（2）吊梁安装时，要求绑扎对称，使起吊后保持水平，便于就位，两吊索的夹角，起重时

不宜大于45°。

(3) 吊机的指挥应由专人负责，吊装时必须有统一的指挥、统一的信号。

(4) 构件在校正、焊牢或固定之前，不准松绳脱钩。

(5) 起吊笨重物体时不可中途长时间悬吊、停滞。

(6) 起重吊装所用之钢丝绳，不准触及有电线路和电焊搭铁线或与坚硬物体摩擦。

(7) 构件在吊装、转移、就位过程中不得大幅晃动，不得碰撞其他物件。

16.2.4 高强度螺栓安装作业

高强度螺栓安装作业安全注意事项如下。

(1) 螺栓工程操作者应穿戴安全帽、安全带，螺栓应装入布袋，拿一个装一个，扭掉的螺栓梅花头收入口袋，禁止随意掉落。

(2) 安装螺栓操作者手中的撬棍、扳手、定位销等均应有安全绳，并加以固定。

16.2.5 焊接作业

焊接作业安全注意事项如下。

(1) 焊工必须经过有关部门安全技术培训，取得特种作业操作证后，方可独立操作上岗；明火作业必须履行审批手续。

(2) 电焊机外壳必须接地良好，其电源的装拆应由电工进行。

(3) 电焊机开关箱拉合时应戴手套侧向操作。

(4) 电焊机二次接地必须有空载降压保护器或触电保护器。

(5) 焊钳与电线必须绝缘良好、连接牢固，更换焊条应戴手套；在潮湿地点工作，应站在绝缘胶板或木板上。

(6) 严禁在带压力的容器和管道上施焊，焊接带电的设备必须先切断电源。

(7) 焊接储存过易燃、易爆、有毒物品的容器或管道前，必须将容器或管道清理干净，并将所有孔盖打开。

(8) 电线、地线禁止与钢丝绳接触，更不得用钢丝绳设备代替零线，所有地线接头必须连接牢固。

(9) 采用碳弧气刨清根时，应戴防护眼镜或面罩，外侧方向应作遮挡措施，防止铁渣火星飞溅伤人，同时做好防火工作。

(10) 雷雨时，应停止露天焊接作业。

(11) 施焊场地周围应清除易燃、易爆物品或进行遮盖、隔离围护；作业现场及焊机摆放处应配放有效的灭火器具；外侧结构焊接时应做好防火措施，避免和减少火星的下落。

(12) 所有焊工应佩戴安全带，作业时挂钩牢固，操作面稳定牢固，手用工具用工具袋，并挂钩牢固。

(13) 焊工作业应配备焊条筒，焊条与焊条头均装入筒内，同时焊条筒挂放牢固。

(14) 切割安装吊耳时应有防火措施和防耳板掉落措施。

(15) 工作结束，应切断电焊机电源，并检查操作地点，确认无起火危险后，方可离去。

16.2.6 涂装作业

涂装作业的安全措施主要如下。

(1) 涂装施工场地要有良好的通风，若在通风条件不好的环境涂漆时，必须安装通风设备。

(2) 使用机械除锈工具（如钢丝刷、电动除锈工具）清除锈层时，为避免眼睛沾污或受伤，要戴上防护眼镜，并戴上防尘口罩，以防呼吸道被感染。

(3) 在涂装对人体有害的漆料时，需要戴上防毒口罩、封闭式眼罩等保护用品。

(4) 在喷涂挥发型易燃性较大的涂料时，严禁使用明火，严格遵守防火规则，以免失火或引起爆炸。

(5) 施工场所的电线，要按防爆等级的规定安装；电动机的启动装置与配电设备应该是防爆式的，要防止漆雾飞溅在照明灯泡上。

(6) 不允许把盛装涂料、溶剂或用剩的漆罐开口放置；浸染涂料或溶剂的破布及废棉纱等物，必须及时清除；涂漆环境或配料房要保持清洁，出入畅通。

(7) 操作人员涂漆施工，若感觉头痛、心悸或恶心，应立即离开施工现场，换至通风良好的新鲜环境，若仍然感到不适，可速去医院检查治疗。

16.2.7 动火作业

动火作业安全措施如下。

(1) 施工人员严禁在禁火区作业，在非禁火区动火作业时，必须有防护措施及监护人员。在易燃、易爆的楼房、管道、设备和禁火区危险场所动火作业，必须按甲方的规定，先申请办理“动火证”，同时，由甲方有关人员进行气体分析合格后同意并派动火监护人到场监护，方准动火；否则，禁止动火作业。

(2) 动火负责人（施工负责人）、施工人员必须认真检查“动火证”填写内容是否符合动火现场的实际情况，发现“动火证”内容有不完整的方面，必须及时向“动火”签发部门提出，严禁盲目施工。

(3) 施工现场严禁吸烟。

(4) 在危险场所高处进行焊割作业，要采取防止火花飞溅的措施，遇有6级以上（含6级）大风时，应停止作业；对动火点的易燃物品，在动火（焊割）前应清理干净；对沾有易燃、可燃物的材料、设备，动火（焊割）前应冲洗干净。

(5) 动火作业必须严格按照“动火”所规定的时间进行，不准延长作业时间，延长作业时间必须另办手续。

(6) 动火地点应有灭火器材、监护人员，动火完毕，待火种熄灭并检查确认后，方可离开现场。

16.2.8 防爆作业

防爆作业安全措施如下。

(1) 各种气瓶应确保正确运输、存放、使用，放置地点应距明火作业点10m以外。

(2) 各种气瓶的保护装置必须齐全，并定期检测。

(3) 必须熟悉各种可燃性液体、油漆、涂料等的运输、保存和使用要求，并根据其特性采取相应的防爆措施。

(4) 氧气瓶和乙炔瓶应分开放置。

(5) 有易燃、易爆危险性操作时，必须保持良好的空间通风并坚持全过程监护。

16.2.9 塔吊作业

塔吊作业安全措施如下。

(1) 严禁超载吊装，超载有两种危害，一是断绳重物下坠，二是“倒塔”。

(2) 禁止斜吊，斜吊会造成超负荷及钢丝绳出槽，甚至造成拉断绳索和翻车事故；斜吊会使物体在离开地面后发生快速摆动，可能会砸伤人和碰坏其他物体。

(3) 双机抬吊时，要根据起重机的能力进行合理的负荷分配（每台起重机的负荷不宜超过其安全负荷量的80%），并在操作时统一指挥；两台起重机的驾驶员应互相密切配合，防止一台起重机失重而使另一台起重机超载；在整个抬吊过程中，两台起重机的吊钩滑车组均应基本保持铅垂状态。

(4) 绑扎构件的吊索须经过计算，所有起重机工具应定期进行检查，对损坏者作出鉴定，绑扎方法应正确牢靠，以防吊装中吊索破断或从构件上滑脱，使起重机失重而倾翻。

(5) 风载容易造成“倒塔”，遇有大风等警报，塔式起重机应拉好缆风绳。

(6) 机上机下信号须一致。

(7) 群塔作业，两台起重机间的最小架设距离，应保证在最不利位置时，任一台的臂架不会与另一台的塔身、塔顶相撞，并至少有2m的安全距离；处于高位的起重机，吊钩升至最高点时，钩底与低位起重机之间在任何情况下，其垂直方向的间隙不得小于2m，两臂架相临近时，要相互避让，水平距离至少保持5m。

任务16.3 安全用电

1. 安全用电保证措施

施工现场临时用电必须严格执行《施工现场临时用电安全技术规范》（JGJ46—2005），主要有以下方面要求。

(1) 施工现场安装、维修或拆除临时用电等作业，必须由电工完成；施工现场应按工程难易程度和技术复杂情况配备电工。

(2) 各种电动施工机械设备，必须设有可靠的安全接地或接零，施工机械的传动部位必须装有防护罩。

(3) 手持电动工具必须设触（漏）电保护器。

（4）夜间施工，必须保证足够的照明设施。在沟、槽、坑、洞及危险处设红灯示警，以防止人员伤亡。

（5）照明灯具必须悬挂在干燥、安全、可靠处，严禁随意设置。

（6）在建工程不得在高、低压线路下方施工；高、低压线路下方，也不得搭设作业棚、建造生活设施或堆放构件、材料及其他杂物等。

（7）在建工程（含脚手架具）的外侧边缘与外电架空线路之间必须保持安全操作距离，其安全操作距离必须符合有关规范的规定，否则应采取防护措施，如增设绝缘材料搭设的屏障、遮拦、围栏、保护网，并悬挂醒目的警告标志牌。

2. 临时安全配电

临时安全配电需注意以下内容。

（1）施工现场用电实行“三相五线制”。电线必须符合有关规定，配线（包括架空线）应分色（包括配电箱内连接），相线L1为黄色，相线L2为绿色，相线L3为红色，工作零线N为黑色，保护零线PE为绿/黄色。严禁采用四芯或三芯电缆外加一根电线代替五芯或四芯电缆。禁止使用老化电线，破皮的应进行包扎或更换。

（2）每台用电设备应有各自专用的开关箱，应实行“一机一闸一漏一箱”制；开关箱内严禁用同一个开关电器直接控制2台及2台以上用电设备（含插座）。

（3）所有配电箱、开关箱应每月进行检查和维修一次。检查、维修时，必须将其前一级相应的电源开关分闸断电，并悬挂停电标志牌派人监护，严禁带电作业。施工现场停止作业1h以上时，应将动力开关箱断电上锁。检查人员必须是专业电工，检修时必须将前一级的相应电源开关分闸断电，并悬挂标示牌，严禁带电作业，禁止负载断电。

（4）照明灯具的安装，室外高度应大于3m，室内应大于2.4m，大功率金属卤化灯和钠灯应大于5m。

（5）架空线必须设在专用电杆上，严禁架在树木、脚手架上；电杆应采用砼杆或木杆，不得采用竹竿。

（6）停电后，操作人员需要及时撤离的特殊工程，必须装设备自备电源的应急照明设备。

（7）所有电线必须用绝缘子固定，严禁使用铁丝绑扎。

任务16.4 文明施工和环境保护

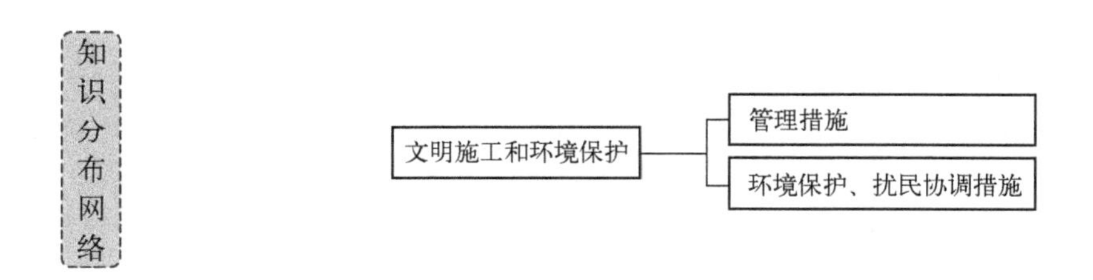

1．管理措施

1）防止大气污染

对标高较高的施工垃圾清运，采用搭设封闭式临时专用垃圾道运输或采用容器吊运或袋装，严禁随意凌空抛撒，施工垃圾应及时清运，并适量洒水，减少污染。

对运输车要加强防止遗撒的管理，要求所有运输车卸料溜槽处必须装设防止遗撒的活动挡板，并必须清理干净后方可出现场。

2）防止光污染

现场焊接过程中将产生强烈的光线，所以在夜间进行焊接施工时应将照向居住区的强烈光线予以遮挡，防止光污染。

3）防止施工噪声污染

（1）除特殊情况外，在每晚22时至次日早6时，严格控制强噪声作业。

（2）楼层板、脚手架在铺设、拆除和搬运时，必须轻拿轻放，上下、左右有人传递。

（3）夜间施工时，禁止使用大锤，禁止进行有强烈噪声的作业；

（4）夜间卸货施工时采用起重机卸货，避免产生强烈的噪声，禁止以抛落方式卸货。

（5）加强环保意识的宣传。采用有力措施控制人为的施工噪声，严格管理，最大限度地减少噪声扰民。

4）废弃物管理

（1）施工现场设专门的废弃物临时储存场地，废弃物应分类存放，对有可能造成二次污染的废弃物，必须单独储存、设置安全防范措施且有醒目标识。

（2）废弃物的运输确保不散撒、不混放，送到业主指定场所进行处理。

（3）对可回收的废弃物做到再回收利用。

5）作业区管理措施

（1）施工现场进行封闭式管理，利用围墙，进行文明标化宣传布置。

（2）施工现场醒目位置设“五牌一图”（施工现场平面布置图、工程概况牌、安全生产、六大纪律牌、十项安全技术措施牌、安全生产记录牌、防火责任制牌）。

（3）施工现场全部采用硬地坪施工，工地内道路畅通平坦、整洁，场内设排水系统，场内积水洼地及时填平，杂物及时清除，定时进行场地洒水防尘。

（4）所有施工现场专业管理人员应佩证上岗，必须正确戴安全帽，严禁赤脚、穿高跟鞋、喇叭裤、裙子上岗。有危险施工区域必须及时设立示警区，并采取警戒措施。

（5）建筑材料及周转材料严格按平面图分类堆放，堆放整齐，堆放不超标，堆料场地不作他用，仓库间有材料收发管理制度。

（6）在结构、安装等各施工阶段产生的建筑垃圾由专人定期对建筑物四周进行清理，并将建筑垃圾运送到指定位置。

（7）按环保部门要求，办理夜间施工许可证手续。

2. 环境保护、扰民协调措施

1）周边地下管线及建筑物、绿化带保护措施

（1）向建设单位及有关单位了解地下管线的布置情况，了解附近建筑物的结构特点；现场布置尽可能避开地下管线位置，远离绿化带。

（2）在施工过程中应针对存在的管线采取保护措施，尽可能地避免直接破坏。

（3）详细调查施工场地区域内及周边的地上设施等情况，根据调查的情况设置明显的隔离标志，特别对具有敏感性的设施，预留安全距离，设置隔离带，并对路边电线、通信线，用木杆、竹笆片等绝缘材料进行遮挡、封闭，设立明显标志，保证用电设备安全。

（4）车辆进出注意行使方向和速度，做到安全文明行车，严禁冲撞碾压绿化带现象；车辆载重应按规定，严禁超载，以免破坏地下管线。

2）施工扬尘影响的对策

（1）天晴起风时，对弃土和场地洒水，防止扬尘。

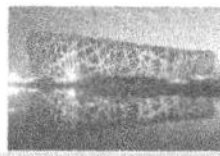

（2）对附近道路实行保洁制度，一旦有弃土及建材撒落应及时清扫。

3）施工噪声影响的对策

施工机械尽量采用降噪措施或在施工机具四周设声障。

4）对交通影响的对策

进货、装卸尽量安排在夜间进行，办理夜间施工许可证；运输繁忙时，派人到交叉路口协助指挥交通。

知识梳理与总结

本单元简要讲述了钢结构施工安全管理措施、特殊要求的安全作业管理、安全用电、文明施工和环境保护等，学习时需注意以下三点：

（1）钢结构施工安全措施应根据不同作业要求及特点采取相应合理的保证措施；

（2）钢结构特殊要求的安全作业管理应根据特殊作业要求采取针对性安全保证措施；

（3）钢结构施工现场应采取措施保证安全用电，做好临时安全配电；注意文明施工和环境保护。

思考题16

（1）什么是施工安全生产责任制度？

（2）施工安全生产管理机构中安全监督员的责任是什么？

（3）悬空作业时的主要注意事项及措施有哪些？

（4）吊装作业安全注意事项有哪些？

实训16

到钢结构工地现场学习钢结构施工安全工作。

（1）目的：通过到钢结构工地现场学习，在工程师的讲解下，对钢结构施工安全工作过程有一个详细的了解和认识。

（2）能力标准及要求：掌握钢结构施工安全工作要点。

（3）实训条件：钢结构工地现场。

（4）步骤如下：

① 课堂讲解钢结构施工安全工作；

② 结合课堂内容及问题，组织钢结构施工现场学习，详细了解钢结构施工安全工作关键内容及可能出现的问题；

③ 完成钢结构施工现场的学习报告，内容主要是钢结构施工安全工作要点。

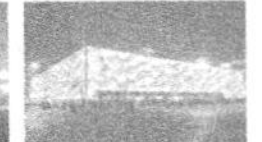

附录 A 钢材、焊缝和螺栓连接的强度设计值

表 A-1 钢材的强度设计值（N/ mm²）

钢材 牌号	钢材 厚度或直径（mm）	抗拉、抗压和抗弯 f	抗剪 f_v	端面承压（刨平顶紧）f_{ce}
Q235	≤16	215	125	325
	16 ～ 40	205	120	
	40 ～ 60	200	115	
	60 ～ 100	190	110	
Q345	≤16	310	180	400
	16 ～ 35	295	170	
	35 ～ 50	265	155	
	50 ～ 100	250	145	
Q390	≤16	350	205	415
	16 ～ 35	335	190	
	35 ～ 50	315	180	
	50 ～ 100	295	170	
Q420	≤16	380	220	440
	16 ～ 35	360	210	
	35 ～ 50	340	195	
	50 ～ 100	325	185	

注：表中厚度系指计算点的钢材厚度，对轴心受拉和轴心受压构件系指截面中较厚板件的厚度。

表 A-2 焊缝的强度设计值（N/mm²）

焊接方法和焊条型号	构件钢材 牌号	构件钢材 厚度或直径（mm）	对接焊缝 抗压 f_c^w	对接焊缝 焊缝质量为下列等级时，抗拉 f_t^w 一级、二级	对接焊缝 焊缝质量为下列等级时，抗拉 f_t^w 三级	对接焊缝 抗剪 f_v^w	角焊缝 抗拉、抗压和抗剪 f_f^w
自动焊、半自动焊和 E43 型焊条的手工焊	Q235 钢	≤16	215	215	185	125	160
		16 ～ 40	205	205	175	120	
		40 ～ 60	200	200	170	115	
		60 ～ 100	190	190	160	110	
自动焊、半自动焊和 E50 型焊条的手工焊	Q345 钢	≤16	310	310	265	180	200
		16 ～ 35	295	295	250	170	
		35 ～ 50	265	265	225	155	
		50 ～ 100	250	250	210	145	

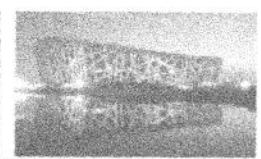

续表

焊接方法和焊条型号	构件钢材		对接焊缝				角焊缝
	牌号	厚度或直径（mm）	抗压 f_c^w	焊缝质量为下列等级时，抗拉 f_t^w		抗剪 f_v^w	抗拉、抗压和抗剪 f_f^w
				一级、二级	三级		
自动焊、半自动焊和E55型焊条的手工焊	Q390钢	≤16	350	350	300	205	220
		16～35	335	335	285	190	
		35～50	315	315	270	180	
		50～100	295	295	250	170	
	Q420钢	≤16	380	380	320	220	
		16～35	360	360	305	210	
		35～50	340	340	290	195	
		50～100	325	325	275	185	

注：(1) 自动焊、半自动焊所采用的焊丝和焊剂，应保证其熔敷金属的力学性能不低于现行国家标准《埋弧焊用碳钢焊丝和焊剂》GB/T5293 和《低合金钢埋弧焊用焊剂》GB/T12470 中相关的规定；

(2) 焊缝质量等级应符合现行国家标准《钢结构工程施工质量验收规范》GB50205 的规定，其中厚度小于 8mm 钢材的对接焊缝，不应采用超声波探伤确定焊缝质量等级；

(3) 对接焊缝在受压区的抗弯强度设计值取 f_c^w，在受拉区的抗弯强度设计值取 f_t^w；

(4) 表中厚度系指计算点的钢材厚度，对轴心受拉和轴心受压构件系指截面中较厚板件的厚度。

表 A-3 螺栓的强度设计值（N/mm^2）

螺栓的性能等级、锚栓和构件钢材的牌号		普通螺栓						锚栓	承压型连接高强度螺栓		
		C级螺栓			A级、B级螺栓						
		抗拉 f_t^b	抗剪 f_v^b	承压 f_c^b	抗拉 f_t^b	抗剪 f_v^b	承压 f_c^b	抗拉 f_t^b	抗拉 f_t^b	抗剪 f_v^b	承压 f_c^b
普通螺栓	4.6级、4.8级	170	140	—	—	—	—	—	—	—	—
	5.6级	—	—	—	210	190	—	—	—	—	—
	8.8级	—	—	—	400	320	—	—	—	—	—
锚栓	Q235钢	—	—	—	—	—	—	140	—	—	—
	Q345钢	—	—	—	—	—	—	180	—	—	—
承压型连接高强度螺栓	8.8级	—	—	—	—	—	—	—	400	250	—
	10.9级	—	—	—	—	—	—	—	500	310	—
构件	Q235钢	—	—	305	—	—	405	—	—	—	470
	Q345钢	—	—	385	—	—	510	—	—	—	590
	Q390钢	—	—	400	—	—	530	—	—	—	615
	Q420钢	—	—	425	—	—	560	—	—	—	655

注：(1) A级螺栓用于 $d \leqslant 24mm$ 和 $l \leqslant 10d$ 或 $l \leqslant 150mm$（按较小值）的螺栓，B级螺栓用于 $d > 24mm$ 和 $l > 10d$ 或 $l > 150mm$（按较小值）的螺栓，d 为公称直径，l 为螺杆公称长度；

(2) A级、B级螺栓孔的精度和孔壁表面粗糙度，C级螺栓孔的允许偏差和孔壁表面粗糙度，均应符合现行国家标准《钢结构工程施工质量验收规范》GB50205 的要求。

参考文献

[1] 中国钢结构协会．建筑钢结构施工手册．北京：中国计划出版社，2002

[2] 陈东佐．钢结构（第二版）．北京：中国电力出版社，2008

[3] 丁芸孙，刘罗静，朱洪符，胡浩．网架网壳设计与施工．北京：中国建筑工业出版社，2006

[4] 陈东佐．钢结构学习指导．北京：中国电力出版社，2008

[5] 上海市金属结构行业协会．建筑钢结构安装工艺师．北京：中国建筑工业出版社，2007

[6] 乐嘉龙．学看钢结构施工图．北京：中国电力出版社，2006

[7] 刘洁．钢结构工程施工与组织．北京：中国水利水电出版社，2009

[8] 唐丽萍，乔志远．钢结构制造与安装．北京：机械工业出版社，2008

[9] 完海鹰，黄炳生．大跨空间结构．北京：中国建筑工业出版社，2000

[10] 杜绍堂．钢结构施工．北京：高等教育出版社，2005

[11] 李顺秋．钢结构制造与安装．北京：中国建筑工业出版社，2005

[12] 中华人民共和国国家标准，建筑结构制图标准（GB/T 50105—2001）

[13] 中华人民共和国国家标准，建筑结构荷载规范（GB 50009—2001）

[14] 中华人民共和国国家标准，钢结构设计规范（GB 50017—2003）

[15] 中华人民共和国国家标准，冷弯薄壁型钢结构技术规范（GB 50018—2002）

[16] 中华人民共和国国家标准，钢结构施工质量验收规范（GB 50205—2001）

[17] 中华人民共和国国家标准，钢结构工程施工规范（GB 50755—2012）

[18] 中华人民共和国国家标准，钢结构焊接规范（GB 50661—2011）

[19] 中华人民共和国国家标准，碳素结构钢（GB/T 700—2006）

[20] 中华人民共和国国家标准，建筑结构用钢板（GB/T 19879—2005）

[21] 中华人民共和国国家标准，低合金高强度结构钢（GB/T 1591—2008）

[22] 中华人民共和国国家标准，钢结构用扭剪型高强度螺栓连接副（GB/T 3632—2008）

[23] 中华人民共和国国家标准，热轧 H 型钢和剖分 T 型钢（GB/T 11263—2005）

[24] 中华人民共和国行业标准，建筑钢结构焊接技术规程（JGJ 81—2002）

[25] 中华人民共和国行业标准，高层民用建筑钢结构技术规程（JGJ 99—1998）

[26] 中华人民共和国行业标准，网架结构设计与施工规程（JGJ 7—1991）

[27] 中华人民共和国黑色冶金行业标准，焊接 H 型钢（YB 3301—2005）

[28] 中国工程建设标准化协会标准，门式刚架轻型房屋钢结构技术规程（CECS 102—2002）

[29] 国家建筑标准设计图集，钢结构设计制图深度和表示方法（03G102）